全国普通高校电子信息与电气学科基础规划教材

数字电子技术基础

（第2版）

李雪飞 主编

清华大学出版社
北 京

内 容 简 介

本书在第一版内容的基础上,增加了常用半导体器件的工作原理和开关特性,同时对其他章节的内容也进行了修改和完善,增加了大量的习题和参考答案,在每章的结尾增加了小结,使本书的内容更加完善,结构更加合理。

全书共 11 章,具体的内容有:逻辑代数基础,常用半导体器件的工作原理和开关特性,门电路,组合逻辑电路,触发器,时序逻辑电路,脉冲波形的产生与整形,数/模和模/数转换,存储器和可编程逻辑器件,VHDL 语言基础,VHDL 在数字单元电路设计中的应用。书后附有参考答案。在附录部分还介绍了 EDA 工具软件 MAX+plusⅡ使用简介。

本书编写简明扼要,内容深入浅出,注重能力的培养。可以作为电子、电气、自动化、计算机、通信工程、机电一体化等相关专业的应用型普通本科生的教材,也可作为高等职业技术学院教材,还可供社会读者阅读。

本书封面贴有清华大学出版社防伪标签,无标签者不得销售。
版权所有,侵权必究。举报: 010-62782989, beiqinquan@tup.tsinghua.edu.cn。

图书在版编目(CIP)数据

数字电子技术基础/李雪飞主编. —2版. —北京:清华大学出版社,2016(2025.1重印)
(全国普通高校电子信息与电气学科基础规划教材)
ISBN 978-7-302-44274-5

Ⅰ.①数… Ⅱ.①李… Ⅲ.①数字电路-电子技术-高等学校-教材 Ⅳ.①TN79

中国版本图书馆 CIP 数据核字(2016)第 153128 号

责任编辑:梁 颖 薛 阳
封面设计:傅瑞学
责任校对:梁 毅
责任印制:刘海龙

出版发行:清华大学出版社
网　　址:https://www.tup.com.cn, https://www.wqxuetang.com
地　　址:北京清华大学学研大厦A座　　　邮　编:100084
社 总 机:010-83470000　　　　　　　　　邮　购:010-62786544
投稿与读者服务:010-62776969, c-service@tup.tsinghua.edu.cn
质量反馈:010-62772015, zhiliang@tup.tsinghua.edu.cn
课件下载:https://www.tup.com.cn, 010-62795954

印 装 者:三河市铭诚印务有限公司
经　　销:全国新华书店
开　　本:185mm×260mm　　　印　张:23.5　　　字　数:569 千字
版　　次:2011年7月第1版　2016年11月第2版　印　次:2025年1月第8次印刷
定　　价:69.50元

产品编号:069443-02

再版前言

本书是在2011年出版的《数字电子技术基础》(ISBN 978-7-302-24607-7,清华大学出版社)的基础上,根据2005年教育部电子信息科学与电气信息类基础课程教学指导分委员会修订的"数字电子技术基础课程教学基本要求",并结合多年的教学实践经验,以及众多使用本教材的师生提出的宝贵意见和建议进行修订的。修订后的教材仍然坚持注重理论联系实际,理论以应用为目的,以必需、够用为度,以讲清概念、强化应用为重点,难度适中,利于创新的原则。

考虑有些院校的一些专业不开设模拟电子技术基础课程,而是直接开设数字电子技术基础,这次修订增加了半导体二极管、三极管和场效应管基本知识的内容,同时对第一版其他章节的内容也进行了修改和完善,这样使得本教材的内容更加完善、合理,也为使用本教材的读者带来了很大方便。由于本课程属于专业基础课,学生需要做大量的练习,以更好地理解和消化所学的内容,因此本次修订增加了大量的习题。同时书后增加了习题的参考答案,方便学生检验自己的学习效果。另外,在每章的结尾都增加了小结,与每章开头的教学提示、教学要求前后呼应。这样教学提示会给读者一个启示作用,教学要求能使读者更好地把握每章的重点内容,小结能帮助读者归纳重要的知识点和结论,使得本书结构设计更加科学合理。

本书由李雪飞主编并统稿。其中第1~6章和附录由李雪飞编写,第7章由王海军编写,第8章由张贺东编写,第9章由崔永刚编写,第10章由戚基艳编写,第11章由王铭杰编写,参考答案由对应每章的作者合作编写。

在本书编写过程中,曾得到许多专家和同行的热情帮助,并参考和借鉴了许多国内外公开出版和发表的文献,在此一并表示感谢!

由于时间仓促,水平有限,书中难免存在不足或疏漏之处,恳请广大读者批评指正,以便再版时修订。

为方便选用本书作为教材的任课教师授课,编者还制作了与本书配套的电子课件。需要者可在清华大学出版社网站(www.tup.com.cn)上下载。

编 者
2016年4月

前　言

　　2005年，教育部电子信息科学与电气信息类基础课程教学指导分委员会主持修订了"数字电子技术基础课程教学基本要求"，再次强调了本门课程的性质是"电子技术方面入门性质的技术基础课"，其任务在于"使学生获得数字电子技术方面的基本知识、基本理论和基本技能，为深入学习数字电子技术及其在专业中的应用打下基础"。因此，作者编写本书的原则是注重理论联系实际，理论以应用为目的，以必需、够用为度，以讲清概念、强化应用为重点，难度适中，利于创新。

　　随着电子技术的不断发展，基于EDA技术和可编程逻辑器件进行数字系统的设计与开发得到广泛应用。为此，本书在介绍了经典的数字电子技术理论之后，简单介绍了可编程逻辑器件的结构与工作原理，现代流行的数字系统设计工具——硬件描述语言（VHDL语言）以及用VHDL语言设计常用数字单元电路的方法，并且在附录中简单介绍了EDA工具软件MAX+plusⅡ的使用方法，使得本书内容全面、体系完整。学生在已经掌握了数字电子技术基础知识后，再学习用VHDL语言开发设计数字系统，这样安排体例合理，适合不同层次的学生阅读，而且也方便各个学校根据教学大纲的要求选择教学内容。

　　本书在每章的开始安排了教学提示和教学要求，给读者一个启示作用，并可更好地把握每章的内容。每章的后面都附有相关习题，方便学生检验对每章内容的掌握程度，具有很强的实用性。

　　本书由李雪飞主编且负责全书统稿。参加本书编写的还有陈锦生、李方明、张明、张欣、刁芬、于洋、任苹、孙海静、李华玲、于荣义、董燕妮和王丹萍。

　　在本书编写过程中，曾得到许多专家和同行的热情帮助，并参考和借鉴了许多国内外公开出版和发表的文献，在此一并表示感谢！

　　由于时间仓促，水平有限，书中难免存在不足或疏漏之处，恳请广大读者批评指正，以便再版时修订。

　　为方便选用本书作为教材的任课教师授课，编者还制作了与本书配套的电子课件。需要者可在清华大学出版社网站(www.tup.com.cn)上下载。

编　者

2011年5月

目　录

第 1 章　逻辑代数基础 ·· 1

1.1　概述 ··· 1
    1.1.1　数字电路和模拟电路 ···································· 1
    1.1.2　数字信号与逻辑电平 ···································· 1
    1.1.3　脉冲波形与数字波形 ···································· 2

1.2　数制和码制 ·· 3
    1.2.1　数制及数制间的转换 ···································· 3
    1.2.2　码制 ·· 7

1.3　逻辑代数中的基本运算 ·· 9
    1.3.1　逻辑与 ·· 9
    1.3.2　逻辑或 ·· 9
    1.3.3　逻辑非 ·· 10
    1.3.4　复合逻辑 ·· 10

1.4　逻辑代数中的公式 ·· 12
    1.4.1　基本公式 ·· 12
    1.4.2　若干常用的公式 ····································· 13

1.5　逻辑代数中的基本定理 ·· 14
    1.5.1　代入定理 ·· 14
    1.5.2　反演定理 ·· 14
    1.5.3　对偶定理 ·· 14

1.6　逻辑函数的表示方法 ··· 15
    1.6.1　逻辑函数 ·· 15
    1.6.2　逻辑真值表 ·· 15
    1.6.3　逻辑函数式 ·· 16
    1.6.4　卡诺图 ·· 17
    1.6.5　逻辑图 ·· 19
    1.6.6　各种表示方法间的互相转换 ····················· 19

1.7　逻辑函数的化简方法 ··· 20
    1.7.1　逻辑函数的种类及最简形式 ····················· 20
    1.7.2　公式法化简 ·· 21
    1.7.3　卡诺图法化简 ······································· 23
    1.7.4　具有无关项的逻辑函数及其化简 ··············· 25

小结 ·· 26

习题 ······ 27

第2章 常用半导体器件的工作原理和开关特性 ······ 31

2.1 半导体的基本知识 ······ 31
- 2.1.1 半导体的特性 ······ 31
- 2.1.2 本征半导体 ······ 31
- 2.1.3 杂质半导体 ······ 32

2.2 半导体二极管 ······ 33
- 2.2.1 PN结及其单向导电性 ······ 33
- 2.2.2 二极管的结构 ······ 35
- 2.2.3 二极管的伏安特性 ······ 36
- 2.2.4 二极管的主要参数 ······ 37
- 2.2.5 二极管的应用 ······ 37
- 2.2.6 二极管的开关特性 ······ 39

2.3 半导体三极管 ······ 40
- 2.3.1 三极管的结构 ······ 40
- 2.3.2 三极管的电流放大作用 ······ 41
- 2.3.3 三极管的输入和输出特性曲线 ······ 44
- 2.3.4 三极管的主要参数 ······ 46
- 2.3.5 三极管的开关特性 ······ 48

2.4 场效应管 ······ 50
- 2.4.1 结型场效应管 ······ 50
- 2.4.2 绝缘栅场效应管 ······ 55
- 2.4.3 场效应管的主要参数 ······ 59
- 2.4.4 场效应管的开关特性 ······ 60

小结 ······ 61
习题 ······ 62

第3章 门电路 ······ 66

3.1 概述 ······ 66
3.2 分立元器件门电路 ······ 66
- 3.2.1 二极管与门 ······ 66
- 3.2.2 二极管或门 ······ 67
- 3.2.3 三极管非门 ······ 68

3.3 TTL门电路 ······ 68
- 3.3.1 TTL非门的电路结构和工作原理 ······ 69
- 3.3.2 TTL非门的外特性 ······ 71
- 3.3.3 其他类型的TTL门电路 ······ 74
- 3.3.4 TTL系列门电路 ······ 80

3.4 CMOS 门电路 ·· 81
　3.4.1 CMOS 反相器的电路结构和工作原理 ············· 81
　3.4.2 其他类型的 CMOS 门电路 ························· 82
　3.4.3 CMOS 传输门电路的组成和工作原理 ············· 82
　3.4.4 CMOS 系列门电路的性能比较 ···················· 83
3.5 集成门电路实用知识简介 ···································· 85
　3.5.1 多余输入端的处理方法 ···························· 85
　3.5.2 TTL 电路与 CMOS 电路的接口 ··················· 85
　3.5.3 门电路带负载时的接口电路 ······················· 87
小结 ··· 88
习题 ··· 89

第 4 章 组合逻辑电路 ·· 96

4.1 概述 ··· 96
4.2 组合逻辑电路的分析和设计方法 ···························· 96
　4.2.1 组合逻辑电路的分析方法 ··························· 96
　4.2.2 组合逻辑电路的设计方法 ··························· 97
4.3 若干常用的组合逻辑电路 ···································· 99
　4.3.1 编码器 ··· 99
　4.3.2 译码器 ··· 104
　4.3.3 数据分配器 ·· 112
　4.3.4 数据选择器 ·· 114
　4.3.5 加法器 ··· 119
　4.3.6 数值比较器 ·· 122
4.4 组合逻辑电路中的竞争-冒险现象 ·························· 124
　4.4.1 竞争-冒险现象 ····································· 124
　4.4.2 竞争-冒险现象的判别方法 ························ 125
　4.4.3 消除竞争-冒险现象的方法 ························ 126
小结 ·· 127
习题 ·· 128

第 5 章 触发器 ··· 132

5.1 概述 ·· 132
5.2 触发器的电路结构与动作特点 ······························ 132
　5.2.1 基本 RS 触发器的电路结构与动作特点 ··········· 132
　5.2.2 同步 RS 触发器的电路结构与动作特点 ··········· 135
　5.2.3 主从 RS 触发器的电路结构与动作特点 ··········· 138
　5.2.4 主从 JK 触发器的电路结构与动作特点 ··········· 140
　5.2.5 边沿触发器 ·· 143

  5.3 触发器的主要参数 ·· 149
  5.4 不同类型触发器之间的转换 ·· 150
    5.4.1 JK 触发器转换成其他功能的触发器 ··· 151
    5.4.2 D 触发器转换成其他功能的触发器 ··· 152
 小结 ··· 153
 习题 ··· 154

第 6 章 时序逻辑电路 ·· 162

  6.1 概述 ·· 162
    6.1.1 时序逻辑电路的特点 ··· 162
    6.1.2 时序逻辑电路的组成和功能描述 ·· 162
    6.1.3 时序逻辑电路的分类 ··· 163
  6.2 时序逻辑电路的分析方法 ·· 163
    6.2.1 同步时序逻辑电路的分析方法 ··· 163
    6.2.2 异步时序逻辑电路的分析方法 ··· 167
  6.3 计数器 ·· 168
    6.3.1 同步计数器 ·· 168
    6.3.2 异步计数器 ·· 176
    6.3.3 任意进制计数器 ·· 180
  6.4 寄存器和移位寄存器 ·· 185
    6.4.1 寄存器 ··· 186
    6.4.2 移位寄存器 ·· 187
  6.5 移位寄存器型计数器 ·· 192
    6.5.1 环形计数器 ·· 192
    6.5.2 扭环形计数器 ·· 192
  6.6 顺序脉冲发生器和序列信号发生器 ·· 194
    6.6.1 顺序脉冲发生器 ·· 194
    6.6.2 序列信号发生器 ·· 194
  6.7 时序逻辑电路的设计方法 ·· 196
    6.7.1 同步时序电路的设计方法 ··· 196
    6.7.2 异步时序电路的设计方法 ··· 200
 小结 ··· 203
 习题 ··· 204

第 7 章 脉冲波形的产生与整形 ·· 210

  7.1 概述 ·· 210
  7.2 555 定时器 ·· 210
    7.2.1 555 定时器的电路结构 ··· 211
    7.2.2 555 定时器的工作原理 ··· 211

7.3 施密特触发器 212
 7.3.1 施密特触发器的特点 212
 7.3.2 用 555 定时器构成的施密特触发器 212
 7.3.3 集成施密特触发器 214
 7.3.4 施密特触发器的应用 214
7.4 单稳态触发器 216
 7.4.1 单稳态触发器的特点 216
 7.4.2 用 555 定时器构成的单稳态触发器 216
 7.4.3 集成单稳态触发器 217
 7.4.4 单稳态触发器的应用 220
7.5 多谐振荡器 222
 7.5.1 多谐振荡器的特点 222
 7.5.2 用 555 定时器构成的多谐振荡器 222
 7.5.3 石英晶体多谐振荡器 224
 7.5.4 压控振荡器 225
小结 226
习题 226

第 8 章 数/模和模/数转换 232

8.1 概述 232
8.2 数/模(D/A)转换器 233
 8.2.1 D/A 转换器的主要电路形式 233
 8.2.2 D/A 转换器的输出方式 236
 8.2.3 D/A 转换器的主要技术指标 237
 8.2.4 集成 D/A 转换器 238
8.3 模/数(A/D)转换器 241
 8.3.1 A/D 转换器的基本工作原理 241
 8.3.2 A/D 转换器的主要电路形式 243
 8.3.3 A/D 转换器的主要技术指标 250
 8.3.4 集成 A/D 转换器 251
小结 252
习题 253

第 9 章 存储器和可编程逻辑器件 257

9.1 概述 257
 9.1.1 存储器 257
 9.1.2 可编程逻辑器件 258
9.2 只读存储器的分类及工作原理 259
 9.2.1 只读存储器的分类 259

9.2.2 只读存储器的电路结构及工作原理 ⋯⋯⋯⋯⋯⋯⋯⋯⋯⋯⋯⋯⋯⋯⋯⋯⋯⋯⋯⋯ 260

9.2.3 常用的只读存储器 ⋯⋯⋯⋯⋯⋯⋯⋯⋯⋯⋯⋯⋯⋯⋯⋯⋯⋯⋯⋯⋯⋯⋯⋯⋯⋯ 262

9.3 随机存储器 ⋯⋯⋯⋯⋯⋯⋯⋯⋯⋯⋯⋯⋯⋯⋯⋯⋯⋯⋯⋯⋯⋯⋯⋯⋯⋯⋯⋯⋯⋯⋯⋯⋯ 264

9.3.1 RAM 的电路结构及工作原理 ⋯⋯⋯⋯⋯⋯⋯⋯⋯⋯⋯⋯⋯⋯⋯⋯⋯⋯⋯⋯⋯ 264

9.3.2 RAM 的存储单元 ⋯⋯⋯⋯⋯⋯⋯⋯⋯⋯⋯⋯⋯⋯⋯⋯⋯⋯⋯⋯⋯⋯⋯⋯⋯⋯⋯ 266

9.3.3 常用的随机存储器 ⋯⋯⋯⋯⋯⋯⋯⋯⋯⋯⋯⋯⋯⋯⋯⋯⋯⋯⋯⋯⋯⋯⋯⋯⋯⋯ 267

9.4 存储器的扩展 ⋯⋯⋯⋯⋯⋯⋯⋯⋯⋯⋯⋯⋯⋯⋯⋯⋯⋯⋯⋯⋯⋯⋯⋯⋯⋯⋯⋯⋯⋯⋯⋯ 268

9.4.1 位扩展方式 ⋯⋯⋯⋯⋯⋯⋯⋯⋯⋯⋯⋯⋯⋯⋯⋯⋯⋯⋯⋯⋯⋯⋯⋯⋯⋯⋯⋯⋯ 268

9.4.2 字扩展方式 ⋯⋯⋯⋯⋯⋯⋯⋯⋯⋯⋯⋯⋯⋯⋯⋯⋯⋯⋯⋯⋯⋯⋯⋯⋯⋯⋯⋯⋯ 268

9.5 可编程逻辑器件 ⋯⋯⋯⋯⋯⋯⋯⋯⋯⋯⋯⋯⋯⋯⋯⋯⋯⋯⋯⋯⋯⋯⋯⋯⋯⋯⋯⋯⋯⋯⋯ 269

9.5.1 PLD 的电路表示法 ⋯⋯⋯⋯⋯⋯⋯⋯⋯⋯⋯⋯⋯⋯⋯⋯⋯⋯⋯⋯⋯⋯⋯⋯⋯⋯ 269

9.5.2 低密度可编程逻辑器件 ⋯⋯⋯⋯⋯⋯⋯⋯⋯⋯⋯⋯⋯⋯⋯⋯⋯⋯⋯⋯⋯⋯⋯⋯ 270

9.5.3 高密度可编程逻辑器件 ⋯⋯⋯⋯⋯⋯⋯⋯⋯⋯⋯⋯⋯⋯⋯⋯⋯⋯⋯⋯⋯⋯⋯⋯ 273

9.6 可编程逻辑器件的编程 ⋯⋯⋯⋯⋯⋯⋯⋯⋯⋯⋯⋯⋯⋯⋯⋯⋯⋯⋯⋯⋯⋯⋯⋯⋯⋯⋯⋯ 276

9.6.1 并口下载电缆 ByteBlaster 的内部电路与信号定义 ⋯⋯⋯⋯⋯⋯⋯⋯⋯⋯⋯ 277

9.6.2 编程配置方式 ⋯⋯⋯⋯⋯⋯⋯⋯⋯⋯⋯⋯⋯⋯⋯⋯⋯⋯⋯⋯⋯⋯⋯⋯⋯⋯⋯⋯ 277

小结 ⋯⋯⋯⋯⋯⋯⋯⋯⋯⋯⋯⋯⋯⋯⋯⋯⋯⋯⋯⋯⋯⋯⋯⋯⋯⋯⋯⋯⋯⋯⋯⋯⋯⋯⋯⋯⋯⋯⋯ 280

习题 ⋯⋯⋯⋯⋯⋯⋯⋯⋯⋯⋯⋯⋯⋯⋯⋯⋯⋯⋯⋯⋯⋯⋯⋯⋯⋯⋯⋯⋯⋯⋯⋯⋯⋯⋯⋯⋯⋯⋯ 280

第 10 章 VHDL 语言基础 ⋯⋯⋯⋯⋯⋯⋯⋯⋯⋯⋯⋯⋯⋯⋯⋯⋯⋯⋯⋯⋯⋯⋯⋯⋯⋯⋯⋯⋯ 283

10.1 概述 ⋯⋯⋯⋯⋯⋯⋯⋯⋯⋯⋯⋯⋯⋯⋯⋯⋯⋯⋯⋯⋯⋯⋯⋯⋯⋯⋯⋯⋯⋯⋯⋯⋯⋯⋯ 283

10.2 VHDL 设计实体的基本结构 ⋯⋯⋯⋯⋯⋯⋯⋯⋯⋯⋯⋯⋯⋯⋯⋯⋯⋯⋯⋯⋯⋯⋯⋯⋯ 284

10.2.1 库和程序包 ⋯⋯⋯⋯⋯⋯⋯⋯⋯⋯⋯⋯⋯⋯⋯⋯⋯⋯⋯⋯⋯⋯⋯⋯⋯⋯⋯⋯ 284

10.2.2 实体 ⋯⋯⋯⋯⋯⋯⋯⋯⋯⋯⋯⋯⋯⋯⋯⋯⋯⋯⋯⋯⋯⋯⋯⋯⋯⋯⋯⋯⋯⋯⋯ 285

10.2.3 结构体 ⋯⋯⋯⋯⋯⋯⋯⋯⋯⋯⋯⋯⋯⋯⋯⋯⋯⋯⋯⋯⋯⋯⋯⋯⋯⋯⋯⋯⋯⋯ 286

10.3 VHDL 语言规则 ⋯⋯⋯⋯⋯⋯⋯⋯⋯⋯⋯⋯⋯⋯⋯⋯⋯⋯⋯⋯⋯⋯⋯⋯⋯⋯⋯⋯⋯⋯ 287

10.3.1 VHDL 文字规则 ⋯⋯⋯⋯⋯⋯⋯⋯⋯⋯⋯⋯⋯⋯⋯⋯⋯⋯⋯⋯⋯⋯⋯⋯⋯⋯ 287

10.3.2 VHDL 数据类型 ⋯⋯⋯⋯⋯⋯⋯⋯⋯⋯⋯⋯⋯⋯⋯⋯⋯⋯⋯⋯⋯⋯⋯⋯⋯⋯ 289

10.3.3 VHDL 数据对象 ⋯⋯⋯⋯⋯⋯⋯⋯⋯⋯⋯⋯⋯⋯⋯⋯⋯⋯⋯⋯⋯⋯⋯⋯⋯⋯ 291

10.3.4 VHDL 运算符和操作符 ⋯⋯⋯⋯⋯⋯⋯⋯⋯⋯⋯⋯⋯⋯⋯⋯⋯⋯⋯⋯⋯⋯⋯ 292

10.4 VHDL 的顺序语句和并行语句 ⋯⋯⋯⋯⋯⋯⋯⋯⋯⋯⋯⋯⋯⋯⋯⋯⋯⋯⋯⋯⋯⋯⋯⋯ 293

10.4.1 顺序语句 ⋯⋯⋯⋯⋯⋯⋯⋯⋯⋯⋯⋯⋯⋯⋯⋯⋯⋯⋯⋯⋯⋯⋯⋯⋯⋯⋯⋯⋯ 293

10.4.2 并行语句 ⋯⋯⋯⋯⋯⋯⋯⋯⋯⋯⋯⋯⋯⋯⋯⋯⋯⋯⋯⋯⋯⋯⋯⋯⋯⋯⋯⋯⋯ 297

小结 ⋯⋯⋯⋯⋯⋯⋯⋯⋯⋯⋯⋯⋯⋯⋯⋯⋯⋯⋯⋯⋯⋯⋯⋯⋯⋯⋯⋯⋯⋯⋯⋯⋯⋯⋯⋯⋯⋯⋯ 300

习题 ⋯⋯⋯⋯⋯⋯⋯⋯⋯⋯⋯⋯⋯⋯⋯⋯⋯⋯⋯⋯⋯⋯⋯⋯⋯⋯⋯⋯⋯⋯⋯⋯⋯⋯⋯⋯⋯⋯⋯ 301

第 11 章 VHDL 在数字单元电路设计中的应用 ⋯⋯⋯⋯⋯⋯⋯⋯⋯⋯⋯⋯⋯⋯⋯⋯⋯⋯⋯ 304

11.1 组合逻辑电路的设计 ⋯⋯⋯⋯⋯⋯⋯⋯⋯⋯⋯⋯⋯⋯⋯⋯⋯⋯⋯⋯⋯⋯⋯⋯⋯⋯⋯⋯ 304

11.1.1 基本逻辑门电路的设计 ⋯⋯⋯⋯⋯⋯⋯⋯⋯⋯⋯⋯⋯⋯⋯⋯⋯⋯⋯⋯⋯⋯⋯ 304

11.1.2 优先编码器的设计 …………………………………… 306
11.1.3 3-8 译码器的设计 …………………………………… 307
11.1.4 显示译码器的设计 …………………………………… 308
11.1.5 数据选择器的设计 …………………………………… 309
11.1.6 加法器的设计 ………………………………………… 311
11.1.7 数值比较器的设计 …………………………………… 313
11.2 时序逻辑电路的设计 ………………………………………… 313
11.2.1 触发器的设计 ………………………………………… 314
11.2.2 锁存器的设计 ………………………………………… 314
11.2.3 寄存器的设计 ………………………………………… 316
11.2.4 计数器的设计 ………………………………………… 318
11.3 存储器的设计 ………………………………………………… 320
11.3.1 ROM 的设计 ………………………………………… 320
11.3.2 RAM 的设计 ………………………………………… 321
小结 …………………………………………………………………… 322
习题 …………………………………………………………………… 322

附录 MAX＋plusⅡ使用简介 ………………………………………… 324

参考答案 ……………………………………………………………… 332

参考文献 ……………………………………………………………… 361

第1章 逻辑代数基础

教学提示：逻辑代数是用于逻辑分析和设计的一种数学工具，主要内容是基本逻辑关系、逻辑代数的公式和定理、逻辑函数的表示方法和逻辑函数的化简。

教学要求：要求学生理解数字信号的概念，理解各种逻辑关系，掌握逻辑代数的公式、定理和逻辑函数的表示方法以及各种表示方法之间的转换，熟练掌握逻辑函数的两种化简方法，即公式法和卡诺图法。

1.1 概 述

1.1.1 数字电路和模拟电路

电子电路中的信号可分为两种类型：一种是模拟信号；另一种是数字信号。

模拟信号是指在时间上和数值上都是连续变化的信号。如温度传感器测量温度时输出的电流或电压信号就属于模拟信号。用来处理或产生模拟信号的电路称为模拟电路(analog circuits)，如放大器、信号发生器、滤波器、直流稳压电路等。由于模拟电路强调工程性，所以通常采用定性分析、近似计算等方法。

数字信号是指在时间上和数值上都是离散的信号。如在产品自动装箱控制系统中，一般在包装箱传送带的中间装一个光电传感器，当包装箱到位时，光电传感器就发出一个脉冲，用以对产品进行计数。显然，这个脉冲信号在时间上和数值上都是不连续的，它是一个数字信号。把工作在数字信号下的电子电路叫做数字电路(digital circuits)。数字电路的主要研究对象是电路的输入和输出之间的逻辑关系，所以主要的分析与设计工具是逻辑代数。

1.1.2 数字信号与逻辑电平

在数字电路中，一般使用二进制数 0 和 1 进行工作，反映在电路上就是高、低逻辑电平。逻辑电平(logic level)是指一个电压范围，而对于 TTL(三极管-三极管逻辑)电路和 CMOS(场效应管)逻辑电路的高电平(V_H)和低电平(V_L)的电压范围有所不同，具体范围如图 1-1 所示。从图中可以看出，它们都存在中间未定义区域(如 TTL 逻辑电路对电压为 1.5V 未

(a) TTL逻辑电路的高、低电平的电压范围　　(b) CMOS逻辑电路的高、低电平的电压范围

图 1-1　高、低电平的电压范围

作出定义),这个未定义区是需要的,它可以明确地定义和可靠地检测高、低电平的状态。如果区分高、低电平的界限离得太近,那么噪声更容易影响运算结果,可能会破坏电路的逻辑功能,或使得电路的逻辑功能含混不清。

在数字电路中,获得高、低电平的基本方法是通过控制半导体开关电路的开关状态来实现的,示意图如图 1-2 所示。当开关 K 断开时,输出电压 v_O 为高电平;而当开关 K 闭合时,输出便为低电平。开关 K 是用半导体二极管或三极管组成的。只要能通过输入信号 v_I 控制二极管或三极管的截止或导通状态,即可起到开关的作用。

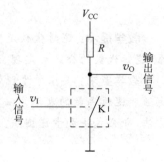

图 1-2 获得高、低电平的基本方法

如果用逻辑 1 表示高电平,用逻辑 0 表示低电平,则称这种赋值方式为正逻辑(positive logic);反之,若用逻辑 1 表示低电平,用逻辑 0 表示高电平,则称这种赋值方式为负逻辑(negative logic)。在本书中均采用正逻辑赋值。

1.1.3 脉冲波形与数字波形

数字波形是逻辑电平对时间的图形表示。通常,将只有两个离散值的波形称为脉冲波形,在这一点上脉冲波形与数字波形是一致的,只不过数字波形用逻辑电平表示,而脉冲波形用电压值表示而已。

理想的脉冲波形一般只用 3 个参数便可以描述清楚,这 3 个参数是脉冲幅度 U_m、脉冲周期 T 和脉冲宽度 t_w,理想脉冲波形如图 1-3 所示。如果将脉冲波形中的电压值用逻辑电平表示就得到了数字波形。与脉冲波形相同,数字波形也有周期性和非周期性之分,图 1-4 表示了这两种数字波形。

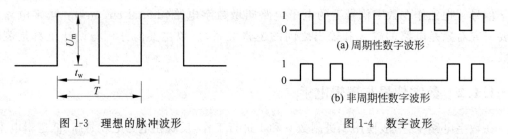

图 1-3 理想的脉冲波形

图 1-4 数字波形

前面讨论的脉冲波形是理想波形,而实际的脉冲波形的电压上升与下降都要经历一段时间,也就是说波形存在上升时间 t_r 和下降时间 t_f。实际的脉冲波形如图 1-5 所示。

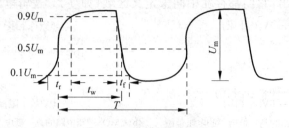

图 1-5 实际的脉冲波形

图 1-5 中所示各参数定义如下：

1. 脉冲幅度 U_m

脉冲电压的最大变化幅度。

2. 上升时间 t_r

脉冲上升沿从 $0.1U_m$ 上升到 $0.9U_m$ 所需的时间。

3. 下降时间 t_f

脉冲下降沿从 $0.9U_m$ 下降到 $0.1U_m$ 所需的时间。

4. 脉冲宽度 t_w

从脉冲上升沿到达 $0.5U_m$ 起，到脉冲下降沿到达 $0.5U_m$ 为止的一段时间。

5. 脉冲周期 T

在周期性脉冲信号中，两个相邻脉冲的前沿之间或后沿之间的时间间隔称为脉冲周期，用 T 表示。

6. 脉冲频率 f

在单位时间内(1 秒)脉冲信号重复出现的次数，用 f 表示，$f=1/T$。

7. 占空比 q

脉冲的宽度 t_w 与脉冲周期 T 的比值，即 $q=t_w/T$。

一般情况下波形的上升或下降时间都很小，而在数字电路中只需关注逻辑电平的高低，因此在画理想数字波形时忽略了上升和下降时间。本课程中所用的数字波形将采用理想波形。

1.2 数制和码制

1.2.1 数制及数制间的转换

1. 数制

数制是进位计数制的简称。在日常生活中，人们习惯采用十进制计数，在数字电路中经常使用二进制计数，而在计算机系统中还经常使用十六进制计数。

(1) 十进制

十进制(decimal)是用 10 个不同的数 0,1,2,…,9 来表示数的，任何一个数都可以用上述的 10 个数按照一定的规律排列起来表示，其计数规律是"逢十进一"。

任意一个十进制数 N 均可展开为

$$(N)_D = \sum k_i \times 10^i \tag{1-1}$$

其中,下角标 D 表示括号里的数 N 为十进制数,有时也用 10 表示。k_i 是第 i 位的系数,它可以是 0~9 这 10 个数中的任何一个。10 为基数(base 或 radix),10^i 为第 i 位的加权(weight)。若整数部分的位数是 n,小数部分的位数为 m,则 i 包含从 $n-1$ 到 0 的所有正整数和从 -1 到 $-m$ 的所有负整数。

例如,十进制数 47.235 可写为

$$(47.235)_D = 4\times 10^1 + 7\times 10^0 + 2\times 10^{-1} + 3\times 10^{-2} + 5\times 10^{-3}$$

(2) 二进制

二进制(binary)与十进制的区别在于,数码的个数和进位的规律不同,十进制数用 10 个数,并且"逢十进一";而二进制数则用两个数 0 和 1,并且"逢二进一"。

任意一个二进制数 N 可表示为

$$(N)_B = \sum k_i \times 2^i \tag{1-2}$$

其中,下角标 B 表示括号里的数 N 为二进制数,有时也用 2 表示。k_i 是第 i 位的系数,它可以是 0、1 这两个数中的任何一个。2 为基数,2^i 为第 i 位的加权。式中 i 的取值与式(1-1)中的规定相同。

例如,二进制数 1011 可写为

$$(1011)_B = 1\times 2^3 + 0\times 2^2 + 1\times 2^1 + 1\times 2^0$$

(3) 十六进制

由于使用二进制数经常是位数很多,不便于书写和记忆,因此在数字计算机中经常采用十六进制(hexadecimal)来表示二进制数。十六进制数采用 16 个不同的数,分别用 0~9、A(10)、B(11)、C(12)、D(13)、E(14)、F(15)表示,而且"逢十六进一"。

任意一个十六进制数可以表示为

$$(N)_H = \sum k_i \times 16^i \tag{1-3}$$

其中,下角标 H 表示括号里的数 N 为十六进制数,有时也用 16 表示。k_i 是第 i 位的系数。16 为基数,16^i 为第 i 位的加权。式中 i 的取值与式(1-1)中的规定相同。

例如,十六进制数 4F7 可写为

$$(4F7)_H = 4\times 16^2 + 15\times 16^1 + 7\times 16^0$$

由于目前在微型计算机中普遍采用 8 位、16 位和 32 位二进制并行运算,而 8 位、16 位和 32 位的二进制数可以用 2 位、4 位和 8 位的十六进制数表示,因而用十六进制符号书写程序十分方便。

(4) 任意进制

按照上述规律,任意进制数可以表示为

$$(N)_R = \sum k_i \times R^i \tag{1-4}$$

其中,下角标 R 表示括号里的数 N 为任意进制数,k_i 是第 i 位的系数。R 为基数,R^i 为第 i 位的加权。式中 i 的取值与式(1-1)中的规定相同。

例如,八进制数 705 可以写为

$$(705)_8 = 7\times 8^2 + 0\times 8^1 + 5\times 8^0$$

2. 数制间的转换

(1) 将任意进制转换为十进制

将二进制、十六进制和任意进制转换为十进制的方法是按照式(1-2)、式(1-3)和式(1-4)

展开,然后把所有的各项的数值按十进制数相加,就可以得到等值的十进制数了。例如:
$$(101.11)_B = 1\times 2^2 + 0\times 2^1 + 1\times 2^0 + 1\times 2^{-1} + 1\times 2^{-2} = (5.75)_D$$

(2) 十进制转换为二进制

十进制数可分为整数和小数两部分,对整数和小数分别转换,再将结果排列在一起就得到转换结果。

① 整数的转换

假定十进制整数为$(N)_D$,等值的二进制数为$(k_n k_{n-1}\cdots k_0)_B$,则依式(1-2)可知
$$(N)_D = k_n 2^n + k_{n-1} 2^{n-1} + \cdots + k_1 2^1 + k_0 2^0$$
$$= 2(k_n 2^{n-1} + k_{n-1} 2^{n-2} + \cdots + k_1) + k_0 \tag{1-5}$$

式(1-5)表明,若将$(N)_D$除以2,则得到的商为$k_n 2^{n-1} + k_{n-1} 2^{n-2} + \cdots + k_1$,而余数为$k_0$。

同理,可将式(1-5)除以2得到的商写成
$$k_n 2^{n-1} + k_{n-1} 2^{n-2} + \cdots + k_1 = 2(k_n 2^{n-2} + k_{n-1} 2^{n-3} + \cdots + k_2) + k_1 \tag{1-6}$$

由式(1-6)不难看出,若将$(N)_D$除以2所得的商再次除以2,则所得的余数为k_1。

以此类推,反复将每次得到的商再除以2,就可求得二进制数的每一位。

例如,将$(23)_D$化为二进制数的方法如下:

$2\underline{|23}$ ············ 余 1 ············ k_0
$2\underline{|11}$ ············ 余 1 ············ k_1
$2\underline{|5}$ ············ 余 1 ············ k_2
$2\underline{|2}$ ············ 余 0 ············ k_3
$2\underline{|1}$ ············ 余 1 ············ k_4
$\quad 0$

故$(23)_D = (10111)_B$。

② 小数的转换

若$(N)_D$是一个十进制的小数,对应的二进制小数为$(0.k_{-1}k_{-2}\cdots k_{-m})_B$,则根据式(1-2)可知
$$(N)_D = k_{-1} 2^{-1} + k_{-2} 2^{-2} + \cdots + k_{-m} 2^{-m}$$
将上式两边同乘以2得到
$$2(N)_D = k_{-1} + (k_{-2} 2^{-1} + k_{-3} 2^{-2} + \cdots + k_{-m} 2^{-m+1}) \tag{1-7}$$

式(1-7)说明,将小数$(N)_D$乘以2所得乘积的整数部分即为k_{-1}。

同理,将乘积的小数部分再乘以2又可得到
$$2(k_{-2} 2^{-1} + k_{-3} 2^{-2} + \cdots + k_{-m} 2^{-m+1}) = k_{-2} + (k_{-3} 2^{-1} + \cdots + k_{-m} 2^{-m+2}) \tag{1-8}$$

该乘积的整数部分即为k_{-2}。

以此类推,将每次乘以2后所得到的乘积的小数部分再乘以2,便可求出二进制小数的每一位。

例如,将$(0.8125)_D$化为二进制小数的方法如下:

$$\begin{array}{r}
0.8125 \\
\times \quad 2 \\
\hline
1.6250 \quad \cdots\cdots\cdots 1 \cdots\cdots\cdots k_{-1} \\
0.6250 \\
\times \quad 2 \\
\hline
1.2500 \quad \cdots\cdots\cdots 1 \cdots\cdots\cdots k_{-2} \\
0.2500 \\
\times \quad 2 \\
\hline
0.5000 \quad \cdots\cdots\cdots 0 \cdots\cdots\cdots k_{-3} \\
0.5000 \\
\times \quad 2 \\
\hline
1.0000 \quad \cdots\cdots\cdots 1 \cdots\cdots\cdots k_{-4}
\end{array}$$

故 $(0.8125)_D = (0.1101)_B$。

(3) 二进制转换为十六进制

由于4位二进制数恰好有16个状态，而把这4位二进制数看做一个整体时，它的进位输出又正好是逢十六进一。所以，将二进制转换为十六进制时，从小数点开始向右和向左划分为4位二进制数一组，每组便是十六进制数。

例如，将 $(1011101.11000101)_B$ 化为十六进制数时可得

$$(101,1101.1100,0101)_B$$
$$\downarrow \quad \downarrow \quad \downarrow \quad \downarrow$$
$$= (5 \quad D. \quad C \quad 5)_H$$

(4) 十六进制转换为二进制

转换时只需将十六进制数的每一位用等值的4位二进制数代替即可。

例如，将 $(FA7.6B)_H$ 化为二进制数时可得

$$(F \quad A \quad 7. \quad 6 \quad B)_H$$
$$\downarrow \quad \downarrow \quad \downarrow \quad \downarrow \quad \downarrow$$
$$= (1111,1010,0111.0110,1011)_B$$

3．二进制数的算术运算

当两个二进制数表示两个数的大小时，它们之间可以进行数值运算，即算术运算。二进制数算术运算和十进制算术运算的规则基本相同，唯一的区别在于二进制数是逢二进一。

【例题1.1】 对两个二进制数1101和1010分别作加法、减法、乘法和除法运算。

解：

加法运算	减法运算
1101	1101
+ 1010	− 1010
10111	0011

```
        乘法运算              除法运算
          1101                     1.010…
        × 1010           1010)1101
          0000                  1010
         1101                   1100
        0000                    1010
       1101                      100
      10000010
```

从上面例题不难发现,二进制数的乘法运算可以用加法和移位两种操作实现,而除法运算可以用减法和移位两种操作实现。因此,二进制数的加、减、乘、除运算都可以用加法运算电路完成,这样可以大大简化运算电路的结构。

二进制数也有正、负之分,在数字电路中和计算机中,二进制数的正、负是用0和1表示的。在定点数运算的情况下,以最高位作为符号位,正数为0,负数为1,后面的各位0和1表示具体的数值,用这种方式表示的数码称为原码。例如8位有符号的二进制数

$$(01101001)_B = (+105)_D = (+69)_H$$
$$(11101001)_B = (-105)_D = (-69)_H$$

在将两个带符号的二进制数相加时,若两个数的符号相同,则将两数的绝对值相加,并取与两数相同的符号;若两个数的符号不同(即两数相减的运算),通常用它们的补码相加来完成。

具体的方法是,要求加数和被加数的有效二进制码位数相同,同时增加最高位为符号位,被减数的符号位为0,减数的符号位为1。由于正数的补码和它的原码相同,负数的补码可通过将原码中除符号位以外的各位数值逐位取反,然后在最低位加1得到。这样求出减数的补码时,只要将符号位以外的各位求反,然后再加1就可以得到减数的补码。运算时符号位也参与运算,然后通过判断运算结果的符号为0或1,来确定运算结果的有效二进制码是差值的原码还是补码。如果符号位为0,则运算结果为差值的原码,且为正数;如果符号位为1,则运算的结果为差值的补码,且为负数,必须求出该差值的补码,才能得到差值的原码。

【例题 1.2】 用二进制数的补码完成十进制数的运算。

(1) $(6)_D - (5)_D$ (2) $(5)_D - (9)_D$

解:(1) $(6)_D - (5)_D = (00110)_B + (11011)_B = (00001)_B$,运算结果符号位为0,说明差值为原码,且为正数,所得结果为十进制数1。

(2) $(5)_D - (9)_D = (00101)_B + (10111)_B = (11100)_B$,运算结果符号位为1,说明差值为补码,且为负数,求其补码得差值的原码为 $(10100)_B$,即 $(-0100)_B$,所得结果为十进制数 -4。

当两个二进制数表示不同的逻辑状态时,还可以实现逻辑运算,详见第1.3节。

1.2.2 码制

不同的数码不仅可以表示数量的不同大小,而且还能用来表示不同的事物。在后一种情况下,这些数码已没有表示数量大小的含意,只是表示不同事物的代号而已。这些数码称为代码。

例如,在运动赛场上,为便于识别运动员,通常给每个运动员编一个号码。显然,这些号码仅仅表示不同的运动员,相当于运动员的代号,已失去了数量大小的含意。

为便于记忆和处理,在编制代码时总要遵循一定的规则,这些规则就叫做码制。

例如,在用4位二进制数码表示1位十进制数的0~9这10个状态时,就有多种不同的

码制。通常将这些代码称为二-十进制代码(Binary Coded Decimal,BCD)。在一般情况下，十进制码与二进制码之间的关系可表示为

$$(N)_D = W_3 k_3 + W_2 k_2 + W_1 k_1 + W_0 k_0 \tag{1-9}$$

式中 $W_3 \sim W_0$ 为二进制码中各位的权，权值不同，得到的 BCD 码也不同。表 1-1 列出了几种常见的 BCD 代码。

表 1-1　几种常见的 BCD 代码

编码种类 十进制数	8421 码	5211 码	2421 码	余 3 码
0	0000	0000	0000	0011
1	0001	0001	0001	0100
2	0010	0100	0010	0101
3	0011	0101	0011	0110
4	0100	0111	0100	0111
5	0101	1000	0101	1000
6	0110	1001	0110	1001
7	0111	1100	0111	1010
8	1000	1101	1110	1011
9	1001	1111	1111	1100

8421 码是 BCD 代码中最常用的一种。在这种编码方式中从左到右每一位的加权分别为 8、4、2、1，而且每一位的权是固定不变的，它属于恒权代码。8421BCD 码是四位二进制数的 0000(0)~1111(15) 十六种组合中的前十种组合，即 0000(0)~1001(9)，其余六种组合是无效的。十六种组合中选取十种有效组合方式的不同，可以得到其他的二-十进制码，如表 1-1 中的 2421 码、5211 码等。余 3 码是由 8421BCD 码加 3(0011) 得来的，不能用式(1-9)表示其编码关系，它是一种无权码。

在实际应用中，还有一种常见的无权码叫格雷码(Gray)，其编码如表 1-2 所示。这种码的特点是：相邻的两个代码之间仅有一位的状态不同。

表 1-2　格雷码

k_3	k_2	k_1	k_0	G_3	G_2	G_1	G_0
0	0	0	0	0	0	0	0
0	0	0	1	0	0	0	1
0	0	1	0	0	0	1	1
0	0	1	1	0	0	1	0
0	1	0	0	0	1	1	0
0	1	0	1	0	1	1	1
0	1	1	0	0	1	0	1
0	1	1	1	0	1	0	0
1	0	0	0	1	1	0	0
1	0	0	1	1	1	0	1
1	0	1	0	1	1	1	1
1	0	1	1	1	1	1	0
1	1	0	0	1	0	1	0
1	1	0	1	1	0	1	1
1	1	1	0	1	0	0	1
1	1	1	1	1	0	0	0

1.3 逻辑代数中的基本运算

在客观世界中,有些事物之间总是存在着某种因果关系。比如电灯的亮或暗,取决于电源的开关是否闭合,如果开关闭合,电灯就会亮,否则电灯为暗。开关闭合与否是电灯亮与暗的原因,电灯的亮与暗是结果,描述这种因果关系的数学工具称为逻辑代数。

逻辑代数(logic algebra)是英国数学家乔治·布尔(George Boole)于1849年首先提出的,所以又称为布尔代数。后来,由于布尔代数被广泛地应用于解决开关电路的分析与设计上,所以也把布尔代数叫做开关代数。

逻辑代数是按照一定的逻辑规律进行运算的代数,其中的变量称为逻辑变量,用字母 $A,B,C,\cdots$ 表示,但它和普通代数中变量的含义却有着本质的区别。逻辑变量只有两个值,即 0(逻辑 0)和 1(逻辑 1),而没有中间值。0 和 1 并不表示数量的大小,只代表两种不同的逻辑状态,比如"是"与"非"、"真"与"假"等。

逻辑代数的基本运算有与(AND)、或(OR)、非(NOT)3 种。

1.3.1 逻辑与

逻辑与关系可以用图 1-6 所示的电路来说明。从图中可以看出,只有当两个开关 A、B 同时闭合时,指示灯 Y 才会亮;否则灯是暗的。如果把开关闭合状态作为条件,把灯亮、暗的情况作为结果,并设定开关闭合用 1 表示,开关断开用 0 表示,灯亮用 1 表示,灯不亮用 0 表示,则可以用表 1-3 所示的真值表来表示图 1-6 所示电路的因果关系。从这个电路可以总结出这样的逻辑关系:只有决定事物结果(灯亮)的全部条件(开关 A 与 B 都闭合)同时具备时,结果(灯亮)才会发生。这种因果关系叫做逻辑与,或者叫逻辑乘。

逻辑与运算表达式可以写成

$$Y = A \cdot B = AB \tag{1-10}$$

逻辑与运算的图形符号如图 1-7 所示。

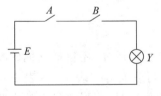

图 1-6 表示逻辑与关系的电路

表 1-3 逻辑与关系的真值表

A	B	Y
0	0	0
0	1	0
1	0	0
1	1	1

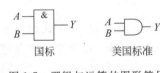

图 1-7 逻辑与运算的图形符号

1.3.2 逻辑或

逻辑或关系可以用图 1-8 所示的电路来说明。从图中可以看出,开关 A、B 中只要有一个闭合,指示灯 Y 就会亮。同样把开关闭合状态作为条件,把灯亮、暗的情况作为结果,且设定值同前,则可以用表 1-4 所示的真值表来表示图 1-8 所示电路的因果关系。从这个电路可以总结出这样的逻辑关系:在决定事物结果(灯亮)的诸多条件(开关 A 与 B 都闭合)中,只要有任何一个满足,结果就会发生。这种因果关系叫做逻辑或,也叫做逻辑加。

逻辑或运算表达式可以写成

$$Y = A + B \tag{1-11}$$

逻辑或运算的图形符号如图 1-9 所示。

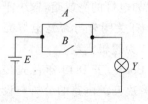

图 1-8　表示逻辑或关系的电路

表 1-4　逻辑或关系的真值表

A	B	Y
0	0	0
0	1	1
1	0	1
1	1	1

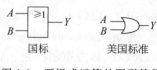

图 1-9　逻辑或运算的图形符号

1.3.3　逻辑非

逻辑非关系可以用图 1-10 所示的电路来说明。从图中可以看出,开关 A 断开时灯亮,开关 A 闭合时灯反而不亮。在 1 和 0 表示的物理意义保持不变的情况下,则可以用表 1-5 所示的真值表来表示图 1-10 所示电路的因果关系。从这个电路可以总结出这样的逻辑关系:只要条件(开关 A 闭合)具备了,结果(灯亮)便不会发生;而条件不具备时,结果一定发生。这种因果关系叫做逻辑非,也叫做逻辑求反。

逻辑非运算表达式可以写成

$$Y = \overline{A} \tag{1-12}$$

逻辑非运算的图形符号如图 1-11 所示。

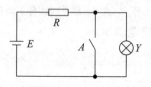

图 1-10　表示逻辑非关系的电路

表 1-5　逻辑非关系的真值表

A	Y
0	1
1	0

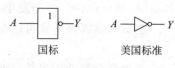

图 1-11　逻辑非运算的图形符号

1.3.4　复合逻辑

一般来说,一个比较复杂的逻辑电路,往往不只有与、或、非逻辑运算,还包括其他的复合逻辑运算,最常见的复合逻辑运算有与非、或非、异或、同或、与或非等。表 1-6～表 1-10 给出了这些复合逻辑运算的真值表。图 1-12 中给出了它们的图形符号,图形符号上的小圆圈表示非运算。

表 1-6　与非逻辑关系的真值表

A	B	Y
0	0	1
0	1	1
1	0	1
1	1	0

表 1-7　或非逻辑关系的真值表

A	B	Y
0	0	1
0	1	0
1	0	0
1	1	0

表 1-8 异或逻辑关系的真值表

A	B	Y
0	0	0
0	1	1
1	0	1
1	1	0

表 1-9 同或逻辑关系的真值表

A	B	Y
0	0	1
0	1	0
1	0	0
1	1	1

表 1-10 与或非逻辑关系的真值表

A	B	C	D	Y	A	B	C	D	Y
0	0	0	0	1	1	0	0	0	1
0	0	0	1	1	1	0	0	1	1
0	0	1	0	1	1	0	1	0	1
0	0	1	1	0	1	0	1	1	0
0	1	0	0	1	1	1	0	0	0
0	1	0	1	1	1	1	0	1	0
0	1	1	0	1	1	1	1	0	0
0	1	1	1	0	1	1	1	1	0

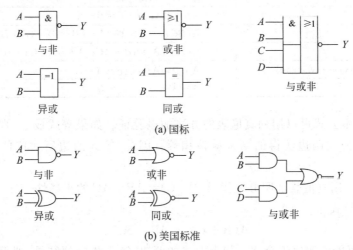

图 1-12 复合逻辑运算的图形符号

从表 1-6～表 1-10 可以写出对应的逻辑表达式为

与非逻辑表达式：

$$Y = \overline{AB} \tag{1-13}$$

或非逻辑表达式：

$$Y = \overline{A + B} \tag{1-14}$$

异或逻辑表达式为：

$$Y = A \oplus B = A\overline{B} + \overline{A}B \tag{1-15}$$

同或逻辑表达式为：

$$Y = A \odot B = AB + \overline{A}\overline{B} \tag{1-16}$$

与或非逻辑表达式为：

$$Y = \overline{AB + CD} \tag{1-17}$$

由式(1-15)和式(1-16)可以看出,同或与异或互为反运算,即

$$A \odot B = \overline{A \oplus B} \tag{1-18}$$

1.4 逻辑代数中的公式

1.4.1 基本公式

根据逻辑与、逻辑或、逻辑非三种基本运算法则,可推导出逻辑运算的一些基本公式,如表 1-11 所示。

表 1-11 逻辑代数中的基本公式

常量与常量、常量与变量间的运算	$\overline{1}=0;\overline{0}=1$ $0 \cdot A=0;1+A=1$ $1 \cdot A=A;0+A=A$
重叠律	$A \cdot A=A;A+A=A$
互补律	$A \cdot \overline{A}=0;A+\overline{A}=1$
交换律	$AB=BA;A+B=B+A$
结合律	$A(BC)=(AB)C;A+(B+C)=(A+B)+C$
分配律	$A(B+C)=AB+AC;A+BC=(A+B)(A+C)$
德·摩根定律(De·Morgan)	$\overline{A+B}=\overline{A}\overline{B};\overline{AB}=\overline{A}+\overline{B}$
还原律	$\overline{\overline{A}}=A$

以上这些基本公式可以用列真值表的方法加以验证。如果等式成立,那么将任何一组变量的取值代入公式两边所得的结果应该相等。因此,等式两边所对应的真值表也必然相同。

【例题 1.3】 用真值表证明分配律 $A(B+C)=AB+AC$ 的正确性。

解:对于恒等式

$$A(B+C) = AB + AC$$

将 A、B、C 所有可能的取值组合逐一代入上式的两边,算出相应的结果,即得到其真值表如表 1-12 所示。可见,等式两边对应的结果相同,故等式成立。

表 1-12 恒等式两边对应的真值表

A B C	$A(B+C)$	$AB+AC$
0 0 0	0	0
0 0 1	0	0
0 1 0	0	0
0 1 1	0	0
1 0 0	0	0
1 0 1	1	1
1 1 0	1	1
1 1 1	1	1

1.4.2 若干常用的公式

表 1-13 列出了几个常用的公式,这些公式会给化简逻辑函数带来很大方便。

表 1-13 若干常用的公式

吸收律	$A+AB=A$；$A+\bar{A}B=A+B$ $AB+A\bar{B}=A$；$A(A+B)=A$
冗余定理	$AB+\bar{A}C+BC=AB+\bar{A}C$ $AB+\bar{A}C+BCD=AB+\bar{A}C$

现在将表 1-13 中的各式证明如下。

(1) $A+AB=A$

证明：
$$A+AB=A(1+B)=A \cdot 1=A$$

上式表明：在两个乘积项相加时,若其中一项以另一项为因子,则该项是多余的,可以删去。

(2) $A+\bar{A}B=A+B$

证明： 由分配律可以得到
$$A+\bar{A}B=(A+\bar{A})(A+B)=A+B$$

上式表明：两个乘积项相加时,如果一项取反后是另一项的因子,则此因子是多余的,可以删除。

(3) $AB+A\bar{B}=A$

证明：
$$AB+A\bar{B}=A(B+\bar{B})=A$$

上式表明：当两个乘积项相加时,若它们分别包含 B 和 $\bar{B}$ 两个因子,而其他因子相同,则两项一定能合并,且可将 B 和 $\bar{B}$ 两个因子删除。

(4) $A(A+B)=A$

证明：
$$A(A+B)=A \cdot A+A \cdot B=A+AB=A$$

上式表明：变量 A 和包含 A 的和因式相乘时,其结果等于 A,即可以将和因式删除。

(5) $AB+\bar{A}C+BCD=AB+\bar{A}C$

证明：
$$\begin{aligned}
AB+\bar{A}C+BCD &= AB+\bar{A}C+BCD(A+\bar{A}) \\
&= AB+\bar{A}C+ABCD+\bar{A}BCD \\
&= AB(1+CD)+\bar{A}C(1+BD) \\
&= AB+\bar{A}C
\end{aligned}$$

上式表明：若两个乘积项中分别包含 A 和 $\bar{A}$ 两个因子,而这两个乘积项的其余因子又是第三个乘积项的组成因子时,则第三个乘积项是多余的,可以删除。

从以上的证明可以看到,这些常用公式都是从基本公式推导出的结果。当然,读者还可以推导出更多的常用公式。

1.5 逻辑代数中的基本定理

1.5.1 代入定理

所谓代入定理,就是在任何一个包含变量 A 的等式中,若以另外一个逻辑式代入式中所有 A 的位置,则等式仍然成立。

因为变量 A 仅有 0 和 1 两种可能的状态,所以无论将 $A=0$ 还是 $A=1$ 代入逻辑等式,等式都一定成立。而任何一个逻辑式,也和任何一个逻辑变量一样,只有 0 和 1 两种取值,所以代入定理是正确的。

【例题 1.4】 用代入定理证明德·摩根定理也适用于多变量的情况。

证明:已知二变量的德·摩根定理为

$$\overline{A+B} = \overline{A}\,\overline{B} \text{ 和 } \overline{AB} = \overline{A} + \overline{B}$$

现以 $(C+D)$ 代入左边等式中 B 的位置,同时以 CD 代入右边等式中 B 的位置,于是得到

$$\overline{A+(C+D)} = \overline{A}\,\overline{C+D} = \overline{A}\,\overline{C}\,\overline{D}$$

$$\overline{A(CD)} = \overline{A} + \overline{CD} = \overline{A} + \overline{C} + \overline{D}$$

可见,德·摩根定理也适用于多变量的情况。

另外需要注意,在对复杂的逻辑式进行运算时,仍需遵守与普通代数一样的运算优先级顺序,即先算括号里的内容,然后算与运算,最后算或运算。

1.5.2 反演定理

所谓反演定理,就是对于一个逻辑式 Y,若将其中所有的"·"换成"+","+"换成"·",0 换成 1,1 换成 0,原变量换成反变量,反变量换成原变量,则得到 $\overline{Y}$。

利用反演定理,可以比较容易地求出原函数的反函数。但在使用反演定理时,还需注意遵守以下两条规则:

(1) 在变换时要保持原式中的运算顺序不变。

(2) 不属于单个变量上的反号应保留不变。

【例题 1.5】 已知 $Y = \overline{A}\,\overline{B} + CD$,利用反演定理求其反函数 $\overline{Y}$。

解:根据反演定理可以写出

$$\overline{Y} = (A+B)(\overline{C}+\overline{D})$$

注意:不能写成 $\overline{Y} = A + B\overline{C} + \overline{D}$,这样就改变了原式的运算顺序。

【例题 1.6】 若 $Y = \overline{\overline{AB}+C} + D + E$,利用反演定理求其反函数 $\overline{Y}$。

解:根据反演定理可以直接写出

$$\overline{Y} = \overline{\overline{(\overline{A}+B)\overline{C}} \cdot \overline{D} \cdot \overline{E}}$$

1.5.3 对偶定理

所谓对偶定理,就是若两个逻辑式相等,则它们的对偶式也相等。

所谓对偶式,就是对于任何一个逻辑式 Y,若将其中的"·"换成"+","+"换成"·",0 换成 1,1 换成 0,则得到 Y 的对偶式 Y'。

在求对偶式时,同样需要注意要保持原式中的运算顺序不变,而且不属于单个变量上的反号应保留不变。

【例题 1.7】 若 $Y=A(B+\overline{C})$,求其对偶式 Y'。

解:根据对偶式的求解方法,可以直接写出
$$Y' = A + B\overline{C}$$

【例题 1.8】 若 $Y=AB+\overline{C+D}$,求其对偶式 Y'。

解:根据对偶式的求解方法,可以直接写出
$$Y' = (A+B)\overline{CD}$$

为了证明两个逻辑式相等,也可以通过证明它们的对偶式相等来完成,因为有些情况下证明它们的对偶式相等更加容易。

【例题 1.9】 试证明 $A+BC=(A+B)(A+C)$。

证明:等式左边:$A+BC$ 的对偶式为
$$A(B+C) = AB + AC$$

等式右边:$(A+B)(A+C)$ 的对偶式为 $AB+AC$。可见,等式左右两边的对偶式相等,所以
$$A+BC = (A+B)(A+C)$$

仔细观察读者会发现,表 1-11 中每横排的两个公式互为对偶式。

1.6 逻辑函数的表示方法

1.6.1 逻辑函数

在实际的逻辑电路中,如果把条件视为自变量,结果视为因变量,那么每给一组自变量取值,因变量就有一个确定的值与之对应,也即自变量与因变量之间有确定的逻辑关系。这种逻辑关系称为逻辑函数(logic function),写作
$$Y = F(A,B,C,\cdots)$$

由于自变量和因变量的取值只有 0 和 1 两种状态,所以这里的逻辑函数都是二值逻辑函数。常用的逻辑函数表示方法有逻辑真值表(简称真值表)、逻辑函数式(也称逻辑式或函数式)、卡诺图、逻辑图等。

1.6.2 逻辑真值表

将输入变量所有的取值下对应的输出值找出来,列成表格,即可得到真值表(truth table)。真值表的列写方法如下:

(1) 每一个输入变量都有 0、1 两种取值,则 n 个变量有 2^n 种不同取值组合。

(2) 为避免漏项,一般从 0 开始列写,按照每次递增 1 的顺序列写。

【例题 1.10】 一个逻辑电路实现的逻辑功能为:当输入变量 A、B、C 有两个或两个以

上为 1 时输出 Y 为 1,输入为其他状态时输出为 0。试列写其真值表。

解:按照真值表的列写方法,可以列出真值表如表 1-14 所示。

表 1-14 例 1.10 的真值表

A B C	Y	A B C	Y
0 0 0	0	1 0 0	0
0 0 1	0	1 0 1	1
0 1 0	0	1 1 0	1
0 1 1	1	1 1 1	1

1.6.3 逻辑函数式

1. 逻辑函数式的定义

把输出与输入之间的逻辑关系写成与、或、非等运算的组合式,即逻辑代数式,就得到了所需的逻辑函数式。

【**例题 1.11**】 如图 1-13 所示的电路中,A、B、C 为三个开关,Y 为灯。试写出能表示该电路功能的逻辑函数式。

解:根据电路的工作原理不难看出,"B 和 C 中至少有一个合上"可以表示为 $(B+C)$,"同时还要求合上 A",则应写作 $A(B+C)$。因此得到输出的逻辑函数式为

$$Y = A(B+C)$$

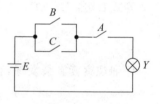

图 1-13 例题 1.11 的电路图

2. 逻辑函数的最小项和最小项表达式

(1) 最小项

在 n 个输入变量的逻辑函数中,若 m 为包含 n 个因子的乘积项,而且这 n 个变量均以原变量或反变量的形式在 m 中出现一次,则称 m 为该组变量的最小项(minterm)。

例如,设有 A、B、C 三个逻辑变量,由它们所组成的最小项有 $\overline{A}\overline{B}\overline{C}$、$\overline{A}\overline{B}C$、$\overline{A}B\overline{C}$、$\overline{A}BC$、$A\overline{B}\overline{C}$、$A\overline{B}C$、$AB\overline{C}$、$ABC$,共 8 个(即 2^3 个)最小项。同理,4 变量的最小项应有 16 个,n 变量的最小项应有 2^n 个。

输入变量的每一组取值都使一个对应的最小项的值等于 1。例如在三变量 A、B、C 的最小项中,当 $A=0$、$B=1$、$C=0$ 时,最小项 $\overline{A}B\overline{C}=1$,称最小项 $\overline{A}B\overline{C}$ 与变量的取值组合 010 相对应。如果把 $\overline{A}B\overline{C}$ 的取值 010 看做一个二进制数,那么它所表示的十进制数就是 2。为了今后使用方便,将 $\overline{A}B\overline{C}$ 这个最小项记作 m_2。按照这一约定,就得到了三变量最小项的编号(minterm number)表,如表 1-15 所示。

从最小项的定义出发可以证明它具有如下的重要性质:

① 在输入变量的任何取值下必有一个最小项,而且仅有一个最小项的值为 1。

② 任意两个最小项的乘积为 0。

③ 全体最小项之和为 1。

④ 具有相邻性的两个最小项之和可以合并成一项并消去一对因子。

表 1-15 三变量最小项的编号表

最 小 项	使最小项为 1 的变量取值			对应的十进制数	编 号
	A	B	C		
$\bar{A}\bar{B}\bar{C}$	0	0	0	0	m_0
$\bar{A}\bar{B}C$	0	0	1	1	m_1
$\bar{A}B\bar{C}$	0	1	0	2	m_2
$\bar{A}BC$	0	1	1	3	m_3
$A\bar{B}\bar{C}$	1	0	0	4	m_4
$A\bar{B}C$	1	0	1	5	m_5
$AB\bar{C}$	1	1	0	6	m_6
ABC	1	1	1	7	m_7

若两个最小项只有一个因子不同,则称这两个最小项具有相邻性。例如,$\bar{A}B\bar{C}$ 和 $\bar{A}\,\bar{B}\bar{C}$ 两个最小项仅第二个因子不同,所以它们具有相邻性。这两个最小项相加时定能合并成一项并将消去一对不同的因子。

$$\bar{A}B\bar{C} + \bar{A}\bar{B}\bar{C} = (B + \bar{B})\bar{A}\bar{C} = \bar{A}\bar{C}$$

(2) 逻辑函数的最小项表达式

利用基本公式 $A + \bar{A} = 1$,可以把任何一个逻辑函数化为最小项之和的形式,即最小项表达式。这在逻辑函数的化简以及计算机辅助分析和设计中得到了广泛的应用。

【例题 1.12】 给定逻辑函数为 $Y = AB + A\bar{C}$,试写出其最小项表达式。

解:利用公式 $A + \bar{A} = 1$,可写出逻辑函数的最小项表达式为

$$Y = AB(C + \bar{C}) + A\bar{C}(B + \bar{B}) = ABC + AB\bar{C} + A\bar{B}\bar{C} \tag{1-19}$$

对照表 1-15,式(1-19)中各个最小项又可分别表示为 m_7、m_6、m_4,所以又可以写成

$$Y = m_4 + m_6 + m_7 = \sum m(4,6,7) \tag{1-20}$$

一般来说,对于任何一个逻辑函数式,若想化为最小项表达式形式,必须先将其化为与或式的形式,然后再利用公式 $A + \bar{A} = 1$,即可将逻辑函数式化为最小项表达式。

【例题 1.13】 将逻辑函数 $Y = \overline{(AB + \bar{A}\bar{B} + \bar{C})\overline{AB}}$ 化为最小项表达式。

解:

$$\begin{aligned}
Y &= \overline{(AB + \bar{A}\bar{B} + \bar{C})\overline{AB}} = \overline{AB + \bar{A}\bar{B} + \bar{C}} + AB \\
&= (\overline{AB} \cdot \overline{\bar{A}\bar{B}} \cdot \overline{\bar{C}}) + AB = (\bar{A} + \bar{B})(A + B)C + AB \\
&= \bar{A}BC + A\bar{B}C + AB = \bar{A}BC + A\bar{B}C + AB(C + \bar{C}) \\
&= \bar{A}BC + A\bar{B}C + ABC + AB\bar{C} \\
&= \sum m(3,5,6,7)
\end{aligned}$$

1.6.4 卡诺图

1. 表示最小项的卡诺图

卡诺图(Karnaugh map)是由美国工程师卡诺(Karnaugh)首先提出的。将 n 变量的全部最小项各用一个小方块表示,并使具有逻辑相邻性的最小项在几何位置上也相邻地排列

起来,所得到的图形叫做 n 变量最小项的卡诺图。

图 1-14 画出了两变量到五变量最小项的卡诺图。

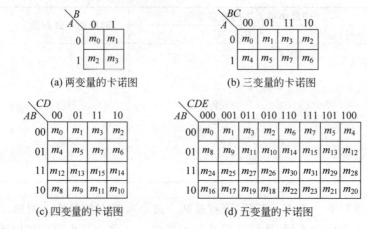

A \ B	0	1
0	m_0	m_1
1	m_2	m_3

(a) 两变量的卡诺图

A \ BC	00	01	11	10
0	m_0	m_1	m_3	m_2
1	m_4	m_5	m_7	m_6

(b) 三变量的卡诺图

AB \ CD	00	01	11	10
00	m_0	m_1	m_3	m_2
01	m_4	m_5	m_7	m_6
11	m_{12}	m_{13}	m_{15}	m_{14}
10	m_8	m_9	m_{11}	m_{10}

(c) 四变量的卡诺图

AB \ CDE	000	001	011	010	110	111	101	100
00	m_0	m_1	m_3	m_2	m_6	m_7	m_5	m_4
01	m_8	m_9	m_{11}	m_{10}	m_{14}	m_{15}	m_{13}	m_{12}
11	m_{24}	m_{25}	m_{27}	m_{26}	m_{30}	m_{31}	m_{29}	m_{28}
10	m_{16}	m_{17}	m_{19}	m_{18}	m_{22}	m_{23}	m_{21}	m_{20}

(d) 五变量的卡诺图

图 1-14 两变量到五变量最小项的卡诺图

图形两侧标注的 0 和 1 表示使对应小方格内的最小项为 1 的变量取值。同时,这些 0 和 1 组成的二进制数所对应的十进制数就是对应的最小项的编号。

为了保证图中几何位置相邻的最小项在逻辑上也具有相邻性,这些数码必须按照格雷码的形式排列,即图中的方式排列。

2. 用卡诺图表示逻辑函数

正如卡诺图的定义所述,每一个方格与一个最小项相对应,所以从卡诺图完全可以写出一个最小项表达式,也可以用卡诺图来表示一个最小项表达式。

【例题 1.14】 用卡诺图表示逻辑函数

$$Y = A\overline{B}CD + ABC\overline{D} + \overline{A}\,\overline{B}CD + \overline{A}B\overline{C}D + ABCD$$

解:首先画出四变量的卡诺图,然后在卡诺图上与函数式中最小项对应的方格内填入 1,在其余位置上填入 0,就得到如图 1-15 所示的 Y 的卡诺图。

【例题 1.15】 已知逻辑函数的卡诺图如图 1-16 所示,试写出该函数的逻辑表达式。

因为任何一个逻辑函数都等于它的卡诺图中填入 1 的那些最小项之和,所以把卡诺图中填入 1 的那些方格所对应的最小项相加即可得到逻辑表达式为

$$Y = \overline{A}\,\overline{B}CD + \overline{A}B\overline{C}D + \overline{A}BCD + ABC\overline{D} + ABCD + A\overline{B}C\overline{D}$$

AB \ CD	00	01	11	10
00	0	0	1	0
01	0	1	0	0
11	1	0	1	0
10	0	0	1	0

图 1-15 例题 1.14 的卡诺图

AB \ CD	00	01	11	10
00	0	0	1	0
01	0	1	1	0
11	1	0	1	0
10	0	0	0	1

图 1-16 例题 1.15 的卡诺图

1.6.5 逻辑图

将逻辑函数中各变量之间的与、或、非等逻辑关系用图形符号表示出来,就可以画出表示函数关系的逻辑图。

【例题 1.16】 画出逻辑函数 $Y=A+BC$ 的逻辑图。

解:逻辑函数 $Y=A+BC$ 的逻辑图如图 1-17 所示。

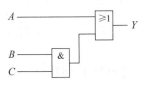

图 1-17　例题 1.16 的逻辑图

1.6.6 各种表示方法间的互相转换

既然同一个逻辑函数可以用四种不同的方法描述,那么这 4 种方法之间必能互相转换。经常用到的转换方式有以下几种。

1. 从真值表写出逻辑函数式

从真值表写出逻辑函数式的一般方法是:

(1) 找出真值表中使输出变量等于 1 的那些输入变量的取值组合。

(2) 每组输入变量的取值组合对应一个乘积项,其中取值为 1 的写入原变量,取值为 0 的写入反变量。

(3) 将这些乘积项相加,即得到逻辑函数式。

【例题 1.17】 写出表 1-14 所示真值表的逻辑函数式。

解:由表 1-14 所示的真值表可见,当输入变量 ABC 的取值组合为 011、101、110、111 时,$Y=1$,而当 $ABC=011$ 时,必然使乘积项 $\bar{A}BC=1$;当 $ABC=101$ 时,必然使乘积项 $A\bar{B}C=1$;当 $ABC=110$ 时,必然使 $AB\bar{C}=1$;当 $ABC=111$ 时,必然使乘积项 $ABC=1$,因此 Y 的逻辑函数应当等于这四个乘积项之和,即

$$Y = \bar{A}BC + A\bar{B}C + AB\bar{C} + ABC$$

2. 从逻辑式列出真值表

将输入变量取值的所有组合状态逐一代入逻辑式求出函数值,列成表,即可得到真值表。

【例题 1.18】 已知逻辑函数 $Y=\bar{A}+\bar{B}C+\bar{A}BC$,求与它对应的真值表。

解:将 A、B、C 的各种取值逐一代入 Y 式中计算,将计算结果列表,即得表 1-16 所示的真值表。初学时为避免差错可先将 $\bar{B}C$ 和 $\bar{A}BC$ 两项算出,然后将 $\bar{A}$、$\bar{B}C$ 和 $\bar{A}BC$ 相加求出 Y 的值。

表 1-16　例题 1.18 的真值表

A B C	$\bar{A}$	$\bar{B}C$	$\bar{A}BC$	Y
0 0 0	1	0	0	1
0 0 1	1	1	0	1
0 1 0	1	0	0	1
0 1 1	1	0	1	1
1 0 0	0	0	0	0
1 0 1	0	1	0	1
1 1 0	0	0	0	0
1 1 1	0	0	0	0

3. 从逻辑图写出逻辑式

从输入端到输出端逐级写出每个图形符号对应的逻辑式，就可以得到对应的逻辑函数式。

【例题 1.19】 已知函数的逻辑图如图 1-18 所示，试写出它的逻辑函数式。

图 1-18　例题 1.19 的逻辑图

解：从输入端 A、B、C 开始逐个写出每个图形符号输出端的逻辑式，得到 $Y=\overline{\overline{A}+\overline{BC}}$。将该式变换后可得

$$Y = ABC$$

可见，输出 Y 和 A、B、C 间是与的逻辑关系。

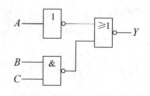

4. 从一般逻辑函数填写卡诺图

前面已经介绍过，对于任一个逻辑函数，利用公式 $A+\overline{A}=1$ 即可将其变为最小项表达式。假设有一个四变量的逻辑函数 $Y=\overline{A}BC+AB\overline{C}D$，将其化为最小项表达式为

$$\begin{aligned} Y &= \overline{A}BC + AB\overline{C}D = \overline{A}BC(D+\overline{D}) + AB\overline{C}D \\ &= \overline{A}BCD + \overline{A}BC\overline{D} + AB\overline{C}D \end{aligned}$$

从上面可以看出乘积项 $\overline{A}BC$ 包含两个最小项 $\overline{A}BCD$ 和 $\overline{A}BC\overline{D}$，且是这两个最小项的公因子。那么在填写卡诺图时，最小项 $\overline{A}BCD$ 和 $\overline{A}BC\overline{D}$ 对应方格内都应填写 1，也就是说，凡是含有公因子 $\overline{A}BC$ 的最小项所对应的方格内都填写 1。由此可以得出由一般逻辑函数填写卡诺图的一般步骤为：首先将逻辑函数变换为与或逻辑表达式(不必变成最小项表达式的形式)，然后在变量卡诺图中，把每一个乘积项所包含的那些最小项(该乘积项就是这些最小项的公因子)处都填上 1，剩下的填 0。

AB \ CD	00	01	11	10
00	1	0	1	1
01	1	1	0	0
11	1	1	1	1
10	1	0	0	1

图 1-19　例题 1.20 的卡诺图

【例题 1.20】 已知四变量的逻辑函数为 $Y=AB+\overline{\overline{A}C+\overline{B}D}+\overline{A}\overline{B}C$，试填写卡诺图。

解：首先将逻辑函数化成与或式为

$$\begin{aligned} Y &= AB + \overline{\overline{A}C} \cdot \overline{\overline{B}D} + \overline{A}\overline{B}C \\ &= AB + (A+\overline{C})(B+\overline{D}) + \overline{A}\overline{B}C \\ &= AB + A\overline{D} + B\overline{C} + \overline{C}\overline{D} + \overline{A}\overline{B}C \end{aligned}$$

然后将每一个乘积项所包含的最小项所对应的方格都填写 1，得到卡诺图如图 1-19 所示。

1.7　逻辑函数的化简方法

1.7.1　逻辑函数的种类及最简形式

1. 逻辑函数的种类

一个逻辑函数可以有多种不同的逻辑表达式，如与或表达式、或与表达式、与非-与非表达式、或非-或非表达式以及与或非表达式等。例如：

$$Y = AC + \bar{C}D \qquad \text{与或表达式}$$
$$= (A+\bar{C})(C+D) \qquad \text{或与表达式}$$
$$= \overline{\overline{AC} \cdot \overline{\bar{C}D}} \qquad \text{与非-与非表达式}$$
$$= \overline{\overline{(A+\bar{C})} + \overline{(C+D)}} \qquad \text{或非-或非表达式}$$
$$= \overline{\overline{AC} + \overline{\bar{C}D}} \qquad \text{与或非表达式}$$

上述的各种类型的表达式中与或式是最为常见的，由与或式化为其他形式的表达式也比较容易。

【例题 1.21】 将与或式 $Y = AB\bar{C} + \bar{B}C + BD$ 化为与非-与非表达式。

解：根据还原律 $\bar{\bar{Y}} = Y$，对原函数进行两次取反并利用摩根定律即可得到
$$Y = \overline{\overline{AB\bar{C} + \bar{B}C + BD}} = \overline{\overline{AB\bar{C}} \cdot \overline{\bar{B}C} \cdot \overline{BD}}$$

【例题 1.22】 将与或式 $Y = A\bar{B}C + B\bar{D}$ 化为与或非表达式。

解：首先利用反演定理求出其反函数，并展开化为与或式得到
$$\bar{Y} = (\bar{A} + B + \bar{C})(\bar{B} + D) = \bar{A}\bar{B} + \bar{A}D + BD + \bar{B}\bar{C} + \bar{C}D$$

再将 $\bar{Y}$ 取反即可得到
$$Y = \overline{\bar{A}\bar{B} + \bar{A}D + BD + \bar{B}\bar{C} + \bar{C}D}$$

2. 逻辑函数的最简形式

正如上面所看到，同一个逻辑函数可以写成不同的逻辑式，而这些逻辑式的繁简程度又相差甚远，所以逻辑式越简单，它所表示的逻辑关系越明显，同时也有利于用最少的电子器件实现这个逻辑函数。因此经常需要通过化简的手段找出逻辑函数的最简形式。由于逻辑代数的基本公式和常用公式多以与或式形式给出，用于化简与或逻辑函数比较方便，同时与或表达式可以比较容易地同其他形式的表达式相互转换，所以本书所说的化简，一般是指要求化为最简的与或表达式。

最简与或表达式，首先应是乘积项的数目是最少的，其次在满足乘积项最少的条件下，要求每个乘积项中变量的个数也最少。这样用化简后的表达式构成逻辑电路可节省器件、降低成本、提高工作的可靠性。

1.7.2 公式法化简

公式法化简的原理就是反复使用逻辑代数中的基本公式和常用公式消去函数中多余的乘积项和多余的因子，以求得函数式的最简形式。

公式法化简没有固定的步骤，现将经常使用的方法归纳如下。

1. 并项法

利用公式 $A + \bar{A} = 1$，可以将两项合并为一项，并消去一个变量。

【例题 1.23】 试用并项法化简下列逻辑函数：
$$Y_1 = A\bar{B}\bar{C}D + AB\bar{C}D$$
$$Y_2 = \bar{A}B + ACD + \bar{A}\bar{B} + \bar{A}CD$$

解：$Y_1 = A(\overline{B\overline{C}D} + B\overline{C}D) = A$

$Y_2 = \overline{A}(B+\overline{B}) + CD(A+\overline{A}) = \overline{A} + CD$

2. 吸收法

利用公式 $A+AB=A$，消去多余的项。

【例题 1.24】 试用吸收法化简下列逻辑函数：

$$Y_1 = \overline{B} + A\overline{B}DE$$
$$Y_2 = AC + A\overline{B}C + ACD + AC(\overline{B}+D)$$

解：$Y_1 = \overline{B}$

$Y_2 = AC(1+\overline{B}+D+\overline{B}+D) = AC$

3. 消因子法

利用公式 $A+\overline{A}B=A+B$，消去多余的因子。

【例题 1.25】 试利用消因子法化简下列逻辑函数：

$$Y_1 = \overline{C} + \overline{A}BC$$
$$Y_2 = AB + \overline{A}C + \overline{B}C$$

解：$Y_1 = \overline{C} + \overline{A}B$

$Y_2 = AB + (\overline{A}+\overline{B})C = AB + \overline{AB}C = AB + C$

4. 消项法

利用公式 $AB+\overline{A}C+BCD=AB+\overline{A}C$ 消去多余的乘积项。

【例题 1.26】 试利用消项法化简下列逻辑函数：

$$Y_1 = AC + A\overline{B} + \overline{B+C}$$
$$Y_2 = A\overline{B}C\overline{D} + \overline{A}\overline{B}E + \overline{A}CDE$$

解：$Y_1 = AC + A\overline{B} + \overline{B}\overline{C} = AC + \overline{B}\overline{C}$

$Y_2 = (A\overline{B})C\overline{D} + (\overline{A}\overline{B})E + \overline{A}(CD)(E) = A\overline{B}C\overline{D} + \overline{A}\overline{B}E$

5. 配项法

(1) 利用公式 $A=A(B+\overline{B})$，将它作配项用，然后消去更多的项。

【例题 1.27】 试利用配项法化简逻辑函数：

$$Y = AB + \overline{A}\overline{C} + B\overline{C}$$

解：$Y = AB + \overline{A}\overline{C} + (A+\overline{A})B\overline{C} = AB + \overline{A}\overline{C} + AB\overline{C} + \overline{A}B\overline{C}$
$= (AB+AB\overline{C}) + (\overline{A}\overline{C}+\overline{A}B\overline{C}) = AB + \overline{A}\overline{C}$

(2) 利用公式 $A+A=A$，可以在逻辑函数式中重复写入某一项，然后消去更多的项。

【例题 1.28】 试利用配项法化简逻辑函数：

$$Y = \overline{A}B\overline{C} + \overline{A}BC + AB C$$

解：在式中重复写入 $\overline{A}BC$，则可得到

$$Y = (\overline{A}B\overline{C} + \overline{A}BC) + (\overline{A}BC + ABC)$$
$$= \overline{A}B(\overline{C} + C) + BC(\overline{A} + A)$$
$$= \overline{A}B + BC$$

在化简复杂的逻辑函数时,往往需要灵活、交替地综合运用上述方法,才能得到最后的化简结果。

【例题 1.29】 化简逻辑函数:
$$Y = AB + A\overline{C} + \overline{B}C + B\overline{C} + \overline{B}D + B\overline{D} + ADE(F+G)$$

解:
$$Y = AB + A\overline{C} + \overline{B}C + B\overline{C} + \overline{B}D + B\overline{D} + ADE(F+G)$$
$$= A\,\overline{BC} + \overline{B}C + B\overline{C} + \overline{B}D + B\overline{D} + ADE(F+G)$$
$$= A + \overline{B}C + B\overline{C} + \overline{B}D + B\overline{D} + ADE(F+G)$$
$$= A + \overline{B}C + B\overline{C} + \overline{B}D + B\overline{D}$$
$$= A + \overline{B}C(D + \overline{D}) + B\overline{C} + \overline{B}D + B\overline{D}(C + \overline{C})$$
$$= A + \overline{B}CD + \overline{B}C\overline{D} + B\overline{C} + \overline{B}D + BC\overline{D} + B\overline{C}\,\overline{D}$$
$$= A + (\overline{B}CD + \overline{B}D) + (\overline{B}C\overline{D} + BC\overline{D}) + (B\overline{C} + B\overline{C}\,\overline{D})$$
$$= A + \overline{B}D + C\overline{D} + B\overline{C}$$

1.7.3 卡诺图法化简

1. 化简的依据

卡诺图法化简又称图形法化简。化简时依据的基本原理就是具有相邻性的最小项可以合并,并消去不同的因子。由于在卡诺图上具有几何相邻的最小项在逻辑上也都是相邻的,因而从卡诺图上能直接找出那些具有几何相邻的最小项并将其合并化简。

在卡诺图中出现以下几种情况则对应项均为几何相邻项:

(1) 在卡诺图中,以横、竖中线对折后的重合部分。

(2) 在卡诺图中,当横、竖中线同时对折后的重合部分。

例如,图 1-19 所示的卡诺图中,方格 2 和 3 可以合并为 $\overline{A}B\overline{C}$,消去了一对互补因子 D 和 $\overline{D}$;方格 0、2、8、10 可以合并为 $\overline{B}\,\overline{D}$,消去了两对互补因子 A、$\overline{A}$ 和 C、$\overline{C}$;方格 4、5、12、13 合并可以消去两对互补因子 A、$\overline{A}$ 和 D、$\overline{D}$;方格 12、13、14、15 合并可以消去两对互补因子 C、$\overline{C}$ 和 D、$\overline{D}$。同理如果有 2^n 个最小项相邻($n=1,2,\cdots$)并排列成一个矩形组,则它们可以合并为一项,并消去 n 对因子。合并后的结果仅包含这些最小项的公共因子。

2. 化简的方法

根据上述原理,可总结出合并最小项的规则是:

(1) 可以把相邻的行和列中为 1 的方格用线条分组,画成若干个包围圈,每个包围圈包含 2^n 个方格(n 为正整数)。

(2) 每个方格都可以被重复包围,也即每个方格可同时被包围在两个以上的包围圈内,但每个包围圈都要有新的方格。

(3) 不能遗漏任何一项,如果某个为 1 的方格不能与相邻的方格组成包围圈,可单独画成一个包围圈。

将每个包围圈的逻辑表达式进行逻辑加,就可以得到化简后的逻辑表达式。

【例题 1.30】 用卡诺图化简法将逻辑函数 $Y=A\bar{C}+\bar{A}BC+B\bar{C}+ACD$ 化简为最简与或式。

解:首先填写卡诺图,然后按照合并最小项的规则合并最小项,如图 1-20 所示。化简后的逻辑函数为

$$Y = \bar{A}B + A\bar{C} + AD$$

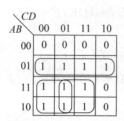

图 1-20 例题 1.30 的卡诺图

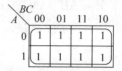

图 1-21 例题 1.31 的卡诺图

【例题 1.31】 用卡诺图化简法将逻辑函数 $Y(A,B,C) = \sum m(0 \sim 7)$ 化简为最简与或式。

解:填写的卡诺图及合并的最小项如图 1-21 所示。化简后的逻辑函数为 $Y=1$。

画包围圈时,必须注意以下几点:

(1) 在画包围圈时,要求包围圈的个数尽可能少。因为逻辑表达式中的每一项都需要一个与门来实现,圈数越少,使用的与门也越少。

(2) 在画包围圈时,所包围的小方格要尽可能多。这样可以消去的变量多,所使用的与门的输入端可以越少。

(3) 应避免一开始就画大的包围圈,后画小的包围圈,以免出现多余的包围圈。

(4) 画包围圈的方法不唯一。

【例题 1.32】 用卡诺图化简法将逻辑函数 $Y(A,B,C,D) = \sum m(1,4,5,6,8,12,13,15)$ 化简为最简与或式。

解:填写的卡诺图及合并的最小项如图 1-22 所示。化简后的逻辑函数为

$$Y = A\bar{C}\bar{D} + ABD + \bar{A}CD + \bar{A}B\bar{D}$$

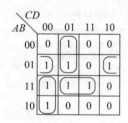

图 1-22 例题 1.32 的卡诺图

图 1-22 所示的卡诺图,如果一开始将方格 4、5、12、13 画成一个包围圈,在将其他几个最小项包围圈画好之后,会发现一开始画的那个包围圈是多余的。

【例题 1.33】 用卡诺图化简法将逻辑函数 $Y(A,B,C,D) = \sum m(0 \sim 3, 5 \sim 11, 13 \sim 15)$ 化简为最简与或式。

解:填写的卡诺图及合并的最小项如图 1-23 所示。化简后的逻辑函数为

$$Y = \bar{B} + C + D$$

以上四个例题,都是通过合并卡诺图中的 1 来求得化简结果的。由于全部最小项之和为 1,所以若将全部最小项之和分为两部分,一部分(卡诺图中填入 1 的那些最小项)之和记

作 Y，根据 $Y+\bar{Y}=1$ 可知，另一部分（卡诺图中填入 0 的那些最小项）之和必为 $\bar{Y}$。所以对于卡诺图中为 0 的方格数目远小于为 1 的方格数目时，可以通过合并卡诺图中为 0 的方格，先求出 $\bar{Y}$ 的化简结果，然后再将 $\bar{Y}$ 求反而得到 Y。

对于例题 1.33 的卡诺图，先合并为 0 的方格，得到 $\bar{Y}=B\bar{C}D$，再将其取反，得到 $Y=\bar{B}+C+\bar{D}$，结果同上。

此外，在需要将函数化为最简的与或非式时，采用合并 1 的方式最为合适，因为得到的结果正是与或非形式。如果要求得到 $\bar{Y}$ 的化简结果，则采用合并 0 的方式就更简便了。

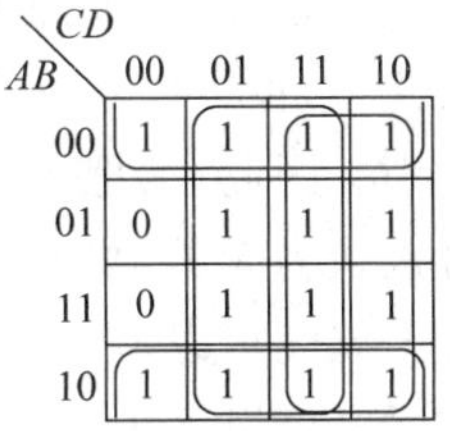

图 1-23 例题 1.33 的卡诺图

1.7.4 具有无关项的逻辑函数及其化简

1. 约束项、任意项和逻辑函数中的无关项

实际中经常会遇到这样的问题，即输入变量的取值是任意的，就是在输入变量的某些取值下函数值是 1 还是 0 皆可，并不影响电路的功能。如用 8421 码对 0~9 这 10 个十进制数进行编码时，1010、1011、1100、1101、1110、1111 这些输入变量的取值组合，对输出的结果可以是任意的，是一批不用的代码。在这些变量取值下，其值等于 1 的那些最小项称为任意项。

还有一种情况是输入变量的取值不是任意的，而是对输入变量的取值有所限制。对输入变量取值所加的限制称为约束。同时，把这一组变量称为具有约束的一组变量。

例如，有三个逻辑变量 A、B、C，它们分别表示一台电动机的停止、反转和正转的命令，$A=1$ 表示停止，$B=1$ 表示反转，$C=1$ 表示正转。因为电动机任何时候只能执行其中的一个命令，所以不允许两个以上的变量同时为 1。ABC 的取值只可能是 001、010、100 当中的某一种，而不能是 000、011、101、110、111 中的任何一种。因此，A、B、C 是一组具有约束的变量。

通常用约束条件来描述约束的具体内容。由于每一组输入变量的取值都使一个，而且仅有一个最小项的值为 1，所以当限制某些输入变量的取值不能出现时，可以用它们对应的最小项恒等于 0 来表示。这样，上面例子中的约束条件可以表示为

$$\begin{cases} \bar{A}\bar{B}\bar{C} = 0 \\ \bar{A}BC = 0 \\ A\bar{B}C = 0 \\ AB\bar{C} = 0 \\ ABC = 0 \end{cases}$$

或写成

$$\bar{A}\bar{B}\bar{C} + \bar{A}BC + A\bar{B}C + AB\bar{C} + ABC = 0$$

或写成

$$\sum d(0,3,5,6,7) = 0$$

同时把这些恒等于 0 的最小项叫做约束项。

在存在约束项的情况下，由于约束项的值始终等于 0，所以既可以把约束项写进逻辑函

数式中,也可以把约束项从函数式中删掉,而不影响函数值。同样,既可以把任意项写入函数式中,也可以不写进去,因为输入变量的取值使这些任意项为 1 时,函数值是 1 还是 0 无所谓。因此,又把约束项和任意项统称为逻辑函数式中的无关项(don't-care term)。既然可以认为无关项包含在函数式中,也可以认为不包含在函数式中,那么在卡诺图中对应的位置上就既可以填入 1,也可以填入 0。为此,在卡诺图中用×表示无关项。在化简逻辑函数式时既可以认为它是 1,也可以认为它是 0。

2. 无关项在化简逻辑函数中的应用

化简具有无关项的逻辑函数时,因为无关项的取值为 1 还是 0 对逻辑函数的最终状态无影响,所以,为了使化简结果更加简单,可以合理地设置无关项的值为 1(即认为函数式中包含了这个最小项)或者为 0(即认为函数式中不包含这个最小项),使卡诺图上的包围圈围住更多的最小项。

化简带有无关项的逻辑函数时,若采用公式法化简,不容易确定加入哪些无关项可以使化简结果更简单,因此最常用的是采用卡诺图法化简。

【**例题 1.34**】 试化简逻辑函数:
$$Y = \overline{A}C\overline{D} + \overline{A}BC\overline{D} + A\overline{B}C\overline{D}$$
已知约束条件为
$$A\overline{B}CD + \overline{A}BCD + AB\overline{C}\overline{D} + AB\overline{C}D + ABC\overline{D} + ABCD = 0$$

解:函数 Y 的卡诺图及所画的包围圈如图 1-24 所示。化简结果为
$$Y = C\overline{D} + B\overline{D} + A\overline{D}$$

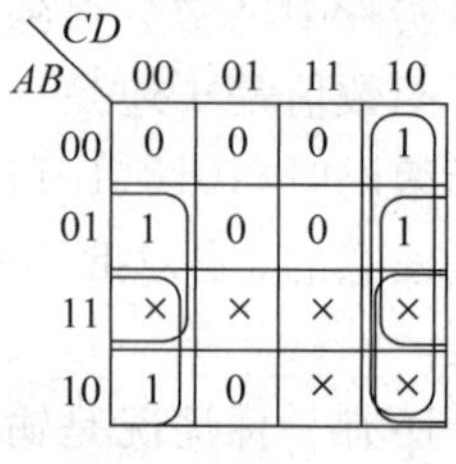

图 1-24 例题 1.34 的卡诺图

小 结

在数字电路中,基本的工作信号为二进制数 0 和 1,通常用逻辑 1 表示高电平,用逻辑 0 表示低电平,即正逻辑赋值。逻辑电平随时间的变化通常以理想的数字波形来表示。常用的数制包括二进制、八进制、十进制和十六进制,而且它们之间可以方便地转换。常用的 BCD 码有 8421 码、2421 码和 5211 码,它们都是恒权代码,其中 8421 码是 BCD 代码中最常用的一种。另外还有余 3 码和格雷码,它们都是无权码。

逻辑代数中的基本逻辑关系有逻辑与、逻辑或和逻辑非,复合逻辑运算有与非、或非、异或、同或、与或非等。逻辑代数中的公式包括基本公式和常用公式,而常用公式都可以由基本公式导出。基本定理包括代入定理、反演定理和对偶定理。这些公式和定理主要是为了进行逻辑函数的化简或不同类型逻辑函数之间的转换,对于合理地分析和设计逻辑电路很有帮助。

逻辑函数的表示方法有真值表、逻辑函数式、卡诺图和逻辑图。真值表能最直观地表示出逻辑功能,逻辑函数式能最方便地表示出逻辑功能,卡诺图最方便逻辑函数的化简,逻辑图最接近于实际的电路图。这 4 种表示方法之间可以任意地互相转换。在使用时,可以根据具体情况,选择最适当的一种方法表示所研究的逻辑函数。逻辑电路的分析和设计,实际上就是通过这几种表示方法的转换来完成的。

逻辑函数的化简一般化成最简与或式。化简主要有两种方法,即公式法化简和卡诺图法化简。公式法化简就是反复使用逻辑代数中的基本公式和常用公式消去函数中多余的乘积项和多余的因子,以求得函数式的最简形式,这种化简方法比较适用于表达式不太复杂的情况。卡诺图法化简依据的基本原理就是具有相邻性的最小项可以合并,并消去不同的因子,对于具有无关项的逻辑函数的化简通常采用卡诺图法化简,这种化简方法比较适合于表达式比较复杂或输入变量个数较多时。

习 题

1. 填空题。

(1) 在时间上和数值上都是连续变化的信号是_____信号;在时间上和数值上都是离散的信号是_____信号。

(2) 常用的逻辑函数的表示方法有 4 种,它们是_____法、_____法、_____法和_____法。

(3) 如果用逻辑 1 表示高电平,用逻辑 0 表示低电平,则称这种赋值方式为_____。反之,如果用逻辑 1 表示低电平,用逻辑 0 表示高电平,则称这种赋值方式为_____。

(4) 理想的脉冲波形一般只要用 3 个参数便可以描述清楚,它们是_____、_____和_____。

(5) 脉冲的宽度 t_w 与脉冲周期 T 的比值称为_____。

(6) 逻辑代数的基本运算有_____、_____、_____三种。

(7) 对于二值逻辑问题,若输入变量为 n 个,则完整的真值表有_____种不同输入取值组合。

(8) n 变量的卡诺图共有_____个小方格。

(9) 若具有相同逻辑变量的两个最小项只有一个因子不同,则称这两个最小项具有_____性。

(10) 使 $Y=AB\bar{C}$ 的值为 1 的 ABC 取值是_____。

2. 选择题。

(1) 下列一组数据中,最大的是_____。
 A. $(11011001)_2$ B. $(27)_{10}$ C. $(3AF)_{16}$ D. $(135.2)_8$

(2) 一只四输入端的或非门,使其输出为 1 的输入变量取值组合有_____种。
 A. 15   B. 8   C. 7   D. 1

(3) 已知二变量输入逻辑门的输入 A、B 和输出 Y 的波形如图 1-25 所示,则可判断出该逻辑门为_____。
 A. 与非门   B. 或非门
 C. 异或门   D. 同或门

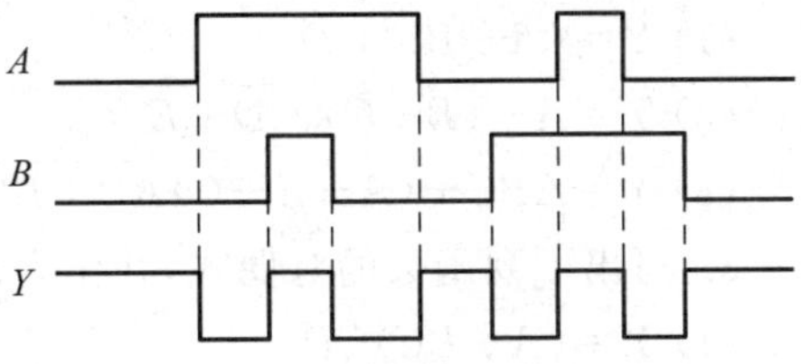

(4) 已知 $Y=\overline{ABC+CD}$。下列选项中_____一定使 $Y=0$。
 A. $BC=1,D=1$ B. $B=1,C=1$
 C. $C=1,D=0$ D. $A=0,BC=1$

图 1-25 第 2 题(3)的波形图

(5) 已知某电路的真值表如表 1-17 所示,该电路的逻辑表达式为_____。

表 1-17 第 2 题(5)的真值表

A B C	Y	A B C	Y
0 0 0	0	1 0 0	0
0 0 1	1	1 0 1	1
0 1 0	0	1 1 0	1
0 1 1	1	1 1 1	1

A. $Y=C$ B. $Y=ABC$ C. $Y=AB+C$ D. $Y=B\bar{C}+C$

(6) 将 8421BCD 码 100101110100 转换为八进制数为_____。

A. 974   B. 1716   C. 6171   D. 479

(7) 下列各式中为四变量 A、B、C、D 的最小项的是_____。

A. $A+B+C+\bar{D}$ B. $ABCD$ C. $A+B+AC$ D. $AC+B\bar{D}$

(8) 一个 8 位二进制计数器,对输入脉冲进行计数,设计数器的初始状态为 0,则计入 75 个脉冲后,计数器的状态是_____。

A. 01001011   B. 11011011   C. 01101011   D. 11010100

(9) 要表示所有 3 位十进制数,至少需要用_____位二进制数。

A. 12   B. 11   C. 10   D. 9

(10) 已知逻辑图如图 1-26 所示,输出端 Y 的表达式为_____。

A. $Y=\overline{AB}$ B. $Y=AB$

C. $Y=A+B$ D. $Y=\overline{A}\overline{B}$

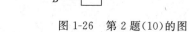

图 1-26 第 2 题(10)的图

3. 将下列二进制数转换成十进制数和十六进制数。

(1) 11010111   (2) 1100100   (3) 10011110.110101

4. 将下列 8421BCD 码与十进制数相互转换。

(1) $(001010010100 0011)_{8421BCD}$ (2) $(92.75)_D$

5. 用二进制数的补码完成十进制数的运算。

(1) $(6)_D-(3)_D$ (2) $(2)_D-(5)_D$

6. 试用真值表证明下列等式成立。

(1) $A\oplus\bar{B}=\overline{A\oplus B}$

(2) $A+BC=(A+B)(A+C)$

7. 用反演定理求出下列函数的反函数,并化为最简与或式。

(1) $Y=(A+BC)\bar{C}D$

(2) $Y=A+(B+\bar{C})\cdot\overline{D+E}$

(3) $Y=ABC+(A+B+C)\overline{AB+BC+AC}$

8. 写出下列函数的对偶式,并化为最简与或式。

(1) $Y=(A+BC)\bar{C}D$

(2) $Y=AB+\overline{\overline{BC}(\bar{C}+\bar{D})}$

9. 试列出下列函数的真值表。

(1) $Y=AB+\bar{C}$

(2) $Y=\bar{A}B+\bar{C}D$

10. 已知逻辑函数的真值表如表 1-18 和表 1-19 所示，写出对应的逻辑函数式，并画出逻辑图。

表 1-18 逻辑函数真值表(1)

A	B	C	Y	A	B	C	Y
0	0	0	1	1	0	0	0
0	0	1	0	1	0	1	1
0	1	0	0	1	1	0	0
0	1	1	1	1	1	1	0

表 1-19 逻辑函数真值表(2)

A	B	C	D	Y	A	B	C	D	Y
0	0	0	0	1	1	0	0	0	1
0	0	0	1	1	1	0	0	1	1
0	0	1	0	0	1	0	1	0	0
0	0	1	1	0	1	0	1	1	0
0	1	0	0	0	1	1	0	0	1
0	1	0	1	1	1	1	0	1	1
0	1	1	0	0	1	1	1	0	0
0	1	1	1	0	1	1	1	1	0

11. 写出图 1-27 所示电路的输出逻辑函数式。

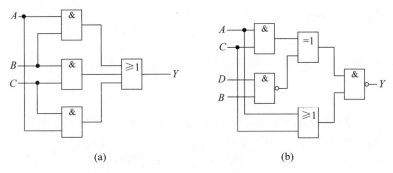

图 1-27 第 11 题的图

12. 将下列函数写成最小项表达式的形式。

(1) $Y=A+BC$

(2) $Y=\bar{M}+NQ$

13. 用公式法将下列函数化成最简与或式，再化成与非-与非表达式。

(1) $Y=\overline{(\bar{A}+B)(A+\bar{C})}+AB\bar{C}$

(2) $Y=A\bar{B}+B+\bar{A}B$

(3) $Y=A+\overline{B+\bar{C}}(A+\bar{B}+C)(A+B+C)$

(4) $Y=AC+B\bar{C}+\bar{A}B$

14. 用公式法将下列函数化成最简与或式。

(1) $Y=A\bar{B}C+\bar{A}+B+\bar{C}$

(2) $Y=A\bar{B}+\bar{A}CD+B+\bar{C}+\bar{D}$

(3) $Y=A\bar{B}+B\bar{C}+\bar{B}C+\bar{A}B$

(4) $Y=\overline{AB\,\overline{CD}+BD\,\overline{AC}}$

(5) $Y = ABD + \bar{B}C + \bar{A}C + B\bar{D}$

(6) $Y = AB + \bar{A}BD + CD + \bar{A}B\bar{D} + \bar{C}D$

(7) $Y = (\bar{A} + B + C)(B + \bar{C} + D)(\bar{A} + B + D)$

(8) $Y = \bar{A}D + BD + AC + \bar{C}D$

(9) $Y = (A + B)(A + C)(A + \bar{D})(BC\bar{D} + E)$

(10) $Y = (\bar{A} + \bar{B} + C)(A + \bar{B} + \bar{D})(A + \bar{D})$

15. 用卡诺图法将下列函数化简为最简与或式。

(1) $Y = A\bar{B}C + \bar{A}\bar{B}C + AB\bar{C}$

(2) $Y = \bar{A}\bar{B} + AC + \bar{B}C$

(3) $Y = \bar{A}\bar{B}C + AB\bar{C} + \bar{A}CD + \bar{B}D + AC\bar{D}$

(4) $Y = \bar{A}\bar{B}CD + \bar{A}BCD + \bar{A}BC\bar{D} + AB\bar{C}D + A\bar{B}CD + AB\bar{C}\bar{D} + ABC\bar{D}$

(5) $Y = A\bar{B}C + \bar{C}D + \bar{A}CD + B\bar{C}D + \bar{A}B$

(6) $Y(A,B,C,D) = \sum m(1,3,4,6,8,9,10,11,12,14,15)$

(7) $Y(A,B,C,D) = \sum m(0,1,2,5,6,7,8,10,11,12,13,15)$

(8) $Y(A,B,C) = \sum m(0,1,2,5,6,7)$

(9) $Y(A,B,C) = \sum m(1,3,5,7)$

(10) $Y(A,B,C,D) = \sum m(0,1,2,3,4,6,8,9,10,11,14)$

16. 用卡诺图法将下列函数化简为最简与或式。

(1) $Y = \overline{A + C + D} + \bar{A}\bar{B}C\bar{D} + AB\bar{C}D$

约束条件为

$$A\bar{B}C\bar{D} + \bar{A}BCD + AB\bar{C}\bar{D} + A\bar{B}CD + AB\bar{C}D + ABCD = 0$$

(2) $Y = A\bar{B}C + \bar{A}BC + BD$，约束条件为 $BC\bar{D} + AB\bar{C}D + \bar{A}B\bar{C}\bar{D} + \bar{A}BCD = 0$

(3) $Y = BC + \bar{A}BC + \bar{A}\bar{B}C + AB\bar{C}$，约束条件为 $AB\bar{C} + AB\bar{C} = 0$

(4) $Y = C\bar{D}(A \oplus B) + \bar{A}B\bar{C} + \overline{A}CD$，约束条件为 $AB + CD = 0$

(5) $Y = (A\bar{B} + B)C\bar{D} + \overline{(A+B)(\bar{B}+C)}$，约束条件为 $ABCD + ACD + BCD = 0$

(6) $Y(A,B,C) = \sum m(1,3,4,5) + \sum d(6,7)$

(7) $Y(A,B,C,D) = \sum m(0,1,2,3,6,8) + \sum d(10,11,12,13,14,15)$

(8) $Y(A,B,C,D) = \sum m(0,2,3,4,5,6,11,12) + \sum d(8,9,10,13,14,15)$

(9) $Y(A,B,C,D) = \sum m(1,5,8,12) + \sum d(3,7,10,11,14,15)$

(10) $Y(A,B,C,D) = \sum m(4,6,10,13,15) + \sum d(0,1,2,5,7,8)$

第 2 章 常用半导体器件的工作原理和开关特性

教学提示：不论是分立元器件门电路还是集成门电路，其基本的电路元件都是二极管、三极管或场效应管。因此为了更好地理解门电路的工作原理，应首先掌握二极管、三极管和场效应管的结构、工作原理、主要参数及开关特性。

教学要求：了解二极管、三极管和场效应管的结构。理解二极管的单向导电性，三极管的电流放大原理，场效应管的工作原理及它们的开关特性。掌握二极管的伏安特性，三极管的输入、输出特性，场效应管的特性曲线及它们的主要参数。

2.1 半导体的基本知识

2.1.1 半导体的特性

根据导电能力的不同，物质可分为导体、半导体和绝缘体。导体就是容易导电的物质，比如铜、铁等，其原子最外层的价电子很容易摆脱原子核的束缚而成为自由电子，在外加电场力的作用下，这些自由电子就会定向运动形成电流，所以导电性强。绝缘体就是在正常情况下不会导电的物质，比如惰性气体、橡胶等，其价电子受原子核的束缚力很强，很难成为自由电子，所以导电性很差。半导体的导电能力介于导体和绝缘体之间，比如硅和锗等，它们有 4 个价电子，而这些价电子受原子核的束缚力介于导体和绝缘体之间，因而其导电性介于二者之间。但是半导体具有很好的掺杂特性，即在纯净的半导体中人为地掺入特定的杂质元素时，半导体的导电能力会有显著的提高，并且具有可控性，因此可以制成各种不同用途的半导体器件，比如二极管、三极管等。

2.1.2 本征半导体

本征半导体就是纯净的半导体晶体。由于晶体中共价键的结合力很强，在热力学温度零度（即 T=0K，相当于 −273℃）时，价电子的能量不足以挣脱共价键的束缚，因此晶体中不存在能够导电的载流子，所以此时半导体不导电。但是随着温度的升高，例如在室温下，将有少数的价电子获得足够的能量，挣脱共价键的束缚而成为自由电子，同时在原来的共价键中留下一个空位，这个空位称为空穴，如图 2-1 所示，这种现象称为本征激发。对于这个空位，从附近共价键中挣脱出来的自由电子比较容易填补进来，而在附近的共价键中留下一个新的空位，同样，其他地方的共价键中挣脱出来的自由电子又有可能来填补这个空位而出现另一个新的空位。从效果上看，这种自由电子的填补运动，相当于空穴在运动，而且空穴的运动方向与自由电子的运动方向是相反的。由于自由电子带负电，相当于空穴带正电,所以由于自由电子运动而产生的电流方向与空穴的运动方向一致。

由以上分析可知,半导体中存在两种载流子,即带负电的自由电子和带正电的空穴。在本征半导体中,自由电子和空穴总是成对出现的,称为电子-空穴对。自由电子在运动的过程中与空穴相遇就会填补空穴,使两者同时消失,这种现象称为复合。因此,在任何时候本征半导体中的自由电子和空穴数总是相等的,即呈电中性。

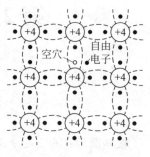

图 2-1 本征半导体中的自由电子与空穴

本征半导体的导电性能很差,而且其载流子的浓度,除了与半导体材料本身的性质有关以外,还与环境温度密切相关,当环境温度升高时,载流子的浓度升高,反之,当环境温度降低时,载流子的浓度也降低。这也是造成半导体器件温度稳定性差的原因。

2.1.3 杂质半导体

通过扩散工艺,在本征半导体中掺入某种特定的杂质元素,就可得到杂质半导体。控制掺入杂质元素的浓度,即可控制杂质半导体的导电性能。

1. N型半导体

在纯净的硅(或锗)晶体中掺入少量的5价杂质元素,比如磷等,使之取代晶格中一些硅(或锗)原子的位置。由于磷原子的最外层有5个价电子,它与周围4个硅(或锗)原子组成共价键时将多余一个电子,多出的电子不受共价键的束缚,在室温下就能成为自由电子,这样,失去自由电子的杂质原子固定在晶格上不能移动,成为正离子(用符号⊕表示),如图 2-2 所示。在这种杂质半导体中,自由电子的浓度高于空穴的浓度,因为主要靠自由电子导电,自由电子带负电,故称为 N(Negative)型半导体。其中自由电子为多数载流子(简称多子),空穴为少数载流子(简称少子),磷原子可以提供电子,称为施主原子。

2. P型半导体

在纯净的硅(或锗)晶体中掺入少量的3价杂质元素,比如硼等,使之取代晶格中一些硅(或锗)原子的位置。由于硼原子的最外层有3个价电子,它与周围4个硅(或锗)原子组成共价键时将少一个电子,在常温下很容易从其他位置的共价键中夺取一个电子,这样,获得自由电子的杂质原子就形成了不可移动的负离子(用符号⊖表示),同时在那个共价键中产生了一个空穴,如图 2-3 所示。在这种杂质半导体中,空穴的浓度高于自由电子的浓度,因为主要靠空穴导电,空穴相当于带正电,故称为 P(Positive)型半导体。其中自由电子为少数载流子(简称少子),空穴为多数载流子(简称多子),硼原子接受电子,称为受主原子。

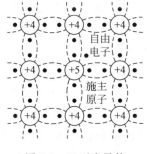
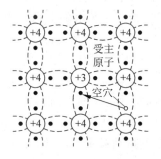

图 2-2　N 型半导体　　　　　　　图 2-3　P 型半导体

从以上的分析可知,在 N 型半导体和 P 型半导体中,正负电荷数是相等的,它们的作用互相抵消,因此保持电中性。另外,多子的浓度主要决定于掺入的杂质元素的浓度,因而受温度的影响很小;而少子是本征激发形成的,所以尽管其浓度很低,却对温度很敏感,这将会影响半导体器件的性能。

2.2　半导体二极管

2.2.1　PN 结及其单向导电性

采用不同的掺杂工艺,通过扩散作用,将 P 型半导体和 N 型半导体制作在同一块半导体基片上,在它们的交界面处将形成一个 PN 结。

1. PN 结的形成

在 P 型半导体和 N 型半导体相结合的交界面处,由于自由电子和空穴的浓度相差悬殊,所以 N 区中的多数载流子自由电子要向 P 区扩散;同时,P 区中的多数载流子空穴也要向 N 区扩散,如图 2-4(a)所示。当电子和空穴相遇时,将发生复合而消失。于是,在交界面两侧形成一个由不能移动的正、负离子组成的空间电荷区,如图 2-4(b)所示。在这个区域内,多数载流子已扩散到对方并复合掉了,或者说消耗尽了,因此空间电荷区有时又称为耗尽层或势垒区。它的电阻率很高。扩散越强,空间电荷区越宽。

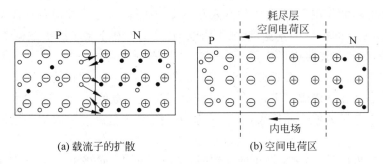

(a) 载流子的扩散　　　　　　(b) 空间电荷区

图 2-4　PN 结的形成

由于自由电子和空穴是带电的,它们的扩散破坏了 P 区和 N 区原来的电中性,空间电荷区的 P 区侧带负电,N 区侧带正电,因此在空间电荷区中就形成了一个电场,其方向是从带正电的 N 区指向带负电的 P 区。由于这个电场是由载流子扩散运动即由内部形成的,而不是外加电压形成的,故称为内电场。由于这个内电场的方向与空穴扩散的方向相反,与自由电子扩散方向相同,所以,这个内电场的方向是阻止扩散运动的。但是这个内电场却有利于 N 区中的少数载流子空穴向 P 区漂移,P 区中的少数载流子自由电子向 N 区漂移,漂移运动的方向与扩散运动的方向相反。从 N 区漂移到 P 区的空穴补充了原来交界面上 P 区中失去的空穴,而从 P 区漂移到 N 区的自由电子补充了原来交界面上 N 区失去的自由电子,这就使空间电荷减少。因此,漂移运动的结果是使空间电荷区变窄,其作用正好与扩散运动相反。

由此可见,扩散运动使空间电荷区变宽,电场增强,不利于多数载流子扩散运动,却有利于少数载流子的漂移运动;而漂移运动使空间电荷区变窄,电场减弱,有利于多数载流子的扩散运动,却不利于少数载流子的漂移运动。当参与漂移运动少数载流子数目和参与扩散运动的多数载流子数目相等时,便达到了动态平衡,从而形成了 PN 结。

2. PN 结的单向导电性

上面所说的 PN 结处于平衡状态,称为平衡 PN 结。如果在 PN 结的两端外加电压,将破坏原来的平衡状态,呈现出单向导电性。

(1) PN 结外加正向电压时处于导通状态

把电源的正极与 PN 结的 P 端相连,电源的负极经电阻与 PN 结的 N 端相连,这时称 PN 结外加正向电压,也称正向偏置电压,如图 2-5 所示。此时外电场的方向与内电场的方向相反。在外电场的作用下,P 区中的空穴向右移动,与空间电荷区的一部分负离子中和,N 区中的自由电子向左移动,与空间电荷区的一部分正离子中和,结果使空间电荷区变窄,削弱了内电场,于是加剧扩散运动,减弱漂移运动。由于电源的作用,扩散运动源源不断地进行,从而形成了较大的正向电流,PN 结导通。当 PN 结导通时,它的结压降只有零点几伏,而导通电流是由多子扩散形成的,电流较大,所以 PN 结的电阻很小。因此在使用时应在回路中串联一个电阻,限制回路的电流,防止 PN 结因正向电流过大而损坏。

(2) PN 结外加反向电压时处于截止状态

把电源的正极经电阻与 PN 结的 N 端相连,电源的负极与 PN 结的 P 端相连,这时称 PN 结外加反向电压,也称反向偏置电压,如图 2-6 所示。此时外电场的方向与内电场的方向相同。在外电场的作用下,P 区中的空穴和 N 区中的自由电子都向着远离空间电荷区的方向移动,从而使空间电荷区变宽,增强了内电场,结果不利于多子的扩散运动,而有利于少子的漂移运动,因此在回路中形成了一个反向电流,也称为漂移电流。反向电流是由少子漂移运动形成的,因而非常小,在近似分析中常常将它忽略不计,即认为 PN 结外加反向电压时处于截止状态。在一定温度下,当外加反向电压超过一定值(大约零点几伏)后,反向电流将不再随着反向电压的增大而增大,所以又称为反向饱和电流。反向饱和电流对温度十分敏感。

通过以上分析可得,当 PN 结正向偏置时,结电阻很小,回路电流很大,PN 结处于导通状态;当 PN 结反向偏置时,结电阻很大,回路电流很小,几乎为零,PN 结处于截止状态。这就是 PN 结的单向导电性。

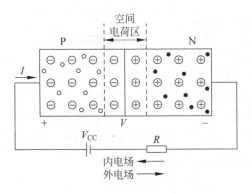
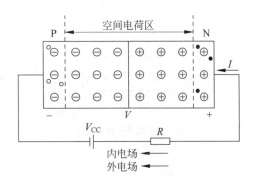

图 2-5　PN 结外加正向电压时导通　　　　图 2-6　PN 结外加反向电压时截止

3．PN 结的电容效应

PN 结除了具有单向导电性以外，还具有一定的电容效应。这是因为 PN 结的空间电荷区会随着 PN 结两端的电压的变化而变宽或变窄，空间电荷区的电荷量也就随着变化。当 PN 结加上正向偏置电压时，PN 结变窄，空间电荷量减小，电压越大，PN 结越窄，空间电荷量越小；当 PN 结加上反向偏置电压时，PN 结变宽，空间电荷量增大，电压越大，PN 结越宽，空间电荷量越大。这就如同一个电容充放电一样，因此称为电容效应，用 PN 结的结电容来表示。结电容的值通常为几皮法至几十皮法，大的可达到几百皮法。

2.2.2　二极管的结构

将 PN 结用外壳封装起来，并加上电极引线就做成了半导体二极管(Diode)。由 P 区引出的电极为阳极，由 N 区引出的电极为阴极。二极管几种常见的外形如图 2-7(a)～图 2-7(c)所示，二极管的图形符号如图 2-7(d)所示。

(a) 玻璃封装　　　(b) 塑料封装　　　(c) 金属封装　　　(d) 图形符号

图 2-7　半导体二极管的外形及符号

常见的器件封装多为塑料封装或金属封装。金属封装的晶体管可靠性高、散热性好并且容易加装散热片，但造价比较高。塑料封装的晶体管造价低，应用广泛。

二极管常见的结构有点接触型、面接触型和平面型，如图 2-8 所示。点接触型二极管是由一根金属丝经过特殊工艺与半导体表面相接形成 PN 结。它的结面积小，不能通过较大的电流。但其结电容很小，因而适用于高频电路和小功率整流。面接触型二极管是采用合金法工艺制成的。它的结面积大，允许通过较大的电流。但其结电容大，因而适用于低频电路，常用于整流。平面型二极管是采用扩散法制成的。它的结面积在制作时可大可小，结面积大的，能通过较大的电流，可用于大功率整流，结面积小的，结电容小，可作为脉冲数字电路的开关管。

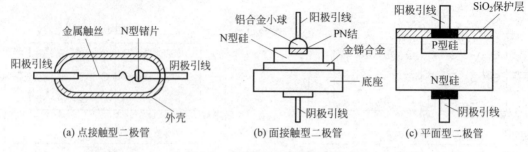

图 2-8 二极管的几种常见结构

2.2.3 二极管的伏安特性

二极管的性能可用其伏安特性来描述。所谓二极管的伏安特性就是流过二极管的电流 I 与加在二极管两端的电压 V 之间的关系曲线 $I=f(V)$,如图 2-9 所示。

根据半导体物理的理论分析,二极管的电流方程为

$$I = I_s(e^{V/V_T} - 1) \qquad (2-1)$$

式中 I 为二极管中流过的电流, I_s 为反向饱和电流, V 为加在二极管两端的电压, V_T 为温度的电压当量,在常温(300K)下, $V_T \approx 26\text{mV}$。

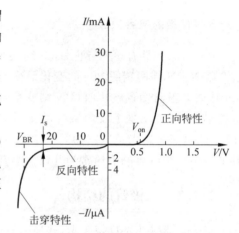

图 2-9 二极管的伏安特性

1. 正向特性

由式(2-1)可见,如果给二极管加上正向电压,即 $V>0$,而且 $V \gg V_T$ 时, $e^{V/V_T} \gg 1$,则 $I \approx I_s e^{V/V_T}$,说明电流 I 与电压 V 基本上呈指数关系,如图 2-9 的正向特性部分。当正向电压比较小时,正向电流几乎等于零。只有当正向电压超过一定值 V_{on} 时,正向电流才开始快速增长,称电压值 V_{on} 为死区电压。一般硅管的死区电压为 0.5V 左右,锗管的死区电压为 0.1V 左右。对于硅管,当正向电压大于 0.6V(锗管正向电压大于 0.2V)时,电流随电压的增加急速增大,基本上是线性关系。这时二极管呈现的电阻很小,可以认为二极管是处于充分导通状态。在该区域内,硅二极管的导通压降 V_D 约为 0.7V,锗二极管的导通压降 V_D 约为 0.3V。

2. 反向特性

在式(2-1)中,如果给二极管加上一个反向电压,即 $V<0$,而且 $|V| \gg V_T$,则 $I \approx -I_s$,如图 2-9 所示的反向特性部分。当反向电压在一定范围内变化时,反向电流并不随着反向电压的增大而增大,故称为反向饱和电流。

3. 击穿特性

如果反向电压升高到一定程度,超过 V_{BR} 以后,反向电流将急剧增大,这种现象称为击穿, V_{BR} 称为击穿电压,如图 2-9 的击穿特性部分。二极管击穿以后,就不再具有单向导电性

了。但是，发生击穿并不意味着二极管损坏。实际上，当反向击穿时，只要注意不使反向电流过大，以免因过热而烧坏二极管，则当反向电压降低时，二极管的性能可能恢复正常。

通过以上分析可知，二极管外加正向电压大于死区电压时才导通，导通时的电流与其端电压成指数关系；二极管的反向饱和电流愈小，其单向导电性愈好；造成二极管损坏的原因是正向电流过大或反向电压过高；二极管的伏安特性是非线性的，二极管是一种非线性元件。

二极管的特性对温度特别敏感，温度升高时，正向特性曲线将向左移，反向特性曲线向下移。一般的规律是，在同一电流下，温度每升高1℃，正向压降减少2~2.5mV；温度每升高10℃，反向饱和电流约增加一倍。

2.2.4 二极管的主要参数

1．最大整流电流 I_F

最大整流电流 I_F 是指二极管长期运行时允许通过的最大正向平均电流。其值与PN结面积及外部散热条件等有关。在规定的散热条件下，二极管的正向平均电流若超过此值，将因为结温过高而烧坏。

2．最高反向工作电压 V_{RM}

最高反向工作电压 V_{RM} 是二极管正常工作时允许外加的最大反向电压。超过此值时，二极管有可能因反向击穿而损坏。一般手册上给出的 V_{RM} 为击穿电压 V_{BR} 的一半，以确保管子安全运行。

3．反向电流 I_R

反向电流 I_R 是指二极管未击穿时的反向电流。I_R 越小，二极管的单向导电性越好。I_R 对温度非常敏感。

4．最高工作频率 f_M

最高工作频率 f_M 是二极管工作的最高频率，其值主要取决于PN结结电容的大小。结电容越大，则二极管允许的最高工作频率越低。

应当指出，由于制造工艺所限，半导体器件参数具有分散性，同一型号的二极管，它们的参数也会有很大差距，因而手册上往往给出参数的上限值、下限值或范围。此外，使用时应特别注意手册上每个参数的测试条件，当使用条件与测试条件不同时，参数也会发生变化。在实际使用中，应根据二极管所用场合，选择满足要求的二极管。

2.2.5 二极管的应用

二极管的应用范围很广，可以用于整流、钳位、限幅以及开关电路等。

(1) 整流电路。由于二极管具有单向导电性，因此可以把交流电变换为脉动的直流电。很多电子设备都包含一个直流稳压电源，整流电路就是直流稳压电源电路的一部分。

(2) 钳位电路。二极管钳位电路的作用是钳制电路中某点的电位，使其保持为某一个固定值。

(3) 限幅电路。限幅电路的作用是将输出电压的幅度限制在一定的范围内,使其不超过某一数值。

(4) 开关电路。在数字电路中,常利用二极管的单向导电性来接通或断开电路,实现相应的逻辑功能。

在分析二极管电路时,根据情况可以将二极管看成理想二极管或恒压二极管。

(1) 恒压二极管就是当二极管导通时,其工作电压恒定,不随工作电流而变化,硅管典型导通压降 V_D 为 0.7V,锗管典型导通压降 V_D 为 0.3V。当工作电压小于该值时认为二极管截止,其两极之间视为开路。

(2) 理想二极管就是当加正向偏置电压时二极管导通,其两极之间视为短路,相当于开关闭合;加反向偏置电压时二极管截止,其两极之间视为开路,相当于开关断开。

【例题 2.1】 电路如图 2-10(a)所示,已知 50Hz、220V 的正弦交流电经变压器变压后得到 $v_2=10\sin\omega t(V)$,试对应地画出输出端电压 v_L 的波形,并标出幅值。假设二极管为理想二极管。

解:在 v_2 的正半周,二极管承受的是正向偏置电压,因而处于导通状态,因二极管为理想二极管,其导通压降为 0V,所以输出端电压 v_L 等于变压器副边电压 v_2;在 v_2 的负半周,二极管承受的是反向偏置电压,二极管截止,相当于开路状态,电路中没有电流,所以输出端电压 v_L 为 0V。波形图如图 2-10(b)所示。

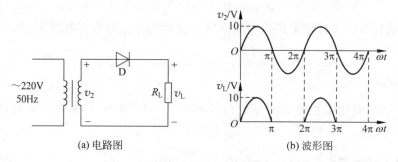

(a) 电路图　　　　　　(b) 波形图

图 2-10　例题 2.1 的电路图和波形图

【例题 2.2】 电路如图 2-11(a)所示,已知 $v_i=5\sin\omega t(V)$,二极管为硅管,且为恒压二极管,试画出 v_o 的波形。

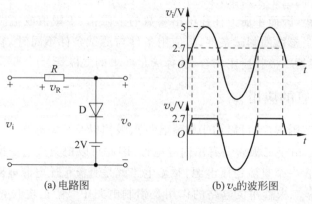

(a) 电路图　　　　　　(b) v_o 的波形图

图 2-11　例题 2.2 的电路图和波形

解：假设断开二极管 D,以 2V 电源的负极为参考点,其电位为 0V。则二极管阴极电位为 2V。在 v_i 变化过程中,当 $v_i <$ 2.7V 时,二极管阳极电位低于阴极电位,二极管截止,电路中电流为 0, $v_R = 0$,所以 $v_o = v_i$；当 $v_i >$ 2.7V 时,二极管阳极电位高于阴极电位,二极管导通,其导通压降为 0.7V,所以 $v_o = $ 2.7V。波形图如图 2-11(b) 所示。

【**例题 2.3**】 电路如图 2-12 所示,当 V_{I1} 和 V_{I2} 为 0V 或 5V 时,求 V_{I1} 和 V_{I2} 的值不同组合情况下,输出电压 V_o 的值。设二极管为理想二极管。

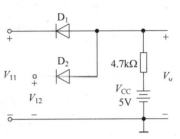

图 2-12 例题 2.3 的电路图

解：当 $V_{I1} = V_{I2} =$ 0V 时, D_1 和 D_2 都承受正向偏置电压,均导通,故 $V_o =$ 0V；

当 $V_{I1} =$ 0V, $V_{I2} =$ 5V 时, D_1 承受正向偏置电压,导通, D_2 承受反向偏置电压,截止,故 $V_o =$ 0V；

当 $V_{I1} =$ 5V, $V_{I2} =$ 0V 时, D_1 承受反向偏置电压,截止, D_2 承受正向偏置电压,导通,故 $V_o =$ 0V；

当 $V_{I1} =$ 5V, $V_{I2} =$ 5V 时, D_1 和 D_2 都承受反向偏置电压,均截止,故 $V_o =$ 5V。

由以上分析可以看出,在输入电压 V_{I1} 和 V_{I2} 中,只要有一个为 0V,则输出为 0V；只有当两个输入电压均为 5V 时,输出才为 5V,这种关系在数字电路中称为逻辑与。

2.2.6 二极管的开关特性

由于二极管具有单向导电性,即外加正向电压时导通,外加反向电压时截止,所以相当于一个受外加电压极性控制的开关。二极管在数字电路中通常就是以开关方式应用,而且二极管有时要应用在开关频率很高的开关电路中,因此理解它的开关特性非常重要。

1. 二极管的反向恢复时间

如图 2-13(a) 所示的电路,其输入电压 v_I 为脉冲波形,如图 2-13(b) 所示,当 v_I 为高电平 V_H 时,二极管正向导通,当 v_I 为低电平 V_L 时,二极管截止。二极管从导通到截止的转换时间称为反向恢复时间,产生反向恢复过程的原因就是电荷存储效应。

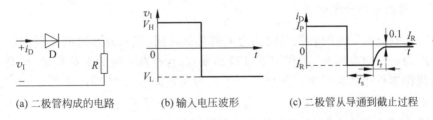

(a) 二极管构成的电路   (b) 输入电压波形   (c) 二极管从导通到截止过程

图 2-13 二极管开关特性图解

当输入信号为高电平 V_H 时,有利于多数载流子扩散,二极管正向导通,此时流过二极管的正向电流 $I_P = \frac{V_H - V_{on}}{R} \approx \frac{V_H}{R}$。但是扩散到 P 区的自由电子和 N 区的空穴在这两个区域并不是均匀分布的,而是形成靠近 PN 结附近浓度大,靠外接电极处浓度小的梯度分布,如图 2-14 所示的分布情况。而且势垒区变窄,PN 结存在一定的载流子存储。这是因为载流子跨越 PN 结到达相应电极时需要一定的运动时间。二极管正向导通时,P 区和 N 区的

39

非平衡载流子的积累现象称为电荷存储效应。

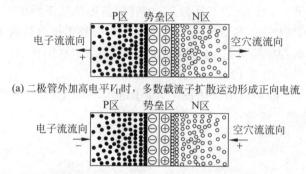

(a) 二极管外加高电平V_H时，多数载流子扩散运动形成正向电流

(b) 二极管外加低电平V_L时，积累电荷反向的漂移运动形成反向电流

图 2-14　二极管外加电压突变时恢复过程示意图

当输入信号由高电平 V_H 突变为低电平 V_L 时，在突变的瞬间，正向扩散到 P 区的自由电子和扩散到 N 区的空穴，由于电荷存储效应尚有一部分未达到外接电极。电荷存储效应积累的非平衡载流子将形成反向漂移电流，即 N 区积累的空穴向 P 区漂移，P 区积累的自由电子向 N 区漂移，在这部分积累的电荷消失之前，PN 结还来不及变宽；这样 PN 结基本保留与正向导通时基本相同数量级的反向电压降，所以二极管维持反向电流 $I_R = \dfrac{V_L - V_D}{R} \approx \dfrac{V_L}{R}$（$V_D$ 为外加电压突变瞬间二极管 PN 结的电压降），直到 PN 结两边积累的非平衡载流子基本消失，这一过程才开始结束；此后信号源向 PN 结补充空穴（N 区一侧）和电子（P 区一侧），电流也逐步下降，待下降到 $0.1 I_R$ 时，二极管进入反向截止状态，整个过程结束。

把维持 $I_R = \dfrac{V_L}{R}$ 这一过程所用的时间称为存储时间，用 t_s 表示。把反向电流从 $I_R = \dfrac{V_L}{R}$ 下降到 $0.1 I_R$ 所用的时间称为反向度越时间，用 t_r 表示。则反向恢复时间为 $t_f = t_s + t_r$，如图 2-13(c)所示。反向恢复时间一般在几个纳秒以下，二极管使用手册给出了各种不同型号的二极管在一定条件下的反向恢复时间。

2．二极管的正向开通时间

二极管从截止到导通的转换时间称为正向开通时间，正向开通时间比反向恢复时间要短很多。因为在反向电压 V_L 的作用下，PN 结变宽，且存在一定的电荷积累，但是与正向导通时的电荷积累相比要少得多。外加反向电压转为正向电压 V_H 时，这部分电荷很快被外加的正向电源拉走，使 PN 结变窄。PN 结正向导通电压很小，正向电阻很小，且为多数载流子形成电流，故此电流上升很快，所以正向开通时间很短，与反向恢复时间相比可以忽略不计。

2.3　半导体三极管

2.3.1　三极管的结构

半导体三极管又称为双极结型三极管或晶体三极管，简称三极管(Transistor)。三极管的种类很多,按照功率的大小分为小功率管、中功率管和大功率管;按照半导体材料分为硅管和锗管;按照制造工艺可分为平面型和合金型两类。常见的晶体管的几种外形如图2-15所示。

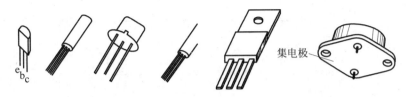

图 2-15 常见的三极管的外形

各种三极管的外形虽然不同,但其内部的基本结构是相同的,它们都是在一块半导体基片上制造出三个掺杂区,形成两个 PN 结,再引出三个电极,然后用管壳封装而成。

根据三极管内三个掺杂区排列方式的不同,三极管分为两种类型:NPN 型和 PNP 型。它们的结构示意图和图形符号如图2-16所示。位于中间的掺杂区称为基区,它的掺杂浓度很低,且制作得很薄,一般为几十微米;位于下边的掺杂区为发射区,掺杂浓度很高;位于上边的掺杂区为集电区,其掺杂浓度比发射区低,但是面积比发射区大。也正是由于这种制造工艺才能使三极管具有电流放大作用。从基区、发射区和集电区各自引出一个电极,分别称为基极(b)、发射极(e)和集电极(c)。发射区和基区之间的 PN 结称为发射结,集电区和基区之间的 PN 结称为集电结。

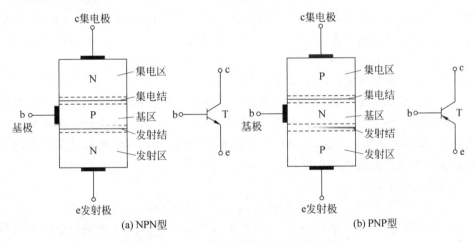

图 2-16 三极管的结构示意图和图形符号

NPN 型三极管和 PNP 型三极管的结构特点、工作原理基本相同,本节以 NPN 管为例讲述三极管的放大作用、特性曲线和主要参数。

2.3.2 三极管的电流放大作用

1. 三极管的三种组态

三极管最基本的一种应用就是能把微弱的电信号进行放大。当三极管作为放大元件使用时需要构成两个回路,一个是输入回路,一个是输出回路,这样就需要四个端子,而三极管只有三个电极,也即只有三个端子,因此三极管必有一个电极作为两个回路的公共端子。根据公共端的不同,三极管可以有三种连接方式,称为三种不同的组态,它们是共发射极、共集电极和共基极,如图 2-17 所示。

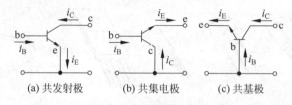

图 2-17　三极管的三种组态

2. 载流子的运动

三极管能够放大电信号,主要是因为其具有电流放大作用。为了理解电流放大作用,下面以共射组态为例分析一下三极管的内部载流子的运动情况。

为了使三极管具有电流放大作用,三极管接入电路时,还需要满足一定的外部条件,即发射结正向偏置,集电结反向偏置,如图 2-18 所示。图中的两个直流电源电压满足 $V_{CC} > V_{BB}$,在这些外加电压的作用下,管内载流子将发生以下的传输过程。

（1）发射区向基区发射自由电子

由于发射区的多数载流子自由电子的浓度很高,在发射结正向偏置时,大量的自由电子就会扩散到达基区,形成电子电流 I_{EN},与此同时,基区的空穴也会向发射区扩散,形成空穴电流 I_{EP},I_{EN} 与 I_{EP} 的和就是发射极电流 I_E。由于基区杂质浓度很低,所以电流 I_{EP} 很小,可以认为 I_E 主要是由 I_{EN} 形成的。

（2）自由电子在基区的扩散与复合

基区的多数载流子是空穴,但由于基区很薄,杂质浓度很低,所以从发射区扩散到基区的小部分自由电子会和基区的空穴复合,并在电源 V_{BB} 的作用下电子和空穴的复合将源源不断地进行,形成电流 I_{BN}。又由于集电结反向偏置,因此从发射区扩散过来的大部分自由电子会在基区中继续向集电结扩散。

（3）集电区收集自由电子

由于集电结反向偏置,由发射区扩散到基区中的大部分自由电子会越过集电结到达集电区,形成较大的电流 I_{CN}。同样,原来基区中的少数载流子自由电子和集电区中的少数载流子空穴会产生漂移运动,形成反向饱和电流 I_{CBO},只是其数值很小。可以看出,I_{CN} 与 I_{CBO} 共同形成了集电极电流 I_C。

3. 电流分配关系

规定发射极电流 I_E、基极电流 I_B、集电极电流 I_C 的参考方向如图 2-18 所示,把三极管的三个电极看成是三个节点,根据基尔霍夫电流定律(简称 KCL),可以得出以下关系:

$$I_E = I_{EN} + I_{EP} \tag{2-2}$$

$$I_{EN} = I_{BN} + I_{CN} \tag{2-3}$$

$$I_C = I_{CN} + I_{CBO} \tag{2-4}$$

$$I_B = I_{BN} + I_{EP} - I_{CBO} \quad (2\text{-}5)$$

整理得

$$I_E = I_C + I_B \quad (2\text{-}6)$$

也就是说,可以将三极管看成是一个广义节点,流过它的三个电极的电流仍然满足基尔霍夫电流定律。

通常将 I_{CN} 与 I_E 之比定义为共基直流电流放大系数,用符号 $\bar{\alpha}$ 表示,即

$$\bar{\alpha} = \frac{I_{CN}}{I_E} \quad (2\text{-}7)$$

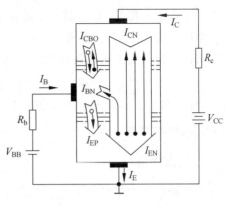

图 2-18　三极管内部载流子运动与外部电流

由于发射区扩散到基区的大部分自由电子都越过集电结形成电流 I_{CN},而只有很小一部分自由电子与基区中的空穴复合形成 I_{BN},所以 $\bar{\alpha}$ 的值略小于 1,一般为 0.95～0.99。将式(2-7)代入式(2-4),可得

$$I_C = \bar{\alpha} I_E + I_{CBO} \quad (2\text{-}8)$$

当 $I_{CBO} \ll I_C$ 时,式(2-8)可写成

$$\bar{\alpha} \approx \frac{I_C}{I_E} \quad (2\text{-}9)$$

即 $\bar{\alpha}$ 近似等于集电极电流 I_C 与发射极电流 I_E 之比。

再将式(2-6)代入式(2-8)可得

$$I_C = \bar{\alpha}(I_C + I_B) + I_{CBO}$$

整理得

$$I_C = \frac{\bar{\alpha}}{1-\bar{\alpha}} I_B + \frac{1}{1-\bar{\alpha}} I_{CBO} \quad (2\text{-}10)$$

令

$$\bar{\beta} = \frac{\bar{\alpha}}{1-\bar{\alpha}} \quad (2\text{-}11)$$

则式(2-10)成为

$$I_C = \bar{\beta} I_B + (1+\bar{\beta}) I_{CBO} \quad (2\text{-}12)$$

称 $\bar{\beta}$ 为共射直流电流放大系数,$I_{CEO} = (1+\bar{\beta}) I_{CBO}$ 为穿透电流。这时式(2-12)又可以表示为

$$I_C = \bar{\beta} I_B + I_{CEO} \quad (2\text{-}13)$$

当 $I_{CEO} \ll I_C$ 时,式(2-13)可写成

$$\bar{\beta} \approx \frac{I_C}{I_B} \quad (2\text{-}14)$$

即 $\bar{\beta}$ 近似等于集电极电流 I_C 与基极电流 I_B 之比。

对于已经制成的三极管,集电极电流和基极电流的比值基本上是一定的,因此在基极和发射极之间外加一个变化的电压 Δu_{BE} 时,相应地会使基极电流产生一个变化量 Δi_B,集电极电流也将随之产生一个变化量 Δi_C。将 Δi_C 与 Δi_B 的比值称为共射交流电流放大系数,用 β 表示,即

$$\beta = \frac{\Delta i_C}{\Delta i_B} = \frac{i_c}{i_b} \quad (2\text{-}15)$$

一般 β 为几十~几百,当 i_B 有微小的变化时,就会引起 i_C 较大的变化,这就是三极管的电流放大作用。由此可知,三极管是一种电流控制元件。所谓电流放大作用,就是用基极电流的微小变化去控制集电极电流较大的变化。

显然 $\bar{\beta}$ 与 β 的定义不同,$\bar{\beta}$ 反映的是静态时的电流放大特性,β 反映的是动态时的电流放大特性,对于大多数三极管来说,同一个管子的两个数值相近,故在一般估算中,可认为 $\bar{\beta} \approx \beta$。同样的道理,$\bar{\alpha} \approx \alpha$。

4. 放大作用

一个简单的共射极放大电路如图 2-19 所示。在基极和发射极之间的回路(输入回路)加入一个待放大的输入信号 $\Delta v_I = 20 \text{mV}$,这样发射结的外加电压就在原来 V_{BB} 的基础上叠加了一个 Δv_I,由于三极管内电流分配是一定的,于是电流 Δi_B、Δi_C 和 Δi_E 均按相同的规律变化。也就是说,当 Δi_B 按 Δv_I 的规律变化时,Δi_C 和 Δi_E 也按相同的规律变化。若 $\alpha = 0.98$,则 $\beta = \dfrac{\alpha}{1-\alpha} = 49$。设当 Δv_I 变化 20mV 时,能引起基极电流的变化 $\Delta i_B = 20 \mu A$,

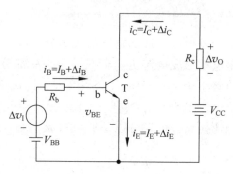

图 2-19 简单的共射极放大电路

则 $\Delta i_C = \beta i_B = 0.98 \text{mA}$,相应地,$R_c = 1 \text{k}\Omega$ 上所得的电压变化 $\Delta v_O = -\Delta i_C R_c = -0.98 \text{V}$。可见 Δv_O 比 Δv_I 增大了许多倍,其电压放大倍数为

$$A_u = \frac{\Delta v_O}{\Delta v_I} = -\frac{0.98 \text{V}}{20 \text{mV}} = -49$$

2.3.3 三极管的输入和输出特性曲线

三极管的输入和输出特性曲线可以较全面地描述三极管各极电流与电压之间的关系。它们能直接反映三极管的性能,同时也是分析放大电路的重要依据。下面讨论共射极组态的特性曲线。

1. 输入特性曲线

共射极输入特性是指在输出电压 v_{CE} 一定的情况下,输入电流 i_B 与输入电压 v_{BE} 之间的关系曲线。用函数表示为

$$i_B = f(v_{BE})|_{v_{CE}=\text{常数}} \qquad (2\text{-}16)$$

当 $v_{CE} = 0 \text{V}$ 时,三极管的输入回路如图 2-20 所示,从图中可以看出,三极管的集电极与发射极短接在一起,此时从三极管的输入回路看,基极与发射极之间相当于两个 PN 结并联。因此,当 b、e 之间加正向偏置电压时,三极管的输入特性相当于二极管的正向伏安特性,如图 2-21 中 $v_{CE} = 0 \text{V}$ 的一条曲线。

当 $v_{CE} > 0 \text{V}$ 时,随着 v_{CE} 的增加,集电结上的电压由正向偏置逐渐过渡到反向偏置,这更有利于从发射区进入基区的电子更多地流向集电区,因此对应于相同的 v_{BE},流向基极的电流比原来 $v_{CE} = 0 \text{V}$ 时减小了,特性曲线也就相应地向右移了。

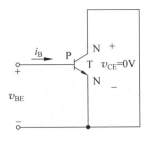

图 2-20 $v_{CE}=0V$ 时三极管的输入回路

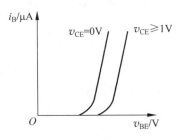

图 2-21 三极管的输入特性

当 $v_{CE}>1V$ 以后，只要 v_{BE} 保持不变，则从发射区发射到基区的自由电子数量一定，而集电结所加的反向电压已经能把这些自由电子中的绝大部分拉到集电区，所以 v_{CE} 再增加，i_B 减小得也不明显，故 $v_{CE}>1V$ 以后的输入特性基本重合，所以通常画出一条曲线来可代表 $v_{CE}>1V$ 以后的各种情况。

2. 输出特性曲线

共射输出特性是指在电流 i_B 不变时，三极管输出回路中的电流 i_C 与电压 v_{CE} 之间的关系曲线。用函数表示为

$$i_C = f(v_{CE})\big|_{i_B=常数} \tag{2-17}$$

对于每一个确定的 i_B，都有一条曲线，所以输出特性是一族曲线。对于每一条曲线，当 v_{CE} 从零逐渐增大时，集电结上的电压由正向偏置逐渐过渡到反向偏置，集电区收集电子的能力逐渐增强，因而 i_C 也就逐渐增大。而当 v_{CE} 增大到一定程度时，集电结所加的反向电压已经能将发射区扩散到基区中的绝大部分自由电子拉到集电区，v_{CE} 再增大，集电区收集电子的能力也不能明显提高，因而曲线几乎与横轴平行，此时认为 i_C 仅取决于 i_B。三极管的输出特性如图 2-22 所示。

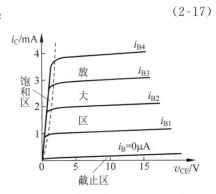

图 2-22 三极管的输出特性

输出特性曲线可以划分为三个工作区，它们是截止区、放大区和饱和区。

(1) 截止区。一般将 $i_B \leqslant 0$ 的区域称为截止区，其特征是发射结和集电结均反向偏置。

实际上，当发射结上的正向偏置电压小于死区电压时，$i_B=0$，但此时 i_C 并不等于零，而有一个较小的穿透电流 I_{CEO}，小功率硅管的 I_{CEO} 在 $1\mu A$ 以下，锗管的 I_{CEO} 小于几十微安。在近似分析时，可以认为 $i_C=0$。但是为了保证三极管可靠地截止，在截止区时应使三极管的发射结和集电结均反向偏置。

(2) 放大区。一般将各条输出特性曲线近似与横轴平行的区域称为放大区，其特征是发射结正向偏置，集电结反向偏置。

从输出特性曲线可以看出，当 i_B 一定时，i_C 的值基本上不随 v_{CE} 的变化而变化。但是当基极电流有一个微小的变化量 Δi_B 时，相应的集电极电流会产生一个较大的变化量。可见，三极管具有电流放大作用，且满足 $\Delta i_C = \beta \Delta i_B$。

(3) 饱和区。将靠近纵坐标的附近,各条输出曲线快速上升的部分称为饱和区,其特征是发射结和集电结均正向偏置。

在该区域内,i_C 不再随着 i_B 成比例地变化,三极管失去了放大作用。但是 i_C 随着 v_{CE} 的增大快速地增加。三极管在饱和时集电极和发射极之间的电压称为饱和管压降,用 V_{CES} 表示,小功率三极管的 V_{CES} 约为 0.2～0.3V,大功率三极管可达 1V 以上。

当三极管的 $v_{CE}=v_{BE}$ 时,即 $v_{CB}=0V$ 时,三极管处于临界状态,即临界饱和或临界放大状态。

在模拟电路中,三极管绝大多数工作在放大区。而在数字电路中,三极管多数工作在截止区或饱和区。

2.3.4 三极管的主要参数

1. 电流放大系数

三极管的电流放大系数是表征三极管放大作用的主要参数。

(1) 共射直流电流放大系数 $\bar{\beta}$

当忽略穿透电流 I_{CEO} 时,共射直流电流放大系数 $\bar{\beta}$ 近似等于集电极电流与基极电流的直流量之比,即 $\bar{\beta} \approx \dfrac{I_C}{I_B}$。

(2) 共射交流电流放大系数 β

共射交流电流放大系数 β 等于集电极电流与基极电流的变化量之比,也是交流量之比。即 $\beta = \dfrac{\Delta i_C}{\Delta i_B} = \dfrac{i_c}{i_b}$。

(3) 共基直流电流放大系数 $\bar{\alpha}$

当忽略反向饱和电流 I_{CBO} 时,共基直流电流放大系数 $\bar{\alpha}$ 近似等于集电极电流与发射极电流的直流量之比。即 $\bar{\alpha} \approx \dfrac{I_C}{I_E}$。

(4) 共基交流电流放大系数 α

共基交流电流放大系数 α 等于集电极电流与发射极电流的变化量之比,也是交流量之比。即 $\alpha = \dfrac{\Delta i_C}{\Delta i_E} = \dfrac{i_c}{i_e}$。

2. 反向饱和电流

(1) 集电极-基极之间的反向饱和电流 I_{CBO}

I_{CBO} 表示发射极开路时,集电极-基极之间的反向电流。

(2) 集电极-发射极之间的穿透电流 I_{CEO}

I_{CEO} 表示基极开路时,集电极-发射极之间的穿透电流,$I_{CEO}=(1+\bar{\beta})I_{CBO}$。

需要说明的是,I_{CBO} 和 I_{CEO} 都是由少数载流子运动形成的,所以对温度非常敏感。同一型号的三极管,反向电流越小,其温度稳定性越好。硅管比锗管的温度稳定性好。选用三极管时,I_{CBO} 和 I_{CEO} 应尽量小。

3. 极限参数

极限参数是指为了保证三极管安全工作,对它的电压、电流和功率损耗所加的限制。

(1) 集电极最大允许电流 I_{CM}

当集电极电流超过一定值时,管子的 β 值将明显下降。I_{CM} 是指三极管的 β 值下降到正常值的 $\frac{2}{3}$ 时的集电极电流。当 $I_C > I_{CM}$ 时,三极管不一定损坏。

(2) 极间反向击穿电压

极间反向击穿电压表示外加在三极管各电极之间的最大允许反向电压,如果超过这个限度,管子的反向电流将急剧增大,甚至可能被击穿而损坏。

$V_{(BR)CBO}$:是指发射极开路时,集电极-基极间的反向击穿电压,这是集电结允许的最高反向电压。

$V_{(BR)CEO}$:是指基极开路时,集电极-发射极间的反向击穿电压。

$V_{(BR)EBO}$:是指集电极开路时,发射极-基极间的反向击穿电压,这是发射结允许的最高反向电压。

(3) 集电极最大允许耗散功率 P_{CM}

当三极管工作时,流过集电极的电流为 i_C,管压降为 v_{CE},功率损耗为 $P_C = i_C v_{CE}$。集电极消耗的电能将转化为热能使三极管的温度升高。如果温度过高,可能烧毁三极管,所以集电极损耗有一定的限制。对于确定型号的三极管,P_{CM} 是一个确定值。在三极管输出特性上,将 i_C 与 v_{CE} 的乘积等于 P_{CM} 值的各点连接起来,得到一条曲线,如图 2-23 中的虚线所示。在曲线的左下方的区域是安全的,曲线的右上方三极管的功率损耗超过了允许的最大值,是过损耗区。

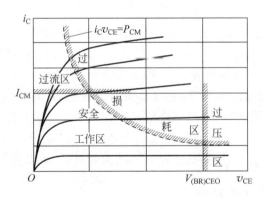

图 2-23 三极管的安全工作区

根据给定的极限参数 I_{CM}、$V_{(BR)CEO}$ 和 P_{CM},可以在三极管的输出特性上画出管子的安全工作区,如图 2-23 所示。

4. 温度对三极管参数的影响

(1) 温度对反向饱和电流 I_{CBO} 的影响。当温度升高时,三极管的反向饱和电流 I_{CBO} 将急剧增加。因为 I_{CBO} 是基区和集电区的少数载流子漂移运动形成的。当温度升高时,本征激发产生的少子数量增加,因此 I_{CBO} 就增大。温度每增加 10℃,I_{CBO} 大约将增加一倍。I_{CEO} 的

变化规律与 I_{CBO} 基本相同，I_{CEO} 的增加使输出特性曲线上移。

（2）温度对 v_{BE} 的影响。三极管的输入特性与二极管的伏安特性相似，随着温度的升高，三极管的输入特性也向左移。这样，在 i_B 相同时，v_{BE} 将减小，v_{BE} 随温度变化的规律与二极管的相同，在温度每升高 1℃时，v_{BE} 减小 2~2.5mV。

（3）温度对 β 的影响。三极管的电流放大系数 β 随着温度的升高而增大，一般温度每升高 1℃，β 值增大 0.5%~1%。β 的增加在输出特性上表现为各条曲线之间的距离增大。

综上所述，温度对以上三个参数的影响，最终导致集电极电流 i_C 发生变化，即 i_C 随着温度的升高而增大。

【例题 2.4】 测得某些电路中三极管各极的直流电位如图 2-24 所示，这些三极管均为硅管，试判断各三极管分别工作在截止区、放大区还是饱和区。

解：图 2-24(a)中，三极管的 $V_{BE}=0.7V$，发射结正向偏置，又 $V_B>V_C$，集电结也正向偏置，所以该三极管工作在饱和区。

图 2-24(b)中，三极管的 $V_{BE}=0.7V$，发射结正向偏置，又 $V_B<V_C$，集电结反向偏置，所以该三极管工作在放大区。

图 2-24(c)中，三极管的 $V_{BE}=-1V$，发射结反向偏置，又 $V_B<V_C$，集电结反向偏置，所以该三极管工作在截止区。

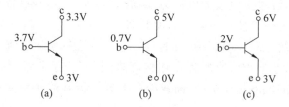

图 2-24 例题 2.4 的图

【例题 2.5】 已知某三极管放大电路中，电源电压为 30V，现有三只三极管 T_1、T_2 和 T_3，它们的 I_{CBO} 分别为 $0.05\mu A$、$0.1\mu A$、$0.02\mu A$；$V_{(BR)CEO}$ 分别为 20V、50V、50V；β 分别为 100、100、20，试问选择哪只三极管比较合适，说明理由。

解：选择 T_2 比较合适。因为 T_1 的 I_{CBO} 虽然比较小，其温度稳定性较好，但其 V_{CEO} 为 20V，接到电路中有可能被击穿，所以不合适；对于 T_3 来说，尽管其 I_{CBO} 比 T_1 的还小，但是其 β 仅为 20，放大效果不好，所以也不合适；只有 T_2 的 I_{CBO} 较小，温度稳定性好，V_{CEO} 为 50V，接到电路中也不能被击穿，且其 β 为 100，放大效果好，所以选择 T_2。

2.3.5 三极管的开关特性

在数字电路中，三极管用作开关时，处理的是变化的大信号，通常工作在截止状态或饱和状态。图 2-25 所示为三极管的典型开关电路，电路中所用的三极管为 NPN 型，采用共发射极连接方式。输入如图 2-26(a) 所示的理想脉冲信号电压波形，当输入为低电平时，三极管截止，输出为高电平；输入为高电平时，三极管饱和导通，输出为低电平。在理想的情况下电路的输出电压波

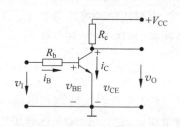

图 2-25 NPN 三极管的典型开关电路

形应该也是理想的脉冲电压波形,但是由于三极管内部电流和电压的建立不可能即时完成,所以输出电压波形与输入电压波形不是同步地发生变化,而是落后于输入电压的波形,如图 2-26(b)和图 2-26(c)所示。

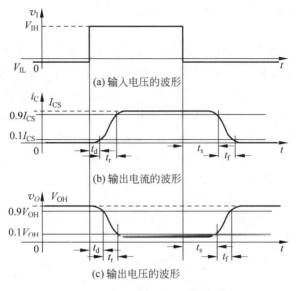

图 2-26 三极管的开关特性

1. 开通时间

输入电压 v_I 从低电平 V_{IL} 跳变为高电平 V_{IH} 时,三极管从截止工作状态变为饱和工作状态,电流的上升需要经历一段由建立、增加到饱和的时间,这段时间称为三极管的开通时间 t_{on},其包括延迟时间 t_d 和上升时间 t_r 两部分。

(1) 延迟时间 t_d 是指从输入电压 V_{IH} 加入开始到集电极电流上升到 $0.1I_{CS}$(I_{CS} 是三极管集电极饱和电流)所需要的时间。

三极管处于截止工作状态时,发射结和集电结都处于反向偏置状态,PN 结的势垒区较宽,PN 结的两边存在一定的空间电荷。当外加电压从负的最大值突然上升到正的最大值时,发射结的外加电压要从反向偏置状态突然跳变到正向偏置状态。首先必须从基区注入正电荷,发射区向基区注入负电荷,抵消发射结两边一定的空间电荷,使发射结变窄;之后,电子从发射区注入到基区,形成集电极电流的上升,这就是产生延迟时间 t_d 的原因。发射结外加电压越大,基极电流越大,延迟时间就越短。

(2) 上升时间 t_r 是指集电极电流从 $0.1I_{CS}$ 上升到 $0.9I_{CS}$ 所需的时间。

延迟时间结束之后,发射区不断地向基区注入电子,注入的电子有一部分与基区的空穴复合,另一部分形成集电极电流。由于开始向基区注入电子较少,基区电子浓度不是很高,只有经过一定时间之后,基区才建立起能导通 $0.9I_{CS}$ 的电子浓度梯度,直到最终达到 $1.0I_{CS}$ 的电子浓度梯度,可见,这一过程也需要一定时间。同时也反映达到饱和时,基区存在一定的非平衡电荷的积累,且发射结外加电压越高,积累的非平衡电荷浓度越大。

2. 关断时间

输入电压从高电平 V_{IH} 跳变为低电平 V_{IL} 时,三极管从饱和工作状态变为截止工作状态,集电极电流从饱和电流下降到接近于 0 的这段时间称为关断时间 t_{off},其包括存储时间 t_s 和下降时间 t_f 两部分。

(1) 存储时间 t_s 是指从输入电压 V_{IL} 加入开始到集电极电流下降到 $0.9I_{CS}$ 所需的时间。

当三极管处于导通工作状态时,发射结和集电结都处于正向偏置状态,PN 结的势垒区较窄,PN 结的两边存在一定的空间电荷。尤其基区存在一定的非平衡电荷的积累,且发射结外加电压越高,积累的非平衡电荷浓度就越大。当外加电压从正的最大值突然下降到负的最大值时,发射结和集电结的偏置状态从正向突然跳变到反向。发射区的自由电子不再向基区扩散,由于发射结的外加电压不高,基区积累的电荷不可能较快地向发射区释放,同时由于基极外接电阻一般较大,这部分积累的电荷也不可能较快地向基极方向释放,唯一的路径应该是集电极,这样可以使集电极电流维持一段时间,其长短取决于基区积累的电荷多少,积累的越多,时间就越长,反之就越短,即三极管的饱和度越深,存储时间就越长。

(2) 下降时间 t_f 是指集电极电流从 $0.9I_{CS}$ 下降到 $0.1I_{CS}$ 所需的时间。

集电极电流开始下降,说明维持集电极电流保持饱和状态的基区电子浓度也开始下降。随着基区积累电荷的下降,由于没有外来的补充,基区积累的电荷会逐步消失,集电极电流也逐步下降到接近于零。

2.4 场效应管

前面介绍的半导体三极管是电流控制器件,它工作在放大状态时,需要信号源提供一定的基极电流来控制集电极电流。在半导体三极管中参与导电的载流子有空穴和自由电子两种,所以又称为双极型三极管。而场效应管是电压控制器件,它是利用外加电压的电场效应来控制输出电流的,基本上不需要信号源提供电流。由于场效应管依靠多数载流子导电,因此又称为单极型三极管。

场效应管具有输入电阻高、耗电低、噪声低、热稳定性好、抗辐射能力强、制造工艺简单和便于集成等优点,被广泛应用于各种电子电路中。

场效应管分为结型场效应管和绝缘栅场效应管两种。

2.4.1 结型场效应管

结型场效应管(Junction Field Effect Transistor,JFET)根据其导电沟道的不同分为 N 沟道结型场效应管和 P 沟道结型场效应管,它们的结构示意图和符号如图 2-27 所示。

N 沟道结型场效应管是在一块 N 型半导体材料的两侧利用不同的制造工艺形成掺杂浓度比较高的 P 型区,在 P 型区和 N 型区的交界处形成一个 PN 结,即耗尽层。将两侧的 P 型区连接在一起并引出一个电极作为栅极(g),再在 N 型半导体的一端引出一个电极作为源极(s),另一端引出一个电极作为漏极(d)。两个 PN 结中间的 N 型区是漏极和源极之间的电流沟道,称为导电沟道。由于导电沟道是 N 型区,其多数载流子是自由电子,故称为 N 沟道结型场效应管。其结构示意图和符号如图 2-27(a)所示,符号中箭头方向是从栅极指向导电沟道,即从 P 区指向 N 区。

相应地,如果在 P 型半导体的两侧扩散两个 N 型区,则构成了 P 沟道结型场效应管,其结构示意图和符号如图 2-27(b)所示,符号中栅极上的箭头是从沟道指向栅极,但仍是从 P 区指向 N 区。

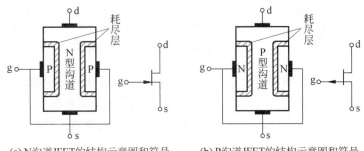

(a) N 沟道 JFET 的结构示意图和符号　　(b) P 沟道 JFET 的结构示意图和符号

图 2-27　结型场效应管的结构示意图和符号

P 沟道结型场效应管和 N 沟道结型场效应管的工作原理类似,只不过 P 沟道结型场效应管的电源极性与 N 沟道结型场效应管的电源极性相反。本节以 N 沟道结型场效应管为例介绍结型场效应管的工作原理和特性曲线。

1. 工作原理

N 沟道 JFET 工作时,需要在栅极和源极间加一个负电压,即 $v_{GS}<0$,使两个 PN 结反偏,这样栅极电流 $i_G \approx 0$,因此,场效应管的输入电阻可高达 10MΩ 以上。在源极和漏极间加一个正电压,即 $v_{DS}>0$,使 N 沟道中的多数载流子在电场作用下由源极向漏极运动,形成电流 i_D。当改变 v_{GS} 时,电流 i_D 也随着改变,也即 i_D 受 v_{GS} 控制。因此,分析 JFET 的工作原理时分两个方面,即 v_{GS} 对 i_D 的控制作用和 v_{DS} 对 i_D 的影响。

(1) v_{GS} 对 i_D 的控制作用

分析 v_{GS} 对 i_D 的控制作用,就是在 v_{DS} 为常数的条件下,分析 i_D 随着 v_{GS} 的变化而变化的规律。这里分 $v_{DS}=0$ 和 $v_{DS}>0$ 两种情况来考虑。

① 当 $v_{DS}=0$ 时,$i_D=0$,观察 v_{GS} 对导电沟道的影响。

当 $v_{GS}=0$ 时,耗尽层比较窄,导电沟道比较宽。如图 2-28(a)所示。

当 $v_{GS}<0$ 时,也即栅极和源极之间加上一个反偏电压,因此耗尽层变宽,导电沟道相应地变窄,只要满足 $V_{GS(OFF)}<v_{GS}<0$,就仍然存在导电沟道,如图 2-28(b)所示。

当 $v_{GS}=V_{GS(OFF)}$ 时,两侧的耗尽层将在中间合拢,导电沟道被夹断,如图 2-28(c)所示。此时漏源极间的电阻趋于无穷大,$V_{GS(OFF)}$ 称为夹断电压,是一个负值。

从以上分析可以看出,当 v_{GS} 变化时,虽然导电沟道的宽度随着改变,但是因为 $v_{DS}=0$,所以漏极电流 $i_D=0$。

② 当 $v_{DS}>0$ 时,观察 v_{GS} 对导电沟道和漏极电流 i_D 的影响。

当 $v_{GS}=0$ 时,由于耗尽层比较窄,导电沟道比较宽,故 i_D 比较大。但是由于 i_D 流过导

(a) $v_{GS}=0$　　(b) $V_{GS(OFF)}<v_{GS}<0$　　(c) $v_{GS}=V_{GS(OFF)}$

图 2-28　当 $v_{DS}=0$ 时，v_{GS} 对导电沟道的影响

电沟道时会产生电压降落，使沟道上不同位置的电位各不相等，漏极处的电位最高，源极处的电位最低。因此，沟道上不同位置处加在 PN 结上的反向偏置电压不等，致使沟道上不同位置的耗尽层宽度不同。漏极处反向偏置电压最大，耗尽层最宽；源极处反向偏置电压最小，耗尽层最窄。

当 $v_{GS}<0$ 时，耗尽层变宽，导电沟道变窄，漏源极间的电阻变大，i_D 将减小。耗尽层和导电沟道的情况如图 2-29 所示。

当 v_{GS} 更负时，耗尽层更宽，导电沟道更窄，i_D 更小。当 $v_{GS} \leqslant V_{GS(OFF)}$ 时，导电沟道完全被夹断，i_D 减小为零。

从以上分析可知，通过改变栅源之间的电压 v_{GS} 来改变 PN 结中的电场，从而控制漏极电流 i_D，故称为结型场效应管。

(2) v_{DS} 对 i_D 的影响

分析 v_{DS} 对 i_D 的影响，是在 v_{GS} 为常数的条件下，分析 i_D 随着 v_{DS} 的变化而变化的规律。

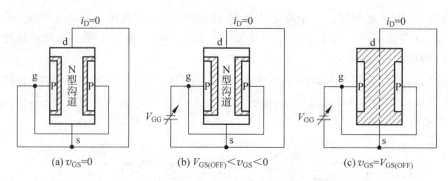

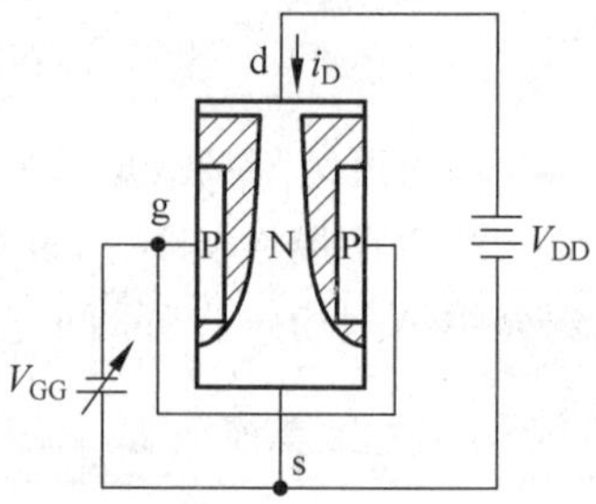

图 2-29　当 $v_{DS}>0$ 时，v_{GS} 对导电沟道和漏极电流 i_D 的影响

① 当 $v_{GS}=0$ 时，分析 i_D 随着 v_{DS} 的变化而变化的规律。

当 $v_{DS}=0$ 时，$i_D=0$，如图 2-30(a) 所示。

当 $v_{DS}>0$ 时，将产生一个漏极电流 i_D。i_D 流过导电沟道时，沿着沟道的方向从漏极到源极产生一个电压降落，使沟道漏极处耗尽层最宽，源极处耗尽层最窄。随着 v_{DS} 的增加，i_D 也将逐渐增大。同时，沟道上不同位置的耗尽层不等宽的情况逐渐加剧，如图 2-30(b) 所示。

当 v_{DS} 增加到 $v_{DS}=|V_{GS(OFF)}|$（$v_{GD}=v_{GS}-v_{DS}=-v_{DS}=V_{GS(OFF)}$）时，漏极处的耗尽层开始合拢在一起，即预夹断状态，如图 2-30(c) 所示。

如果再继续增加，耗尽层夹断长度会继续增加，但是由于夹断处电场强度也增大，仍能将电子拉过夹断区（耗尽层），形成漏极电流，这和半导体三极管在集电结反偏时仍能把电子拉过耗尽区基本上是相似的。在从源极到夹断处的沟道上，沟道内电场基本上不随 v_{DS} 的改变而改变。所以，i_D 基本上不随 v_{DS} 的增加而增大，趋于饱和，如图 2-30(d) 所示。

如果 v_{DS} 的值过高，则 PN 结将由于反向偏置电压过高而被击穿，使场效应管受到损害。

② 如果在 JFET 的栅极和源极之间接一个负电源 $v_{GS}<0$，则与①中的各种情况相比，在 v_{DS} 相同的情况下，耗尽层变宽，沟道电阻增大，则 i_D 将减小。而且栅源电压 v_{GS} 越负，耗尽层越宽，沟道电阻越大，相应的 i_D 越小。

通过以上分析可以看出，由于 JFET 的栅源电压为负，使两个 PN 结反向偏置，故 $i_G \approx$

0，输入电阻很高。电流 i_D 是受 v_{GS} 控制的，所以 JFET 是电压控制型器件。在沟道预夹断之前，i_D 与 v_{DS} 近似呈线性关系，预夹断之后，i_D 趋于饱和。

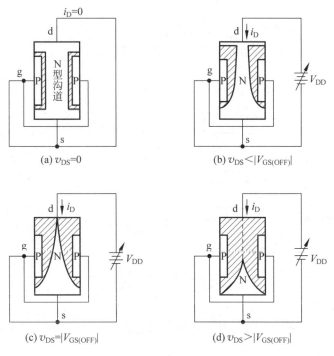

图 2-30 当 $v_{GS}=0$ 时，v_{DS} 对导电沟道和 i_D 的影响

2．特性曲线

结型场效应管的特性曲线包括输出特性和转移特性。

（1）输出特性

结型场效应管的输出特性是指在栅源电压 v_{GS} 不变时，漏极电流 i_D 与漏源电压 v_{DS} 之间的关系，即

$$i_D = f(v_{DS})|_{v_{GS}=常数} \qquad (2-18)$$

N 沟道结型场效应管的输出特性如图 2-31(a)所示。图中，场效应管的输出特性可以划分为四个工作区，分别是可变电阻区、恒流区、击穿区和截止区。

在可变电阻区，栅源电压越负，输出特性越倾斜，说明漏源之间的等效电阻越大，所以在该区内，JFET 可以看成是一个受栅源电压 v_{GS} 控制的可变电阻，因此称为可变电阻区。在该区内还可以看出，i_D 随着 v_{DS} 的增加而上升，二者之间基本上是线性关系，此时场效应管可以近似为一个线性电阻。只不过当 v_{GS} 不同时，电阻的阻值不同而已。

在恒流区各条输出特性曲线近似为水平的直线，表示漏极电流 i_D 基本上不随 v_{DS} 而变化，i_D 的值主要取决于 v_{GS}，因此称为恒流区，也称为饱和区。当用场效应管组成放大电路时，应使其工作在此区域内，以避免出现严重的非线性失真。

可变电阻区与恒流区之间的虚线表示预夹断轨迹。每条输出特性曲线与此虚线相交的各个点上，v_{DS} 与 v_{GS} 的关系均满足 $v_{GD}=v_{GS}-v_{DS}=V_{GS(OFF)}$。

在恒流区的右侧，曲线微微上翘，表示当 v_{DS} 升高到某一限度时，PN 结因反向偏置电压过高而被击穿，i_D 突然增大，因此该区称为击穿区。为了保证场效应管的安全，v_{DS} 不能超过规定的极限值。

在输出特性的最下面靠近横坐标轴的部分，表示场效应管的 $v_{GS} \leqslant V_{GS(OFF)}$，此时场效应管的导电沟道完全夹断，场效应管不能导电，故称为截止区。

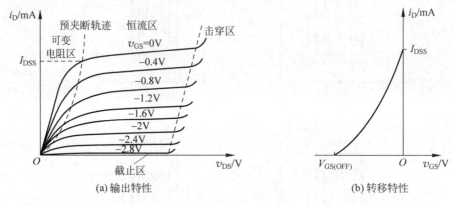

图 2-31 N 沟道结型场效应管的特性曲线

(2) 转移特性

转移特性是指当场效应管的漏源之间的电压 v_{DS} 不变时，漏极电流 i_D 与栅源之间的电压 v_{GS} 的关系，即

$$i_D = f(v_{GS})|_{v_{DS}=常数} \tag{2-19}$$

N 沟道结型场效应管的转移特性如图 2-31(b)所示。图中，$V_{GS(OFF)}$ 是夹断电压，表示 $i_D = 0$ 时的 v_{GS}。I_{DSS} 是饱和漏极电流，表示 $v_{GS} = 0$ 时的漏极电流。从图中可以看出，当 $v_{GS} = 0$ 时，i_D 达到最大值，v_{GS} 越负，则 i_D 越小，当 $v_{GS} = V_{GS(OFF)}$ 时，$i_D = 0$。i_D 与 v_{GS} 的关系可以近似用下面的公式表示，即

$$i_D = I_{DSS}\left(1 - \frac{v_{GS}}{V_{GS(OFF)}}\right)^2 \quad (当 V_{GS(OFF)} \leqslant v_{GS} \leqslant 0 时) \tag{2-20}$$

实际上，转移特性可以根据输出特性通过作图的方法得到。方法是，在输出特性中，对应于 v_{DS} 等于某一固定电压处作一条垂直于横轴的直线，如图 2-32 所示，该直线与 v_{GS} 为不同值的各条输出特性有一系列的交点，根据这些交点，可得到不同 v_{GS} 时的 i_D 值，由此可画出相应的转移特性曲线。

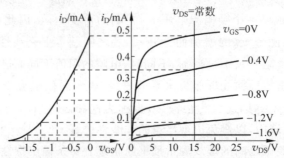

图 2-32 根据输出特性通过作图的方法求转移特性

2.4.2 绝缘栅场效应管

绝缘栅场效应管又称为金属-氧化物-半导体场效应管(Metal-Oxide-Semiconductor Field Effect Transistor,MOSFET),简称 MOS 场效应管。它也分为 N 沟道和 P 沟道两类,每一类又分为增强型和耗尽型两种。所谓耗尽型就是当 $v_{GS}=0$ 时,存在导电沟道,$i_D \neq 0$。实际上结型场效应管就属于耗尽型。所谓增强型就是当 $v_{GS}=0$ 时,没有导电沟道,即 $i_D=0$。P 沟道和 N 沟道 MOS 场效应管的工作原理相似。本节以 N 沟道增强型 MOS 场效应管为主,介绍 MOS 场效应管的结构、工作原理和特性曲线。

1. N 沟道增强型 MOS 场效应管

(1) N 沟道增强型 MOS 场效应管的结构

N 沟道增强型 MOS 场效应管(简称增强型 NMOS 管)的结构示意图如图 2-33(a)所示。它是用一块掺杂浓度较低的 P 型硅片作为衬底,然后在硅片的表面覆盖一层二氧化硅(SiO_2)绝缘层,再在二氧化硅层上刻出两个窗口,用扩散的方法在 P 型硅衬底中形成两个高掺杂浓度的 N 型区,分别引出源极 s 和漏极 d,衬底也引出一根引线,用 B 表示。通常情况下,将衬底与源极在管子内部连接在一起。然后在源极和漏极之间的二氧化硅上面引出栅极 g,栅极与其他电极之间是绝缘的,所以称

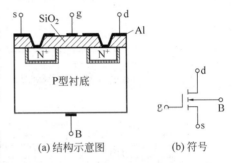

图 2-33 N 沟道增强型 MOS 场效应管的结构示意图和符号

为绝缘栅场效应管。因为这种器件从结构上包括了金属(铝电极)、氧化物(SiO_2)和半导体,所以又称为金属-氧化物-半导体场效应管。N 沟道增强型 MOS 场效应管的符号如图 2-33(b)所示,箭头方向表示由衬底 P 指向 N 沟道。

(2) N 沟道增强型 MOS 场效应管的工作原理

当栅源电压 $v_{GS}=0$ 时,在漏极和源极的两个 N 区之间是 P 型衬底,因此,漏源之间相当于两个背靠背的 PN 结。所以,无论漏源之间加上何种极性的电压,总是有一个 PN 结是反偏的,漏源之间的电阻很大,不能形成导电沟道,没有电流流过,即 $i_D=0$。如图 2-34(a)所示。

当栅源电压 $v_{GS}>0$ 时,则栅极(铝层)和 P 型硅片就相当于以二氧化硅为介质的平板电容器,在正的栅源电压作用下,介质中便产生了一个垂直于半导体表面的电场,方向是由栅极指向衬底。这个电场是排斥空穴而吸引电子的,于是,把 P 型衬底中的电子(少子)吸引到衬底靠近二氧化硅的一侧,与空穴复合,产生了由负离子组成的耗尽层。随着 v_{GS} 的增大,耗尽层逐渐变宽。当 v_{GS} 增大到一定数值时,由于吸引了足够多的电子,便在耗尽层与二氧化硅之间形成了一个 N 型电荷层,称为反型层,这个反型层实际上就组成了源极和漏极间的 N 型导电沟道。由于它是栅源正电压感应产生的,所以也称为感生沟道,如图 2-34(b)所示。开始形成感生沟道时所需要的 v_{GS} 称为开启电压,用 $V_{GS(TH)}$ 表示。

一旦出现了感生沟道,原来被 P 型衬底隔开的两个 N 型区就被感生沟道连在一起了。这时,如果有正的漏极电源 V_{DD} 作用,将有漏极电流 i_D 产生。外加较小的 v_{DS} 时,漏极电流

i_D 将随着 v_{DS} 的增加而增大,但是由于沟道存在电位梯度,因此沟道的宽度是不均匀的。靠近源极端宽,靠近漏极端窄,如图 2-34(c)所示。

当 v_{DS} 增大到一定数值时,即 $v_{DS} = v_{GS} - V_{GS(TH)}$ 时,靠近漏极处的沟道达到临界开启的程度,出现了预夹断状态,如图 2-34(d)所示。如果 v_{DS} 继续增大,则沟道的夹断区逐渐延长,如图 2-34(e)所示。在此过程中,由于夹断区的沟道电阻很大,所以当 v_{DS} 逐渐增大时,增加的 v_{DS} 几乎都降落在夹断区上,而导电沟道两端的电压几乎没有增入,基本保持不变,所以漏极电流 i_D 也保持不变。

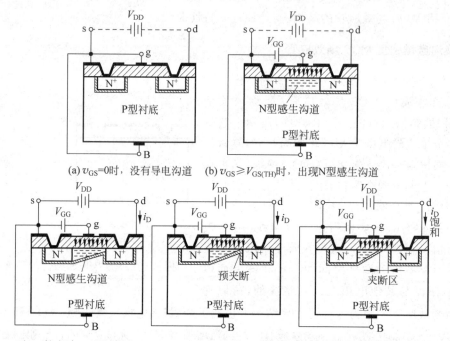

图 2-34 N 沟道增强型 MOS 场效应管的工作原理示意图

通过以上分析可以看出,它是利用 v_{GS} 来控制感应电荷的多少,以改变由这些感应电荷形成的导电沟道的状况,然后控制漏极电流 i_D。由于它的栅极处于绝缘状态,所以输入电阻比结型场效应管的还要高,一般可达到 1000MΩ 以上。

(3) 特性曲线

① 输出特性。输出特性是指在栅源电压 v_{GS} 一定的情况下,漏极电流 i_D 与漏源电压 v_{DS} 之间的关系,即

$$i_D = f(v_{DS})|_{v_{GS}=常数} \tag{2-21}$$

N 沟道增强型 MOS 场效应管的输出特性如图 2-35(a)所示。与结型场效应管一样,可以分为四个工作区,分别是可变电阻区、恒流区、击穿区和截止区。可变电阻区和恒流区之间的虚线表示预夹断轨迹,该虚线与各条输出特性的交点满足关系 $v_{GD} = v_{GS} - v_{DS} = V_{GS(TH)}$。

② 转移特性。转移特性是指在 v_{DS} 一定的情况下,漏极电流 i_D 与栅源电压 v_{GS} 之间的关系,即

$$i_D = f(v_{GS})|_{v_{DS}=常数} \tag{2-22}$$

N 沟道增强型 MOS 场效应管的转移特性如图 2-35(b)所示。当 $v_{GS} < V_{GS(TH)}$ 时,由于尚未形成导电沟道,因此 $i_D = 0$。当 $v_{GS} = V_{GS(TH)}$ 时,开始形成导电沟道,有漏极电流 i_D 产生。然后随着 v_{GS} 的增大,导电沟道变宽,沟道电阻减小,漏极电流 i_D 增大。当 $v_{GS} \geqslant V_{GS(TH)}$ 时,漏极电流 i_D 与 v_{GS} 的关系可以用下面的式子表示

$$i_D = I_{DO}\left(\frac{v_{GS}}{V_{GS(TH)}} - 1\right)^2 \quad (v_{GS} \geqslant V_{GS(TH)}) \tag{2-23}$$

式(2-23)中 I_{DO} 表示当 $v_{GS} = 2V_{GS(TH)}$ 时的 i_D 的值。

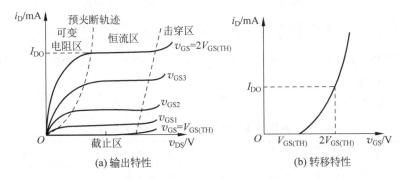

(a) 输出特性　　　　(b) 转移特性

图 2-35　N 沟道增强型 MOS 场效应管的输出特性和转移特性

2. N 沟道耗尽型 MOS 场效应管

N 沟道耗尽型 MOS 场效应管(简称耗尽型 NMOS 管)的结构示意图和符号分别如图 2-36(a)和图 2-36(b)所示。它与增强型 NMOS 管相比,不同之处在于,制造管子时在二氧化硅绝缘层中掺入了大量的正离子,这些正离子所形成的电场同样会在 P 型衬底表面感应出自由电子,形成反型层。也就是说,在栅源电压 $v_{GS} = 0$ 时,已经有了导电沟道。这时如果 $v_{DS} > 0$,就会产生漏极电流 i_D。

如果 $v_{GS} > 0$,这时栅源电压所产生的电场与正离子产生的电场方向一致,使衬底中的电场强度增大,反型层增厚,沟道电阻变小,i_D 增大。反之,如果 $v_{GS} < 0$,这时栅源电压所产生的电场与正离子产生的电场方向相反,使反型层变薄,沟道电阻变大,i_D 减小。当负的栅源电压达到一定数值

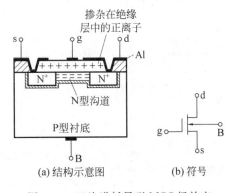

(a) 结构示意图　　(b) 符号

图 2-36　N 沟道耗尽型 MOS 场效应管的结构示意图和符号

时,它所产生的电场完全抵消了正离子产生的电场,使反型层消失,沟道被夹断,$i_D = 0$。耗尽型 MOS 管也因此得名。使 i_D 减为零时的 v_{GS} 称为夹断电压,用 $V_{GS(OFF)}$ 表示。

N 沟道耗尽型 MOS 场效应管的输出特性和转移特性如图 2-37(a)和图 2-37(b)所示。
N 沟道耗尽型 MOS 场效应管的转移特性方程为

$$i_D = I_{DSS}\left(1 - \frac{v_{GS}}{V_{GS(OFF)}}\right)^2 \quad (V_{GS(OFF)} < v_{GS} < 0) \tag{2-24}$$

式中 I_{DSS} 为转移特性上 $v_{GS} = 0$ 时的漏极电流。

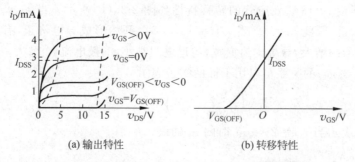

(a) 输出特性　　　　　(b) 转移特性

图 2-37　N 沟道耗尽型 MOS 场效应管的输出特性和转移特性

P 沟道 MOS 场效应管的工作原理与 N 沟道 MOS 场效应管的类似,它们的符号、衬底 B 上的箭头与 N 沟道 MOS 管的相反。

为了方便比较,现将各种场效应管的符号、输出特性和转移特性列于表 2-1 中。

表 2-1　各种场效应管的符号、输出特性和转移特性

种　　类		符　号	输出特性	转移特性
结型 N 沟道	耗尽型			
结型 P 沟道	耗尽型			
绝缘栅型 N 沟道	增强型			
	耗尽型			
绝缘栅型 P 沟道	增强型			
	耗尽型			

2.4.3 场效应管的主要参数

1. 直流参数

(1) 夹断电压 $V_{GS(OFF)}$

夹断电压是耗尽型场效应管的主要参数。其定义是：当 v_{DS} 一定时，使 i_D 近似为零时的栅源电压 v_{GS} 的值。耗尽型 NMOS 管的 $V_{GS(OFF)}$ 为负值，耗尽型 PMOS 管的 $V_{GS(OFF)}$ 为正值。

(2) 开启电压 $V_{GS(TH)}$

开启电压是增强型场效应管的主要参数。其定义是：当 v_{DS} 一定时，开始出现漏极电流 i_D 时所需的栅源电压 v_{GS} 的值。增强型 NMOS 管的 $V_{GS(TH)}$ 为正值，增强型 PMOS 管的 $V_{GS(TH)}$ 为负值。

(3) 饱和漏极电流 I_{DSS}

饱和漏极电流是耗尽型场效应管的主要参数。其定义是：当栅源电压 $v_{GS}=0$ 的情况下，产生预夹断时的漏极电流。对于 JFET 来说，I_{DSS} 也是管子所能输出的最大电流。

(4) 直流输入电阻 R_{GS}

直流输入电阻是在漏源之间短路（$v_{DS}=0$）的条件下，栅源电压 v_{GS} 与栅极电流之比。由于场效应管的栅极电流几乎为 0，因此输入电阻很高。结型场效应管的 R_{GS} 一般在 10MΩ 以上，绝缘栅场效应管的 R_{GS} 一般在 1000MΩ 以上。

2. 交流参数

(1) 低频跨导 g_m

低频跨导是在低频小信号下测得的。其定义是：当 v_{DS} 为常数时，漏极电流 i_D 与栅源电压 v_{GS} 的变化量之比，即

$$g_m = \frac{\Delta i_D}{\Delta v_{GS}}\bigg|_{v_{DS}=常数} \tag{2-25}$$

跨导反映了栅源电压 v_{GS} 对漏极电流 i_D 的控制能力，是表征场效应管放大能力的一个主要参数。跨导的单位是西门子(S)，也常用毫西 mS(mA/V) 或微西 μS(μA/V) 作单位。g_m 可以在转移特性上求得，它就是转移特性上工作点处的斜率。由于转移特性是非线性的，所以工作点不同，跨导也不同。

(2) 极间电容

极间电容是指场效应管三个电极之间的等效电容。极间电容越小，场效应管的高频性能越好。一般为几个皮法。

3. 极限参数

(1) 漏源击穿电压 $V_{BR(DS)}$

场效应管进入恒流区后，如果继续增大 v_{DS}，当其增大到某一数值时，会使漏极电流急剧增加，此时对应的 v_{DS} 称为漏源击穿电压 $V_{BR(DS)}$。工作时外加在漏源之间的电压不得超过此值。

(2) 栅源击穿电压 $V_{BR(GS)}$

栅源击穿电压 $V_{BR(GS)}$ 是指结型场效应管 PN 结被击穿，或者绝缘栅场效应管栅极与衬

底之间的二氧化硅绝缘层被击穿时的栅源电压 v_{GS}。这种击穿属于破坏性击穿。只要栅源间发生击穿，场效应管即被破坏。所以工作时外加的栅源电压不能超过此值。

(3) 最大漏极电流 I_{DM}

最大漏极电流 I_{DM} 是指场效应管正常工作时所允许的最大漏极电流。

(4) 最大允许耗散功率 P_{DM}

场效应管的允许耗散功率 p_D 是指漏极电流与漏源之间电压的乘积，即 $p_D=i_D v_{DS}$。这部分耗散功率将转换为热能，使管子的温度升高。为了使场效应管安全工作，p_D 有一个最大限度即为 P_{DM}。P_{DM} 与场效应管的最高工作温度和散热条件有关。

【例题 2.6】 已知某场效应管的输出特性如图 2-38 所示。试分析该管是什么类型的场效应管（结型还是绝缘栅型、N 沟道还是 P 沟道、增强型还是耗尽型）。

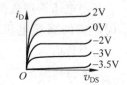

图 2-38 例题 2.6 的图

解： 从 i_D、v_{DS} 和 v_{GS} 的极性可知该管为 N 沟道；从输出特性曲线中看出，$v_{GS}=0$ 时，已经有了导电沟道，$v_{GS}>0$ 时，i_D 增大，夹断电压 $V_{GS(OFF)}<0$，可知该管为耗尽型 MOS 管。所以该管为 N 沟道耗尽型 MOS 场效应管。

【例题 2.7】 电路如图 2-39(a)所示，其中场效应管的输出特性曲线如图 2-39(b)所示。试分别计算当 v_I 为 0V、7V 和 9V 三种情况下场效应管工作在什么工作区。

解： 当 $v_I=v_{GS}=0V$ 时，此时 $i_D=0$，所以管子处于夹断状态，工作在截止区。

当 $v_I=v_{GS}=7V$ 时，假设管子处于恒流区，从输出特性曲线上可以看到，此时 $i_D=1mA$，所以 $v_O=v_{DS}=V_{DD}-i_D R_d=9V$，而 $v_{GS}-v_{GS(TH)}=7-3=4V$，$v_{DS}>v_{GS}-v_{GS(TH)}$，说明管子确实工作在恒流区。

当 $v_I=v_{GS}=9V$ 时，假设管子处于恒流区，从输出特性曲线上可以看到，此时 $i_D\approx 2.2mA$，所以 $v_O=v_{DS}=V_{DD}-i_D R_d=3V$，而 $v_{GS}-v_{GS(TH)}=9-3=6V$，$v_{DS}<v_{GS}-v_{GS(TH)}$，说明管子不工作在恒流区，而是工作在可变电阻区。

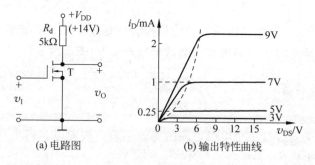

(a) 电路图　　(b) 输出特性曲线

图 2-39 例题 2.7 的图

2.4.4 场效应管的开关特性

可以把场效应管看作一个受栅极电压控制的开关。例如增强型 NMOS 管，当 $v_{GS}<V_{GS(TH)}$（开启电压）时，漏源间是处于反偏状态的 PN 结，MOS 管工作在截止区，开关断开；$v_{GS}\geqslant V_{GS(TH)}$ 的时候，漏源间形成导电沟道，MOS 管工作在导通状态，开关接通。场效应管

的开关速度主要取决于和电路相关的杂散电容的充放电时间,它大于三极管电路,这是因为场效应管导通的时候,沟道电阻比双极型晶体管饱和时的 c-e 间电阻大很多。

对于图 2-40 所示的 NMOS 管反相电路,当输入信号 $v_I = V_{IH}$ 时,MOS 管导通,输出为低电平 V_{OL},此时 MOS 管的漏极、源极之间具有较小的导通电阻,相当于开关闭合,其等效电路如图 2-41(a)所示。当输入信号 $v_I = V_{IL}$ 时,MOS 管截止,输出为高电平 V_{OH},此时 MOS 管的漏极、源极之间具有较大的截止电阻,相当于开关断开,其等效电路如图 2-41(b)所示。

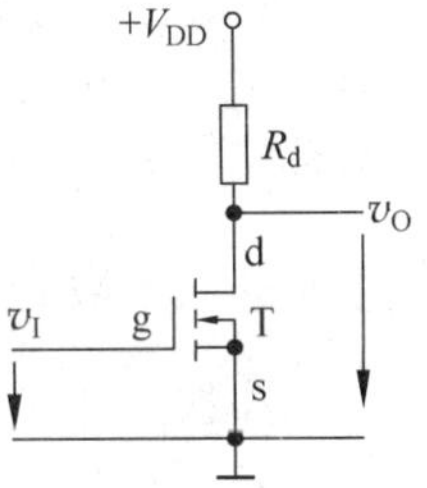

在图 2-41 中,输入电容 C_i 代表栅极的输入电容,其值为几个皮法,其大小会影响 MOS 管的脉冲工作速度。R_{ON} 代表增强型 MOS 管的导电沟道的导通电阻,一般小于 1kΩ。当 v_I 在高、低电平间跳变时,漏极电流 I_D 的变化和输出电压 V_{DS} 的变化都将滞后于输入电压的变化。

图 2-40 NMOS 管反相电路

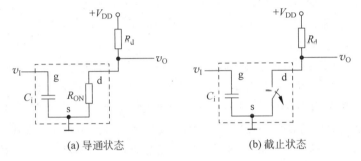

(a) 导通状态   (b) 截止状态

图 2-41 MOS 管的开关等效电路

小　　结

二极管的核心就是 PN 结,其具有单向导电性,即当二极管承受正向偏置电压时,处于导通状态,承受反向偏置电压时,处于截止状态。对于实际的二极管,当外加正向偏置电压大于死区电压时才导通。二极管导通后,认为二极管的导通压降为常数,硅二极管的导通压降 V_D 约为 0.7V,锗二极管的导通压降 V_D 约为 0.3V。二极管外加反向电压时,可近似认为二极管处于截止状态。二极管的反向饱和电流越小,其单向导电性越好。如果反向电压超过击穿电压 V_{BR} 以后,二极管被击穿,反向电流急剧增大,很容易因过热而烧坏二极管,因此在使用时,二极管一般要串联电阻。

在选择二极管时,主要考虑最大整流电流 I_F、最高反向工作电压 V_{RM}、反向电流 I_R、最高工作频率 f_M 几个主要参数,根据使用条件选择满足要求的二极管。

二极管的应用范围很广,可以用于整流、钳位、限幅以及开关电路等。二极管在数字电路中通常就以开关方式应用,而且二极管有时要应用在开关频率很高的开关电路中,此时二极管在导通状态与截止状态之间的转换都需要一定的时间。二极管从导通到截止的转换时间称为反向恢复时间,一般在几个纳秒以下,产生反向恢复过程的原因就是电荷存储效应。二极管从截止到导通的转换时间称为正向开通时间,与反向恢复时间相比要短很多,可以忽略不计。

三极管能够放大电信号,主要是因为其具有电流放大作用。为了使三极管具有电流放大作用,需满足的内部条件是:发射区掺杂浓度很高,基区做得很薄且掺杂浓度很低,集电区的面积大。三极管接入电路时,还需要满足一定的外部条件,即发射结正向偏置,集电结反向偏置。三极管三个电极的电流关系为 $i_E = i_B + i_C$。描述三极管放大作用的重要参数是共射电流放大系数 $\beta = \frac{\Delta i_C}{\Delta i_B} = \frac{i_c}{i_b}$ 和共基电流放大系数 $\alpha = \frac{\Delta i_C}{\Delta i_E} = \frac{i_c}{i_e}$。可以用三极管的输入和输出特性曲线描述三极管各极电流与电压之间的关系。三极管的输入特性与二极管的伏安特性正向导通部分形式相似。三极管的输出特性可以分为三个工作区,它们是截止区、放大区和饱和区。在选择三极管时,主要考虑电流放大系数、反向饱和电流和三个极限参数。

在模拟电路中,三极管绝大多数工作在放大区。而在数字电路中,三极管用作开关时,处理的是变化的大信号,三极管多数工作在截止区或饱和区。当输入为理想脉冲信号电压波形时,输出电压波形应该也是理想的脉冲电压波形,但是由于三极管内部电流和电压的建立不可能即时完成,所以输出电压波形与输入电压波形不是同步地发生变化,而是落后于输入电压的波形。

场效应管是电压控制器件,它是利用栅源电压 v_{GS} 来控制漏极电流 i_D,基本上不需要信号源提供电流,因此输入电阻很高。场效应管和三极管相比,具有输入电阻高、耗电低、噪声低、热稳定性好、抗辐射能力强、制造工艺简单和便于集成等优点,被广泛应用于各种电子电路中。

场效应管分为结型场效应管(JFET)和绝缘栅场效应管(MOS管)两种。这两种场效应管都有 N 沟道和 P 沟道之分。绝缘栅场效应管又分为增强型和耗尽型,结型场效应管只有耗尽型。耗尽型 MOS 管具有原始的导电沟道,正常工作时 v_{GS} 可正、可负、可为零;增强型 MOS 管只有外加的栅源电压 v_{GS} 超过开启电压 $V_{GS(TH)}$,才能形成导电沟道,正常工作时,v_{GS} 和 v_{DS} 极性相同。JFET 在正常工作时,v_{GS} 和 v_{DS} 极性相反。

选择场效应管的重要依据是直流参数、交流参数和极限参数。表征场效应管放大作用的重要参数是跨导 g_m,数值上通常比三极管的电流放大系数 β 小得多。

场效应管可以看作为一个受栅极电压控制的开关。场效应管的开关速度主要取决于和电路相关的杂散电容的充放电时间。

习 题

1. 填空题。

(1) 杂质半导体按照掺入杂质的不同可分为_____和_____两种。

(2) PN结的单向导电性就是PN结外加正向电压时处于_____状态,外加反向电压时处于_____状态。

(3) 二极管的反向饱和电流愈小,其单向导电性_____。

(4) 二极管工作在开关电路中时,二极管从导通到截止的转换时间称为反向恢复时间,产生反向恢复过程的原因就是_____。

(5) 要使三极管处于放大状态,发射结必须_____,集电结必须_____。

(6) 三极管具有电流放大作用的实质是利用_____电流对_____电流的控制。

(7) 工作在放大区的三极管,当 I_B 从 $20\mu A$ 增加到 $40\mu A$ 时,I_C 从 1mA 变到 2mA,它的 β 值为_____。

(8) 三极管用作开关时,输入电压从高电平 V_{IH} 跳变为低电平 V_{IL} 时,三极管从饱和工作状态变为截止工作状态,集电极电流从饱和电流下降到接近于 0 的这段时间称为_____,其包括_____和_____两部分。

(9) 半导体三极管是_____控制器件,其输入电阻_____;场效应管是_____控制器件,其输入电阻_____。

(10) 场效应管是利用_____来控制漏极电流 i_D。

2. 选择题。

(1) 在本征半导体中加入_____元素可形成 N 型半导体。
  A. 2价   B. 3价   C. 4价   D. 5价

(2) PN 结外加正向电压时,空间电荷区将_____。
  A. 变宽   B. 变窄   C. 不变   D. 不确定

(3) 当温度升高时,二极管的反向饱和电流将_____。
  A. 减小   B. 增大   C. 不变   D. 不确定

(4) 当三极管的两个 PN 结都是反向偏置时,三极管处于_____。
  A. 损坏状态   B. 放大状态   C. 饱和状态   D. 截止状态

(5) 有 3 只三极管,除了 β 和 I_{CEO} 不同外,其余参数大致相同,当把它们用作放大器件时,选用_____管较好。
  A. $\beta=100$,$I_{CEO}=10\mu A$ B. $\beta=150$,$I_{CEO}=100\mu A$
  C. $\beta=50$,$I_{CEO}=15\mu A$ D. $\beta=200$,$I_{CEO}=150\mu A$

(6) 当温度升高时,三极管的 β、I_{CEO} 和 V_{BE} 将分别_____。
  A. 变小,增大,增大   B. 增大,变小,增大
  C. 增大,增大,变小   D. 变小,增大,变小

(7) 场效应管是一种_____控制型电子器件。
  A. 光   B. 电压   C. 电流   D. 电磁

(8) 结型场效应管在正常工作时,其栅极和源极之间的 PN 结_____。
  A. 必须反偏   B. 必须正偏
  C. 必须零偏   D. 正偏或反偏均可

(9) 某场效应管的转移特性如图 2-42 所示,则该管为_____。
  A. P 沟道 JFET
  B. 耗尽型 NMOS 管
  C. 耗尽型 PMOS 管
  D. N 沟道 JFET

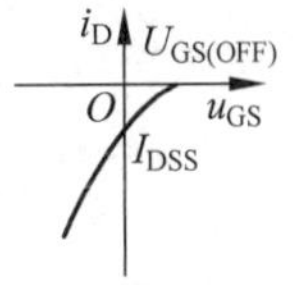

图 2-42 第 2(9)题的图

(10) 反映场效应管放大能力的一个重要参数是_____。
  A. 电流放大系数 β B. 跨导 g_m
  C. 输入电阻   D. 电压放大倍数

3. 判断图 2-43 所示各电路中二极管是否导通,并求出 AB 两端的电压。设二极管导通压降为 0.7V。

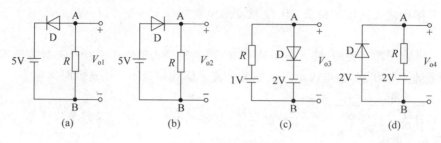

图 2-43　第 3 题的图

4. 电路如图 2-44 所示，已知 $v_i=10\sin\omega t(\text{V})$，试画出 v_i 与 v_o 的波形，并标出幅值。设二极管为理想二极管。

5. 电路如图 2-45 所示，设二极管的正向压降为 0.7V，试求输出电压 V_o 的值，并说明各二极管的工作状态。

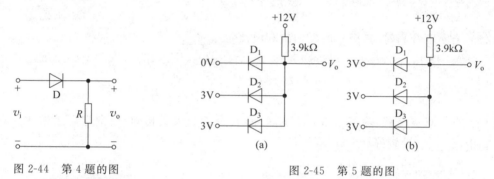

图 2-44　第 4 题的图

图 2-45　第 5 题的图

6. 分别测得两个放大电路中三极管的各极电位如图 2-46 所示，试分别判断两个三极管是硅管还是锗管，是 NPN 管还是 PNP 管，并识别它们的管脚，分别标出 e、b 和 c。

7. 设在某个放大电路中，三极管的三个电极的电流如图 2-47 所示。已测出 $I_1=1.2\text{mA}$，$I_2=0.03\text{mA}$，$I_3=-1.23\text{mA}$。判断电极 1、2 和 3 分别是什么极；三极管是 NPN 管还是 PNP 管；三极管的电流放大系数 β 约为多少？

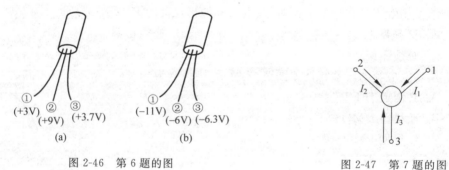

图 2-46　第 6 题的图

图 2-47　第 7 题的图

8. 测得某些电路中的三极管各极电位如图 2-48 所示，试判断各个三极管工作在截止区、放大区还是饱和区？

9. N 沟道 JFET 的转移特性如图 2-49 所示，试确定其饱和漏极电流 I_{DSS} 和夹断电压 $V_{\text{GS(OFF)}}$。

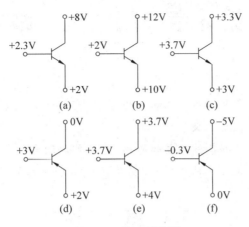

图 2-48 第 8 题的图

10. 转移特性如图 2-50 所示,试判断:
(1) 该管为何种类型?
(2) 从该曲线中可以求出管子的夹断电压还是开启电压?值是多少?

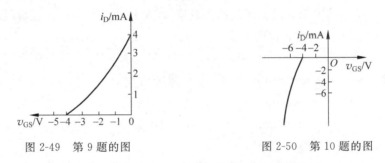

图 2-49 第 9 题的图　　　　图 2-50 第 10 题的图

11. 电路如图 2-51(a)所示,场效应管的输出特性如图 2-51(b)所示,分析当 v_I 分别为 4V、9V 和 12V 时,场效应管分别工作在什么工作区?

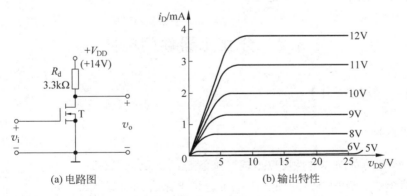

图 2-51 第 11 题的图

12. 已知一个耗尽型 PMOS 管的饱和漏极电流 $I_{DSS}=-3\text{mA}$,夹断电压 $V_{GS(OFF)}=4\text{V}$,示意画出其转移特性。

第3章 门电路

教学提示：了解各种门电路的结构和工作原理，有助于对门电路外特性的理解。掌握各种门电路的外特性具有实际意义。

教学要求：要求学生了解各种门电路的结构、工作原理和性能，掌握门电路的外特性、集成门电路多余输入端的处理方法和TTL电路与CMOS电路的接口。

3.1 概　　述

能够实现基本逻辑运算和复合逻辑运算的单元电路称为逻辑门电路，简称门电路。

门电路的种类很多，按照实现的逻辑关系的不同，可以分为与门、或门、非门、与非门、或非门、与或非门、异或门和同或门；按照电路元件的结构形式不同，可以分为分立元器件门电路和集成门电路。其中集成门电路按照集成度（即每一片硅片中所含逻辑门或元器件数）又可分为小规模集成门电路(Small Scale Integration，SSI)，其集成度为1～10个门/片；中规模集成门电路(Medium Scale Integration，MSI)，其集成度为10～100个门/片；大规模集成门电路(Large Scale Integration，LSI)，其集成度为大于100个门/片；超大规模集成门电路(Very Large Scale Integration，VLSI)，其集成度为超过10万个门/片。按照制造工艺的不同，分为TTL(Transistor-Transistor Logic)门电路和CMOS(Complementary Metal-Oxide Semiconductor)门电路。

在门电路中，输入、输出的高、低电平信号都有一定的范围，对高、低电平具体的精确值要求不高，只要电路能够区分高、低电平的状态即可，所以对晶体管的精度要求不高，这也是数字电路与模拟电路的一个不同之处。

3.2 分立元器件门电路

3.2.1 二极管与门

1. 电路结构

利用二极管的单向导电性可以组成二极管与门(diode AND gate)。最简单的二极管与门如图3-1所示。该电路有两个输入端A、B和一个输出端Y。

2. 电路的工作原理

假设电源电压$V_{CC}=+5V$，从A、B端输入的高、低电平分别

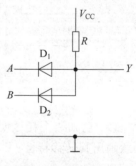

图3-1　二极管与门

为 $V_{IH}=3V$,$V_{IL}=0V$,二极管的正向导通电压为 0.7V。由图可知,当 A、B 端均输入低电平时,二极管 D_1、D_2 都导通,输出端 Y 的电位为 0.7V;当 A、B 两端中有一个输入为低电平,另一个输入为高电平时,则必有一个二极管导通,而另一个二极管截止,此时输出端 Y 的电位为 0.7V;当 A、B 端均输入高电平时,二极管 D_1、D_2 都导通,输出端 Y 的电位为 3.7V。由以上分析得到图 3-1 电路的工作状态表如表 3-1 所示,对其进行状态赋值得到真值表如表 3-2 所示。由真值表可以写出逻辑表达式为 $Y=AB$,所以该电路为二极管与门。

表 3-1　图 3-1 电路的工作状态表

A/V	B/V	Y/V
0	0	0.7
0	3	0.7
3	0	0.7
3	3	3.7

表 3-2　图 3-1 电路的真值表

A	B	Y
0	0	0
0	1	0
1	0	0
1	1	1

3.2.2　二极管或门

1. 电路结构

最简单的二极管或门(diode OR gate)如图 3-2 所示。该电路有两个输入端 A、B 和一个输出端 Y。

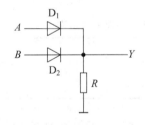

图 3-2　二极管或门

2. 电路的工作原理

假设从 A、B 端输入的高、低电平分别为 $V_{IH}=3V$,$V_{IL}=0V$,二极管的正向导通电压为 0.7V。由图 3-2 可知,当 A、B 端均输入低电平时,二极管 D_1、D_2 都截止,输出端 Y 的电位为 0V;当 A、B 两端中有一个输入为低电平,另一个输入为高电平时,则必有一个二极管导通,而另一个二极管截止,此时输出端 Y 的电位为 2.3V;当 A、B 端均输入高电平时,二极管 D_1、D_2 都导通,输出端 Y 的电位为 2.3V。由以上分析得到图 3-2 电路的工作状态表如表 3-3 所示,对其进行状态赋值得到真值表如表 3-4 所示。由真值表可以写出逻辑表达式为 $Y=A+B$,所以该电路为二极管或门。

表 3-3　图 3-2 电路的工作状态表

A/V	B/V	Y/V	A/V	B/V	Y/V
0	0	0	3	0	2.3
0	3	2.3	3	3	2.3

表 3-4　图 3-2 电路的真值表

A	B	Y	A	B	Y
0	0	0	1	0	1
0	1	1	1	1	1

3.2.3 三极管非门

三极管在模拟电子电路中主要起放大作用,所以三极管主要工作在放大区。在数字电子电路中,三极管主要起开关作用,即三极管的动作特点是通和断。而三极管工作在截止区时,$I_B \approx 0, I_C \approx 0$,相当于开关断开状态,当三极管工作在饱和区时,$V_{CES} \approx 0.3V$,相当于开关闭合状态。利用工作在截止区或饱和区的三极管可以组成三极管非门电路。

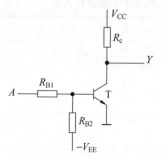

图 3-3 三极管非门

1. 电路结构

三极管非门(transistor NOT gate)如图 3-3 所示。该电路有一个输入端 A 和一个输出端 Y。

2. 电路的工作原理

假设电源电压 $V_{CC} = +5V$,从 A 端输入的高、低电平分别为 $V_{IH} = 3V, V_{IL} = 0V$。由图可知,当 A 端输入低电平时,三极管将截止,输出端 Y 的电位将接近于 $+5V$;当 A 端输入为高电平时,三极管将饱和导通,输出端 Y 的电位约为 $0.3V$。由以上分析得到图 3-3 电路的工作状态表如表 3-5 所示,对其进行状态赋值得到真值表如表 3-6 所示。由真值表可以写出逻辑表达式为 $Y = \overline{A}$,所以该电路为三极管非门,又称反相器(inverter)。

表 3-5 图 3-3 电路的工作状态表

A/V	Y/V
0	5
3	0.3

表 3-6 图 3-3 电路的真值表

A	Y
0	1
1	0

在图 3-3 电路中,电阻 R_{B2} 和电源 $-V_{EE}$ 主要是为了保证三极管在输入低电平时三极管可靠地截止。由于它们的接入,即使输入的低电平信号稍大于零,也能使三极管的基极为负电位,从而使三极管能可靠地截止,输出为高电平。

3.3 TTL 门电路

前面介绍的二极管门电路的优点是结构简单,但是在许多门级联时,由于二极管有正向压降,这样会使得逻辑信号电平偏离原来的数值而趋近未定义区域。因此,实际电路中,二极管门电路通常必须带一个晶体管放大器来恢复逻辑电平,这就是 TTL 门电路方案。

TTL 电路是目前双极型数字集成电路中应用最多的一种,它又分为不同系列,主要有 74 系列、74L 系列、74H 系列、74S 系列、74LS 系列等,它们主要在功耗、速度和电源电压范围方面有所不同。

本节主要介绍 74 系列 TTL 电路,然后再对其他系列作以简单介绍。

3.3.1 TTL非门的电路结构和工作原理

1. 电路结构

TTL非门是TTL门电路中电路结构最简单的一种。典型的TTL非门电路如图3-4所示。电路的输入端为A,输出端为Y。

图3-4所示的电路由3部分组成:T_1、R_{B1}和D_1组成输入级,T_2、R_{C2}和R_{E2}组成倒相级,T_3、T_4和R_{C3}组成输出级。因为该电路的输入端和输出端均为三极管结构,所以称为TTL门电路。

2. 电路的工作原理

假设电源电压$V_{CC}=5V$,$V_{IH}=3.4V$,$V_{IL}=0.2V$,PN结导通压降$V_{ON}=0.7V$,$R_{B1}=4k\Omega$,$R_{C2}=1.6k\Omega$,$R_{E2}=1k\Omega$,$R_{C3}=130\Omega$。

当A端输入为V_{IL}时,T_1的发射结必然导通,T_1的基极电位为$v_{B1}=V_{IL}+V_{ON}=0.9V$。

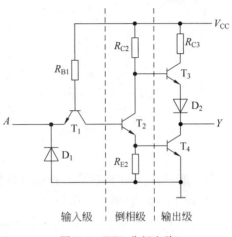

图3-4 TTL非门电路

因此T_2的发射结不会导通。由于T_1的集电极回路电阻是R_{C2}和T_2的集电结反向电阻之和,阻值非常大,因此T_1工作在深度饱和状态,$V_{CES1}\approx 0V$,T_1的集电极电流极小。T_2截止后,其集电极电位v_{C2}为高电平,而发射极电位v_{E2}为低电平,从而使T_3导通、T_4截止,输出为高电平V_{OH}

$$V_{OH}\approx V_{CC}-2V_{ON}=5-1.4=3.6V$$

当A端输入为V_{IH}时,如果不考虑T_2的存在,则三极管T_1的基极电位v_{B1}可能达到$V_{IH}+V_{ON}=3.4+0.7=4.1V$。而实际的情况是:三极管$T_1$的基极电位达到2.1V时,因为三极管$T_1$的集电结、$T_2$的发射结、$T_4$的发射结相串联,同时导通,使三极管$T_1$的基极电位被钳位在2.1V,集电极的电位为1.4V。而T_1的发射极输入电位为3.4V,三极管的这种工作状态相当于发射极和集电极对调,称为倒置。因为T_2、T_4导通,所以$V_{OL}\approx 0.3V$。又因为$v_{C2}\approx 0.7+0.3=1.0V$,因此$T_3$截止。

由以上分析可以看出,图3-4所示电路的输出与输入之间的逻辑关系为$Y=\overline{A}$,所以该电路为非门。

在图3-4中,因为T_2集电极输出的电压信号和发射极输出的电压信号变化的方向相反,所以由T_2组成的电路称为倒相级。在输出级T_3和T_4总是一个导通,一个截止,处在这种工作状态下的输出电路称为推拉式(Push-pull)电路。

图中D_1是输入端钳位二极管,它可以抑制输入端可能出现的负极性干扰脉冲,以保护集成电路的输入端不会因为负极性输入脉冲的作用而使三极管T_1的发射结过流而损坏。二极管D_2的作用是确保T_4饱和导通时T_3可靠地截止。

3. 电压传输特性

描述门电路的输出电压与输入电压之间关系的曲线叫做电压传输特性。图 3-4 的电压传输特性如图 3-5 所示。

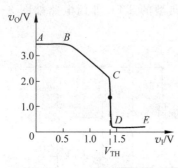

图 3-5 TTL 非门的电压传输特性

当 $v_I<0.7\text{V}$ 时,相当于输入信号为低电平,三极管 T_3 导通,T_4 截止,输出信号为高电平,对应的曲线为 AB 段,该工作区为截止区。

当 $0.7\text{V}<v_I<1.3\text{V}$ 时,三极管 T_2 导通,但 T_4 仍然截止,这时三极管 T_2 工作在放大区,随着输入电压 v_I 的增加,输出电压 v_O 将减小,输出电压随着输入电压按线性规律变化,对应的曲线为 BC 段,该工作区为线性区。

当 $1.3\text{V}<v_I<1.5\text{V}$ 时,三极管 T_2 和 T_4 将同时导通,三极管 T_3 迅速截止,输出电压 v_O 将迅速下降为低电平,对应的曲线为 CD 段,输出电压在该段曲线的中点发生转折跳变,所以该工作区为转折区。转折区中点所对应的输入电压值称为阈值电压或门槛电压,用 V_{TH} 表示,图 3-5 中的 $V_{TH}=1.4\text{V}$。

当 $v_I>1.5\text{V}$ 时,相当于输入信号为高电平,三极管 T_3 截止,T_4 导通,输出信号为低电平,对应的曲线为 DE 段,该工作区为饱和区。

4. 输入端噪声容限

噪声容限(noise margin)是指保证逻辑门完成正常逻辑功能的情况下,逻辑门的输入端所能承受的最大干扰电压值。噪声容限包括输入为低电平时的噪声容限 V_{NL} 和输入为高电平时的噪声容限 V_{NH}。图 3-6 给出了噪声容限的示意图。其中,$V_{OH(min)}$ 为输出高电平的下限,$V_{OL(max)}$ 为输出低电平的上限,$V_{IH(min)}$ 为输入高电平的下限,$V_{IL(max)}$ 为输入低电平的上限。

在将两个门电路直接连接时,前一级门电路的输出就是后一级门电路的输入,为了保证逻辑电平传输的正确性,必须满足 $V_{OH(min)}>V_{IH(min)}$,$V_{OL(max)}<V_{IL(max)}$。由此可得输入为高电平时的噪声容限为

$$V_{NH} = V_{OH(min)} - V_{IH(min)} \qquad (3-1)$$

输入为低电平时的噪声容限为

$$V_{NL} = V_{IL(max)} - V_{OL(max)} \qquad (3-2)$$

74 系列门电路的标准参数为 $V_{OH(min)}=2.4\text{V}$,$V_{OL(max)}=0.4\text{V}$,$V_{IH(min)}=2.0\text{V}$,$V_{IL(max)}=0.8\text{V}$,所以 $V_{NH}=0.4\text{V}$,$V_{NL}=0.4\text{V}$。

5. 传输延迟时间

在 TTL 非门电路中,由于二极管和三极管从截止变为导通或从导通变为截止都需要一定的时间,且二极管和三极管内部的结电容对输入信号波形的传输也

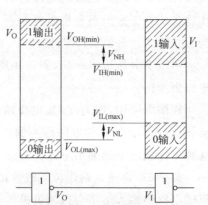

图 3-6 输入端噪声容限示意图

有影响。在非门电路的输入端加上理想的矩形脉冲信号,门电路输出信号的波形将变坏。非门电路输入信号和输出信号波形示意图如图 3-7 所示。

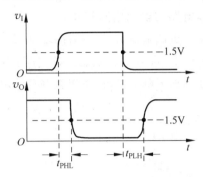

图 3-7 TTL 非门电路传输延迟时间

由图 3-7 可见,输出信号波形延迟输入信号波形一段时间,描述这种延迟特征的参数有导通传输时间 t_{PHL} 和截止传输时间 t_{PLH}。导通传输时间 t_{PHL} 描述输出电压从高电平跳变到低电平时的传输延迟时间。截止传输时间 t_{PLH} 描述输出电压从低电平跳变到高电平时的传输延迟时间。

导通传输时间 t_{PHL} 和截止传输时间 t_{PLH} 通常由实验测定,在集成电路手册上通常给出平均传输延迟时间 t_{pd},具体计算公式为

$$t_{\text{pd}} = \frac{t_{\text{PHL}} + t_{\text{PLH}}}{2} \tag{3-3}$$

3.3.2 TTL 非门的外特性

TTL 门电路的内部结构虽然复杂,但在实际使用的过程中,应主要考虑 TTL 门电路的外特性,也即门电路的输入特性和输出特性。

1. 输入特性

在 TTL 门电路中,描述输入电流随输入电压变化情况的函数称为 TTL 门电路的输入特性。对于 TTL 非门,若规定流入 TTL 门电路的电流为正,流出为负,则其输入特性如图 3-8 所示。

图 3-8 中的 I_{IS} 称为输入短路电流,是指输入电压 $v_{\text{I}} = 0$ 时的输入电流值。对于图 3-4 所示的电路,I_{IS} 的值为

$$I_{\text{IS}} = -\frac{V_{\text{CC}} - V_{\text{ON}}}{R_{\text{B1}}} = -\frac{5 - 0.7}{4} \approx -1\text{mA} \tag{3-4}$$

低电平输入电流一般用 I_{IS} 来代替。I_{IH} 称为输入漏电流或高电平输入电流,是指输入信号为高电平时的输入电流值。由前面的分析可知,当输入信号为高电平时,三极管 T_1 工作在倒置状态,此

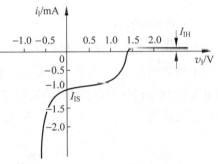

图 3-8 TTL 非门的输入特性

时三极管的电流放大倍数 β 很小,一般在 0.01 以下,所以 I_{IH} 的值很小。74 系列门电路每个输入端的 I_{IH} 值在 $40\mu\text{A}$ 以下。输入信号在高、低电平之间的情况比较复杂,在此不作介绍。

2. 输出特性

在 TTL 门电路中,描述输出电压随输出电流变化情况的函数称为 TTL 门电路的输出特性。输出特性包括高电平输出特性和低电平输出特性。

(1) 高电平输出特性

在图 3-4 所示的非门电路中,当输出为高电平时,T_3 和 D_2 导通,T_4 截止,输出端的等效电路如图 3-9(a)所示。这时 T_3 工作在射极输出状态,电路的输出电阻很小。在负载电流较小的范围内,负载电流的变化对 V_{OH} 的影响很小。随着负载电流 i_L 绝对值的增加,R_{C3} 上的压降也随之加大,最终将使 T_3 的 b-c 结变为正向偏置,T_3 进入饱和状态。这时 T_3 将失去射极跟随功能,因而 V_{OH} 随着 i_L 绝对值的增加几乎线性地下降。TTL 非门高电平输出特性如图 3-9(b)所示。

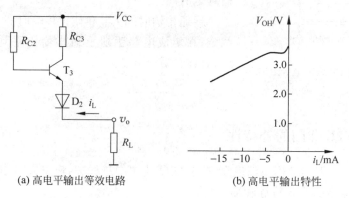

(a) 高电平输出等效电路　　(b) 高电平输出特性

图 3-9　TTL 非门高电平输出等效电路和输出特性

从曲线上可以看出,在 $|i_L|<5\text{mA}$ 的范围内,V_{OH} 变化很小。当 $|i_L|>5\text{mA}$ 以后,随着 i_L 绝对值的增加 V_{OH} 下降较快。考虑到输出功率等因素的影响,实际的高电平输出电流的最大值要比 5mA 小得多。集成电路手册上给出的 74 系列门电路的高电平输出电流大约为 0.4mA。

(2) 低电平输出特性

当输出为低电平时,门电路的输出级三极管 T_4 饱和导通而三极管 T_3 截止,输出端的等效电路如图 3-10(a)所示。由于 T_4 饱和导通时 c-e 间的内阻很小,通常在 10Ω 以内,所以负载电流 i_L 增加时输出的低电平 V_{OL} 仅稍有升高。TTL 非门的低电平输出特性如图 3-10(b)所示。从曲线可以看出,V_{OL} 与 i_L 的关系在较大的范围内基本呈线性。

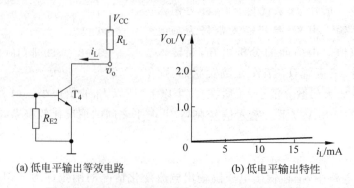

(a) 低电平输出等效电路　　(b) 低电平输出特性

图 3-10　TTL 非门低电平输出等效电路和输出特性

3．负载特性

(1) 输入端负载特性

在具体使用门电路时，有时需要在输入端与地之间或输入端与信号的低电平之间接入负载电阻 R_P，如图 3-11(a)所示。当 R_P 在一定范围内增大时，由于输入电流流过 R_P 会产生压降，其数值也随之增大，反应两者之间变化关系的曲线叫做输入负载特性，如图 3-11(b)所示。

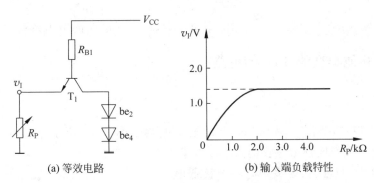

(a) 等效电路　　　　　　(b) 输入端负载特性

图 3-11　TTL 非门输入端经电阻接地时的等效电路和负载特性

由图 3-11 可知，v_I 与 R_P 之间的关系为

$$v_I = \frac{R_P}{R_P + R_{B1}}(V_{CC} - v_{BE1}) \tag{3-5}$$

式(3-5)表明在 $R_P \ll R_{B1}$ 的条件下，v_I 与 R_P 近似成正比。但是当 v_I 上升到 1.4V 以后，三极管 T_2 和 T_4 的发射结同时导通，v_{B1} 被钳位在 2.1V 左右，这时即使 R_P 再增大，v_I 也不会再升高，而是维持在 1.4V 左右。按照图 3-4 中的参数计算，当 R_P 增加到大约 2kΩ 时，v_I 即上升到 1.4V。

(2) 输出端带负载能力

门电路的输出端根据不同的需要通常都带有不同的负载，门电路输出端典型的负载也是门电路，描述门电路输出端最多能够带的门电路数称为门电路的扇出系数(Fan-out)，门电路带负载的情况如图 3-12 所示。

【例题 3.1】　设图 3-12 所示电路中门电路的输入特性和输出特性如图 3-8、图 3-9 和图 3-10 所示，这些门电路的 $I_{IH} = 40\mu A$，$I_{OH} = 0.4mA$，要求 $V_{OH} \geqslant 3.2V$，$V_{OL} \leqslant 0.2V$，求门电路的扇出系数。

解：由图 3-12 可知，G_1 门电路的负载电流是所有负载门的输入电流之和。

首先计算满足 $V_{OL} \leqslant 0.2V$ 时可带负载的数目 N_1。

由图 3-10(b) 可以查到，$V_{OL} = 0.2V$ 时的负载电流 $i_L = 16mA$。由图 3-8 可以查到，$v_I = 0.2V$ 时每个门的输入电流为 $i_I = -1mA$，于是得到电流绝对值间的关系为

$$N_1 \mid i_I \mid \leqslant i_L$$

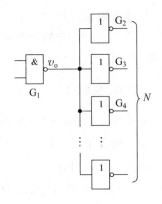

图 3-12　门电路带负载的情况

即
$$N_1 \leqslant \frac{i_L}{|i_1|} = 16$$

然后计算满足 $V_{OH} \geqslant 3.2V$ 时可带负载的数目 N_2。

由图 3-9(b)可以查到，$V_{OH} = 3.2V$ 时的负载电流 $i_L = -7.5mA$。但因为 $|I_{OH}| = 0.4mA$，故应取 $|i_L| = 0.4mA$ 计算。又有 $I_{IH} = 40\mu A$，于是得到

$$N_2 I_{IH} \leqslant |i_L|$$

即
$$N_2 \leqslant \frac{|i_L|}{I_{IH}} = 10$$

取 N_1 和 N_2 中较小的数为门电路的扇出系数，所以该电路的扇出系数为 $N=10$。

3.3.3 其他类型的TTL门电路

1. TTL与非门

74系列TTL与非门(NAND gate)的典型电路如图3-13所示。它与图3-4所示的TTL非门电路的主要区别就是在输入端改成了多发射极三极管。

在图3-13中，只要 A、B 当中有一个接低电平 $V_{IL} = 0.2V$，则 T_1 必有一个发射结导通，并将 T_1 的基极电位 v_{B1} 钳位在 $0.9V$，这时 T_2 和 T_4 都不导通，T_3 导通，输出为高电平 V_{OH}。只有当 A、B 两端同时输入为高电平 $V_{IH} = 3.4V$ 时，T_2 和 T_4 同时导通，T_3 截止，输出为低电平 V_{OL}。因此，Y 和 A、B 之间为与非的逻辑关系，即 $Y = \overline{AB}$。

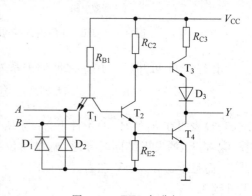

图 3-13 TTL与非门

比较图3-4和图3-13可知，TTL与非门电路的输出级和TTL非门电路的输出级完全相同，因此，非门的输出特性也适用于与非门。但是由于输入级不同，所以输入特性有所区别。对于图3-13所示的与非门，每个输入端的输入特性(其他的输入端悬空)和非门相同。但是如果将两个输入端并联使用，这时总的低电平输入电流与只有一个输入端接低电平时相同，而总的高电平输入电流则为两个输入端的高电平输入电流之和。

在图3-13中，与的功能是用多发射极三极管来实现的，增加发射极的数目，即可扩大输入端的数目，就可以做成多输入端的与非门。

2. TTL或非门

典型的TTL或非门(NOR gate)电路如图3-14所示。不难看出，这个电路是在图3-4的基础上附加了 T_1'、T_2'、D_1'、R_{B1}' 而得到的，且该部分电路结构与 T_1、T_2、D_1、R_{B1} 组成的电路完全相同。所以当 A、B 当中任何一端输入为高电平 $V_{IH} = 3.4V$ 时，都将使 T_2 或 T_2' 导通，并使 T_4 导通、T_3 截止，输出为低电平 V_{OL}。只有在 A、B 两端同时输入为低电平 $V_{IL} = 0.2V$ 时，T_2 和 T_2' 同时截止，并使 T_3 导通，T_4 截止，输出为高电平 V_{OH}。因此 Y 和 A、B 之间是或

非的逻辑关系,即 $Y=\overline{A+B}$。

比较图 3-4 和图 3-14,TTL 或非门电路的输出级和 TTL 非门电路的输出级完全相同,因此,非门的输出特性也适用于或非门。由于每个或输入端都分别接在各自的输入三极管上,所以将 n 个或输入端并联使用时,无论总的高电平输入电流还是总的低电平输入电流都等于各个输入端输入电流的 n 倍。

3. 与或非门

TTL 与或非门(AND-OR-INVERT gate)电路如图 3-15 所示。该电路是在图 3-14 的基础上,将三极管 T_1 和 T_1' 改为多发射极三极管而得到的。容易得出,只有两组输入信号 A、B 或 C、D 当中任何一组输入同时为高电平时,输出为低电平,否则输出为高电平。因此电路的输出信号 Y 与输入信号 A、B、C、D 之间是与或非的逻辑关系,即 $Y=\overline{AB+CD}$。

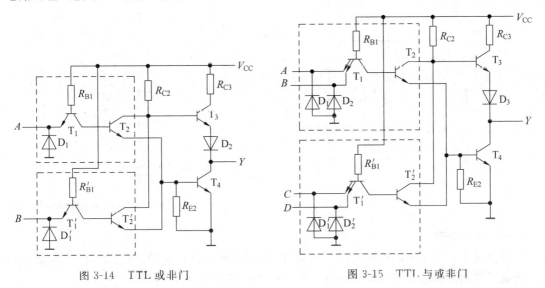

图 3-14　TTL 或非门　　　　图 3-15　TTL 与或非门

4. 异或门

TTL 异或门(Exclusive-OR gate)电路如图 3-16 所示。当 A、B 同时为低电平时,T_4 和 T_5 同时截止,并使 T_7 和 T_9 导通而使 T_8 截止,输出为低电平。而 A、B 同时为高电平时,T_6 和 T_9 导通,T_8 截止,输出为低电平。当 A、B 状态不同(一个为高电平,一个为低电平)时,T_6 截止。同时,A、B 当中的一个高电平输入使 T_4、T_5 中的一个导通,并使 T_7 截止。由于 T_6 和 T_7 同时截止,因而使 T_9 截止而 T_8 导通,输出为高电平。因此 A、B 和 Y 之间为异或逻辑关系,即 $Y=A\oplus B$。

5. 集电极开路的门电路(OC 门)

在用门电路组成各种类型的逻辑电路时,如果可以将两个或两个以上的门电路输出端直接并联使用,可能对简化电路有很大帮助。但是一般的 TTL 门电路输出并联连接时,若并联的几个门电路的输出状态不一样,则这几个门电路的输出电路上可能有较大的电流流通,如图 3-17 所示。由于串联电路的连接电阻仅有几十到一百多欧姆,所以电路的电流将会高达几十毫安。在这种情况下，就会造成集成电路由于过度发热而损坏，也就是说，一般推拉式输出的逻辑门电路，不能将其输出端并联连接使用的。另外，在推拉式输出级的门电路中，电源一经确定，输出的高电平也就固定了，因而无法满足对输出不同高低电平的需要。此外，推拉式电路结构也不能满足驱动较大电流、较高电压负载的要求。

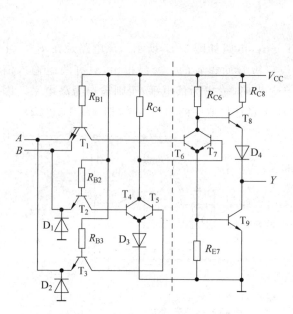

图 3-16 TTL 异或门

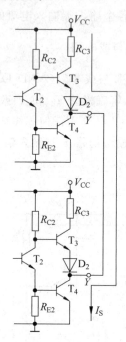

图 3-17 TTL 门电路输出并联

（1）电路结构

若将图 3-4 所示电路中的输出三极管 T_3 及周围的元器件去掉，将三极管 T_4 的集电极开路就可以组成集电极开路的门电路（Open Collector Gate），简称 OC 门电路。

集电极开路门电路的结构和逻辑符号如图 3-18 所示。OC 门电路在工作时需要外接负载电阻 R 和电源 V'_{CC}。只要电阻的阻值和电源电压的数值选择得当，就能够做到既保证输出的高、低电平符合要求，又能保证输出端三极管的负载电流不过大。电阻 R 的作用是，当三极管 T_4 截止时，将三极管 T_4 的集电极的电位提高，使门电路能够输出高电平信号，所

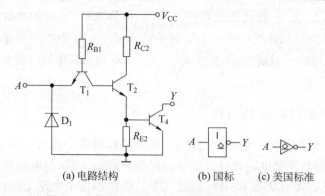

图 3-18 集电极开路非门电路结构和逻辑符号

以负载电阻 R 又称为上拉电阻。

(2) 线与电路

OC 门的输出端可以并联使用。比如在图 3-19 所示的电路中,输入信号 A、B 与输出 Y 之间的逻辑真值表如表 3-7 所示。由表 3-7 可以看出,两个门电路的输出端并联使用的结果等效于与逻辑关系,所以图 3-19 所示的电路又称为线与,其输入与输出之间的逻辑关系为

$$Y = Y_1 \cdot Y_2 = \overline{A} \cdot \overline{B} = \overline{A+B} \quad (3\text{-}6)$$

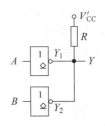

图 3-19 OC 非门输出端并联使用的接法

表 3-7 图 3-19 电路的真值表

A	B	Y_1	Y_2	Y
0	0	1	1	1
0	1	1	0	0
1	0	0	1	0
1	1	0	0	0

线与之后,输出的低电平仍然为 TTL 门电路的低电平等级(约为 0.2V),但高电平的输出取决于 V'_{CC} 的值。在空载的情况下,最高电平输出接近于 V'_{CC} 的值;在有负载的情况下,则根据负载的要求来确定。可见,OC 门使用上更具有灵活性,适合于不同高电平电压等级输入的要求。

另外,有些 OC 门的输出管足以承受较大电流和较高电压,如 SN7407 输出管允许的最大负载电流为 40mA,截止时耐压 30V,足以驱动小型继电器。

(3) 上拉电阻阻值的计算

上拉电阻阻值的计算分高电平输出和低电平输出两种情况。假设将 n 个 OC 门的输出端并联使用,负载是 m 个 TTL 与非门的输入端。

高电平输出情况如图 3-20 所示。当所有 OC 门同时截止时,输出为高电平。此时,每个与非门的输入端口都有输入电流 I_{IH} 流入,m 个输入端口共有 mI_{IH} 输入电流流过上拉电阻 R;同时每一个 OC 门的输出端也有漏电流 I_{OH} 流入,n 个输出端共有 nI_{OH} 输出漏电流流过上拉电阻 R。根据 KCL 可得,上拉电阻 R 上的总电流是上述各电流的总和,此时上拉电阻 R 的值为允许最大值 R_{max}:

$$R_{max} = \frac{V'_{CC} - V_{OH}}{nI_{OH} + mI_{IH}} \quad (3\text{-}7)$$

低电平输出情况如图 3-21 所示。此时,对于与非门电路,每一个门电路输入端口只流出一个输入短路电流 $|I_{IS}|$,m 个与非门电路共有 m 个 $|I_{IS}|$ 输入短路电流流入 OC 门电路的输出端(若是或非门电路,每一个输入端口都有输入短路电流流出,设每个或非门电路有 n′ 个输入端,则 m′ 个或非输入端口共有 m′n′ 个 $|I_{IS}|$ 输入短路电流流入 OC 门电路的输出端);同时上拉电阻 R 上的电流 I 也流入 OC 门电路的输出

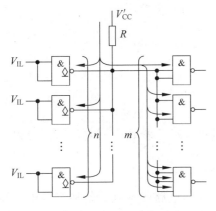

图 3-20 高电平输出时 R 的计算电路

端；在OC门电路输出端口只有一个是低电平，其余都是高电平的情况下，所有的电流都流入输出为低电平的OC门的输出端口，该门电路的输出级电路将流过最大的电流 I_{LM}，根据KCL可得，上拉电阻R上的电流是I_{LM}与$m'|I_{IS}|$的差，此时上拉电阻R的值为允许最小值R_{min}：

$$R_{min} = \frac{V'_{CC} - V_{OL}}{I_{LM} - m'|I_{IS}|} \tag{3-8}$$

上拉电阻R的取值应介于式(3-7)和式(3-8)所规定的最大值和最小值之间。

除了反相器和与非门以外，与门、或门、或非门等都可以做成集电极开路的门电路输出结构，而且外接上拉电阻的计算方法也相同。

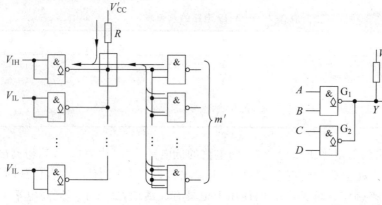

图 3-21　低电平输出时R的计算电路　　图 3-22　例题 3.2 的电路图

【例题 3.2】　电路如图 3-22 所示。已知电源电压$V'_{CC}=5V$，OC 与非门G_1、G_2的输出管截止时的漏电流$I_{OH}=200\mu A$，输出管导通时的最大负载电流$I_{LM}=16mA$，要求 OC 门输出的高电平$V_{OH} \geq 3.4V$，$V_{OL} \leq 0.4V$，G_3、G_4、G_5 均为 TTL 与非门，它们的低电平输入短路电流为$I_{IS}=-1mA$，高电平输入电流为$I_{IH}=40\mu A$。请计算电路中的上拉电阻R的值。

解：由电路图可知，该电路是由两个 OC 与非门输出端并联和三个两输入端与非门组成，即$n=2, m'=3, m=6$。

根据式(3-7)可得

$$R_{max} = \frac{V'_{CC} - V_{OH}}{nI_{OH} + mI_{IH}} = \frac{5-3.4}{2\times0.2+16\times0.04} = 2.5k\Omega$$

根据式(3-8)可得

$$R_{min} = \frac{V'_{CC} - V_{OL}}{I_{LM} - m'|I_{IS}|} = \frac{5-0.4}{16-3\times1} = 0.354k\Omega$$

所以取上拉电阻$R=2k\Omega$。

6. 三态输出门电路

为了实现多个逻辑门电路输出能够实现并联连接使用，除了采用 OC 门以外，还可以采用三态门。

(1) 电路结构和工作原理

三态输出门(Three State Output Gate,TS)是在普通门电路的基础上附加控制电路而构成的。在三态输出的门电路中，输出端除了有高电平和低电平两种状态外，还有第三种状态——高阻态(Z)。

控制端低电平有效的三态输出反相器的电路结构和逻辑符号如图3-23(a)所示。图中的控制端$\overline{EN}$为低电平($\overline{EN}=0$)时,P点为高电平,二极管截止,电路的工作状态和普通的反相器没有区别。这时$Y=\overline{A}$,根据输入信号A的情况,输出可能是高电平,也可能是低电平。而当控制端$\overline{EN}$为高电平($\overline{EN}=1$)时,P点为低电平,T_2和T_4截止。同时,由于二极管D_1导通,T_3的基极电位被钳位在0.7V,使T_3截止。由于T_3和T_4同时截止,所以输出端呈高阻状态。这样,输出端就有三种状态:高电平、低电平和高阻状态,所以将该门电路称为三态门。图3-23中的(b)和(c)分别为国标和美国标准的三态反相器逻辑符号。因为三态门存在高阻态,所以三态门电路的输出端可以并联使用。

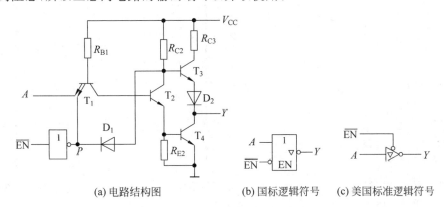

图3-23 控制端低电平有效的三态输出反相器的电路图和逻辑符号

控制端为高电平有效的三态输出反相器的电路图和逻辑符号如图3-24所示。由图3-24可见其电路结构与图3-23(a)只差一个反向器,其余部分相同,所以在此不再赘述。

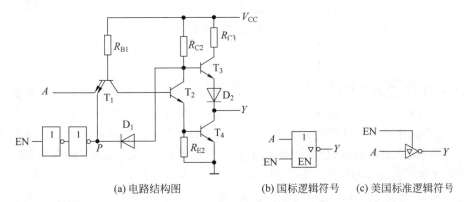

图3-24 控制端高电平有效的三态输出反相器的电路图和逻辑符号

(2) 三态门电路的应用

因为三态门的输出端可以并联使用,所以可以用三态门电路组成开关电路,如图3-25所示。当$\overline{EN}$为低电平0时,三态门G_1为高阻态,选通三态门G_2,电路的输出信号$Y=\overline{B}$;当$\overline{EN}$为高电平1时,三态门G_1被选通,而三态门G_2为高阻态,电路的输出信号为$Y=\overline{A}$。可以看出使能端$\overline{EN}$的状态决定将哪一个数据取反后输出,相当于一个开关的作用。

在计算机系统中,为了减少各个单元电路之间连线的数目,希望能在同一条导线上分时传递若干个门电路的输出信号。这时可以用三态门接成总线结构,如图 3-26 所示。只要在工作时控制各个门的使能端 $\overline{EN}$,使其轮流等于 0,而且任何时候仅有一个等于 0,就可以把各个门的输出信号轮流送到公共的传输线(总线)上而互不干扰。

用三态门还可以实现数据的双向传输,实现数据的双向传输的三态门电路如图 3-27 所示。当 $\overline{EN}=0$ 时,三态门 G_1 被选通而 G_2 为高阻态,数据 D_1 经反相后送到总线上去。当 $\overline{EN}=1$ 时,三态门 G_2 被选通而 G_1 为高阻态,来自总线的数据经 G_2 反相后由 $\overline{D_2}$ 送出。

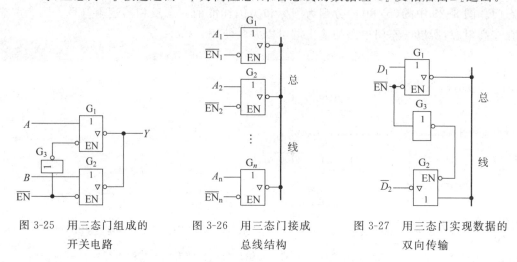

图 3-25 用三态门组成的开关电路   图 3-26 用三态门接成总线结构   图 3-27 用三态门实现数据的双向传输

3.3.4 TTL 系列门电路

许多年来,设计者不断地对 TTL 门电路进行改进,从最早的 74 系列、74H 系列,发展到 74S 系列、74LS 系列,再到后来的 74AS 系列、74ALS 系列、74F 系列。所有的 TTL 系列都是兼容的,它们用同样的电源电压和逻辑电平,但每个系列在速度、功耗和价格上各有优点。

最早的 TTL 逻辑门系列是由 Sylvania 于 1963 年提出的,德州仪器公司使其被广泛应用,其"7400 系列"型号门电路和其他 TTL 元件很快成为工业标准。后来用改变电路内部电阻阻值的方法生产过 74H(高速 TTL)和 74L(低耗 TTL)两种改进系列。74H 系列采用低电阻以减少传播延迟时间,但同时增加了电路的功耗。而 74L 系列采用高电阻以减少功耗,但同时增加了传输延迟时间。如果用传输延迟时间与每个门功耗的乘积——dp 积(delay-power product)来描述 TTL 电路的综合品质,则 74H 和 74L 系列与 74 系列相比,dp 积并未得到改善。因此,不久这两种系列就被随后出现的 74S、74LS 系列取代。

在 74S(Schottky TTL)系列电路中采用了抗饱和的肖特基三极管,获得了比 74 系列更短的传输延迟时间,不过功耗仍然高于 74 系列。随后出现的 74LS 系列(低耗 Schottky TTL)系列同时采用了肖特基三极管和较大的电阻阻值,并改进了电路结构,所以其 dp 积优于以上几个系列。74LS 系列的速度与 74 系列相当,但功耗仅为 74 系列的 1/5。因此,74LS 系列成为设计 TTL 门电路应用系统的首选系列。

后来随着集成电路工艺水平的不断提高和电路结构的改进,又出现了新的肖特基逻辑系列 74AS(高级 Schottky TTL)、74ALS(高级低耗 Schottky TTL)和 74F(快速 TTL)。74AS 系列的速度大约是 74S 的两倍,而功耗几乎相同。74ALS 系列比 74LS 功耗更低,速度更高。74F 系列在功耗和速度上介于 74AS 和 74ALS 之间。未来 74ALS 将逐步取代 74LS 系列而成为 TTL 逻辑系列中的主流产品,而 74F 系列也许会成为高速系统设计中使用的主要系列。

表 3-8 列出了各种 TTL 系列门的主要特性参数,根据这些信息,可以分析 TTL 门电路的外部特性,而不必知道内部 TTL 电路的设计细节。通常,一个特定元件的输入和输出特性与表 3-8 中给出的典型值有所不同,因此在分析和设计实际电路时,必须经常参考制造厂商的数据手册。

表 3-8 TTL 系列门的主要特性参数

参数名称与符号	单位	系 列					
		74	74S	74LS	74AS	74ALS	74F
输入低电平最大值 $V_{IL(max)}$	V	0.8	0.8	0.8	0.8	0.8	0.8
输入高电平最小值 $V_{IH(min)}$	V	2.0	2.0	2.0	2.0	2.0	2.0
输出低电平最大值 $V_{OL(max)}$	V	0.4	0.5	0.5	0.5	0.5	0.5
输出高电平最小值 $V_{OH(min)}$	V	2.4	2.7	2.7	2.7	2.7	2.7
低电平输入电流最大值 $I_{IL(max)}$	mA	−1.0	−2.0	−0.4	−0.5	−0.2	−0.6
高电平输入电流最大值 $I_{IH(max)}$	μA	40	50	20	20	20	20
低电平输出电流最大值 $I_{OL(max)}$	mA	16	20	8	20	8	20
高电平输出电流最大值 $I_{OH(max)}$	mA	−0.4	−1.0	−0.4	−2	−0.4	−1
传输延迟时间 t_{pd}	ns	9	3	9	1.7	4	3
每个门的功耗	mW	10	19	2	8	1.2	4
延迟-功耗积(dp 积)	pJ	90	57	18	13.6	4.8	12

3.4 CMOS 门电路

3.4.1 CMOS 反相器的电路结构和工作原理

CMOS 反相器的电路结构如图 3-28 所示。由图 3-28 可以看出,它由一个 N 沟道增强型 MOS 管 T_1 和一个 P 沟道增强型 MOS 管 T_2 组成,所以该电路称为互补对称式金属氧化物半导体电路,简称 CMOS 电路。图中两个管的栅极相连作为输入端 A,两个管的漏极相连作为输出端 Y。

假设电源电压 $V_{DD}=+5V$,输入信号的高电平 $V_{IH}=5V$,低电平 $V_{IL}=0V$,并且 V_{DD} 大于 T_1 的开启电压和 T_2 的开启电压的绝对值之和。当输入信号 A 为高电平 1 时,T_1 管导通,T_2 管截止,输出信号 Y 为低电平 0;当输入信号 A 为低电平 0 时,T_1 管截止,T_2 管导通,输出信号 Y 为高电平 1。因此,该电路的输出信号与输入信号之间为非的逻辑关系,即 $Y=\overline{A}$。CMOS 反相器是 CMOS 集成门电路的基本单元。

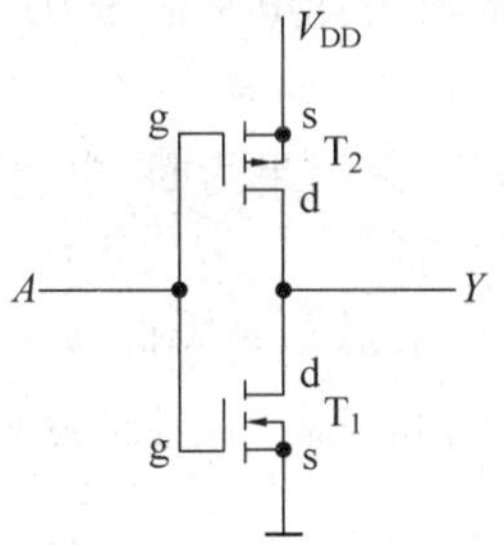

在 CMOS 电路中,因 P 沟道 MOS 管在工作的过程中仅

图 3-28 CMOS 反相器的电路结构

相当于一个可变电阻值的漏极电阻,所以 T_2 管称为负载管;而 N 沟道 MOS 管在工作的过程中起到输出信号、驱动后级电路的作用,所以 T_1 管称为驱动管。

3.4.2 其他类型的 CMOS 门电路

1. CMOS 与非门的电路结构和工作原理

将两个 CMOS 反相器的负载管并联,驱动管串联,就组成了 CMOS 与非门,电路如图 3-29 所示。

当输入信号 A、B 同时为高电平时,驱动管 T_1 和 T_2 导通,负载管 T_3 和 T_4 截止,输出为低电平;当输入信号 A、B 同时为低电平时,驱动管 T_1 和 T_2 截止,负载管 T_3 和 T_4 导通,输出为高电平;当输入信号 A、B 中一个为低电平,另一个为高电平时,驱动管 T_1 和 T_2 中总有一个导通,一个截止,驱动管串联,总结果为断开,负载管总是一个导通,另一个截止,负载管并联,总结果为通,电路的输出信号为高电平。因此输出信号 Y 与输入信号 A、B 之间为与非的逻辑关系。

2. CMOS 或非门的电路结构和工作原理

将两个 CMOS 反相器的负载管串联,驱动管并联,就组成了 CMOS 或非门,电路如图 3-30 所示。

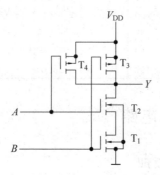

图 3-29 CMOS 与非门电路图

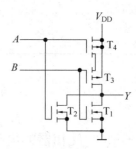

图 3-30 CMOS 或非门电路

当输入信号 A、B 全为低电平 0 时,驱动管 T_1 和 T_2 截止,负载管 T_3 和 T_4 导通,输出为高电平信号 1;当输入信号 A、B 全为高电平 1 时,驱动管 T_1 和 T_2 导通,负载管 T_3 和 T_4 截止,输出为低电平信号 0;当输入信号 A、B 中有一个为高电平,而另一个为低电平时,驱动管中有一个导通,一个截止,驱动管相并联,总结果为通,负载管中一个截止,一个导通,负载管串联,总结果为断,电路输出为低电平。因此输出信号 Y 与输入信号 A、B 之间为或非的逻辑关系。

CMOS 门电路除了上面介绍的与非门和或非门以外,同样也有与或非门、异或门、漏极开路门和三态门电路,这些门电路的作用和符号与 TTL 门电路的相同,这里不再赘述。

3.4.3 CMOS 传输门电路的组成和工作原理

CMOS 传输门(transmission gate)是由一个 N 沟道 MOS 管和一个 P 沟道 MOS 管并

联组成的,电路如图 3-31 所示。图中,两个 MOS 管的栅极为传输门电路的控制端。当控制端 C 为高电平 1,$\bar{C}$ 为低电平 0 时,传输门导通,数据可以从左边传到右边,也可以从右边传到左边,即传输门可以实现数据的双向传输。当控制端 C 为低电平 0,而 $\bar{C}$ 为高电平 1 时,传输门截止,不能传输数据,也即为高阻态。

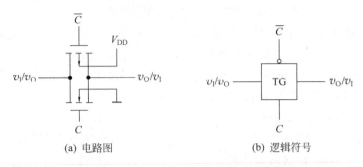

图 3-31 CMOS 传输门电路和逻辑符号

在图 3-31 中,v_I、v_O 可以是模拟信号,这时传输门可以作为模拟开关使用。利用 CMOS 传输门和反相器可以构成双向模拟开关,如图 3-32(a)所示。控制信号 C 作为 N 沟道场效应管的栅极控制信号,C 经过反相器取反后得到 $\bar{C}$ 信号作为 P 沟道场效应管的栅极控制信号,因此只要有一个控制信号即可控制电路的连接与断开。双向模拟开关的逻辑图和逻辑符号如图 3-32(b)和图 3-32(c)所示。

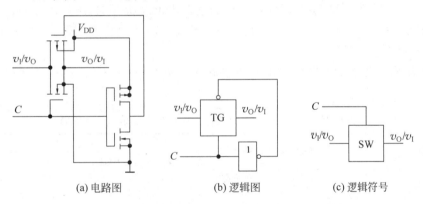

图 3-32 CMOS 双向模拟开关电路图及逻辑符号

3.4.4 CMOS 系列门电路的性能比较

到目前为止,CMOS 门电路已经有 4000 系列、HC 和 HCT 系列、VHC 和 VHCT 系列、FCT 和 FCT-T 系列等定型产品。

4000 系列是最早投放市场的 CMOS 数字集成电路定型产品,其优点是低功耗,但是速度低,而且不易于与当时最流行的 TTL 逻辑系列相匹配。因此逐渐被能力更强的 CMOS 系列所取代。

HC(High-speed CMOS,高速 CMOS)和 HCT(High-speed CMOS,TTL compatible,高速 CMOS,TTL 兼容)系列是高速 CMOS 逻辑系列的简称。与 4000 系列相比,HC/HCT 系列具有更高的速度和更强的电流吸收和提供能力。HCT 系列采用的电源电压为 5V,可以与TTL器件互相配合使用；而HC系列用于只采用CMOS逻辑的系统中，并可用2～6V的电源。高电源电压用于高速器件，低电源电压用于低功耗器件，它不能与TTL器件互相配合使用。

VHC(Very High-speed CMOS)和VHCT(Very High-speed CMOS，TTL compatible)是新一代的CMOS系列器件，它们的工作速度是HC/HCT的两倍，并可与前辈系列保持向后兼容性。它们输入电平不同，但输出特性是完全一样的。HCT/VHCT电路可以由TTL器件来驱动。VHC和VHCT逻辑系列是由几个公司制造的，包括Motorola、Fairchild和Toshiba。而Texas Instruments和Philips只制造那些相似的但规格不一致的兼容系列，它们是AHC和AHCT，其中"A"代表"先进的"。

在20世纪90年代初，又出现了一种CMOS系列——FCT(Fast CMOS，TTL compatible)，它的主要优点是：在减少功耗并与TTL完全兼容的条件下，能达到和超过最好的TTL系列的速度和输出驱动能力，它的输出高电平能达到5V。但在高速应用中，当输出从0V上升到5V时，会产生很大的功耗和噪声。因此，后来又出现了FCT-T(Fast CMOS，TTL compatible with TTL V_{OH})，它降低了高电平输出电压，减少了功耗和开关噪声，而且它可以提供或吸收大量的电流，低电平时可达到64mA。

在诸多系列的CMOS电路产品中，只要产品型号最后的数字相同，它们的逻辑功能就是一样的。例如74/54HC00、74/54HCT00、74/54VHC00、74/54VHCT00、74/54FCT00等的逻辑功能是一样的，它们都是具有4个2输入端的与非门。但是，它们的电气性能和参数就大不相同了。74系列和54系列仅在工作温度范围上有所区别，而其他方面比如逻辑功能、主要的电气参数、外形封装、引脚排列等完全相同。74系列为商用器件，工作温度为0～70℃。54系列为军用器件，工作温度为-55℃～125℃。

表3-9给出了各个系列典型CMOS器件在V_{CC}为4.5～5.5V之间的任意值时的输入规格说明。

表3-9 V_{CC}在4.5～5.5V之间时CMOS系列的输入规格说明

描 述	单位	条件	系 列			
			HC	HCT	VHC	VHCT
最大输入漏电流 I_{Imax}	μA	V_{in}为任意值	±1	±1	±1	±1
低电平最大输入电压 V_{ILmax}	V		10	10	10	10
高电平最小输入电压 V_{IHmin}	V		3.85	2.0	3.85	2.0

表3-10给出了CMOS器件在V_{CC}为4.5～5.5V之间的任意值时的输出规格说明，它针对CMOS和TTL两种负载，在电流或电压下脚标的最后一个字母为C的表示驱动CMOS负载，为T的表示驱动TTL负载。

表3-10 V_{CC}在4.5～5.5V之间时CMOS系列的输出规格说明

描 述	单位	条件	系 列			
			HC	HCT	VHC	VHCT
低电平最大输出电流 I_{OLmaxC}	mA	CMOS负载	0.02	0.02	0.05	0.05
低电平最大输出电流 I_{OLmaxT}	mA	TTL负载	4.00	4.00	8.00	8.00
低电平最大输出电压 V_{OLmaxC}	V	$I_{out} \leq I_{OLmaxC}$	0.10	0.10	0.10	0.10

续表

描 述	单位	条件	系 列			
			HC	HCT	VHC	VHCT
低电平最大输出电压 V_{OLmaxT}	V	$I_{out} \leqslant I_{OLmaxT}$	0.33	0.33	0.44	0.44
高电平最大输出电流 I_{OHmaxC}	mA	CMOS 负载	−0.02	−0.02	−0.05	−0.05
高电平最大输出电流 I_{OHmaxT}	mA	TTL 负载	−4.00	−4.00	−8.00	−8.00
高电平最小输出电压 V_{OHminC}	V	$|I_{out}| \leqslant |I_{OhmaxC}|$	4.40	4.40	4.40	4.40
高电平最小输出电压 V_{OHminT}	V	$I_{out} \leqslant |I_{OhmaxT}|$	3.84	3.84	3.80	3.80

3.5 集成门电路实用知识简介

3.5.1 多余输入端的处理方法

在用集成门电路组成数字系统时,经常会遇到输入引脚有多余的问题。对于不使用的输入端,可以与要使用的输入端连在一起,如图 3-33(a)所示。也可以将不用的输入端与一恒定逻辑值相连,不用的与门或者与非门输入端应与逻辑 1 相连,如图 3-33(b)所示,不用的或门、或非门的输入端应与逻辑 0 相连,如图 3-33(c)所示。在高速电路设计中,通常使用图 3-33(b)和(c)所示的方法,这比用图 3-33(a)所示的方法更好些,因为该方法增加了驱动信号的电容负载,使操作变慢。在图 3-33(b)和(c)中,典型的电阻值为 1~10kΩ,而且一个上拉或下拉电阻可供多个不用的输入端共用。另外,也可以将不用的输入端直接连接到电源或地上。

(a) 与其他输入端相连　(b) 使用上拉电阻的与非门　(c) 使用下拉电阻的或非门

图 3-33　处理不用的输入端

不用的 CMOS 输入端决不能悬空。因为如果输入端悬空会呈现出低电平状态,但是由于 CMOS 输入阻抗非常高,只需很小的电路噪声就可以暂时地使一个悬空输入呈现为高电平,从而造成电路故障。同样,对于 TTL 电路,如果不用的输入端悬空会呈现出高电平状态,但是一个很小的噪声就会使悬空的输入端造成虚假的低电平。因此,为可靠起见,不用的输入端应连到稳定的高电平和低电平电压上。

3.5.2　TTL 电路与 CMOS 电路的接口

在 TTL 与 CMOS 两种电路并存的情况下,常常有不同类型的集成电路混合使用,这样就出现了 TTL 与 CMOS 电路的连接问题。两种不同类型的集成门电路,由于输入、输出逻辑电平、负载能力等参数不同,在连接时必须通过接口电路进行电平或电流的变换后才能使用。

由于 CMOS 系列门电路中，HCT 系列、VHCT 系列和 FCT 系列门电路都与 TTL 电路兼容，它们可以直接相连。而对于其他的与 TTL 不兼容的 CMOS 门电路，使用时必须考虑逻辑电平或驱动电流不匹配时的互连问题。

两种门电路互相连接的条件是：
$V_{OH} \geq V_{IH}, V_{OL} \leq V_{IL}, I_{OH} \geq nI_{IH}, I_{OL} \geq nI_{IL}$

1. TTL 门电路驱动 CMOS 门电路

TTL 电路输出高电平的最小值为 $V_{OH(min)} = 2.4V$，输出低电平最大值为 $V_{OL(max)} = 0.5V$。而 CMOS 电路在电源电压为 5V 时，输入低电平的最大值为 $V_{IL(max)} = 1V$，输入高电平的最小值为 $V_{IH(min)} = 3.5V$。由于 $V_{OL(max)} < V_{IL(max)}$，因此 TTL 输出低电平时与 CMOS 兼容，而由于 $V_{OH(min)} < V_{IH(min)}$，为此在 TTL 电路的输出端与电源之间接入上拉电阻来提升 TTL 输出端高电平，如图 3-34 所示。图中 R 的取值为

$$R = \frac{V_{CC} - V_{OH}}{I_{OH}} \quad (3-9)$$

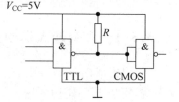

图 3-34 通过上拉电阻提升 TTL 输出端高电平

式(3-9)中 I_{OH} 为 TTL 电路输出级 T_3 管截止时的漏电流。

当 CMOS 电源电压 V_{DD} 高于 5V 时，仍可以采用上拉电阻 R 解决电平转换问题，此时 TTL 门电路应该采用 OC 门，如图 3-35 所示。另外也可以采用三极管非门电路来解决电平转换问题，如图 3-36 所示。

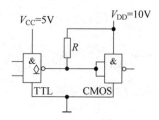

图 3-35 通过上拉电阻解决电平转换问题

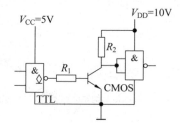

图 3-36 通过三极管非门解决电平转换问题

2. CMOS 门电路驱动 TTL 门电路

CMOS 电路输出逻辑电平与 TTL 输入逻辑电平可以兼容，但 CMOS 电路输出功率较小，驱动能力不够，一般不能直接驱动 TTL 电路。常用的方法有以下两种方法。

(1) 利用三极管的电流放大作用实现电流扩展，如图 3-37 所示。只要放大器的电路参数选择合适，可做到既满足 CMOS、TTL 门电路电流要求，又使放大器输出高低电平满足 TTL 逻辑电平要求。

(2) CMOS 电路的输出端增加一级 CMOS 驱动器来增强带负载能力，如图 3-38 所示。CMOS 门电路由 +5V 电源供电，能直接驱动 1 个 74 系列 TTL 门电路。若增加缓冲器比如选用 CC4049(六反相器)或 CC4050(六缓冲器)，能直接驱动两个 74 系列 TTL 门电路，若选用漏极开路的 CMOS 驱动器 CC40107，能直接驱动 10 个 74 系列 TTL 门电路。

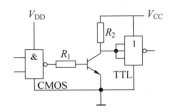

图 3-37 利用三极管实现电流扩展

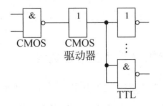

图 3-38 利用 CMOS 驱动器增强带负载能力

3.5.3 门电路带负载时的接口电路

当用门电路驱动执行性负载时,应根据负载的要求进行正确的接口。

1. 用门电路直接驱动显示器件

使用逻辑门电路可以直接驱动发光二极管、液晶显示器等低电压等级类的显示器件,只要显示器件的电压等级(额定电压值)与逻辑门电路的输出电压等级或逻辑门电路的电源电压值相同就可以直接驱动。但是为了安全起见,通常在电路中接入限流电阻,如图 3-39 所示。图中 74HC04 为 CMOS 器件,提供了六路反相缓冲器,限流电阻的大小可分别按下面两种情况来计算。

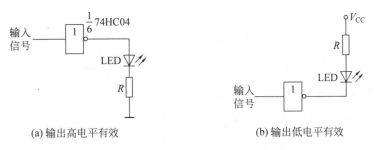

(a) 输出高电平有效　　　　　　　(b) 输出低电平有效

图 3-39 CMOS 74HC04 驱动 LED 的电路

对于图 3-39(a)所示的电路,当门电路的输入为低电平时,输出为高电平,LED 导通点亮,限流电阻 R 的取值为

$$R = \frac{V_{OH} - V_D}{I_D} \qquad (3\text{-}10)$$

对于图 3-39(b)所示的电路,当门电路的输入为高电平时,输出为低电平,LED 导通点亮,限流电阻 R 的取值为

$$R = \frac{V_{CC} - V_D - V_{OL}}{I_D} \qquad (3\text{-}11)$$

式(3-10)和式(3-11)中,I_D 为 LED 的导通电流,V_D 为 LED 的正向导通压降,V_{OH}、V_{OL} 分别为门电路的输出高、低电平,常取典型值。

【例题 3.3】 在如图 3-39(a)所示的电路中,使门电路的输入为低电平时,输出为高电平,LED 导通。设 $I_D = 0.5\text{mA}, V_D = 0.7\text{V}, V_{OH} = 4.7\text{V}$,试计算限流电阻 R 的取值为多大合适。

解:根据式(3-10)来计算限流电阻

$$R = \frac{V_{OH} - V_D}{I_D} = \frac{4.7 - 0.7}{0.5} = 8\text{k}\Omega$$

2. 用门电路驱动机电性负载

利用数字电路的输出信号控制其他较大工作电流的机电性负载,如电动机、照明电器和电炉等,通常采用中间继电器转换控制,即先用门电路控制继电器的动作,再用继电器的"常开触点"或"常闭触点"去连接交流、直流接触器的电磁线圈,实现对大电流工作的机电性负载的控制。

中间继电器本身有其额定的电压和电流参数,一般情况下,门电路的输出电压等级必须与中间继电器额定电压一致,输出电流要略大于中间继电器的额定电流值。连接电路如图 3-40 所示。中间继电器的线圈并联一个二极管,是为了门电路输出电平发生突变时,在电感性负载的暂态过程中,为电感线圈提供一个续流电路,避免电感性负载产生感应高电压,起到对门电路的保护作用。若门电路的输出参数与中间继电器的额定参数不一致,可以加入三极管缓冲级进行转换。

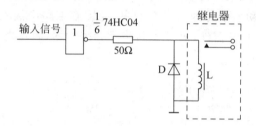

图 3-40　CMOS 74HC04 驱动继电器电路

小　　结

门电路是构成各种复杂数字电路的基本逻辑单元。按照电路元件的结构形式不同,分为分立元器件门电路和集成门电路。分立元器件门电路的优点是结构简单,但是在许多门级联时,其逻辑信号电平会偏离原来的数值而趋近未定义区域。因此,实际电路中,一般很少采用。集成门电路按照集成度的不同可分为小规模集成门电路、中规模集成门电路、大规模集成门电路和超大规模集成门电路。按照制造工艺的不同,分为 TTL 门电路和 CMOS 门电路。由于 TTL 门电路功耗较大,其主要在中、小规模集成电路方面应用广泛,而 CMOS 门电路的优点是功耗很小,适合于制作大规模和超大规模集成电路。

按照门电路的功能的不同,可以分为非门、与非门、或非门、与或非门、异或门等,而非门是构成各种门电路的基本单元。学习门电路的内部结构和工作原理的目的在于帮助读者对器件外特性的理解,以便于更好地掌握外特性。外特性包括电压传输特性、输入特性、输出特性和负载特性。另外,输入端噪声容限和传输延迟时间也是门电路的两个重要参数。

集电极开路的门电路的输出端可以并联使用,即可以实现线与功能,但是集电极开路的门电路在使用时必须外加一个电源和一个上拉电阻。三态门的输出端有三个状态,即高电平、低电平和高阻态。在使能端为有效状态时,其逻辑功能与普通的门电路一样,在使能端为无效状态时,输出为高阻态。多个三态门在其使能端轮流有效时,也可以实现线与功能。用三态门电路可以组成开关电路,总线结构,还可以实现数据的双向传输。

在门电路的实际应用中,经常需要考虑多余输入端的处理方法、TTL 电路和 CMOS 电路的接口以及门电路带不同负载时的接口电路等。

习　　题

1. 填空题。

(1) 集成电路按照集成度可分为_____、_____、_____和_____。

(2) TTL 非门的电压传输特性的转折区中点所对应的输入电压值称为_____,用 V_{TH} 表示。

(3) 在保证逻辑门完成正常逻辑功能的情况下,逻辑门的输入端所能承受的最大干扰电压值称为_____。

(4) 在 TTL 门电路中,输入电压 $v_I=0$ 时的输入电流值称为_____。

(5) 描述门电路输出端最多能够带的门电路数称为门电路的_____。

(6) 三态门的输出有 3 种状态,它们是_____、_____和_____。

(7) 多个三态门的输出端能并联在一起的条件为_____。

(8) 除了三态门,_____门也有高阻输出状态。

(9) 对于集成门电路中不使用的输入端,可以与要使用的输入端_____,也可以将不用的输入端与_____相连,不用的与门或者与非门输入端应与_____相连,不用的或门或者或非门的输入端应与_____相连。

2. 选择题。

(1) 一个二输入端的 TTL 与非门,一端接变量 B,另一端经 10kΩ 电阻接地,该与非门的输出应为_____。

　A. 0　　　　　B. 1　　　　　C. B　　　　　D. $\bar{B}$

(2) TTL 门电路的输入端悬空时,下列说法正确的是_____。

　A. 相当于逻辑 0　　　　　　　B. 相当于逻辑 1

　C. 逻辑 1 和逻辑 0 都可以　　　D. 由门电路的类型决定是逻辑 1 还是逻辑 0

(3) 能实现分时传送数据逻辑功能的是_____。

　A. TTL 与非门　　B. 三态逻辑门　　C. 集电极开路门　　D. CMOS 逻辑门

(4) CMOS 74HC 系列逻辑门与 TTL74LS 系列逻辑门相比,工作速度_____、静态功耗_____。

　A. 低,低　　　　　　　　　　B. 不相上下,低很多

　C. 高,低很多　　　　　　　　D. 高,不相上下

(5) 能实现线与逻辑功能而且需要外加电源和上拉电阻的是_____。

　A. TTL 与非门　　B. 三态逻辑门　　C. 集电极开路门　　D. CMOS 逻辑门

(6) 下列各种门电路中,输入端和输出端可以互换使用的是_____。

　A. 三态门　　　　B. OC 门　　　　C. CMOS 传输门　　D. TTL 门

(7) 下列各种门电路中,输入信号既可以是数字信号,又可以是模拟信号的是_____。

A. 三态门　　　　B. OC 门

C. CMOS 传输门　D. TTL 门

(8) 如图 3-41 所示的 OC 门组成的电路,可等效为_____。

A. 与非门　　　　B. 或非门

C. 与或非门　　　D. 异或门

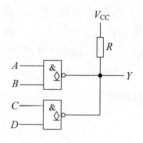

图 3-41　第 2(8) 的图

(9) 图 3-42 所示的各个门电路,能实现表 3-11 所要求的功能的是_____。

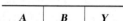

表 3-11　第 2(9) 题的表

A	B	Y
0	0	1
0	1	0
1	0	0
1	1	0

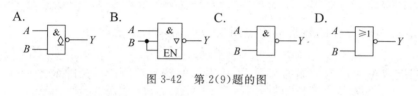

图 3-42　第 2(9) 题的图

(10) 对于集成门电路,下列选项中正确的是_____。

A. 输入端悬空可能会造成逻辑出错

B. 多余的输入端不可以并联使用

C. 输入端完全可以悬空,且相当于逻辑 1

D. 输入端通过阻值小的电阻接到地,相当于逻辑 1 和逻辑 0 均可

3. 试画出图 3-43 所示各个门电路输出端的电压波形。输入端 A、B 的电压波形如图 3-43 所示。

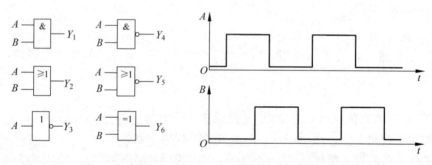

图 3-43　第 3 题的门电路和输入电压波形图

4. 通过适当的方法将与非门、或非门和异或门连接成反相器,实现 $Y=\overline{A}$。

5. 试画出用二输入端的与非门实现 $Y=A+B$,$Y=AB$ 的逻辑电路图。

6. 各逻辑门的输入端 A、B 和输出端 Y 的波形如图 3-44(a) 和图 3-44(b) 所示,分别写出各个逻辑门的表达式。

7. 计算图 3-45 电路中的反相器 G_M 能驱动多少个同样的反相器。要求 G_M 输出的高、低电平符合 $V_{OH} \geqslant 3.2V$,$V_{OL} \leqslant 0.25V$。所有的反相器均为 74LS 系列 TTL 电路,输入电流 $I_{IL} \leqslant -0.4mA$,$I_{IH} \leqslant 20\mu A$。$V_{OL} \leqslant 0.25V$ 时的输出电流的最大值 $I_{OL(max)} = 8mA$,$V_{OH} \geqslant 3.2V$ 时的输出电流的最大值为 $I_{OH(max)} = -0.4mA$。G_M 的输出电阻忽略不计。

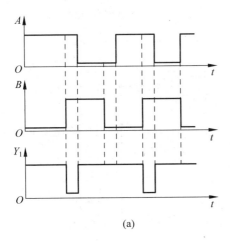
(a)

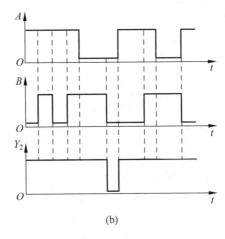
(b)

图 3-44　第 6 题的图

8. 在图 3-45 所示的电路中所有与非门均为 74 系列 TTL 电路,计算门 G_M 能驱动多少个同样的与非门。要求 G_M 输出的高、低电平符合 $V_{OH} \geqslant 3.2V, V_{OL} \leqslant 0.4V$。与非门的输入电流 $I_{IL} \leqslant -1.6mA, I_{IH} \leqslant 40\mu A$。$V_{OL} \leqslant 0.4V$ 时的输出电流的最大值 $I_{OL(max)} = 16mA$,$V_{OH} \geqslant 3.2V$ 时的输出电流的最大值为 $I_{OH(max)} = -0.4mA$。G_M 的输出电阻忽略不计。

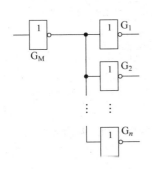

图 3-45　第 7 题的图

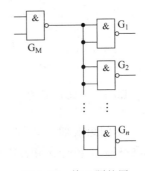

图 3-46　第 8 题的图

9. 图 3-47 所示为 TTL 电路,已知各个门的参数为:$I_{LM}=13mA$,OC 门输出管截止时的漏电流 $I_{OH}=250\mu A, I_{IH}=50\mu A, I_{IL}=-1.4mA, V_{OH} \geqslant 3.6V, V_{OL} \leqslant 0.3V$,试计算 R_L 的值。

10. 两个 TTL OC 门驱动 4 个 TTL 与非门的电路如图 3-48 所示。设电路的 $V_{OH} \geqslant 3.0V, V_{OL} \leqslant 0.4V$。测得与非门的 $I_{IH}=32\mu A, I_{IL}=-1.3mA$。TTL OC 门输出高电平时的 $I_{OH}=100\mu A$,输出为低电平时的 $I_{LM}=15mA$。试确定上拉电阻 R 的取值范围。

11. 试说明在下列情况下,用万用表测量图 3-49 所示电路的 v_{I2} 端得到的电压各为多少?图中的与非门为 74 系列的 TTL 电路,万用表使用 5V 量程,内阻为 $20k\Omega/V$。

（1）v_{I1} 悬空。

（2）v_{I1} 接低电平(0.2V)。

（3）v_{I1} 接高电平(3.2V)。

（4）v_{I1} 经 51Ω 电阻接地。

（5）v_{I1} 经 10kΩ 电阻接地。

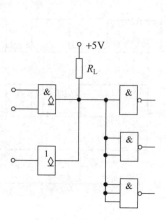

图 3-47 第 9 题的图

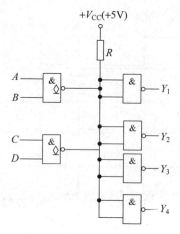

图 3-48 第 10 题的图

12. 两个 OC 与非门连接成如图 3-50 所示的电路。试写出输出 Y 的表达式。

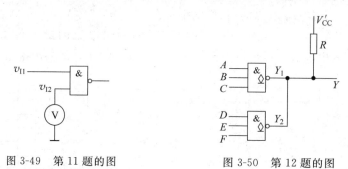

图 3-49 第 11 题的图　　　　图 3-50 第 12 题的图

13. TTL 三态门组成如图 3-51(a)所示的电路,图 3-51(b)为输入 A、B、C 的电压波形。
(1) 写出电路输出 Y 的逻辑表达式。

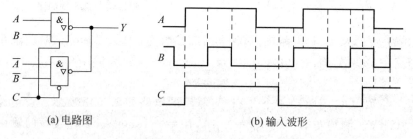

(a) 电路图　　　　(b) 输入波形

图 3-51 第 13 题的图

(2) 在图 3-51(b)所示输入波形时,画出 Y 的波形。

14. TTL 三态门组成如图 3-52(a)所示的电路,图 3-52(b)为输入信号的电压波形。
(1) 写出输出 Y 的逻辑表达式。
(2) 在如图 3-52(b)所示的输入波形时,画出输出 Y 的波形。

15. 图 3-53 所示各个门电路均为 74 系列 TTL 电路。指出各个门电路的输出是什么状态(高电平、低电平或高阻状态)。

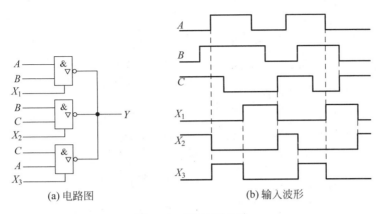

图 3-52 第 14 题的图

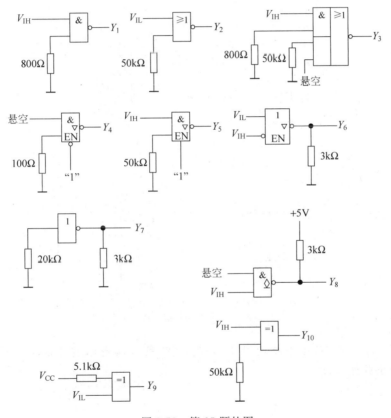

图 3-53 第 15 题的图

16. 图 3-54 所示各个门电路为 CMOS 电路。指出各个门电路的输出是什么状态(高电平、低电平或高阻状态)。

17. 在 CMOS 电路中有时采用如图 3-55 所示的方法扩展输入端。试分析电路的逻辑功能,写出输出表达式,并指出这种电路能否用于 TTL 门电路。假定电源电压 $V_{DD}=10\text{V}$,二极管的正向导通压降为 0.7V。

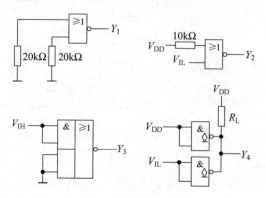

图 3-54 第 16 题的图

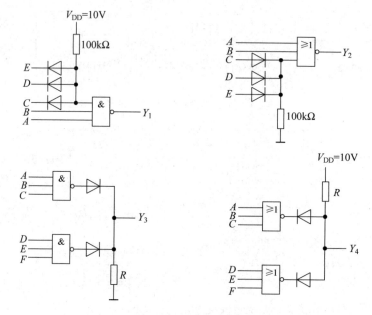

图 3-55 第 17 题的图

18. 图 3-56 所示的各个电路均为 TTL 门,各电路在实现给定的逻辑关系时是否有错误,若有试指出并加以改正。

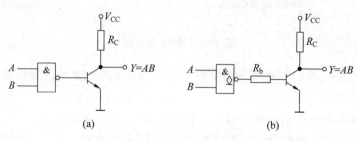

图 3-56 第 18 题的图

第3章 门电路

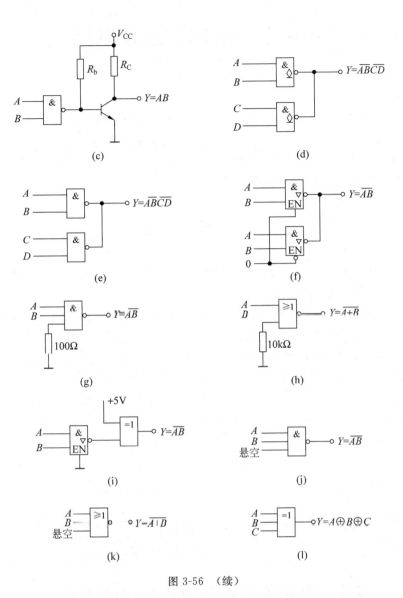

图 3-56 （续）

19. CMOS 电路如图 3-57 所示，分析电路的功能，写出电路输出 Y 的逻辑表达式。

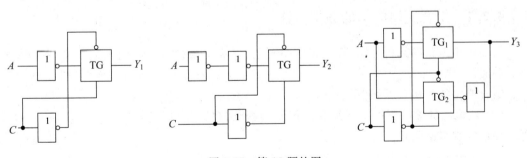

图 3-57 第 19 题的图

第 4 章 组合逻辑电路

教学提示：按照逻辑功能分类，数字电路分为组合逻辑电路和时序逻辑电路两种，而组合电路又是时序电路的组成部分，因此组合逻辑电路是数字电路的基础。

教学要求：要求学生掌握组合电路的设计和分析方法，掌握常用中规模集成电路的功能及其应用，了解组合电路中的竞争-冒险现象。

4.1 概 述

在数字系统中，常用的各种数字部件按逻辑功能分为组合逻辑电路（combinational logic circuit）和时序逻辑电路（sequential logic circuit）两大类。

在组合逻辑电路中，任意时刻的输出状态仅取决于该时刻的输入信号，而与电路原来的状态无关。因此，组合逻辑电路不需要记忆元件，输出与输入之间无反馈。

任何一个多输入多输出的组合逻辑电路，都可以用如图 4-1 所示的结构框图来表示。

图中，$X=[x_1,x_2,\cdots,x_n]$ 表示输入变量，$Y=[y_1, y_2,\cdots,y_m]$ 表示输出变量。输出与输入之间可以用如下逻辑函数来描述

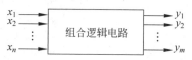

图 4-1 组合逻辑电路的结构框图

$$y_i = f_i(x_1,x_2,\cdots,x_n), \quad i=1,2,\cdots,m$$

或者写成向量形式

$$Y = F(X)$$

逻辑函数表达式是表示组合逻辑电路的一种表示方法，此外，真值表、卡诺图和逻辑图等方法中的任何一种都可以表示组合逻辑电路的逻辑功能。

4.2 组合逻辑电路的分析和设计方法

4.2.1 组合逻辑电路的分析方法

组合逻辑电路的分析，即已知逻辑电路图，找出输出与输入之间的函数关系，并分析电路的功能。

组合电路的分析步骤如下：

(1) 从电路的输入到输出逐级写出逻辑函数式，最后得到描述整个电路的输出与输入之间关系的逻辑函数式。

(2) 用公式法或卡诺图法将逻辑函数化简成最简与或式。

(3) 为了使电路的逻辑功能更加直观，可以列写出逻辑函数的真值表，进而分析电路的逻辑功能。

【例题 4.1】 分析如图 4-2 所示电路的功能。

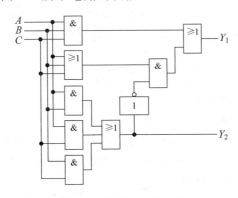

图 4-2 例题 4.1 的电路

解：根据逻辑图可以写出输出变量 Y_1、Y_2 与输入变量 A、B、C 间的如下逻辑函数式

$$Y_1 = ABC + (A+B+C)\overline{AB+AC+BC}$$
$$= ABC + A\overline{B}\overline{C} + \overline{A}B\overline{C} + \overline{A}\overline{B}C$$
$$Y_2 = AB + BC + AC$$

由于该表达式已经是最简表达式，所以不必化简。但是从上面的逻辑函数式中还不容易看出电路的逻辑功能，因此有必要列写出逻辑函数的真值表如表 4-1 所示。

表 4-1 例题 4.1 的真值表

A	B	C	Y_1	Y_2	A	B	C	Y_1	Y_2
0	0	0	0	0	1	0	0	1	0
0	0	1	1	0	1	0	1	0	1
0	1	0	1	0	1	1	0	0	1
0	1	1	0	1	1	1	1	1	1

由真值表可见，这是一个全加器。A、B、C 为加数、被加数和来自低位的进位，Y_1 是和，Y_2 是进位输出。

4.2.2 组合逻辑电路的设计方法

组合逻辑电路的设计与分析过程相反，其任务是根据给定的实际逻辑问题，设计出一个最简的逻辑电路图。这里所说的"最简"，是指电路中所用的器件个数最少，器件种类最少，而且器件之间的连线最少。

组合逻辑电路设计的步骤如下：

(1) 根据设计题目要求，进行逻辑抽象，确定输入变量和输出变量及数目，明确输出变量和输入变量之间的逻辑关系。

(2) 对输入和输出变量进行状态赋值，并将输出变量和输入变量之间的逻辑关系(或因果关系)列成真值表。

(3) 根据真值表写出逻辑函数，并用公式法或卡诺图法将逻辑函数化简成最简表达式。

(4) 根据电路的具体要求和器件的资源情况来选择合适的器件，选用小规模集成逻辑门电路、中规模集成组合电路或可编程逻辑器件构成相应的逻辑函数。

(5) 根据选择的器件,将逻辑函数转换成适当的形式。

① 在使用小规模集成门电路进行设计时,为获得最简单的设计结果,应把逻辑函数转换成最简形式,即器件数目和种类最少。因此通常把逻辑函数转换为与非-与非式或者与或非式,这样可以用与非门或者与或非门来实现。

② 在使用中规模组合逻辑电路设计电路时,需要将逻辑函数化成常用组合逻辑电路的逻辑函数式形式,具体做法将在 4.3 节介绍。

(6) 根据化简或变换后的逻辑函数式,画出逻辑图。

【例题 4.2】 一个水箱由大、小两台水泵 M_b 和 M_s 供水,如图 4-3 所示。水箱中设置了 3 个水位检测元件 A、B、C。水面低于检测元件时,检测元件给出高电平;水面高于检测元件时,检测元件给出低电平。现要求当水位超过 C 点时水泵停止工作;水位低于 C 点而高于 B 点时 M_s 单独工作;水位低于 B 点而高于 A 点时 M_b 单独工作;水位低于 A 点时 M_b 和 M_s 同时工作。试设计一个控制两台水泵的逻辑电路。

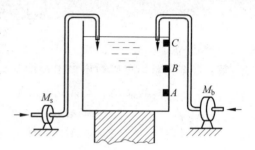

图 4-3 例题 4.2 的示意图

解:(1) 首先进行逻辑抽象。

由题意可知,有 3 个输入变量 A、B、C,两个输出变量 M_b 和 M_s,对于输入变量,1 表示水面低于相应的检测元件,0 表示水面高于相应的检测元件;对于输出变量,1 表示水泵工作,0 表示水泵不工作。

(2) 依题意可以列出如表 4-2 所示的真值表。

表 4-2 例题 4.2 的真值表

A	B	C	M_s	M_b	A	B	C	M_s	M_b
0	0	0	0	0	1	0	0	×	×
0	0	1	1	0	1	0	1	×	×
0	1	0	×	×	1	1	0	×	×
0	1	1	0	1	1	1	1	1	1

(3) 由真值表直接填写卡诺图并化简,如图 4-4 所示,化简后得到

$$\begin{cases} M_s = A + \bar{B}C \\ M_b = B \end{cases} \tag{4-1}$$

(4) 选定器件类型为小规模集成门电路。

(5) 根据式(4-1)画出逻辑电路图如图 4-5 所示。

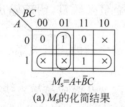
(a) M_s 的化简结果

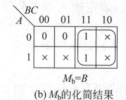
(b) M_b 的化简结果

图 4-4 例题 4.2 的卡诺图化简

图 4-5 例题 4.2 的逻辑图之一

图 4-5 用与门和或门组成的逻辑电路。如果要求用与非门来组成这个逻辑电路,则需要将式(4-1)化为最简与非-与非表达式

$$\begin{cases} M_s = \overline{\overline{A} + \overline{BC}} = \overline{\overline{A} \cdot \overline{BC}} \\ M_b = B \end{cases} \quad (4\text{-}2)$$

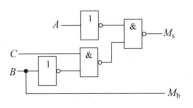

图 4-6 例题 4.2 的逻辑图之二

根据式(4-2)用与非门实现的逻辑电路如图 4-6 所示。

同样道理若用与或非门来实现这个逻辑电路,则需要将式(4-1)化为最简与或非表达式,也即将逻辑函数转换成与所选择器件相适应的形式。

4.3 若干常用的组合逻辑电路

4.3.1 编码器

用文字、符号或数码表示特定对象的过程称为编码。比如在运动场上,运动员的号码即为一种编码,将每个运动员分配号码后,这个号码即代表这个运动员,如果知道了号码,就可以知道该运动员的信息,只不过该号码一般用十进制数表示,而在数字电路中通常用二进制数进行编码。实现编码操作的电路就是编码器(encoder)。根据被编码信号的不同特点和要求,可以将编码器分为二进制编码器、二-十进制编码器和优先编码器。

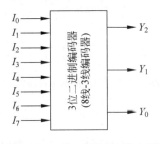

图 4-7 3 位二进制(8 线-3 线)编码器的框图

1. 二进制编码器

用 n 位二进制代码对 2^n 个信号进行编码的电路称为二进制编码器(binary encoder)。例如 $n=3$,则最多可以对 8 个信号进行编码。假如对 N 个信号编码,则可以用 $2^n \geqslant N$ 来确定需要使用的二进制代码的位数 n。下面以 3 位二进制编码器为例说明二进制编码器的工作原理和设计过程。

图 4-7 是 3 位二进制编码器的框图,它的输入变量是 $I_0 \sim I_7$,输出变量为 $Y_2 \sim Y_0$,因此也称为 8 线-3 线编码器。假设输入和输出均为高电平有效,则列写出真值表如表 4-3 所示。

表 4-3 3 位二进制编码器的真值表

输 入								输 出		
I_0	I_1	I_2	I_3	I_4	I_5	I_6	I_7	Y_2	Y_1	Y_0
1	0	0	0	0	0	0	0	0	0	0
0	1	0	0	0	0	0	0	0	0	1
0	0	1	0	0	0	0	0	0	1	0
0	0	0	1	0	0	0	0	0	1	1
0	0	0	0	1	0	0	0	1	0	0
0	0	0	0	0	1	0	0	1	0	1
0	0	0	0	0	0	1	0	1	1	0
0	0	0	0	0	0	0	1	1	1	1

由表 4-3 的真值表写出对应的逻辑式得到

$$Y_2 = \bar{I}_7\bar{I}_6\bar{I}_5 I_4 \bar{I}_3 \bar{I}_2 \bar{I}_1 \bar{I}_0 + \bar{I}_7\bar{I}_6 I_5 \bar{I}_4 \bar{I}_3 \bar{I}_2 \bar{I}_1 \bar{I}_0$$
$$+ \bar{I}_7 I_6 \bar{I}_5 \bar{I}_4 \bar{I}_3 \bar{I}_2 \bar{I}_1 \bar{I}_0 + I_7 \bar{I}_6 \bar{I}_5 \bar{I}_4 \bar{I}_3 \bar{I}_2 \bar{I}_1 \bar{I}_0 \quad (4-3)$$

$$Y_1 = \bar{I}_7\bar{I}_6\bar{I}_5 \bar{I}_4 \bar{I}_3 I_2 \bar{I}_1 \bar{I}_0 + \bar{I}_7\bar{I}_6\bar{I}_5 \bar{I}_4 I_3 \bar{I}_2 \bar{I}_1 \bar{I}_0$$
$$+ \bar{I}_7 I_6 \bar{I}_5 \bar{I}_4 \bar{I}_3 \bar{I}_2 \bar{I}_1 \bar{I}_0 + I_7 \bar{I}_6 \bar{I}_5 \bar{I}_4 \bar{I}_3 \bar{I}_2 \bar{I}_1 \bar{I}_0 \quad (4-4)$$

$$Y_0 = \bar{I}_7\bar{I}_6\bar{I}_5 \bar{I}_4 \bar{I}_3 \bar{I}_2 I_1 \bar{I}_0 + \bar{I}_7\bar{I}_6\bar{I}_5 I_4 \bar{I}_3 \bar{I}_2 \bar{I}_1 \bar{I}_0$$
$$+ \bar{I}_7\bar{I}_6 I_5 \bar{I}_4 \bar{I}_3 \bar{I}_2 \bar{I}_1 \bar{I}_0 + I_7 \bar{I}_6 \bar{I}_5 \bar{I}_4 \bar{I}_3 \bar{I}_2 \bar{I}_1 \bar{I}_0 \quad (4-5)$$

因为任何时刻 $I_0 \sim I_7$ 当中仅有一个取值为 1,即输入变量的取值组合仅有表 4-3 中列出的 8 种状态,而输入变量的其他取值组合为约束项,利用这些约束项可对式(4-3)~式(4-5)化简为

$$Y_2 = I_4 + I_5 + I_6 + I_7 \quad (4-6)$$
$$Y_1 = I_2 + I_3 + I_6 + I_7 \quad (4-7)$$
$$Y_0 = I_1 + I_3 + I_5 + I_7 \quad (4-8)$$

根据式(4-6)~式(4-8)画出的逻辑图如图 4-8 所示。

从图 4-8 可以看出,输入信号 I_0 并没有连到 3 个或门的输入端,它相当于是隐含的,当输入信号 $I_7 \sim I_1$ 均没有输入信号时,$Y_2 Y_1 Y_0 = 000$,这正是输入信号 I_0 的编码。

2. 优先编码器

按照上述方法设计的编码器存在一个缺点,即任何时刻只允许输入一个有效信号,不允许同时出现两个或两个以上的有效信号,否则输出将发生混乱。为此,在实际应用中通常规定输入信号的优先级,当几个输入信号同时输入时,只对优先级最高的一个进行编码。规定了输入信号优先级的编码器称为优先编码器(priority encoder)。

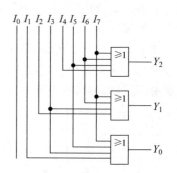

图 4-8　3 位二进制编码器的逻辑图

下面介绍 8 线-3 线优先编码器。设输入变量是 $I_0 \sim I_7$,规定 I_7 优先权最高,I_6 优先权次之,以此类推,I_0 优先权最低,输出变量为 $Y_2 \sim Y_0$,假设输入和输出均为高电平有效,则列写出真值表如表 4-4 所示。

表 4-4　8 线-3 线优先编码器的真值表

I_7	I_6	I_5	I_4	I_3	I_2	I_1	I_0	Y_2	Y_1	Y_0
1	×	×	×	×	×	×	×	1	1	1
0	1	×	×	×	×	×	×	1	1	0
0	0	1	×	×	×	×	×	1	0	1
0	0	0	1	×	×	×	×	1	0	0
0	0	0	0	1	×	×	×	0	1	1
0	0	0	0	0	1	×	×	0	1	0
0	0	0	0	0	0	1	×	0	0	1
0	0	0	0	0	0	0	1	0	0	0

根据真值表写出输出表达式，并利用基本公式 $A+\bar{A}B=A+B$ 对表达式进行化简的结果为

$$Y_2 = I_7 + \bar{I}_7 I_6 + \bar{I}_7 \bar{I}_6 I_5 + \bar{I}_7 \bar{I}_6 \bar{I}_5 I_4 = I_7 + I_6 + I_5 + I_4 \tag{4-9}$$

$$Y_1 = I_7 + \bar{I}_7 I_6 + \bar{I}_7 \bar{I}_6 \bar{I}_5 \bar{I}_4 I_3 + \bar{I}_7 \bar{I}_6 \bar{I}_5 \bar{I}_4 I_3 I_2 = I_7 + I_6 + \bar{I}_5 \bar{I}_4 I_3 + \bar{I}_5 \bar{I}_4 I_2 \tag{4-10}$$

$$Y_0 = I_7 + \bar{I}_7 \bar{I}_6 I_5 + \bar{I}_7 \bar{I}_6 \bar{I}_5 \bar{I}_4 I_3 + \bar{I}_7 \bar{I}_6 \bar{I}_5 \bar{I}_4 \bar{I}_3 \bar{I}_2 I_1$$
$$= I_7 + \bar{I}_6 I_5 + \bar{I}_6 \bar{I}_4 I_3 + \bar{I}_6 \bar{I}_4 \bar{I}_2 I_1 \tag{4-11}$$

根据式(4-9)~式(4-11)就可以画出 8 线-3 线优先编码器的逻辑图了。由于 8 线-3 线优先编码器经常被应用，所以可制作成集成电路批量生产，但是为了使应用更加灵活，又增加了一些控制端。比如 8 线-3 线优先编码器 74LS148 增加了选通输入端、选通输出端和扩展输出端。

8 线-3 线优先编码器 74LS148 的输入变量、输出变量均为低电平有效，$\bar{S}$ 为选通输入端，$\bar{Y}_S$ 为选通输出端，$\bar{Y}_{EX}$ 为扩展输出端，真值表如表 4-5 所示。

表 4-5 8 线-3 线优先编码器 74LS148 的真值表

输入变量									输出变量				
$\bar{S}$	$\bar{I}_7$	$\bar{I}_6$	$\bar{I}_5$	$\bar{I}_4$	$\bar{I}_3$	$\bar{I}_2$	$\bar{I}_1$	$\bar{I}_0$	$\bar{Y}_2$	$\bar{Y}_1$	$\bar{Y}_0$	$\bar{Y}_S$	$\bar{Y}_{EX}$
1	×	×	×	×	×	×	×	×	1	1	1	1	1
0	1	1	1	1	1	1	1	1	1	1	1	0	1
0	0	×	×	×	×	×	×	×	0	0	0	1	0
0	1	0	×	×	×	×	×	×	0	0	1	1	0
0	1	1	0	×	×	×	×	×	0	1	0	1	0
0	1	1	1	0	×	×	×	×	0	1	1	1	0
0	1	1	1	1	0	×	×	×	1	0	0	1	0
0	1	1	1	1	1	0	×	×	1	0	1	1	0
0	1	1	1	1	1	1	0	×	1	1	0	1	0
0	1	1	1	1	1	1	1	0	1	1	1	1	0

由表 4-5 可以看出，当所有的编码输入都为高电平 1，选通信号 $\bar{S}$ 为低电平 0 时，选通输出端 $\bar{Y}_S$ 为低电平 0，说明此时电路处于正常工作状态，但是没有编码输入信号。当选通信号 $\bar{S}$ 为低电平 0，且有编码信号输入时，选通输出端 $\bar{Y}_S$ 为高电平 1，扩展端 $\bar{Y}_{EX}$ 为低电平，说明此时电路工作，且有编码输入。另外需要注意，表中出现 3 个输出为"111"的情况，分别对应于选通信号 $\bar{S}$ 为高电平 1，即电路不工作；电路工作，且输入的编码信号为 $\bar{I}_0$；电路工作，但没有编码输入。

由表 4-5 可以写出 8 线-3 线优先编码器 74LS148 的输出表达式为

$$\bar{Y}_2 = \overline{(I_7 + I_6 + I_5 + I_4)S} \tag{4-12}$$

$$\bar{Y}_1 = \overline{(I_7 + I_6 + \bar{I}_5 \bar{I}_4 I_3 + \bar{I}_5 \bar{I}_4 I_2)S} \tag{4-13}$$

$$\bar{Y}_0 = \overline{(I_7 + \bar{I}_6 I_5 + \bar{I}_6 \bar{I}_4 I_3 + \bar{I}_6 \bar{I}_4 \bar{I}_2 I_1)S} \tag{4-14}$$

$$\bar{Y}_S = \overline{\bar{I}_7 \bar{I}_6 \bar{I}_5 \bar{I}_4 \bar{I}_3 \bar{I}_2 \bar{I}_1 \bar{I}_0 S} \tag{4-15}$$

$$\overline{Y}_{EX} = S\overline{I}_7\overline{I}_6\overline{I}_5\overline{I}_4\overline{I}_3\overline{I}_2\overline{I}_1\overline{I}_0 + \overline{S} = \overline{\overline{S\overline{I}_7\overline{I}_6\overline{I}_5\overline{I}_4\overline{I}_3\overline{I}_2\overline{I}_1\overline{I}_0}S} = \overline{\overline{Y}_S S} \qquad (4-16)$$

按照式(4-12)~式(4-16)可以画出74LS148的逻辑图如图4-9(a)所示,逻辑符号如图4-9(b)所示。

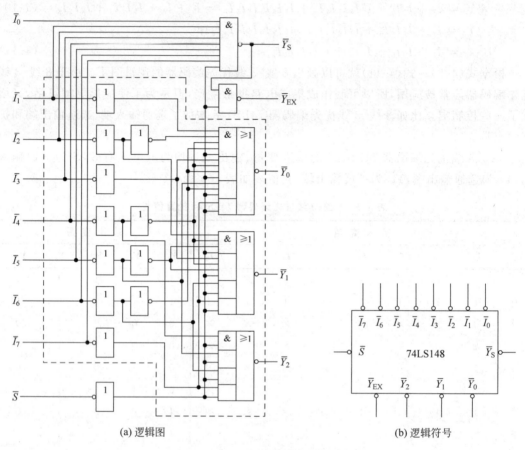

(a) 逻辑图　　　　　　　　　　　(b) 逻辑符号

图4-9　74LS148的逻辑图和符号

3. 优先编码器的应用

灵活使用74LS148的关键是扩展控制端和选通输出端的合理连接,下面举例说明。

【例题4.3】 试用8线-3线优先编码器74LS148设计一个16线-4线的优先编码器,要求将$\overline{A}_0 \sim \overline{A}_{15}$这16个低电平输入信号编为0000~1111输出。其中$\overline{A}_{15}$的优先级最高,$\overline{A}_0$的优先级最低。

解: 由于每片74LS148只有8个编码输入,所以需要两片74LS148,并分别标记为(1)号和(2)号优先编码器。现将$\overline{A}_{15} \sim \overline{A}_8$优先权高的输入信号接到(1)号优先编码器的$\overline{I}_7 \sim \overline{I}_0$输入端上,将$\overline{A}_7 \sim \overline{A}_0$优先权低的输入信号接到(2)号优先编码器的$\overline{I}_7 \sim \overline{I}_0$输入端上。

由于(1)号编码器的输入信号$\overline{A}_{15} \sim \overline{A}_8$为高优先权,所以它在任何时候都应处在被选通待命编码的状态,只要有编码输入,该优先编码器就可实现编码的功能,因此其$\overline{S}$端始终接地。按照优先级顺序的要求,只有$\overline{A}_{15} \sim \overline{A}_8$均无输入信号时,才允许对$\overline{A}_7 \sim \overline{A}_0$进行编码。而(1)号优先编码器无输入信号时,$\overline{Y}_S$输出为低电平,可以利用此信号作为(2)号优先编码器的选通输入端 $\bar{S}$ 的输入信号,选通(2)号优先编码器,使其处于待命状态。

因为该设计将输出 16 个 4 位二进制代码 0000～1111,而 74LS148 正常的输出端仅有 3 个,只能输出 3 位二进制数,因此还必须利用扩展输出端,具体方法如下。

按照题目要求,当输入为 $\bar{A}_{15} \sim \bar{A}_8$ 时,输出的 4 位二进制代码的最高位都为 1,而当输入为 $\bar{A}_7 \sim \bar{A}_0$ 时,输出的 4 位二进制代码的最高位都为 0,因此可以将(1)号优先编码器的扩展输出端 $\bar{Y}_{EX}$ 取反后作为 4 位二进制代码的最高位。这样,当(1)号优先编码器有输入信号时,$\bar{Y}_{EX}=0$,取反后为 1($\bar{A}_{15} \sim \bar{A}_8$ 输出代码的最高位为 1),而(1)号优先编码器无输入信号时,$\bar{Y}_{EX}=1$,取反后为 0($\bar{A}_7 \sim \bar{A}_0$ 输出代码的最高位为 0)。

通过分析 16 个输出代码发现,$\bar{A}_{15} \sim \bar{A}_8$ 和 $\bar{A}_7 \sim \bar{A}_0$ 的输出代码对应的低 3 位相同,且这两个编码器不是同时编码,比如:当 74LS148(1)输入 $\bar{A}_{14}$ 时,其输出 $\bar{Y}_2 \bar{Y}_1 \bar{Y}_0=001$,而此时 74LS148(2)的输出 $\bar{Y}_2 \bar{Y}_1 \bar{Y}_0=111$;当 74LS148(2)输入信号 $\bar{A}_6$ 时,其输出 $\bar{Y}_2 \bar{Y}_1 \bar{Y}_0=001$,而此时 74LS148(1)一定没有输入信号,其输出 $\bar{Y}_2 \bar{Y}_1 \bar{Y}_0=111$。将两个输出端按对应位作与非运算,结果为 110,恰好为 $\bar{A}_{14}$ 和 $\bar{A}_6$ 的原码输出的低 3 位。因此可以将两个优先编码器的输出信号通过与非门合并起来,作为编码器的低 3 位输出信号。

依照上面的分析,得到逻辑图如图 4-10 所示。

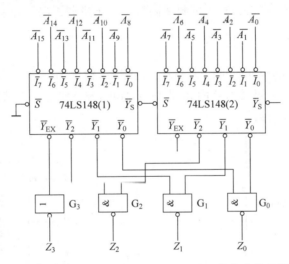

图 4-10 用两片 74LS148 组成的 16 线-4 线优先编码器

4. 二-十进制优先编码器

优先编码器除了 8 线-3 线优先编码器 74LS148 外,常见的还有 10 线-4 线(二-十进制)优先编码器(binary-coded decimal priority encoder)。它能将 $\bar{I}_0 \sim \bar{I}_9$ 共 10 个输入信号分别编成 10 个 8421BCD 码。在这 10 个输入信号中 $\bar{I}_9$ 的优先权最高,$\bar{I}_0$ 优先权最低。

表 4-6 所示为二-十进制优先编码器 74LS147 的真值表,根据真值表读者可自行写出逻辑表达式并画出逻辑图。74LS147 的逻辑符号如图 4-11 所示。

在 74LS147 的逻辑符号中没有 $\bar{I}_0$ 引脚,是因为它是隐含着的,当 $\bar{I}_0$ 端输入信号时,输出端 $\bar{Y}_3 \sim \bar{Y}_0$ 均输出无效信号高电平。

表 4-6 二-十进制优先编码器 74LS147 的真值表

输 入										输 出			
$\bar{I}_0$	$\bar{I}_1$	$\bar{I}_2$	$\bar{I}_3$	$\bar{I}_4$	$\bar{I}_5$	$\bar{I}_6$	$\bar{I}_7$	$\bar{I}_8$	$\bar{I}_9$	$\bar{Y}_3$	$\bar{Y}_2$	$\bar{Y}_1$	$\bar{Y}_0$
×	×	×	×	×	×	×	×	×	0	0	1	1	0
×	×	×	×	×	×	×	×	0	1	0	1	1	1
×	×	×	×	×	×	×	0	1	1	1	0	0	0
×	×	×	×	×	×	0	1	1	1	1	0	0	1
×	×	×	×	×	0	1	1	1	1	1	0	1	0
×	×	×	×	0	1	1	1	1	1	1	0	1	1
×	×	×	0	1	1	1	1	1	1	1	1	0	0
×	×	0	1	1	1	1	1	1	1	1	1	0	1
×	0	1	1	1	1	1	1	1	1	1	1	1	0
0	1	1	1	1	1	1	1	1	1	1	1	1	1

4.3.2 译码器

译码是编码的逆过程,即能够将具有特定含义的不同二进制码辨别出来,并转换成控制信号。常用的译码器(decoder)有二进制译码器、二-十进制译码器和显示译码器三类。

1. 二进制译码器

二进制译码器(binary decoder)输入为二进制码,输出为与输入代码一一对应的高、低电平信号。3 位二进制译码器示意图如图 4-12 所示,输入 3 位二进制码,可以译出 8 种状态,故又称 3 线-8 线译码器。

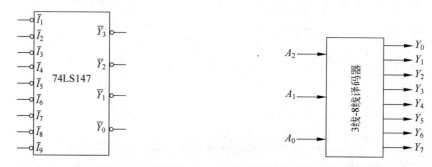

图 4-11 二-十进制编码器 74LS147 的逻辑符号   图 4-12 3 位二进制(3 线-8 线)译码器示意图

设 3 线-8 线译码器的输入变量为 A_2、A_1、A_0,高电平有效,输出变量为 $\bar{Y}_7 \sim \bar{Y}_0$,低电平有效,真值表如表 4-7 所示。

表 4-7 3 线-8 线译码器的真值表

输 入			输 出							
A_2	A_1	A_0	$\bar{Y}_7$	$\bar{Y}_6$	$\bar{Y}_5$	$\bar{Y}_4$	$\bar{Y}_3$	$\bar{Y}_2$	$\bar{Y}_1$	$\bar{Y}_0$
0	0	0	1	1	1	1	1	1	1	0
0	0	1	1	1	1	1	1	1	0	1

续表

输入			输出							
A_2	A_1	A_0	$\bar{Y}_7$	$\bar{Y}_6$	$\bar{Y}_5$	$\bar{Y}_4$	$\bar{Y}_3$	$\bar{Y}_2$	$\bar{Y}_1$	$\bar{Y}_0$
0	1	0	1	1	1	1	1	0	1	1
0	1	1	1	1	1	1	0	1	1	1
1	0	0	1	1	1	0	1	1	1	1
1	0	1	1	1	0	1	1	1	1	1
1	1	0	1	0	1	1	1	1	1	1
1	1	1	0	1	1	1	1	1	1	1

由表 4-7 可以写出每个输出表达式为

$$\begin{cases} \bar{Y}_0 = \overline{\bar{A}_2 \bar{A}_1 \bar{A}_0} = \bar{m}_0 \\ \bar{Y}_1 = \overline{\bar{A}_2 \bar{A}_1 A_0} = \bar{m}_1 \\ \bar{Y}_2 = \overline{\bar{A}_2 A_1 \bar{A}_0} = \bar{m}_2 \\ \bar{Y}_3 = \overline{\bar{A}_2 A_1 A_0} = \bar{m}_3 \\ \bar{Y}_4 = \overline{A_2 \bar{A}_1 \bar{A}_0} = \bar{m}_4 \\ \bar{Y}_5 = \overline{A_2 \bar{A}_1 A_0} = \bar{m}_5 \\ \bar{Y}_6 = \overline{A_2 A_1 \bar{A}_0} = \bar{m}_6 \\ \bar{Y}_7 = \overline{A_2 A_1 A_0} = \bar{m}_7 \end{cases} \quad (4-17)$$

由上述表达式可以看出,每个输出函数都是输入变量的一个最小项,对应每个输入状态,仅有一个输出为 0,其余为 1,因此 3 线-8 线译码器又称为最小项译码器。

3 线-8 线译码器 74LS138 就是根据式(4-17)设计的,74LS138 的逻辑图如图 4-13(a) 所示,逻辑符号如图 4-13(b)所示。

由图 4-13 可见,为了应用灵活方便,3 线-8 线译码器 74LS138 除了满足式(4-17)以外,还增加了 3 个附加的控制端 S_1、$\bar{S}_2$ 和 $\bar{S}_3$,它们满足 $S = S_1 \bar{S}_2 \bar{S}_3$,所以 74LS138 的输出表达式为

$$\begin{cases} \bar{Y}_0 = \overline{\bar{A}_2 \bar{A}_1 \bar{A}_0 S} \\ \bar{Y}_1 = \overline{\bar{A}_2 \bar{A}_1 A_0 S} \\ \bar{Y}_2 = \overline{\bar{A}_2 A_1 \bar{A}_0 S} \\ \bar{Y}_3 = \overline{\bar{A}_2 A_1 A_0 S} \\ \bar{Y}_4 = \overline{A_2 \bar{A}_1 \bar{A}_0 S} \\ \bar{Y}_5 = \overline{A_2 \bar{A}_1 A_0 S} \\ \bar{Y}_6 = \overline{A_2 A_1 \bar{A}_0 S} \\ \bar{Y}_7 = \overline{A_2 A_1 A_0 S} \end{cases} \quad (4-18)$$

由式(4-18)得出,只有 $S=1$ 时,也即 $S_1=1,\bar{S}_2=\bar{S}_3=0$ 时,才可以正常译码;否则,译码器不能译码,所以这 3 个控制端又称为片选输入端,其真值表如表 4-8 所示。

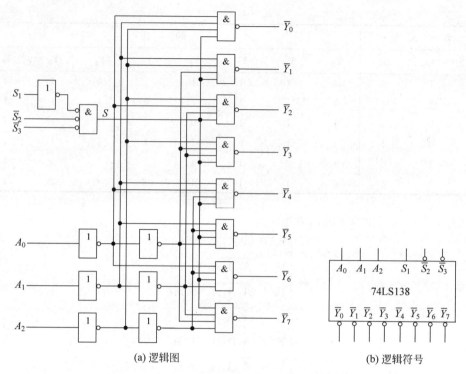

(a) 逻辑图　　　　　　　(b) 逻辑符号

图 4-13　3 线-8 线译码器的逻辑图和逻辑符号

表 4-8　3 线-8 线译码器 74LS138 的真值表

输	入				输	出						
S_1	$\bar{S}_2+\bar{S}_3$	A_2	A_1	A_0	$\bar{Y}_7$	$\bar{Y}_6$	$\bar{Y}_5$	$\bar{Y}_4$	$\bar{Y}_3$	$\bar{Y}_2$	$\bar{Y}_1$	$\bar{Y}_0$
×	1	×	×	×	1	1	1	1	1	1	1	1
0	×	×	×	×	1	1	1	1	1	1	1	1
1	0	0	0	0	1	1	1	1	1	1	1	0
1	0	0	0	1	1	1	1	1	1	1	0	1
1	0	0	1	0	1	1	1	1	1	0	1	1
1	0	0	1	1	1	1	1	1	0	1	1	1
1	0	1	0	0	1	1	1	0	1	1	1	1
1	0	1	0	1	1	1	0	1	1	1	1	1
1	0	1	1	0	1	0	1	1	1	1	1	1
1	0	1	1	1	0	1	1	1	1	1	1	1

2. 3 线-8 线译码器的应用

(1) 用译码器设计组合逻辑电路

由式(4-18)可以看到,当控制端 $S=1$ 时,若将 A_2、A_1、A_0 作为 3 个输入逻辑变量,则 8 个输出端给出的就是这 3 个输入变量的全部最小项 $\bar{m}_0 \sim \bar{m}_7$,见式(4-17)。若利用附加的门电路将这些最小项适当地组合起来,便可以产生任何形式的三变量组合逻辑函数。

【例题 4.4】　试用 3 线-8 线译码器 74LS138 设计一个多输出的组合逻辑电路。输出

的逻辑函数式为

$$\begin{cases} Z_1 = A\bar{B}C + A\bar{C} + \bar{B}C \\ Z_2 = AB + \bar{B}\bar{C} \end{cases} \quad (4\text{-}19)$$

解：首先将式(4-19)给定的逻辑函数化为最小项表达式，得到

$$\begin{cases} Z_1 = A\bar{B}C + AB\bar{C} + A\bar{B}\bar{C} + \bar{A}\bar{B}C = m_1 + m_4 + m_5 + m_6 \\ Z_2 = ABC + AB\bar{C} + A\bar{B}\bar{C} + \bar{A}\bar{B}\bar{C} = m_0 + m_4 + m_6 + m_7 \end{cases} \quad (4\text{-}20)$$

令 74LS138 的输入 $A_2 = A$、$A_1 = B$、$A_0 = C$，则它的输出 $\bar{Y}_0 \sim \bar{Y}_7$ 就是式(4-20)中的 $\bar{m}_0 \sim \bar{m}_7$。由于这些最小项是以反函数形式给出的，所以需要将式(4-20)变换为 $\bar{m}_0 \sim \bar{m}_7$ 的函数式，为此将式(4-20)两次取反，得到

$$\begin{cases} Z_1 = \overline{\bar{m}_1\,\bar{m}_4\,\bar{m}_5\,\bar{m}_6} \\ Z_2 = \overline{\bar{m}_0\,\bar{m}_4\,\bar{m}_6\,\bar{m}_7} \end{cases} \quad (4\text{-}21)$$

式(4-21)表明，在片选端有效的情况下，只需要在 74LS138 的输出端附加两个与非门，即可得到 Z_1 和 Z_2 的逻辑电路，如图 4-14 所示。

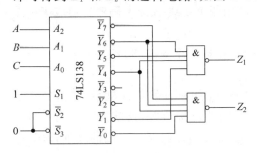

图 4-14 例题 4.4 的逻辑电路

3 位二进制译码器能实现输入变量不大于 3 的组合逻辑函数，同理，n 位二进制译码器能实现输入变量不大于 n 的组合逻辑函数。

（2）构成 4 线-16 线译码器

如果能够灵活地应用 74LS138 的片选端，可以用 74LS138 构成 4 线-16 线译码器。

【**例题 4.5**】 利用两片 74LS138 组成 4 线-16 线译码器，将输入的 4 位二进制代码 $D_3D_2D_1D_0$ 译成 16 个独立的低电平信号 $\bar{Z}_0 \sim \bar{Z}_{15}$。

解：由图 4-13 可见，74LS138 仅有 3 个地址输入端 A_2、A_1、A_0，如果想对 4 位二进制代码进行译码，只能利用附加的控制端作为第 4 个地址输入端。

按照 3 线-8 线译码器 74LS138 的形式，先将 4 线-16 线译码器的输出函数写出来

$$\begin{cases} \bar{Z}_0 = \overline{\bar{D}_3\bar{D}_2\bar{D}_1\bar{D}_0} \\ \bar{Z}_1 = \overline{\bar{D}_3\bar{D}_2\bar{D}_1 D_0} \\ \vdots \\ \bar{Z}_7 = \overline{\bar{D}_3 D_2 D_1 D_0} \end{cases} \quad (4\text{-}22)$$

$$\begin{cases} \bar{Z}_8 = \overline{D_3\bar{D}_2\bar{D}_1\bar{D}_0} \\ \bar{Z}_9 = \overline{D_3\bar{D}_2\bar{D}_1 D_0} \\ \vdots \\ \bar{Z}_{15} = \overline{D_3 D_2 D_1 D_0} \end{cases} \quad (4\text{-}23)$$

将式(4-22)与式(4-18)相比较可知，若令 $A_2 = D_2$、$A_1 = D_1$、$A_0 = D_0$，则 $S = \bar{S}_1\bar{S}_2\bar{S}_3 = \bar{D}_3$，可以令 S_1 为高电平，令 $\bar{S}_2 = \bar{S}_3 = D_3$。将式(4-23)与式(4-18)相比较可知，若令 $A_2 = D_2$、$A_1 = D_1$、$A_0 = D_0$，则 $S = \bar{S}_1\bar{S}_2\bar{S}_3 = D_3$，可以令 $S_1 = D_3$，$\bar{S}_2$ 和 $\bar{S}_3$ 为低电平。按此方法连

接的电路如图 4-15 所示。

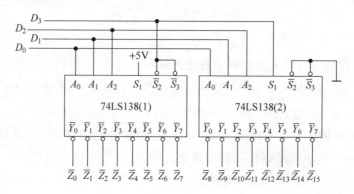

图 4-15　例题 4.5 的逻辑电路图

由上图可知，当 $D_3=0$ 时，74LS138(1)能正常译码而 74LS138(2)不能正常译码，这样将 $D_3D_2D_1D_0$ 的 0000～0111 这 8 个代码译成 $\overline{Z}_0\sim\overline{Z}_7$ 的 8 个低电平信号。当 $D_3=1$ 时，74LS138(1)不能正常译码，而 74LS138(2)能正常译码，于是又将 $D_3D_2D_1D_0$ 的 1000～1111 这 8 个代码译成 $\overline{Z}_8\sim\overline{Z}_{15}$ 的 8 个低电平信号。这样就用两个 3 线-8 线译码器扩展成了一个 4 线-16 线译码器了。

同理，也可以用两个带控制端的 4 线-16 线译码器接成一个 5 线-32 线译码器。

(3) 3 线-8 线译码器在计算机系统中的应用

3 线-8 线译码器在计算机系统扩展中应用很普遍，比如在开发单片机系统时，经常需要扩展程序存储器、数据存储器、A/D 转换器、可编程的并行接口等，这就需要占用大量的地址总线，而单片机的地址总线的数量是有限的，因此需要用译码器对有限的地址译码，拓展出更多的地址线，以扩展更多的外围芯片。

3．二-十进制译码器

二-十进制译码器(binary-coded decimal decoder)是将输入的 BCD 码译成 10 个高、低电平输出信号。常用的二-十进制译码器 74LS42 的真值表如表 4-9 所示，根据真值表，读者可以自行写出逻辑表达式并画出逻辑图，逻辑符号如图 4-16 所示。

表 4-9　二-十进制译码器 74LS42 的真值表

序号	输入				输出									
	A_3	A_2	A_1	A_0	$\overline{Y}_0$	$\overline{Y}_1$	$\overline{Y}_2$	$\overline{Y}_3$	$\overline{Y}_4$	$\overline{Y}_5$	$\overline{Y}_6$	$\overline{Y}_7$	$\overline{Y}_8$	$\overline{Y}_9$
0	0	0	0	0	0	1	1	1	1	1	1	1	1	1
1	0	0	0	1	1	0	1	1	1	1	1	1	1	1
2	0	0	1	0	1	1	0	1	1	1	1	1	1	1
3	0	0	1	1	1	1	1	0	1	1	1	1	1	1
4	0	1	0	0	1	1	1	1	0	1	1	1	1	1
5	0	1	0	1	1	1	1	1	1	0	1	1	1	1
6	0	1	1	0	1	1	1	1	1	1	0	1	1	1
7	0	1	1	1	1	1	1	1	1	1	1	0	1	1

续表

序号	输入				输出									
	A_3	A_2	A_1	A_0	$\bar{Y}_0$	$\bar{Y}_1$	$\bar{Y}_2$	$\bar{Y}_3$	$\bar{Y}_4$	$\bar{Y}_5$	$\bar{Y}_6$	$\bar{Y}_7$	$\bar{Y}_8$	$\bar{Y}_9$
8	1	0	0	0	1	1	1	1	1	1	1	1	0	1
9	1	0	0	1	1	1	1	1	1	1	1	1	1	0
伪码	1	0	1	0	1	1	1	1	1	1	1	1	1	1
	0	1	1	1	1	1	1	1	1	1	1	1	1	1
	1	1	0	0	1	1	1	1	1	1	1	1	1	1
	1	0	1	1	1	1	1	1	1	1	1	1	1	1
	1	1	1	0	1	1	1	1	1	1	1	1	1	1
	1	1	1	1	1	1	1	1	1	1	1	1	1	1

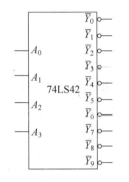

图 4-16 二-十进制译码器 74LS42 的逻辑符号

对于 BCD 码以外的伪码(即 1010~1111)$\bar{Y}_0 \sim \bar{Y}_9$ 均无低电平信号产生,译码器拒绝翻译,所以 74LS42 具有拒绝伪码的功能。

4. 显示译码器

在数字系统中,经常需要将数字、文字或符号的二进制编码翻译成人们习惯的形式直观地显示出来,供人们读取或监视系统的工作情况。能够把二进制代码翻译并显示出来的电路叫做显示译码器,它包括译码驱动电路和数码显示器两部分。

(1) 数码显示器

常用的数码显示器有两种。

一种是常用的液晶(LCD)显示器,其特点是驱动电压低(在 1V 以下可以工作)、工作电流非常小、功耗极小(功耗在 $1\mu W/cm^2$ 以下),配合 CMOS 电路可以组成微功耗系统。它的缺点是亮度差、响应速度低(在 10~200ms 范围),这限制了它在快速系统中的应用。

另一种是发光二极管(LED)显示器,它具有清晰悦目、工作电压低(1.5~3V)、体积小、寿命长、可靠性高等优点,而且响应时间短(1~100ns)、颜色丰富(有红、绿、黄等颜色)、亮度高。它的缺点是工作电流比较大,每段的工作电流在 10mA 左右。

发光二极管使用的材料与普通的硅二极管和锗二极管不同,有磷砷化镓、磷化镓或砷化镓等几种,而且杂质浓度很高。当 PN 结外加正向电压时,多数载流子在扩散过程中复合,同时释放出能量,发出一定波长的光。发光二极管发出的光线波长与磷和砷的比例有关,含磷的比例越大波长越短,同时发光效率越低。目前生产的磷砷化镓发光二极管发出的光线波长在 6500Å 左右,呈橙红色。

七段半导体数码管(nixie light)是将七个发光二极管按一定的方式连接在一起,每段为一个发光二极管,七段分别为 a、b、c、d、e、f、g,显示哪个字形,则相应段的发光二极管发光。有些数码管的右下角增设一个小数点,形成八段数码管。数码管按连接方式不同,分为共阴极和共阳极两种。连接方式如图 4-17 所示。共阴极是指发光二极管的阴极连接在一起,每个发光二极管的阳极经限流电阻接到显示译码器的输出端(译码器输出为高电平有效),而共阳极接法是指发光二极管的阳极连接在一起，每个发光二极管的阴极经限流电阻接到显示译码器的输出端(译码器输出为低电平有效)。数码管 BS201/202 为共阴极接法，而数码管 BS211/212 为共阳极接法。改变限流电阻大小，可改变二极管中电流大小，从而控制发光亮度。

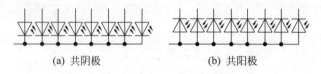

图 4-17　数码管的连接方式

BS201 等一些数码管的外形图如图 4-18 所示。

(2) BCD 七段显示译码器

半导体数码管和液晶显示器都可以用 TTL 或 CMOS 集成电路直接驱动。为了使七段数码管显示 0～9 十个数字，需要使用 BCD 七段译码器将 BCD 码翻译成数码管所要求的驱动信号。

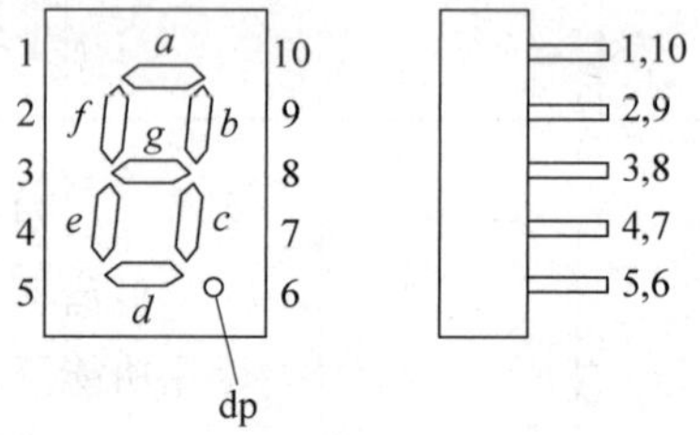

最常用的 BCD 七段显示译码器 74LS48 的逻辑图如图 4-19 所示。

图 4-18　数码管 BS201 的外形图

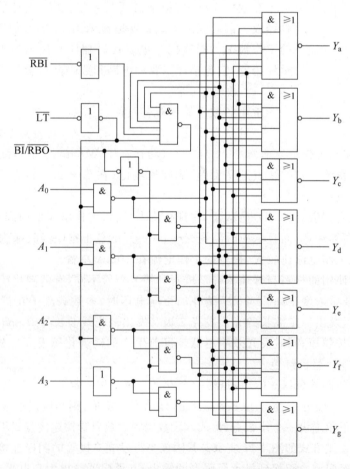

图 4-19　BCD 七段显示译码器 74LS48 的逻辑图

图中 $A_3A_2A_1A_0$ 表示显示译码器输入的 BCD 码,$Y_a \sim Y_g$ 表示七段半导体数码管的驱动信号。其输出和输入均为高电平有效,即输出为 1 时相应段的发光二极管发光。用 74LS48 就可以驱动共阴极数码管 BS201。按照逻辑图 4-19 可以写出 74LS48 的输出表达式为

$$\begin{cases} Y_a = \overline{\overline{A_3}\overline{A_2}\overline{A_1}A_0 + A_2\overline{A_0} + A_3A_1} \\ Y_b = \overline{A_2\overline{A_1}A_0 + A_2A_1\overline{A_0} + A_3A_1} \\ Y_c = \overline{\overline{A_2}A_1\overline{A_0} + A_3A_2} \\ Y_d = \overline{\overline{A_2}\overline{A_1}A_0 + A_2A_1A_0 + A_2\overline{A_1}\overline{A_0}} \\ Y_e = \overline{A_2\overline{A_1} + A_0} \\ Y_f = \overline{A_1A_0 + \overline{A_3}\overline{A_2}A_0 + \overline{A_2}A_1} \\ Y_g = \overline{A_2A_1A_0 + \overline{A_3}\overline{A_2}\overline{A_1}} \end{cases} \quad (4-24)$$

由式(4-24)可以写出真值表如表 4-10 所示。

表 4-10　BCD 七段显示译码器 74LS48 的真值表

数字	输入				输出						
	A_3	A_2	A_1	A_0	Y_a	Y_b	Y_c	Y_d	Y_e	Y_f	Y_g
0	0	0	0	0	1	1	1	1	1	1	0
1	0	0	0	1	0	1	1	0	0	0	0
2	0	0	1	0	1	1	0	1	1	0	1
3	0	0	1	1	1	1	1	1	0	0	1
4	0	1	0	0	0	1	1	0	0	1	1
5	0	1	0	1	1	0	1	1	0	1	1
6	0	1	1	0	0	0	1	1	1	1	1
7	0	1	1	1	1	1	1	0	0	0	0
8	1	0	0	0	1	1	1	1	1	1	1
9	1	0	0	1	1	1	1	0	0	1	1
10	1	0	1	0	0	0	0	1	1	0	1
11	1	0	1	1	0	0	1	1	0	0	1
12	1	1	0	0	0	1	0	0	0	1	1
13	1	1	0	1	1	0	0	1	0	1	1
14	1	1	1	0	0	0	0	1	1	1	1
15	1	1	1	1	0	0	0	0	0	0	0

从表 4-10 中可以看出,输入为 1010～1111 的这 6 个状态的输出显示字形为异形码。另外,74LS48 逻辑电路中增加了附加控制电路。下面介绍其功能和用法。

(1) 亮灯测试输入端 $\overline{\text{LT}}$

当 $\overline{\text{LT}}=0$ 时,$Y_a \sim Y_g$ 均输出高电平,七段半导体数码管全部点亮,显示 8 字形,用来测试数码管的好坏。当 $\overline{\text{LT}}=1$ 时,显示译码器按输入 BCD 码正常显示。

(2) 灭零输入端 $\overline{\text{RBI}}$

当 $\overline{\text{RBI}}=0$ 时,若输入端 $A_3A_2A_1A_0=0000$,则 $Y_a \sim Y_g$ 均输出低电平,实现灭零;若输入端为其他的 BCD 码,则正常显示。设置灭零输入端 $\overline{\text{RBI}}$ 的目的是为了把不希望显示的零熄

灭。例如有一个5位的数码管显示电路显示"003.40"时，前后三位的0是多余的，可以在对应位的灭零输入端加入灭零信号，使$\overline{RBI}=0$，则只显示出"3.4"。对不需要灭零的位则应使$\overline{RBI}=1$。

(3) 灭灯输入/灭零输出端$\overline{BI}/\overline{RBO}$

当$\overline{BI}/\overline{RBO}$作为输入端使用时，称为灭灯输入端。若$\overline{BI}=0$，则无论输入为何种状态，$Y_a\sim Y_g$输出均为0，七段半导体数码管全部熄灭。若$\overline{BI}=1$时，可以正常译码显示。当$\overline{BI}/\overline{RBO}$作为输出端使用时，称为灭零输出端，其表达式为

$$\overline{RBO} = \overline{\overline{A_3}\overline{A_2}\overline{A_1}\overline{A_0}\,\overline{LT}\,\overline{RBI}} \tag{4-25}$$

由式(4-25)可知，当$A_3A_2A_1A_0=0000$而且有灭零输入信号$\overline{RBI}=0$和灭灯输入信号$\overline{LT}=1$时，$\overline{RBO}=0$，该信号既可以使本位灭零，又同时输出低电平信号，为相邻位灭零提供条件。这样可以消去多位数中前后不必要显示的零。

用74LS48可以直接驱动半导体数码管BS201，其接线图如图4-20所示。图中流过发光二极管的电流由电源电压经1kΩ上拉电阻提供，选取合适的电阻值使电流大于数码管所需要的电流。

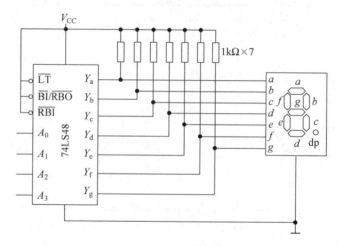

图4-20 用74LS48驱动BS201的接线图

【例题4.6】 试用显示译码器74LS48和数码管实现多位数码显示系统。

解：将灭零输入端和灭零输出端配合使用，可以实现多位数码显示器整数前和小数后的灭零控制，其连接方法如图4-21所示。图中接法如下：整数部分的高位$\overline{RBO}$和低位的$\overline{RBI}$相连，最高位$\overline{RBI}$接0，但是十位的$\overline{RBO}$和个位的$\overline{RBI}$不要相连，也即个位的$\overline{RBI}$接高电平；小数部分低位的$\overline{RBO}$和高位的$\overline{RBI}$相连，最低位$\overline{RBI}$接0，最高位$\overline{RBI}$接1。这样整数部分只有高位为0，而且被熄灭的情况下，低位才有灭零输入信号；小数部分只有低位为0，而且被熄灭的情况下，高位才有灭零输入信号，从而实现了多位十进制数码的灭零控制。

4.3.3 数据分配器

在数字系统中，经常需要将一路数据分配到不同的数据通道上，执行这种逻辑功能的逻辑电路称为数据分配器(demultiplexer)，也称多路分配器，简称DEMUX。

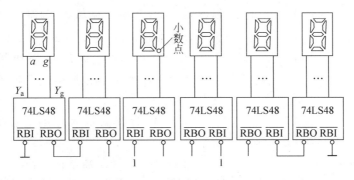

图 4-21 例题 4.6 的电路图

1. 数据分配器的工作原理

图 4-22 所示为四路数据分配器示意图和逻辑图。D 为被传输的数据，$A_1 A_0$ 为选择输入端，又称地址输入端，$Y_3 \sim Y_0$ 为数据输出端，或称数据通道。

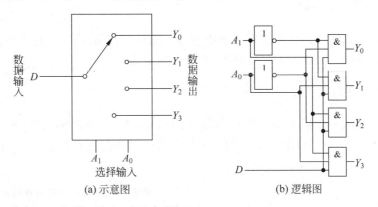

(a) 示意图　　　　　　　　　(b) 逻辑图

图 4-22 四路数据分配器示意图和逻辑图

由图 4-22(b)可以写出四路数据分配器的输出逻辑函数表达式为

$$Y_0 = \overline{A}_1 \overline{A}_0 D \quad Y_1 = \overline{A}_1 A_0 D \quad Y_2 = A_1 \overline{A}_0 D \quad Y_3 = A_1 A_0 D \quad (4-26)$$

其真值表如表 4-11 所示。

2. 用 3 线-8 线译码器 74LS138 作数据分配器

由式(4-26)不难发现，它与 74LS138 的输出表达式类似，因此可以使用 74LS138 作为 1 路-8 路的数据分配器使用。比如 74LS138 的第 0 个输出端表达式为 $\overline{Y}_0 = \overline{\overline{A}_2 \overline{A}_1 \overline{A}_0 S} = \overline{\overline{A}_2 \overline{A}_1 \overline{A}_0 \overline{S}_1 \overline{S}_2 \overline{S}_3}$，74LS138 用作数据分配器时，译码输出作为 8 路数据输出，译码输入作为 3 个选择输入端，而 3 个附加控制端中

表 4-11 四路数据分配器的真值表

输	入	输　　出
A_1	A_0	数据 D 的输出通道
0	0	Y_0
0	1	Y_1
1	0	Y_2
1	1	Y_3

任何一个作为数据的输入端 D。假如数据从 $\overline{S}_1$ 端输入，同时令 $\overline{S}_2$ 和 $\overline{S}_3$ 有效时，输出为 $\overline{Y}_0 = \overline{\overline{A}_2 \overline{A}_1 \overline{A}_0 S} = \overline{\overline{A}_2 \overline{A}_1 \overline{A}_0 D}$，当 $A_2 A_1 A_0 = 000$ 时，$\overline{Y}_0 = \overline{D}$ 反码输出；若数据从 $\overline{S}_2$ 端输入，同时令 S_1 和 $\overline{S}_3$ 为有效电平时，输出为 $\overline{Y}_0 = \overline{\overline{A}_2 \overline{A}_1 \overline{A}_0 S} = \overline{\overline{A}_2 \overline{A}_1 \overline{A}_0 \overline{D}}$，当 $A_2 A_1 A_0 = 000$ 时，$\overline{Y}_0 = D$

图 4-23 用 74LS138 作为数据分配器
（以 $\overline{S}_3$ 作为数据输入端）

以原码输出；假如数据从 $\overline{S}_3$ 端输入，同时令 S_1 和 $\overline{S}_2$ 为有效电平时，输出为 $\overline{Y}_0 = \overline{\overline{A}_2 \overline{A}_1 \overline{A}_0 S} = \overline{\overline{A}_2 \overline{A}_1 \overline{A}_0 D}$，当 $A_2 A_1 A_0 = 000$ 时，$\overline{Y}_0 = D$ 以原码输出。同理，若 $A_2 A_1 A_0 = 001$，则数据以原码或反码形式从 $\overline{Y}_1$ 输出，其余类同。

以 $\overline{S}_3$ 作为数据输入端的连接方式如图 4-23 所示。

当 $D=1$ 时，译码器不译码，3 个输入端 $A_2 A_1 A_0$ 选中的输出端状态为 1；而当 $D=0$ 时，译码器正常工作，3 个输入端 $A_2 A_1 A_0$，选中的输出端状态为 0，因此选择输出端状态与 $\overline{S}_3$ 的状态相同。

同样道理，其他类型的带有附加控制端的译码器都可以作为数据分配器使用。

4.3.4 数据选择器

在数字系统中，通常需要从多路数据中选择一路进行传输，执行这种功能的电路称为数据选择器（multiplexer），或称为多路开关，简称 MUX。

1. 数据选择器的工作原理

图 4-24 为四选一数据选择器的示意图，其中 $D_3 \sim D_0$ 为数据输入端，A_1、A_0 是数据选择器的选择控制端又称地址输入端。四选一数据选择器的真值表如表 4-12 所示。

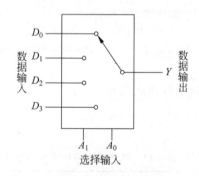

图 4-24 四选一数据选择器的示意图

表 4-12 四选一数据选择器的真值表

输	入	输 出
A_1	A_0	Y
0	0	D_0
0	1	D_1
1	0	D_2
1	1	D_3

由表 4-12 可以写出输出表达式为

$$Y = \overline{A}_1 \overline{A}_0 D_0 + \overline{A}_1 A_0 D_1 + A_1 \overline{A}_0 D_2 + A_1 A_0 D_3 \tag{4-27}$$

2. TTL 中规模集成八选一数据选择器 74LS151

TTL 中规模集成八选一数据选择器 74LS151 的逻辑图如图 4-25 所示，其中 $D_7 \sim D_0$ 为输入数据，$A_2 A_1 A_0$ 为地址输入端，$\overline{S}$ 为附加的控制端，用于控制电路的工作状态和扩展功能，Y 和 $\overline{Y}$ 为一对互补输出端。

由图 4-25 可以写出 74LS151 的输出表达式为

$$Y = (\overline{A}_2\overline{A}_1\overline{A}_0 D_0 + \overline{A}_2\overline{A}_1 A_0 D_1 + \overline{A}_2 A_1 \overline{A}_0 D_2 + \overline{A}_2 A_1 A_0 D_3 \\ + A_2\overline{A}_1\overline{A}_0 D_4 + A_2\overline{A}_1 A_0 D_5 + A_2 A_1 \overline{A}_0 D_6 + A_2 A_1 A_0 D_7) S \qquad (4-28)$$

从式(4-28)可见,通过给定不同的地址代码(即 $A_2 A_1 A_0$ 的状态),即可从 8 个输入数据中选择一个输出。例如,当 $\overline{S}=0, A_2 A_1 A_0 = 101$ 时,$Y = D_5$,故输入数据 D_5 被选中,出现在输出端。

74LS151 的逻辑符号如图 4-26 所示。

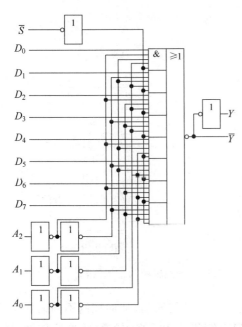
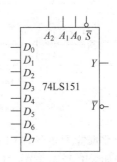

图 4-25　八选一数据选择器 74LS151 的逻辑图　　　图 4-26　74LS151 的逻辑符号

3. TTL 中规模集成双四选一数据选择器 74LS153

TTL 中规模集成双四选一数据选择器 74LS153 的逻辑图如图 4-27(a)所示,其中 $A_1 A_0$ 为公用的选择输入端,而数据输入端和数据输出端是各自独立的,附加的控制端 $\overline{S}_1$、$\overline{S}_2$ 用于控制电路的工作状态和扩展功能,低电平时数据选择器工作,高电平时数据选择器被禁止,输出为低电平 0。74LS153 的逻辑符号如图 4-27(b)所示。

74LS153 的输出表达式可写成

$$Y_1 = (\overline{A}_1\overline{A}_0 D_{10} + \overline{A}_1 A_0 D_{11} + A_1 \overline{A}_0 D_{12} + A_1 A_0 D_{13}) S_1 \qquad (4-29)$$

4. CMOS 中规模集成双四选一数据选择器 CC14539

在 CMOS 集成电路中常用传输门组成数据选择器。图 4-28(a)中给出了双四选一数据选择器 CC14539 的逻辑电路结构。它包含两个完全相同的四选一数据选择电路,地址输入 $A_1 A_0$ 是公用的,两组的数据输入、输出和控制端都是互相独立的。对于图中的第 1 个选择器来说,当 $A_0 = 0$ 时,传输门 TG_1 和 TG_3 导通,而 TG_2 和 TG_4 截止;当 $A_0 = 1$ 时,TG_1 和 TG_3 截止,而 TG_2 和 TG_4 导通。同理,当 $A_1 = 0$ 时,TG_5 导通而 TG_6 截止;当 $A_1 = 1$ 时,TG_6 导通而 TG_5 截止。因此在控制端 $\overline{S}_1 = 0$ 的情况下,当 $A_1 A_0$ 的状态确定以后,$D_{10} \sim D_{13}$

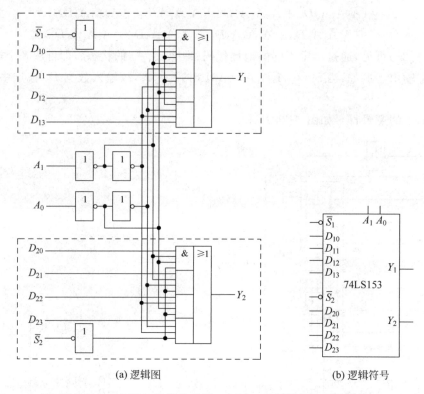

图 4-27 双四选一数据选择器 74LS153 的逻辑图和逻辑符号

中只有一个数据能通过传输门到达输出端,选通不同的传输门,从而控制不同的数据传输到输出端。例如,当 $A_1A_0=01$ 时,第一级传输门中的 TG_2 和 TG_4 导通,第二级传输门的 TG_5 导通,只有 D_{11} 端输入的数据能通过传输门 TG_2 和 TG_5 到达输出端 Y_1。第 2 个数据选择器与之相同。其输出逻辑表达式与式(4-29)相同,逻辑符号如图 4-28(b)所示。

5. 数据选择器的应用

由于集成电路受到电路芯片面积和外部封装大小的限制,目前生产的中规模数据选择器的最大数据通道为 16。当有较多的数据源需要选择时,可以用多片小容量的数据选择器组合来进行容量的扩展。

【例题 4.7】 用两片八选一数据选择器 74LS151 组成一个十六选一的数据选择器。

解:为了指定 16 个输入数据中的任何一个,必须用 4 位输入地址代码,而八选一数据选择器地址只有 3 位,因此第 4 位地址输入端只能借用控制端 $\overline{S}$。

将输入的低位地址 $A_2A_1A_0$ 分别连接到两片 74LS151 的地址输入端 $A_2A_1A_0$,将输入的高位地址 A_3 接到 74LS151(1)的 $\overline{S}$ 端,而将 $\overline{A_3}$ 接到 74LS151(2)的 $\overline{S}$ 端,同时将两个数据选择器的输出端作或运算,就得到如图 4-29 所示的十六选一数据选择器。比如:输入的地址为 $A_3A_2A_1A_0=0110$,则 74LS151(1)的 $\overline{S}$ 端有效,将数据 D_6 选择输出,即 74LS151(1)的输出 $Y=D_6$;而 74LS151(2)的 $\overline{S}$ 端为无效状态,其输出为 0。经或运算后,十六选一数据选择器的输出为 D_6。

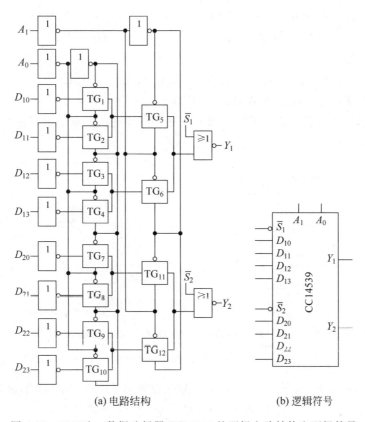

(a) 电路结构　　(b) 逻辑符号

图 4-28　双四选一数据选择器 CC14539 的逻辑电路结构和逻辑符号

在需要对接成的十六选一数据选择器进行工作状态控制时,只需要在或门的输入端增加一个控制输入端,如图 4-29 所示中的 $\overline{S}$。

由式(4-29)可见,具有两位地址输入 $A_1 A_0$ 的四选一数据选择器在 $S=1(\overline{S}=0)$ 时输出与输入间的逻辑关系可以写成

$$Y = D_0(\overline{A}_1\overline{A}_0) + D_1(\overline{A}_1 A_0) + D_2(A_1 \overline{A}_0) + D_3(A_1 A_0) \qquad (4\text{-}30)$$

若将 A_1、A_0 作为两个输入变量,同时令 $D_0 \sim D_3$ 为第三个输入变量的适当状态(包括原变量、反变量、0、1 或其他变量),就可以在数据选择器的输出端产生任何形式的组合逻辑函数。

【例题 4.8】　分别用八选一数据选择器 74LS151 和双四选一数据选择器 74LS153 实现逻辑函数

$$Y = \overline{A}\,\overline{B}C + \overline{A}BC + A\overline{B}C + AB\overline{C} + ABC$$

解:(1) 八选一数据选择器 74LS151 在控制端有效的情况下,输出如下的逻辑函数表达式:

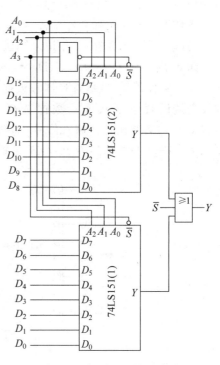

图 4-29　例题 4.7 的电路图

$$Y = \overline{A}_2\overline{A}_1\overline{A}_0 D_0 + \overline{A}_2\overline{A}_1 A_0 D_1 + \overline{A}_2 A_1 \overline{A}_0 D_2 + \overline{A}_2 A_1 A_0 D_3$$
$$+ A_2\overline{A}_1\overline{A}_0 D_4 + A_2\overline{A}_1 A_0 D_5 + A_2 A_1 \overline{A}_0 D_6 + A_2 A_1 A_0 D_7$$

而要求的逻辑函数为
$$Y = \overline{A}\overline{B}C + \overline{A}BC + A\overline{B}C + AB\overline{C} + ABC$$

比较上面两式可知：若令 $A_2 A_1 A_0 = ABC$，则 $D_0 = D_3 = D_5 = D_6 = D_7 = 1$，且 $D_1 = D_2 = D_4 = 0$，因此数据选择器输入端采用置 1、置 0 方法即可实现所要求的逻辑函数，如图 4-30(a) 所示。

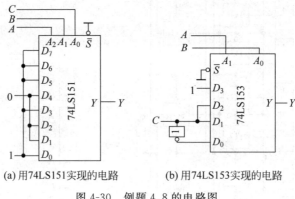

(a) 用74LS151实现的电路　　　(b) 用74LS153实现的电路

图 4-30　例题 4.8 的电路图

（2）双四选一数据选择器 74LS153 在控制端有效的情况下，输出逻辑函数表达式为
$$Y = \overline{A}_1\overline{A}_0 D_0 + \overline{A}_1 A_0 D_1 + A_1 \overline{A}_0 D_2 + A_1 A_0 D_3$$

而要求的逻辑函数为
$$Y = \overline{A}\overline{B}C + \overline{A}BC + A\overline{B}C + AB\overline{C} + ABC$$

比较上面两式可知：若令 $A_1 A_0 = AB$，则
$$Y = \overline{A}\overline{B}C + \overline{A}BC + A\overline{B}C + AB\overline{C} + ABC = \overline{A}_1\overline{A}_0\overline{C} + \overline{A}_1 A_0 C + A_1 \overline{A}_0 C + A_1 A_0$$

因此 $D_0 = \overline{C}, D_1 = D_2 = C, D_3 = 1$，如图 4-30(b) 所示。

在实际使用时，数据选择器和数据分配器配合使用，可以实现多路信号分时传送。例如在发送端设置一个八选一数据选择器 74LS151，接收端用一个 1 路-8 路数据分配器 74LS138，两者共用选择输入信号，如图 4-31 所示。由选择输入信号 $A_2 A_1 A_0$ 对应的十进制数决定将 $X_i (i=0,1,2,\cdots,7)$ 发送到对应的信号线上，接收端将其接收。此时信号不能

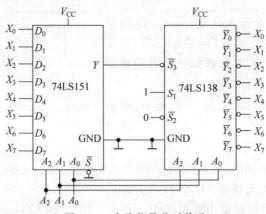

图 4-31　多路信号分时传送

同时传送,但减少了传输线的数量。信号路数越多,节约效果越明显。

4.3.5 加法器

数字计算机的基本功能之一是进行算术运算,比如加、减、乘、除,但是这些运算都是化作若干步加法运算进行的。因此,加法器(adder)是构成算术运算器的基本单元。

1. 1位加法器

(1) 半加器

所谓半加就是不考虑来自低位的进位而只考虑两个二进制数加数。实现半加运算的电路叫做半加器(half adder)。

根据半加器的定义和二进制数加法运算规则可以列出如表4-13所示的半加器真值表。其中 A、B 是两个加数,S 是相加的和,CO 是向高位的进位。将 S、CO 和 A、B 的关系写成逻辑表达式则得到

$$\begin{cases} S = \overline{A}B + A\overline{B} = A \oplus B \\ CO = AB \end{cases} \tag{4-31}$$

按照式(4-31)可以画出半加器的逻辑图如图4-32所示。

表4-13 半加器的真值表

A	B	S	CO
0	0	0	0
0	1	1	0
1	0	1	0
1	1	0	1

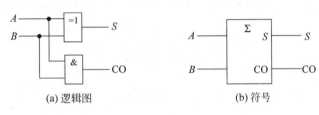

(a) 逻辑图　　　　(b) 符号

图4-32 半加器

(2) 全加器

在将两个多位二进制数相加时,除了最低位以外,其余的每一位都应考虑来自低位的进位,即将两个对应位的加数和来自低位的进位3个数相加。这种运算称为全加,所用的电路称为全加器(full adder)。

根据全加器的定义和二进制数加法运算规则可列出1位全加器的真值表,如表4-14所示。其中 A、B 为两个加数,CI 为低位来的进位,S 是相加的和,CO 是向高位的进位。将 S、CO 与 A、B、CI 的关系写成逻辑表达式为

表4-14 全加器的真值表

A	B	CI	S	CO	A	B	CI	S	CO
0	0	0	0	0	1	0	0	1	0
0	0	1	1	0	1	0	1	0	1
0	1	0	1	0	1	1	0	0	1
0	1	1	0	1	1	1	1	1	1

$$\begin{cases} S = \overline{A}\overline{B}CI + \overline{A}B\,\overline{CI} + A\overline{B}\,\overline{CI} + ABCI \\ CO = \overline{A}BCI + A\overline{B}CI + AB\,\overline{CI} + ABCI = AB + ACI + BCI \end{cases} \quad (4\text{-}32)$$

选择与或非门组成全加器的电路,将式(4-32)改写为如下的与或非表达式

$$\begin{cases} S = \overline{AB\,\overline{CI} + \overline{A}\overline{B}CI + \overline{A}BCI + \overline{A}\,\overline{B}\,\overline{CI}} \\ CO = \overline{\overline{B}\,\overline{CI} + \overline{A}\,\overline{B} + \overline{A}\,\overline{CI}} \end{cases} \quad (4\text{-}33)$$

逻辑图如图 4-33(a)所示,逻辑符号如图 4-33(b)所示。TTL 中规模集成电路 74LS183 就是这种结构的双全加器。

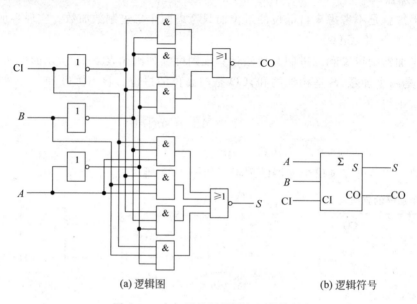

(a) 逻辑图 (b) 逻辑符号

图 4-33 全加器的逻辑图和逻辑符号

2. 多位加法器

(1) 串行进位加法器

两个多位数相加时,除了最低位没有进位外,其余每一位都是带进位相加的,因而必须使用全加器。只要依次将低位全加器的进位输出端 CO 接到高位全加器的进位输入端 CI,就可以构成多位加法器了。

图 4-34 就是根据上述原理接成的 4 位加法器电路。显然,每一位的相加结果都必须等到低一位的进位产生以后才能建立起来,因此把这种结构的电路叫做串行进位加法器

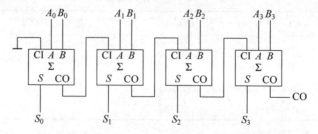

图 4-34 4 位串行进位加法器

(serial carry adder)(或叫做行波进位加法器)。图中最后一位的进位输出 CO 要经过全加器传递之后才能形成。如果位数增加,则传输延迟时间将延长。因此,这种加法器的最大缺点是运算速度慢。但是其电路结构简单,适合在一些中低速的数字设备中使用。

(2) 超前进位加法器

为了提高运算速度,必须设法减小或消除由于进位信号逐级传递所耗费的时间。把串行进位改为超前进位(又称并行进位)工作方式,可以比较好地解决这个问题,实现超前进位的电路称为超前进位加法器(look-ahead carry adder)。

第 i 位的进位输入信号$(CI)_i$一定能由 $A_{i-1}A_{i-2}\cdots A_0$ 和 $B_{i-1}B_{i-2}\cdots B_0$ 唯一地确定。根据这个原理,就可以通过逻辑电路事先得出每一位全加器的进位输入信号,而无需再从最低位开始向高位逐位传递进位信号了,这就有效地提高了运算速度。

最常用的 TTL 中规模集成 4 位二进制超前进位加法器 74LS283 的逻辑电路如图 4-35(a)所示,逻辑符号如图 4-35(b)所示。

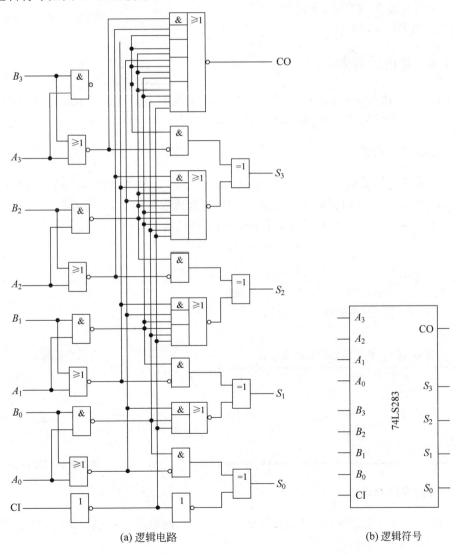

(a) 逻辑电路　　　　　　(b) 逻辑符号

图 4-35　4 位二进制超前进位加法器 74LS283 的逻辑电路和逻辑符号

从图 4-35 可以看出,该电路结构比串行进位加法器的结构复杂得多。这说明运算时间得以缩短是用增加电路复杂程度的代价换取的。当加法器的位数增加时,电路的复杂程度也随之急剧上升。

3. 加法器的应用

用加法器设计的组合逻辑电路,适合实现输入变量与输入变量相加或者输入变量与常量相加的逻辑函数。

【例题 4.9】 试用超前进位加法器 74LS283 设计一个代码转换电路,将 8421BCD 码转换为余 3 码。

解:设 8421BCD 码用 $D_3D_2D_1D_0$ 表示,余 3 码用 $Y_3Y_2Y_1Y_0$ 表示。由表 1-1 可知,余 3 码是由 8421BCD 码加 3(0011) 得来的,所以 $Y_3Y_2Y_1Y_0 = D_3D_2D_1D_0 + 0011$,该逻辑函数实际上是输入变量与常量相加的形式,所以可以用 74LS283 来实现。逻辑图如图 4-36 所示。

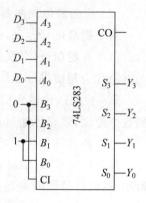

图 4-36 例题 4.9 的电路图

4.3.6 数值比较器

在数字系统(比如计算机)中,常常需要比较两个数的大小。为完成这一功能所设计的各种逻辑电路称为数值比较器(digital comparator)。

1. 1 位数值比较器

设 1 位数值比较器的输入为 A、B,输出 $Y_{(A>B)}$、$Y_{(A=B)}$ 和 $Y_{(A<B)}$,若 $A>B$,则 $Y_{(A>B)}$ 为 1,若 $A<B$,则 $Y_{(A<B)}$ 为 1,否则 $Y_{(A=B)}$ 为 1,列出其真值表如表 4-15 所示。

由表 4-15 可以写出 1 位数值比较器的输出表达式为

$$\begin{cases} Y_{(A>B)} = A\bar{B} \\ Y_{(A=B)} = A\odot B = \overline{A \oplus B} \\ Y_{(A<B)} = \bar{A}B \end{cases} \quad (4-34)$$

根据式 (4-34) 得到逻辑图如图 4-37 所示。

表 4-15 1 位数值比较器的真值表

A	B	$Y_{(A>B)}$	$Y_{(A=B)}$	$Y_{(A<B)}$
0	0	0	1	0
0	1	0	0	1
1	0	1	0	0
1	1	0	1	0

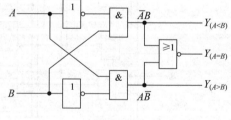

图 4-37 1 位数值比较器的逻辑图

2. 4 位数值比较器

在比较两个多位数大小时,必须按照从高位到低位的顺序逐位进行比较,而且只有在高位相等时,才需要比较低位。

设两个待比较的二进制数分别为 $A_3A_2A_1A_0$ 和 $B_3B_2B_1B_0$,来自低位的比较结果依次为 $I_{(A>B)}$、$I_{(A=B)}$ 和 $I_{(A<B)}$,输出端 $Y_{(A>B)}$、$Y_{(A=B)}$ 和 $Y_{(A<B)}$ 表示比较结果,功能表如表 4-16 所示。

由表 4-16 可以写出表达式为

$$Y_{(A>B)} = A_3\overline{B}_3 + \overline{(A_3 \oplus B_3)}A_2\overline{B}_2 + \overline{(A_3 \oplus B_3)}\,\overline{(A_2 \oplus B_2)}A_1\overline{B}_1$$
$$+ \overline{(A_3 \oplus B_3)}\,\overline{(A_2 \oplus B_2)}\,\overline{(A_1 \oplus B_1)}A_0\overline{B}_0 \quad (4\text{-}35)$$
$$+ \overline{(A_3 \oplus B_3)}\,\overline{(A_2 \oplus B_2)}\,\overline{(A_1 \oplus B_1)}\,\overline{(A_0 \oplus B_0)}I_{(A>B)}$$

$$Y_{(A=B)} = \overline{(A_3 \oplus B_3)}\,\overline{(A_2 \oplus B_2)}\,\overline{(A_1 \oplus B_1)}\,\overline{(A_0 \oplus B_0)}I_{(A=B)} \quad (4\text{-}36)$$

$$Y_{(A<B)} = \overline{A}_3 B_3 + \overline{(A_3 \oplus B_3)}\overline{A}_2 B_2 + \overline{(A_3 \oplus B_3)}\,\overline{(A_2 \oplus B_2)}\overline{A}_1 B_1$$
$$+ \overline{(A_3 \oplus B_3)}\,\overline{(A_2 \oplus B_2)}\,\overline{(A_1 \oplus B_1)}\overline{A}_0 B_0 \quad (4\text{-}37)$$
$$+ \overline{(A_3 \oplus B_3)}\,\overline{(A_2 \oplus B_2)}\,\overline{(A_1 \oplus B_1)}\,\overline{(A_0 \oplus B_0)}I_{(A<B)}$$

表 4-16 4 位数值比较器的功能表

输 入				级 联 输 入			输 出		
A_3、B_3	A_2、B_2	A_1、B_1	A_0、B_0	$I_{(A>B)}$	$I_{(A=B)}$	$I_{(A<B)}$	$Y_{(A>B)}$	$Y_{(A=B)}$	$Y_{(A<B)}$
$A_3>B_3$	×	×	×	×	×	×	1	0	0
$A_3<B_3$	×	×	×	×	×	×	0	0	1
$A_3=B_3$	$A_2>B_2$	×	×	×	×	×	1	0	0
$A_3=B_3$	$A_2<B_2$	×	×	×	×	×	0	0	1
$A_3=B_3$	$A_2=B_2$	$A_1>B_1$	×	×	×	×	1	0	0
$A_3=B_3$	$A_2=B_2$	$A_1<B_1$	×	×	×	×	0	0	1
$A_3=B_3$	$A_2=B_2$	$A_1=B_1$	$A_0>B_0$	×	×	×	1	0	0
$A_3=B_3$	$A_2=B_2$	$A_1=B_1$	$A_0<B_0$	×	×	×	0	0	1
$A_3=B_3$	$A_2=B_2$	$A_1=B_1$	$A_0=B_0$	1	0	0	1	0	0
$A_3=B_3$	$A_2=B_2$	$A_1=B_1$	$A_0=B_0$	0	1	0	0	1	0
$A_3=B_3$	$A_2=B_2$	$A_1=B_1$	$A_0=B_0$	0	0	1	0	0	1

根据式(4-35)、式(4-36)、式(4-37)画出 4 位数值比较器的逻辑图就是 TTL 中规模集成 4 位数值比较器 74LS85,其逻辑符号如图 4-38 所示。

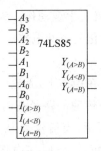

图 4-38 4 位数值比较器 74LS85 的逻辑符号

3. 数值比较器的应用

利用 $I_{(A>B)}$、$I_{(A=B)}$ 和 $I_{(A<B)}$ 这三个输入端，可以将两片以上的 74LS85 组合成位数更多的数值比较器。

【例题 4.10】 用两片 74LS85 组成一个 8 位的数值比较器，两个 8 位数分别为 $C_7C_6C_5C_4C_3C_2C_1C_0$ 和 $D_7D_6D_5D_4D_3D_2D_1D_0$。

解：根据多位数比较的规则，对两个 8 位数进行比较时，首先对高 4 位进行比较，若高 4 位数据不相等，则比较结束；如果高 4 位数据相等，则比较结果取决于低位的比较结果。因此将两个数的高 4 位 $C_7C_6C_5C_4$ 和 $D_7D_6D_5D_4$ 接到片(2)上，则片(2)为高位片，将两个数的低 4 位 $C_3C_2C_1C_0$ 和 $D_3D_2D_1D_0$ 接到片(1)上，则片(1)为低位片。同时把片(1)的 $Y_{(A>B)}$、$Y_{(A=B)}$ 和 $Y_{(A<B)}$ 对应接到片(2)的 $I_{(A>B)}$、$I_{(A=B)}$ 和 $I_{(A<B)}$，将片(1)的 $I_{(A>B)}$ 和 $I_{(A<B)}$ 接低电平，$I_{(A=B)}$ 接高电平。8 位的数值比较器的电路图如图 4-39 所示。

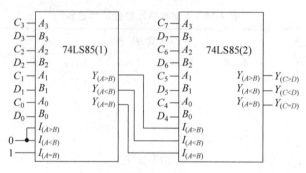

图 4-39　例题 4.10 的电路图

4.4 组合逻辑电路中的竞争-冒险现象

4.4.1 竞争-冒险现象

在前面讨论组合逻辑电路分析和设计方法时，输入输出是在稳定的逻辑电平下进行的，没有考虑门电路的传输延迟时间，而在实际的电路中延迟时间是不可忽略的。正是由于这种延迟时间的存在，有时会使逻辑电路产生误动作。为了保证系统工作的可靠性，有必要观察一下当输入信号的逻辑电平发生变化的瞬间电路的工作情况。

下面看两个简单的例子。

在图 4-40(a)所示的与门电路中，在稳态下，无论 $A=1$、$B=0$ 还是 $A=0$、$B=1$，输出 Y 皆为 0。但是由于 A、B 信号在电路中传输的路径和时间不同，因此当它们向相反方向变化时，时间也会有先后。如图 4-40(b)所示，当信号 A 从 1 跳变为 0 时，B 从 0 跳变为 1，而且 B 首先上升到 $V_{IL(max)}$ 以上，这样在极短的 Δt 时间内将出现 A、B 同时高于 $V_{IL(max)}$ 的状态，于是便在门电路的输出端产生了极窄的 $Y=1$ 的尖峰脉冲，或称为毛刺。显然这个尖峰脉冲不符合门电路稳态下的逻辑功能，因而它是系统内部的一种噪声。而如图 4-40(c)

所示，B 信号在上升到 $V_{IL(max)}$ 之前，A 已经降到了 $V_{IL(max)}$ 以下，这时输出端就不会产生尖峰脉冲。

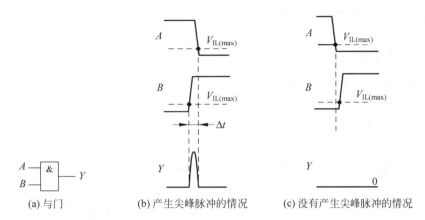

图 4-40　与门电路输入信号变化对输出的影响

在如图 4-41(a)所示的或门电路中，稳态下，无论 $A=1$、$B=0$ 还是 $A=0$、$B=1$，输出 Y 皆为 1。但是当信号 A 从 1 跳变为 0 时，B 则从 0 跳变为 1，而且当 A 下降到 $V_{IH(min)}$ 时 B 尚未上升到 $V_{IH(min)}$，于是在短暂的 Δt 时间内将出现 A、B 同时低于 $V_{IH(min)}$ 的状态，使输出端产生极窄的 $Y=0$ 的尖峰脉冲。这个尖峰脉冲同样也是违背稳态下或门的逻辑关系的噪声，如图 4-41(b)所示。而在图 4-41(c)中，A 下降到 $V_{IH(min)}$ 以前 B 信号已经上升到 $V_{IH(min)}$ 以上，这时输出端就不会产生尖峰脉冲。

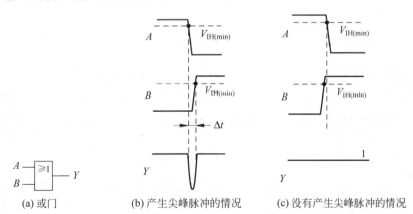

图 4-41　或门电路输入信号变化对输出的影响

在组合逻辑电路中，当电路从一种稳定状态转换到另一种稳定状态的瞬间，某个门电路的两个输入信号同时向相反方向变化(一个从 1 变为 0，另一个从 0 变为 1)，由于传输延迟时间不同，所以到达输出门的时间有先有后，这种现象称为竞争。从以上分析可知，由于竞争而在电路的输出端有可能产生尖峰脉冲，把这种现象叫做竞争-冒险(race-hazard)。

4.4.2　竞争-冒险现象的判别方法

数字电路在设计完成后，需要检查是否存在竞争-冒险现象。

如果输出端门电路的两个输入信号 A 和 $\bar{A}$ 是输入变量 A 经过两个不同的传输途径而来的，那么当输入变量 A 的状态发生突变时输出端便有可能产生尖峰脉冲。因此，只要输出端的逻辑函数在一定条件下能简化成

$$Y = A + \bar{A} \quad 或 \quad Y = A \cdot \bar{A} \tag{4-38}$$

则可以判定存在竞争-冒险。

【例题 4.11】 判断下列逻辑函数表达式是否存在竞争-冒险现象。

(1) $Y = AB + \bar{A}BC$

(2) $Y = (A + \bar{B})(B + C)$

解：

(1) 由于逻辑函数 $Y = AB + \bar{A}BC$ 中存在一对互补变量 A 和 $\bar{A}$，当 $B = C = 1$ 时，函数将成为 $Y = A + \bar{A}$，故电路存在竞争-冒险现象。

(2) 由于逻辑函数 $Y = (A + \bar{B})(B + C)$ 中存在一对互补变量 B 和 $\bar{B}$，当 $A = C = 0$ 时，函数将成为 $Y = \bar{B} \cdot B$，故电路存在竞争-冒险现象。

4.4.3 消除竞争-冒险现象的方法

1. 引入选通脉冲

由于尖峰脉冲是在瞬间产生的，所以在这段时间内将门封锁，待信号稳定后，再输入选通脉冲，选取输出结果。例如，对于图 4-40 所示的与门电路，可以在门电路的输入端增加选通控制信号，如图 4-42 所示。

2. 接入滤波电容

由于尖峰脉冲很窄，所以只要在输出端接入一个很小的滤波电容 C，就足以把尖峰脉冲的幅度削弱至门电路的阈值电压以下，如图 4-43 所示。这种方法简单易行，而缺点是增加了输出波形的上升时间和下降时间，使波形变坏。因此，该方法只适用于输出波形的前后沿无严格要求的场合。

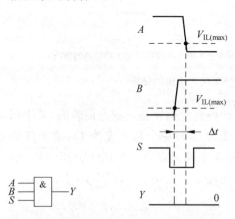

图 4-42 引入选通脉冲消除竞争-冒险现象

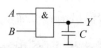

图 4-43 接入滤波电容消除竞争-冒险现象

3. 修改逻辑设计,增加冗余项

在产生竞争-冒险现象的逻辑表达式上,增加冗余项或乘上冗余因子,使之不出现 $A+\bar{A}$ 或 $A \cdot \bar{A}$ 的形式,即可消除冒险现象。

例如逻辑函数 $Y=(A+\bar{B})(B+C)$,在 $A=C=0$ 时产生竞争-冒险现象,若将逻辑函数修改为 $Y=(A+\bar{B})(B+C)(A+C)$,就可以消除竞争-冒险现象。

又如逻辑函数 $Y=AB+\bar{A}BC$,在 $B=C=1$ 时存在竞争-冒险现象,若将逻辑函数修改为 $Y=AB+\bar{A}BC+BC$,就可以消除竞争-冒险现象。

在比较几种消除竞争-冒险的方法后可以看出,它们各有利弊。选通脉冲的方法比较简单,且不增加器件数目,但必须找到选通脉冲,而且对脉冲的宽度和时间有严格要求。接入滤波电容的方法同样也比较简单,它的缺点是导致输出波形的边沿变坏。如果能够恰当运用修改逻辑设计的方法,那么有时可以得到最满意的效果,但有可能需要增加电路器件才能实现。

小 结

组合逻辑电路是数字系统中常用的逻辑电路,它的特点是任意时刻的输出状态仅取决于该时刻的输入信号,而与电路原来的状态无关。也就是说,组合逻辑电路不需要记忆元件,输出与输入之间无反馈。

组合逻辑电路可以用逻辑函数表达式、真值表、卡诺图或逻辑图来表示,因此组合电路的分析和设计,实际上就是这几种表示方法的相互转换。组合逻辑电路的分析,即已知逻辑电路图,写出其输出与输入之间的函数关系,然后列写真值表,并分析电路的功能。组合逻辑电路的设计与分析过程相反,其任务是根据给定的实际逻辑问题,抽取输入和输出逻辑变量,根据要求列写真值表,写出最简表达式,然后画出逻辑电路图。

在组合逻辑电路中,MSI 电路如编码器、译码器、数据选择器、加法器和数值比较器都是常用的,因此将它们制成标准化的集成器件,供用户直接使用。比如集成 8 线-3 线优先编码器 74LS148、3 线 8 线译码器 74LS138、BCD 七段显示译码器 74LS48、八选一数据选择器 74LS151、双四选一数据选择器 74LS153、双全加器 74LS183、4 位二进制超前进位加法器 74LS283、4 位数值比较器 74LS85 等。为了增加使用的灵活性和方便性,在这些集成电路中都设置了附加控制端,如使能端、选通输入端、选通输出端、输出扩展端等。灵活地使用这些附加控制端可以利用现有的集成电路设计出其他逻辑功能的组合逻辑电路,当然必须把要产生的逻辑函数变换为与所用器件的逻辑函数式类似的形式,然后与器件的逻辑函数对照比较,即可确定所用器件的各输入端应当接入的变量或常量(0 或者 1),以及各芯片之间的连接方式。

竞争-冒险是组合逻辑电路工作状态转换过程中经常出现的一种现象。如果负载对尖峰脉冲敏感,则数字电路在设计好后,需要检查是否存在竞争-冒险现象,并采取措施消除竞争-冒险。判别竞争-冒险的方法是:只要输出端的逻辑函数在一定条件下能简化成 $Y=A+\bar{A}$ 或 $Y=A \cdot \bar{A}$ 的形式,则可以判定存在竞争-冒险。消除竞争-冒险的方法有:在门电路的输入端增加选通控制信号、在输出端接入一个很小的滤波电容 C、在产生竞争-冒险现象的逻辑表达式上,增加冗余项或乘上冗余因子,使之不出现 $A+\bar{A}$ 或 $A \cdot \bar{A}$ 的形式等。

习 题

1. 填空题。

(1) 在数字系统中,常用的各种数字部件按逻辑功能分为_____电路和_____电路两大类。

(2) 在组合逻辑电路中,任意时刻的输出状态仅取决于_____信号,而与_____无关。因此,组合逻辑电路不需要_____元件,输出与输入之间无反馈。

(3) 在数字系统中,经常需要将一路数据分配到不同的数据通道上,执行这种逻辑功能的逻辑电路称为_____。而需要从多路数据中选择一路进行传输,执行这种功能的电路称为_____。

(4) 欲使 3 线-8 线译码器 74LS138 完成数据分配器的功能,其片选输入端 S_1 端输入数据 D,$\overline{S}_2$、$\overline{S}_3$ 接地,$A_2A_1A_0=001$,则数据从_____端输出,且以_____码形式输出。

(5) 共阴极 LED 数码管应与输出_____电平有效的显示译码器匹配,而共阳极 LED 数码管应与输出_____电平有效的显示译码器匹配。

(6) 组合逻辑电路中的竞争-冒险是指门电路两个输入信号同时向_____的逻辑电平跳变而在输出端可能产生尖峰脉冲的现象。

(7) 消除竞争-冒险的常用方法有:电路输出端加_____;输入端加_____;修改_____。

2. 选择题。

(1) _____电路在任何时刻只能有一个输入端有效。
 A. 二进制译码器 B. 普通二进制编码器
 C. 七段显示译码器 D. 优先编码器

(2) 若所设计的编码器是将 31 个一般信号转换成二进制代码,则输出的一组二进制代码的位数最少应是_____。
 A. 4 B. 5 C. 6 D. 7

(3) 十六路数据选择器,其地址输入端的个数为_____。
 A. 16 B. 2 C. 4 D. 8

(4) 用显示译码器 74LS48 可以直接驱动共阴极的半导体数码管。现在欲测试七段数码管每一个显示段的好坏,则加低电平给控制端_____。
 A. $\overline{RBI}$ B. $\overline{RBO}$ C. $\overline{BI}$ D. $\overline{LT}$

(5) n 位二进制译码器的输出端共有_____个。
 A. $2n$ B. 2^n C. 16 D. 36

(6) 若使 3 线-8 线译码器 74LS138 正常工作,控制端 S_1、$\overline{S}_2$、$\overline{S}_3$ 的电平信号为_____。
 A. 100 B. 010 C. 011 D. 101

(7) 3 线-8 线译码器 74LS138,若输出 $\overline{Y}_5=0$,则对应的输入端 $A_2A_1A_0$ 应为_____。
 A. 001 B. 100 C. 101 D. 110

(8) 在二进制译码器中,若输入有 4 位代码,则输出有_____个信号。
 A. 2 B. 4 C. 8 D. 16

(9) 集成 4 位数值比较器 74LS85 级联输入 $I_{(A<B)}$、$I_{(A=B)}$、$I_{(A>B)}$ 分别接 001，当输入两个相等的 4 位数据时，输出 $Y_{(A<B)}$、$Y_{(A=B)}$、$Y_{(A>B)}$ 分别为_____。

A. 010　　　　　B. 001　　　　　C. 100　　　　　D. 011

(10) 当二输入与非门输入为_____变化时，输出可能有竞争-冒险。

A. 01→10　　　B. 00→10　　　C. 10→11　　　D. 11→01

3. 试分析如图 4-44 所示组合逻辑电路的功能，并用数量最少、品种最少的门电路实现之。

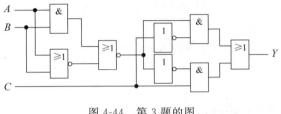

图 4-44　第 3 题的图

4. 已知逻辑电路如图 4-45 所示，试分析其逻辑功能。

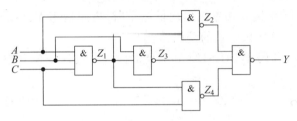

图 4-45　第 4 题的图

5. 用与非门实现监视交通信号灯工作状态的逻辑电路。要求每一组信号灯由红、黄、绿三盏灯组成。正常工作情况下，任何时刻必有一盏灯点亮，而且只允许有一盏灯点亮。而当出现其他 5 种点亮状态时，电路发生故障，这时要求发出故障信号，以提醒维护人员前去修理。

6. 现有 4 台设备，每台设备用电均为 10kW。若这 4 台设备用 F_1、F_2 两台发动机供电，其中 F_1 的功率为 10kW，F_2 的功率为 20kW，而 4 台设备的工作情况是：4 台设备不可能同时工作，但至少有 1 台设备工作，其中可能任意地 1~3 台同时工作。设计一个供电控制电路，以达到节电之目的。

7. 一种比赛有 A、B、C 三个裁判员和一名总裁判 D。当总裁判认为合格时算作两票，而 A、B、C 3 个裁判员认为合格时分别算作一票。试用与非门设计多数通过的表决逻辑电路。

8. 某医院有一、二、三、四号病室 4 间，每室设有呼叫按钮，同时在护士值班室内对应地装有一号、二号、三号、四号 4 个指示灯。现要求当一号病室的按钮按下时，无论其他病室的按钮是否按下，只有一号灯亮。当一号病室的按钮没有按下而二号病室的按钮按下时，无论三、四号病室的按钮是否按下，只有二号灯亮。当一、二号病室的按钮都未按下而三号病室的按钮按下时，无论四号病室的按钮是否按下，只有三号灯亮。当一、二、三号病室的按钮都未按下而四号病室的按钮按下时，四号灯才亮。试用优先编码器 74LS148 和门电路设计满足上述控制要求的逻辑电路。

9. 一把密码锁有 3 个按键,分别为 A、B、C。当 3 个键都不被按下时,锁不打开,也不报警;当只有一个键被按下时,锁不打开,但发出报警信号;当有两个键同时被按下时,锁打开,也不报警;当 3 个键同时被按下时,锁被打开,但要报警。试设计此逻辑电路,要求分别用以下电路芯片实现:

(1) 门电路。

(2) 3 线-8 线译码器 74LS138 和与非门。

(3) 双四选一数据选择器 74LS153 和非门。

(4) 全加器。

10. 设计一个三人表决电路,当多数人同意时,议案通过,否则不通过。要求分别用以下电路芯片实现:

(1) 门电路;

(2) 3 线-8 线译码器 74LS138;

(3) 数据选择器 74LS153。

11. 由 8 线-3 线优先编码器 74LS148 连接成如图 4-46 所示的电路。试分析电路的功能,说明当 $\bar{I}_0 \sim \bar{I}_9$ 这 10 个输入端轮流出现低电平时,电路输出 $Y_3Y_2Y_1Y_0$ 相对应的是什么状态? 电路实现的是一种什么形式的编码器?

12. 试用 3 线-8 线译码器 74LS138 和必要的门电路设计一个多输出的组合逻辑电路。输出的逻辑函数式为

$$\begin{cases} Z_1 = AC \\ Z_2 = \bar{A}\bar{B}C + A\bar{B}\bar{C} + BC \\ Z_3 = \bar{B}\bar{C} + AB\bar{C} \end{cases}$$

13. 试写出图 4-47 所示电路的输出 Z_1 和 Z_2 的逻辑函数式,并化成最简与或式。

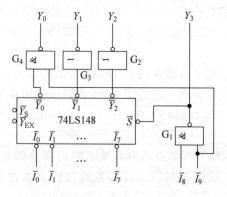

图 4-46 第 11 题的图

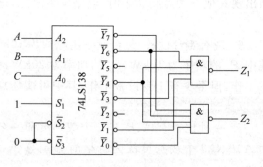

图 4-47 第 13 题的图

14. 写出如图 4-48 所示电路中 Z_1、Z_2 和 Z_3 的逻辑函数式,并化简为最简的与-或表达式。

15. 用八选一数据选择器 74LS151 产生逻辑函数

$$Z = A\bar{C}D + \bar{A}BCD + BC + B\bar{C}D$$

16. 用四选一数据选择器 74LS153 产生逻辑函数

$$Z = AB\bar{C} + \bar{A}C + BC$$

17. 由八选一数据选择器 74LS151 组成的电路如图 4-49 所示，试写出输出 Z 的逻辑函数式，并化为最简与或式。

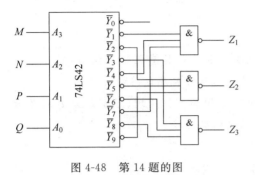

图 4-48　第 14 题的图　　　　　　　　图 4-49　第 17 题的图

18. 将双四选一数据选择器 CC14539 连接成八选一数据选择器。

19. 试用两片八选一数据选择器 74LS151 和 3 线-8 线译码器 74LS138 连接成十六选一数据选择器。

20. 试用 4 位超前进位全加器 74LS283 设计一个代码转换电路，将余 3 码转换为 8421BCD 码。

21. 试用 4 位超前进位全加器 74LS283 设计一个加/减运算电路。当控制信号 $M=0$ 时，它将输入的两个 4 位二进制数相加，而当 $M=1$ 时，它将输入的两个 4 位二进制数相减。允许附加必要的门电路。

22. 试用 3 线-8 线译码器 74LS138 和两个与非门设计一个全加器的逻辑电路。

23. 试用两个 4 位数值比较器 74LS85 组成比较三个数的判断电路。要求判别三个 4 位二进制数 $A(a_3a_2a_1a_0)$、$B(b_3b_2b_1b_0)$、$C(c_3c_2c_1c_0)$ 是否相等、A 是否最大、A 是否最小，并分别给出"三个数相等"、"A 最大"、"A 最小"的输出信号。可附加必要的门电路。

24. 试用一片 4 位数值比较器 74LS85 和必要的门电路实现两个 5 位二进制数的并行比较器。

25. 试分析在如图 4-50 所示电路中，当 A、B、C、D 单独一个改变状态时是否存在竞争-冒险现象？如果存在，都发生在其他变量为何种取值的情况下？

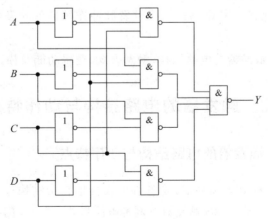

图 4-50　第 25 题的图

第 5 章 触 发 器

教学提示：时序电路与组合电路的一个主要区别就是具有记忆功能,而实现记忆功能的器件就是触发器。因此,弄清触发器的动作特点是学习时序电路的关键。

教学要求：要求学生了解各种触发器的内部结构和工作原理,了解触发器的参数。掌握各种触发器的动作特点,以及不同类型触发器之间的转换。

5.1 概　　述

数字电路中除了前面介绍的组合逻辑电路,还有一类电路称为时序逻辑电路,这类电路的输出不仅与当前的输入信号有关,而且还与以前的输入信号和输出状态有关,因此需要具有记忆功能。完成这一功能的电路是触发器(flip-flop)。

触发器是构成时序逻辑电路的基本单元,具有记忆功能,即能够保存 1 位二进制数 1 和 0。为了实现记忆 1 位二值信号的功能,触发器必须具备以下两个基本特点。

(1) 具有两个能自行保持的稳定状态,即 0 态和 1 态。所谓 0 态表示触发器的两个互补输出端 $Q=0$、$\bar{Q}=1$;所谓 1 态表示触发器的两个互补输出端 $Q=1$、$\bar{Q}=0$。正因为触发器具有两个稳定状态,所以又称其为双稳态触发器。

(2) 根据不同的输入信号可以将触发器置成 1 态或 0 态。

迄今为止,人们已经研制出了许多种触发器电路。根据电路结构形式的不同,可以将它们分为基本 RS 触发器、同步 RS 触发器、主从触发器、维持阻塞触发器、CMOS 边沿触发器等。根据触发器逻辑功能的不同分为 RS 触发器、JK 触发器、T 触发器、T′触发器和 D 触发器。根据触发方式的不同,又分为电平触发、主从触发和边沿触发等类型。

除基本 RS 触发器以外的所有形式的触发器,都是在时钟脉冲作用期间输入触发信号时才产生作用,时间点可以是脉冲的上升沿、下降沿或中间的某一点。通常将触发脉冲作用前的输出状态定义为"现态",用 Q^n 表示,将触发脉冲作用后的触发器输出状态定义为"次态",用 Q^{n+1} 表示。

本章主要介绍各类触发器的电路结构、触发方式、逻辑功能及描述方法。

5.2 触发器的电路结构与动作特点

5.2.1 基本 RS 触发器的电路结构与动作特点

基本 RS 触发器(又称 R-S 锁存器)是各种触发器电路中结构最简单的一种,也是其他触发器的一个组成部分。基本 RS 触发器有两种电路形式,即与非门结构和或非门结构。

1. 与非门构成的基本 RS 触发器

(1) 电路结构

与非门构成的基本 RS 触发器的电路结构如图 5-1(a)所示。它由两个与非门构成，有两个输入端 $\bar{S}$ 和 $\bar{R}$，一对互补输出端 Q 和 $\bar{Q}$。其逻辑符号如图 5-1(b)所示。

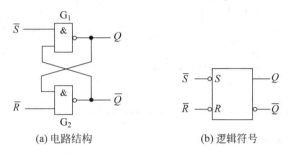

(a) 电路结构　　　　(b) 逻辑符号

图 5-1　与非门构成的基本 RS 触发器

(2) 工作原理

① $\bar{S}=\bar{R}=1$ 时，触发器处于保持状态。

设触发器的现态 $Q^n=1$，$\bar{Q}^n=0$，则门 G_2 的两个输入端都为 1，其输出即触发器的次态 $\bar{Q}^{n+1}=0$，同时 $\bar{Q}^n=0$ 使门 G_1 输出的次态 $Q^{n+1}=1$；反之，若触发器现态 $Q^n=0$，$\bar{Q}^n=1$ 时，经同样分析，得 $Q^{n+1}=0$，$\bar{Q}^{n+1}=1$。所以触发器的次态等于现态，即 $Q^{n+1}=Q^n$。

② $\bar{S}=0$、$\bar{R}=1$ 时，无论触发器的现态为何值，其次态都置成 1 态。

设触发器的现态 $Q^n=1$，$\bar{Q}^n=0$，则门 G_2 的两个输入端都为 1，其输出即触发器的次态 $\bar{Q}^{n+1}=0$，同时 $\bar{S}=0$、$\bar{Q}^n=0$ 使门 G_1 输出的次态 $Q^{n+1}=1$，即触发器 1 态得以保持；反之，若触发器的现态 $Q^n=0$，$\bar{Q}^n=1$ 时，$\bar{S}=0$ 使门 G_1 的输出为 1，该电平耦合到门 G_2 输入端，使 G_2 两个输入都为 1，G_2 输出为 0，即触发器由 0 态翻转到 1 态。所以当 $\bar{S}=0$、$\bar{R}=1$ 时触发器的次态等于 1，即 $Q^{n+1}=1$，$\bar{S}$ 称为置 1 端。

③ $\bar{S}=1$、$\bar{R}=0$ 时，无论触发器的现态为何值，其次态都置成 0 态。

设触发器的现态 $Q^n=1$，$\bar{Q}^n=0$，则 $\bar{R}=0$ 使门 G_2 的输出为 1，该电平耦合到门 G_1 的输入端，使 G_1 两个输入端都为 1，其输出的次态 $Q^{n+1}=0$，即触发器由 1 态翻转到 0 态；反之，若触发器的现态 $Q^n=0$，$\bar{Q}^n=1$ 时，则门 G_1 的两个输入端都为 1，其输出即触发器的次态 $Q^{n+1}=0$，同时 $\bar{R}=0$、$Q^n=0$ 使门 G_2 输出的次态 $\bar{Q}^{n+1}=1$，即触发器 0 态得以保持。所以当 $\bar{S}=1$、$\bar{R}=0$ 时触发器的次态等于 0，即 $Q^{n+1}=0$，$\bar{R}$ 称为置 0 端。

④ $\bar{S}=\bar{R}=0$ 时，则有 $Q^{n+1}=\bar{Q}^{n+1}=1$。此既非 0 态也非 1 态。如果 $\bar{S}$、$\bar{R}$ 仍保持 0 信号，触发器状态尚可确定，但若 $\bar{S}$ 与 $\bar{R}$ 同时由 0 变为 1，触发器的状态取决于两个与非门的翻转速度或传输延迟时间，Q^{n+1} 可能为 0，也可能为 1，称为触发器状态不定。因此，在实际应用中，不允许出现 $\bar{S}=\bar{R}=0$，即 $\bar{S}$、$\bar{R}$ 应满足约束条件：$SR=0$。

由以上分析，可以得到基本 RS 触发器的特性表(含有状态变量的真值表)，如表 5-1 所示。

表 5-1　与非门构成的基本 RS 触发器的特性表

$\bar{S}$	$\bar{R}$	Q^n	Q^{n+1}	备　　注
1	1	0	0	状态保持
1	1	1	1	
0	1	0	1	置 1
0	1	1	1	
1	0	0	0	置 0
1	0	1	0	
0	0	0	1*	状态不定
0	0	1	1*	

2．或非门构成的基本 RS 触发器

由或非门构成的基本 RS 触发器的电路结构和逻辑符号如图 5-2 所示。其特性表如表 5-2 所示。

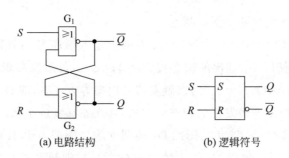

(a) 电路结构　　　　　　(b) 逻辑符号

图 5-2　或非门构成的基本 RS 触发器

表 5-2　或非门构成的基本 RS 触发器的特性表

S	R	Q^n	Q^{n+1}	备　　注
0	0	0	0	状态保持
0	0	1	1	
1	0	0	1	置 1
1	0	1	1	
0	1	0	0	置 0
0	1	1	0	
1	1	0	0*	状态不定
1	1	1	0*	

由或非门构成的基本 RS 触发器，置 0、置 1 信号是高电平有效。当 $S=R=0$ 时，触发器处于保持状态；当 $S=1$、$R=0$ 时，触发器置 1；当 $S=0$、$R=1$ 时，触发器置 0；当 $S=R=1$ 时，触发器的两个输出端都为 0，这时若两个输入端同时返回 0，则触发器出现不确定状态。

为了使触发器正常工作，$S=R=1$ 为不允许输入情况。

3. 动作特点

由图 5-1(a)和图 5-2(a)中可见，在基本 RS 触发器中，输入信号直接加在输出门上，所以输入信号在全部作用时间里，都能直接改变输出端 Q 和 $\bar{Q}$ 的状态，这就是基本 RS 触发器的动作特点。

【**例题 5.1**】 在图 5-1(a)所示的基本 RS 触发器电路中，已知 $\bar{S}$ 和 $\bar{R}$ 的电压波形如图 5-3 所示，试画出 Q 和 $\bar{Q}$ 端对应的电压波形。

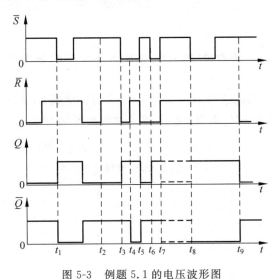

图 5-3 例题 5.1 的电压波形图

解：按照表 5-1 可以较容易地画出 Q 和 $\bar{Q}$ 端的波形图，但需要区别：在 $t_3 \sim t_4$ 期间，$\bar{S}=\bar{R}=0, Q=\bar{Q}=1$，但由于 $\bar{R}$ 首先回到了高电平，所以触发器的次态是可以确定的，但是在 $t_6 \sim t_7$ 期间，又出现了 $\bar{S}=\bar{R}=0, Q=\bar{Q}=1$，在这之后两个信号同时撤销，所以状态是不确定的。

5.2.2 同步 RS 触发器的电路结构与动作特点

在数字系统中，为了协调各部分的动作，常常要求触发器按一定的节拍同步动作。为此，必须引入同步信号，使触发器仅在同步信号到达时按输入信号改变状态。通常把这个同步信号叫做时钟脉冲(Clock Pulse, CP)，简称时钟。这种用时钟控制的触发器称为时钟触发器，也称同步触发器。

1. 同步 RS 触发器

（1）电路结构

由与非门组成的同步 RS 触发器的电路图如图 5-4(a)所示。由图中可以看出，它是在基本 RS 触发器的输入端附加两个控制门 G_3 和 G_4，使触发器仅在时钟脉冲 CP 出现时，才能接收信号。其逻辑符号如图 5-4(b)所示。

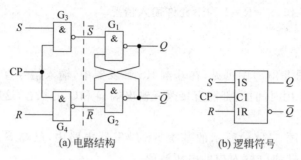

(a) 电路结构　　　　　　(b) 逻辑符号

图 5-4　同步 RS 触发器

(2) 工作原理

当 CP=0 时,门 G_3、G_4 被封锁,输入信号 R、S 不会影响触发器的输出状态,故触发器保持原来的状态。

当 CP=1 时,R 和 S 端的信号通过 G_3、G_4 门反相后加到 G_1 和 G_2 组成的基本 RS 触发器的输入端,此时工作情况同基本 RS 触发器。它的特性表如表 5-3 所示。从表中看出输入信号同样需要 $SR=0$。

表 5-3　同步 RS 触发器的特性表

CP	S	R	Q^n	Q^{n+1}	备　注
0	×	×	0	0	保持原来状态
0	×	×	1	1	
1	0	0	0	0	状态保持
1	0	0	1	1	
1	0	1	0	0	置 0
1	0	1	1	0	
1	1	0	0	1	置 1
1	1	0	1	1	
1	1	1	0	1*	状态不定
1	1	1	1	1*	

由特性表画出 Q^{n+1} 的卡诺图如图 5-5 所示,经化简得到特性方程为

$$\begin{cases} Q^{n+1} = S + \bar{R}Q^n \\ RS = 0(约束条件) \end{cases} \quad CP = 1 \text{ 期间有效} \quad (5-1)$$

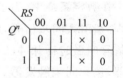

图 5-5　Q^{n+1} 的卡诺图

【例题 5.2】　在图 5-4(a)所示的同步 RS 触发器中,已知输入信号波形如图 5-6 所示,试画出 Q 和 $\bar{Q}$ 端的波形。假设触发器的初始状态为 0。

(3) 动作特点

由于在 CP=1 的全部时间里,S 和 R 信号都能通过门 G_3 和 G_4 加到基本 RS 触发器上,所以在 CP=1 期间 S 和 R 信号的变化都将引起触发器输出端状态的变化。

2. 带有异步置位、复位端的同步 RS 触发器

在使用同步 RS 触发器过程中,有时需要在 CP 高电平到来之前将触发器状态预置成指定的状态,为此在同步 RS 电路结构的基础上,增加异步置 1(置位,set)输入端和异步置 0(复位,reset)输入端,如图 5-7(a)所示,其逻辑符号如图 5-7(b)所示。

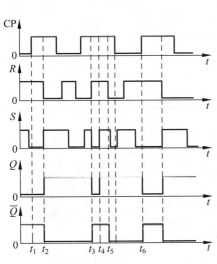

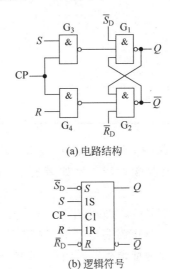

图 5-6 例题 5.2 的波形　　图 5-7 带有异步置位、复位端的同步 RS 触发器

由图 5-7(a)容易看出,只要在 $\overline{S}_D$ 或 $\overline{R}_D$ 端加入低电平,即可立即将触发器置 1 或置 0,而不受时钟脉冲 CP 和输入信号 R、S 的控制。因此,将 $\overline{S}_D$ 称为异步置位(置1)端,将 $\overline{R}_D$ 称为异步复位(置0)端。

需要注意的是,一般这两个异步控制端不能同时有效,且在时钟信号控制下正常工作时应使 $\overline{S}_D$ 和 $\overline{R}_D$ 处于高电平。再有用 $\overline{S}_D$ 或 $\overline{R}_D$ 将触发器置位或复位应当在 CP=0 的状态下进行,否则在 $\overline{S}_D$ 或 $\overline{R}_D$ 返回高电平后预置的状态不一定能保存下来。

3. D 锁存器

为了适应单端输入信号的场合,可在 R 和 S 之间接一个反相器,如图 5-8(a)所示。通常把这种单端输入的同步 RS 触发器称为 D 锁存器(latch),其逻辑符号如图 5-8(b)所示。将 $S=D$、$R=\overline{D}$ 代入同步 RS 触发器的特性方程,可得到 D 锁存器的特性方程为

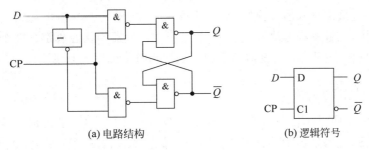

图 5-8 D 锁存器

$$Q^{n+1} = D \text{ (CP = 1 期间有效)} \tag{5-2}$$

由特性方程可以得到 D 锁存器的特性表如表 5-4 所示。可以看出 D 锁存器解决了约束问题。

表 5-4　D 锁存器的特性表

CP	D	Q^n	Q^{n+1}	备　　注
0	×	0	0	保持原来状态
0	×	1	1	
1	0	0	0	置 0
1	0	1	0	
1	1	0	1	置 1
1	1	1	1	

D 锁存器在计算机系统中有着重要的应用,只不过把 CP 端当做控制端来用。比如带有三态门的 8D 锁存器 74LS373 就是 D 锁存器的重要应用,逻辑符号如图 5-9 所示。其使能信号$\overline{OE}$为低电平时,三态门处于导通状态,允许数据输出,当$\overline{OE}$为高电平时,输出三态门断开,禁止输出。当其用作地址锁存器时,首先应使三态门的使能信号$\overline{OE}$为低电平,这时,当控制端 G 为高电平时,锁存器输出($Q_0 \sim Q_7$)状态和输入端($D_0 \sim D_7$)状态相同;当控制端 G 为低电平时,输入端($D_0 \sim D_7$)的数据锁入 $Q_0 \sim Q_7$ 的 8 位锁存器中。

图 5-9　74LS373 8D 锁存器的逻辑符号

5.2.3　主从 RS 触发器的电路结构与动作特点

同步 RS 触发器在 CP=1 期间,如果输入信号多次发生变化,则触发器的状态也会发生多次变化,这就降低了电路的抗干扰能力。为了提高触发器工作的可靠性,希望在每个 CP 周期里输出端的状态只能改变一次。为此,在同步 RS 触发器的基础上又设计出了主从结构触发器。

1. 电路结构

主从 RS 触发器由两个同样的同步 RS 触发器组成。其中一个同步 RS 触发器接收输入信号,其状态直接由输入信号决定,称为主触发器,主触发器的输出和另一个同步 RS 触发器的输入连接,该触发器为从触发器,其状态由主触发器的状态决定。两个同步 RS 触发器的时钟信号反相,主从 RS 触发器的逻辑图和逻辑符号如图 5-10 所示。

2. 工作原理

(1) 当 CP=1 期间,CP′=0,所以门 G_7、G_8 被打开,门 G_3、G_4 被封锁。故主触发器接收输入信号 R 和 S,主触发器的输出端 Q_m 和 $\overline{Q}_m$ 随着 R、S 的变化而变化,Q_m 的状态满足同步 RS 触发器的特性方程

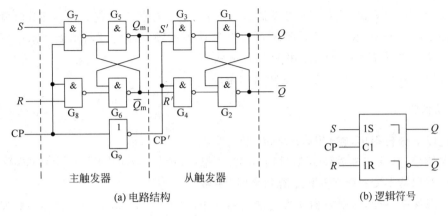

(a) 电路结构 (b) 逻辑符号

图 5-10 主从 RS 触发器

$$\begin{cases} Q_m^{n+1} = S + \bar{R}Q_m^n \\ RS = 0 (约束条件) \end{cases} \quad (5\text{-}3)$$

而从触发器保持原来的状态。

(2) CP 下降沿到来时,主触发器的门 G_7、G_8 被封锁,主触发器的 Q_m 和 $\bar{Q}_m$ 的状态保持不变。同时,从触发器的门 G_3、G_4 被打开,在下降沿前一时刻主触发器的状态送入从触发器,即 $S' = Q_m^{n+1}$,$R' = \bar{Q}_m^{n+1}$。又因从触发器也是同步 RS 触发器,所以满足

$$\begin{cases} Q^{n+1} = S' + \bar{R}'Q^n \\ R'S' = 0 (约束条件) \end{cases} \quad (5\text{-}4)$$

将 $S' = Q_m$,$R' = \bar{Q}_m$ 代入式(5-4)可得

$$Q^{n+1} = S' + \bar{R}'Q^n = Q_m^{n+1} = S + \bar{R}Q^n \quad (5\text{-}5)$$

(3) 在 CP=0 期间,由于主触发器的状态保持不变,因此从触发器的状态也不可能改变。通过以上分析,可得主从 RS 触发器的特性方程为

$$\begin{cases} Q^{n+1} = S + \bar{R}Q^n \\ SR = 0 (约束条件) \end{cases} \quad (CP 下降沿有效) \quad (5\text{-}6)$$

主从 RS 触发器的特性表如表 5-5 所示。

表 5-5 主从 RS 触发器的特性表

CP	S	R	Q^n	Q^{n+1}	备注
×	×	×	0	0	状态保持
			1	1	
⎍	0	0	0	0	保持
			1	1	
⎍	0	1	0	0	置 0
			1	0	
⎍	1	0	0	1	置 1
			1	1	
⎍	1	1	0	1*	不定
			1	1*	

由表 5-5 可以看出，主从 RS 触发器具有保持、置 0 和置 1 功能。主从 RS 触发器的状态转换图如图 5-11 所示。状态转换图可以形象地表示触发器的逻辑功能。图中以两个圆圈分别代表触发器的两个状态，用箭头表示状态转换的方向，同时在箭头的旁边注明转换的条件。

3. 动作特点

通过以上分析得出，在 CP＝1 期间，主触发器接收输入信号，其状态随着输入信号而变化，从触发器的状态保持不变；在 CP 下降沿到来时，主触

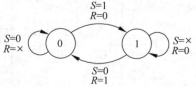

图 5-11 主从 RS 触发器的状态转换图

发器的状态保持不变，从触发器接收主触发器在下降沿前一时刻的状态，按照主触发器的状态翻转。在 CP＝0 期间，主、从触发器均保持原来的状态。因此，在 CP 的一个变化周期内，触发器的输出端的状态只可能改变一次。

主从 RS 触发器的逻辑符号中的"⌐"表示延迟输出的意思，即在 CP 下降沿前一时刻接收的信号，在 CP 返回 0 以后输出状态才改变。

【例题 5.3】 在图 5-10(a)所示的主从 RS 触发器中，若 CP、S 和 R 的电压波形如图 5-12 所示，试求出 Q 和 $\bar{Q}$ 端的电压波形。设触发器的初始状态为 0。

解：首先根据 CP＝1 期间 R、S 的状态确定 Q_m 和 $\bar{Q}_m$ 的电压波形，然后根据 CP 下降沿到达时 Q_m 和 $\bar{Q}_m$ 的状态即可画出 Q 和 $\bar{Q}$ 的电压波形。

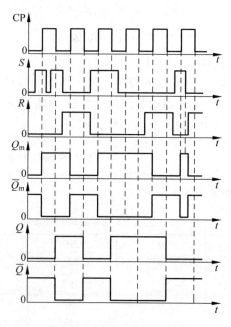

图 5-12 例题 5.3 的波形图

5.2.4 主从 JK 触发器的电路结构与动作特点

尽管主从 RS 触发器提高了工作的可靠性，但是其仍然存在约束。为了解决此问题，就需要进一步改进主从 RS 触发器的电路结构，这样就产生了主从 JK 触发器。

1. 电路结构

主从 JK 触发器的电路结构如图 5-13(a) 所示,可以看出,主从 JK 触发器实质上是将主从 RS 触发器的 Q 和 $\bar{Q}$ 端作为附加控制信号反馈到输入端,并且为了表示与主从 RS 触发器在逻辑功能上的区别,用 J、K 表示两个信号输入端,电路的逻辑符号如图 5-13(b) 所示。

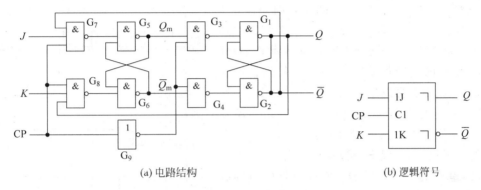

(a) 电路结构 (b) 逻辑符号

图 5-13 主从 JK 触发器

2. 工作原理

将图 5-13 与图 5-10 进行比较可知,相当于
$$S = J\bar{Q}^n, \quad R = KQ^n \tag{5-7}$$

由式(5-7)可知 S、R 不可能同时为 1,所以不存在约束问题。将式(5-7)代入 RS 触发器特性方程式(5-6),则得到主从 JK 触发器的特性方程为

$$Q^{n+1} = J\bar{Q}^n + \bar{K}Q^n \text{(CP 下降沿有效)} \tag{5-8}$$

特性表如表 5-6 所示,从中可以看出其具有保持、置 1、置 0 和翻转功能。主从 JK 触发器的状态转换图如图 5-14 所示。

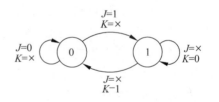

图 5-14 主从 JK 触发器的状态转换图

表 5-6 主从 JK 触发器的特性表

CP	J	K	Q^n	Q^{n+1}	备 注
×	×	×	0	0	状态保持
			1	1	
⎍	0	0	0	0	保持
			1	1	
⎍	0	1	0	0	置 0
			1	0	
⎍	1	0	0	1	置 1
			1	1	
⎍	1	1	0	1	状态翻转
			1	0	

3. 动作特点

由于主从 JK 触发器是在主从 RS 触发器的基础上改进得到的。因此，在 CP=1 期间，主触发器也是一直接收输入信号，但由于输出端 Q 和 $\bar{Q}$ 反馈到门 G_7 和 G_8 的输入端，所以，当 $Q^n=0$ 时主触发器只能接收置 1 输入信号，在 $Q^n=1$ 时只能接收置 0 输入信号。其结果就是在 CP=1 期间主触发器只有可能翻转一次，一旦翻转了就不会翻回原来的状态。即主从 JK 触发器存在一次性变化问题。例如：由特性方程 $Q^{n+1}=J\bar{Q}^n+\bar{K}Q^n$，若 CP=1 期间，$Q^n=1$，则主触发器 $Q_m^{n+1}=0+\bar{K}\cdot 1$，此时 J 不起作用，只能接收 K 端的信号将其置 0，一旦将触发器的状态置 0 后，就不会再发生变化；同理，若 CP=1 期间，$Q^n=0$，则主触发器 $Q_m^{n+1}=J\cdot 1+0$，此时 K 不起作用，只能接收 J 端的信号将其置 1，一旦将触发器的状态置 1 后，就不会再发生变化。

【**例题 5.4**】 已知主从 JK 触发器的时钟脉冲 CP、输入信号 J、K 端输入电压波形如图 5-15 所示，试画出触发器的 Q_m、$\bar{Q}_m$、Q 和 $\bar{Q}$ 端的波形。假设触发器的初始状态为 0。

解： 首先根据 CP=1 期间 J、K 的状态确定 Q_m 和 $\bar{Q}_m$ 的电压波形，然后根据 CP 下降沿到达时 Q_m 和 $\bar{Q}_m$ 的状态即可画出 Q 和 $\bar{Q}$ 的电压波形。由于主触发器具有一次性变化的特点，所以对于 CP=1 期间 J、K 有发生变化的 $t_1\sim t_2$ 和 $t_3\sim t_4$ 两段时间内的波形，只要 Q_m 和 $\bar{Q}_m$ 发生了一次变化，其后的信号变化就不必考虑了。

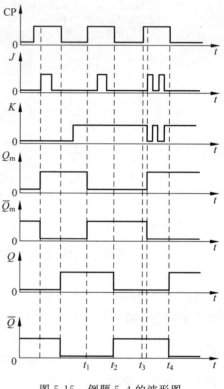

图 5-15 例题 5.4 的波形图

4. 多输入端的 JK 触发器

在有些集成触发器产品中，输入端 J、K 不止一个，例如图 5-16(a)所示的电路图。在这种情况下，J_1 和 J_2、K_1 和 K_2 是与的逻辑关系，即特性方程和特性表中的 $J=J_1J_2$、$K=K_1K_2$，逻辑符号如图 5-16(b)所示。

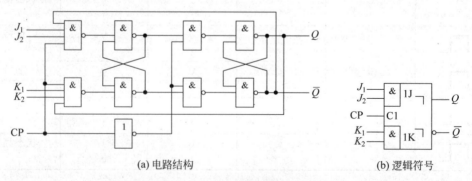

(a) 电路结构　　　　　　　　　(b) 逻辑符号

图 5-16 具有多个输入端的主从 JK 触发器

常用的多输入端主从 JK 触发器如 74LS72,它具有 3 个 J 端和 3 个 K 端,且带有异步置位端和异步复位端,其逻辑符号如图 5-17 所示,其特性表如表 5-7 所示。

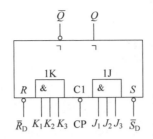

图 5-17 多输入端主从 JK 触发器 74LS72

表 5-7 多输入端主从 JK 触发器 74LS72 的特性表

$\bar{R}_D$	$\bar{S}_D$	CP	J	K	Q^n	Q^{n+1}	备 注
0	1	×	×	×	×	0	异步置 0
1	0	×	×	×	×	1	异步置 1
0	0	×	×	×	×	1*	状态不定
1	1	⎍	0	0	0 1	0 1	状态保持
1	1	⎍	0	1	0 1	0 0	置 0
1	1	⎍	1	0	0 1	1 1	置 1
1	1	⎍	1	1	0 1	1 0	状态翻转

常用的主从 JK 触发器还有 CC4027、CC4027B、CD4027 等。

5.2.5 边沿触发器

虽然主从触发器在每个 CP 周期里输出端的状态只改变一次。但是在 CP=1 期间,主触发器的状态却随着输入信号的变化而变化,即使是主从 JK 触发器也存在一次性变化问题。为了进一步增强抗干扰能力,希望触发器的次态仅仅取决于 CP 上升沿或下降沿到达时刻输入信号的状态,而在此之前和之后输入信号的变化对触发器的次态没有影响。为实现这一设想,人们相继研制了各种边沿触发器。

1. 维持阻塞结构的边沿触发器

(1) 电路结构

如图 5-18(a)所示为维持阻塞结构的上升沿 D 触发器。电路由 6 个与非门组成,G_1、G_2 门构成基本 RS 触发器,$G_3 \sim G_6$ 组成维持阻塞电路。该触发器状态仅取决于 CP 上升沿到来时刻输入信号 D 的状态。为表示触发器仅在 CP 上升沿时接收信号并立即翻转,时钟输入端加入符号">",其逻辑符号如图 5-18(b)所示。

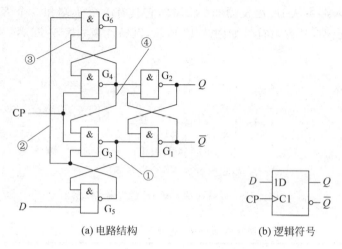

(a) 电路结构   (b) 逻辑符号

图 5-18 维持阻塞 D 触发器

(2) 工作原理

① 当 CP=0 时，门 G_3、G_4 被封锁，输出均为 1，基本 RS 触发器保持原状态不变。

② 当时钟脉冲 CP 上升到达时，触发器状态仅取决于此时的输入信号 D 的状态。

若 $D=0$，则在 CP 上升沿到来之前(CP=0)，G_3 和 G_4 输出均为 1。由于 $D=0$，所以 G_5 输出为 1，G_6 输出为 0。在 CP 上升沿到来时，G_3 输出变为 0，使基本 RS 触发器置 0。在 CP=1 期间，若 D 由 0 变为 1，由于 G_3 输出 0 反馈到 G_5 输入端，使得 G_5 输出继续保持为 1，所以称线①为置 0 维持线。同时，G_5 输出 1 反馈到 G_6 输入端，使 G_6 输出仍为 0，G_4 输出仍为 1，称线②为置 1 阻塞线，所以基本 RS 触发器仍输出为 0。

若 $D=1$，则在 CP 上升沿到来之前，G_3 和 G_4 输出均为 1。由于 $D=1$，所以 G_5 输出为 0，G_6 输出为 1。在 CP 上升沿到来时，G_4 输出变为 0，使基本 RS 触发器置 1。在 CP=1 期间，若 D 由 1 变为 0，尽管 G_5 输出由 0 变为 1，但由于 G_4 输出 0 反馈到 G_6 输入端，使 G_6 输出仍为 1，所以称线③为置 1 维持线。同时 G_4 输出 0 反馈到 G_3 输入端，使 G_3 输出仍为 1，称线④为置 0 阻塞线。所以基本 RS 触发器仍输出为 1。

(3) 动作特点

由上述分析可知，维持阻塞 D 触发器在 CP 上升沿时，触发器接收 D 输入端信号并发生相应的状态翻转。而在这之前或之后，输入信号 D 的变化对触发器的状态没有影响。

因此其特性方程为

$$Q^{n+1} = D \text{(CP 上升沿有效)} \tag{5-9}$$

另外，D 端信号必须比 CP 上升沿提前建立，以保证在门 G_5 和 G_6 建立起相应的状态之后，CP 脉冲上升沿才会到来。

维持阻塞触发器的产品有时也作成多输入端的形式，如图 5-19(a)所示，其逻辑符号如图 5-19(b)所示。这时各个输入端之间也是与的逻辑关系，即 $D=D_1 \cdot D_2$。在图 5-19(a) 中还画出了异步置位端 $\overline{S}_D$ 和异步复位端 $\overline{R}_D$ 的内部连线，无论 CP 处于何种状态，都可以通过 $\overline{S}_D=0$ 将触发器置 1，或者通过 $\overline{R}_D=0$ 将触发器置 0。

(4) 集成维持阻塞 D 触发器

74LS74 是常用的集成维持阻塞双 D 触发器，其特性表如表 5-8 所示，其状态转换图如

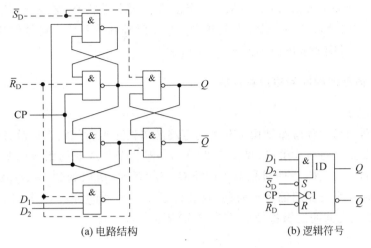

(a) 电路结构　　　　　　　(b) 逻辑符号

图 5-19　具有异步置位、复位端的多输入端维持阻塞 D 触发器

图 5-20 所示。

表 5-8　74LS74 D 触发器的特性表

CP	$\bar{S}_D$	$\bar{R}_D$	D	Q^{n+1}	备　注
×	0	0	×	1*	状态不定
×	0	1	×	1	异步置1
×	1	0	×	0	异步置0
↑	1	1	0	0	$Q^{n+1}=D$
↑	1	1	1	1	

【**例题 5.5**】 已知双 D 触发器 74LS74 的 CP、$\bar{S}_D$、$\bar{R}_D$ 及 D 端波形如图 5-21 所示，试画出输出端 Q 的波形。

解：由于维持阻塞双 D 触发器 74LS74 的异步控制端 $\bar{R}_D$、$\bar{S}_D$ 不受 CP 的控制，所以在 t_1

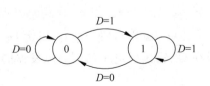

图 5-20　D 触发器的状态转换图

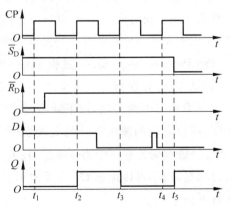

图 5-21　例题 5.5 的波形图

时虽然是触发脉冲的上升沿,但由于 $\overline{R}_D=0$,因此触发器状态为 0。在 t_5 时 $\overline{S}_D=0$ 触发器的状态变为 1。$\overline{R}_D$、$\overline{S}_D$ 均无效时,触发器的状态取决于时钟脉冲和输入信号的状态,即满足特性方程式(5-9)。对应的输出波形如图 5-21 所示。

2. 利用传输延迟时间的边沿触发器

（1）电路结构

边沿触发器的另一种电路结构是利用门电路的传输延迟时间实现边沿触发的。下降沿触发的 JK 触发器由两部分组成（见图 5-22(a)）：即两个与或非门组成的基本 RS 触发器和两个输入控制门 G_7、G_8。时钟信号 CP 经 G_7、G_8 延时,所以到达 G_2、G_6 的时间比到达 G_3、G_5 的时间晚一个与非门的延迟时间,这就保证了触发器的翻转对应 CP 的下降沿。下降沿触发的 JK 触发器的逻辑符号如图 5-22(b)所示。

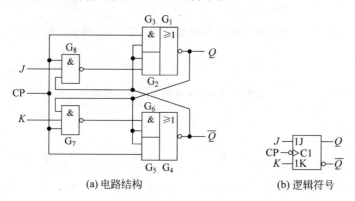

图 5-22 利用传输延迟时间的边沿 JK 触发器

（2）工作原理

设触发器的初始状态为 $Q=0$、$\overline{Q}=1$。当 $J=1$、$K=0$ 时：

① 当 CP=0 时,G_3 和 G_5 被封锁,同时 G_7、G_8 输出为 1,所以基本 RS 触发器的状态通过 G_2、G_6 得以保持,即 J、K 变化对触发器状态无影响。

② 当 CP 由 0 变为 1 后,G_3 和 G_5 首先解除封锁,基本 RS 触发器状态通过 G_3、G_5 继续保持原状态不变；同时由于 $J=1$、$K=0$,则经过 G_7、G_8 延迟后输出分别为 0 和 1,G_2 和 G_6 被封锁,所以对基本 RS 触发器状态没有影响。

③ 当 CP=1 时,由于 $Q=0$ 封锁了 G_7,阻塞了 K 变化对触发器状态影响,又因 $\overline{Q}=1$,故 G_3 输出为 1,使 Q 保持为 0,所以 CP=1 期间触发器状态不发生变化。

④ 当 CP 由 1 变为 0 后,即下降沿到达时,G_3、G_5 立即被封锁,但由于 G_7、G_8 存在传输延迟时间,所以它们的输出不会马上改变（在 $J=1$、$K=0$ 条件下）。因此,在瞬间出现 G_2、G_3 两个与门输入端各有一个为低电平,使 $Q=1$,并经过 G_6 输出 1,使 $\overline{Q}=0$。由于 G_8 的传输延迟时间足够长,可以保证 $\overline{Q}=0$ 反馈到 G_2,所以在 G_8 输出低电平消失后触发器的 1 态仍然保持下去。

再对 J、K 为不同取值时触发器的工作过程进行分析,可得到边沿 JK 触发器的特性表,如表 5-9 所示。

表 5-9 下降沿触发的 JK 触发器的特性表

CP	J	K	Q^n	Q^{n+1}	备 注
×	×	×	0 1	0 1	状态保持
⌐_	0	0	0 1	0 1	保持
⌐_	0	1	0 1	0 0	置0
⌐_	1	0	0 1	1 1	置1
⌐_	1	1	0 1	1 0	状态翻转

将表 5-9 与表 5-6 对照可以看到,除了对时钟脉冲 CP 的要求不同外,其他的完全相同。

(3) 动作特点

由上述分析可知,触发器的次态仅取决于下降沿前一时刻 J、K 的状态,在时钟周期的其他时间 J、K 值对触发器的状态没有影响。

(4) 集成边沿 JK 触发器

74LS112 是常用的集成下降沿双 JK 触发器。它的特性表如表 5-10 所示,逻辑符号如图 5-23 所示。

表 5-10 74LS112 的特性表

CP	$\overline{S}_D$	$\overline{R}_D$	J	K	Q^n	Q^{n+1}	备 注
×	0	0	×	×	×	1*	状态不定
×	0	1	×	×	×	1	异步置1
×	1	0	×	×	×	0	异步置0
⌐_	1	1	0	0	0 1	0 1	保持
⌐_	1	1	0	1	0 1	0 0	置0
⌐_	1	1	1	0	0 1	1 1	置1
⌐_	1	1	1	1	0 1	1 0	状态翻转

【例题 5.6】 已知下降沿 JK 触发器的 CP、$\overline{R}_D$、$\overline{S}_D$,及 J、K 端的波形如图 5-24 所示,试画出输出端 Q 的波形。

解:由于 JK 触发器的 $\overline{R}_D$、$\overline{S}_D$ 为异步控制端,不受控于时钟脉冲 CP,所以在 $\overline{R}_D=0$ 时,无条件地将触发器的状态置 0,而当 $\overline{S}_D=0$ 时,无条件地把触发器的状态置 1。当 $\overline{R}_D=1$ 且 $\overline{S}_D=1$ 时,触发器的状态取决于 CP 下降沿到达时刻 J、K

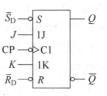

图 5-23 74LS112 的逻辑符号

端的状态,于是得到对应的输出波形如图 5-24 所示。

3. 利用 CMOS 传输门的边沿触发器

(1) 电路结构

利用 CMOS 传输门构成的一种边沿 D 触发器如图 5-25 所示。虽然这种电路结构在形式上也是一种主从结构,但是它和前面讲过的主从结构触发器具有完全不同的动作特点。图中反相器 G_1、G_2 和传输门 TG_1、TG_2 组成了主触发器,反相器 G_3、G_4 和传输门 TG_3、TG_4 组成了从触发器。TG_1 和 TG_3 分别为主触发器和从触发器的输入控制门。

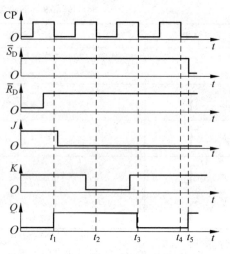

图 5-24 例题 5.6 的波形图

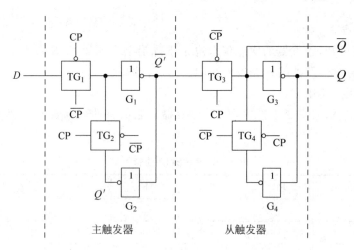

图 5-25 利用 CMOS 传输门的边沿 D 触发器

(2) 工作原理

当 CP=0、$\overline{CP}$=1 时,TG_1 导通、TG_2 截止,D 端的输入信号送入主触发器中,使 $Q'=D$、$\overline{Q'}=\overline{D}$。这时由于主触发器尚未形成反馈连接,不能自行保持,所以 Q' 跟随 D 端的状态变化而变化。同时,由于 TG_3 截止、TG_4 导通,从触发器与主触发器之间的联系被 TG_3 切断。所以从触发器维持原状态不变。

当 CP 的上升沿到达时(即 CP 跳变为 1,$\overline{CP}$ 跳变为 0),TG_1 截止、TG_2 导通,Q' 不再跟随 D 端的状态变化而变化,且 TG_2 形成反馈连接,使主触发器的状态被保存。同时,由于 TG_3 导通、TG_4 截止,主触发器的状态通过 TG_3 和 G_3 送到了输出端,使 $Q=Q'=D$(CP 上升沿到达时 D 的状态)。

(3) 动作特点

该触发器的输出端状态的转换发生在 CP 的上升沿,而且触发器所保存下来的状态仅仅取决于 CP 上升沿到达时的输入状态。其特性方程和特性表与维持阻塞 D 触发器的相同。常用的 CD4013 触发器就是引入了异步置位和复位功能的 CMOS 主从边沿 D 触发器,同种类型的触发器还有很多,使用时可以查阅使用手册。

边沿触发器除了上述三种类型外,还可以制作成其他很多种触发器。比如除了前面介绍的维持阻塞 D 触发器,还可以做成维持阻塞 JK 触发器,既可以做成上升沿结构的触发器,也可以做成下降沿结构的触发器。同样利用传输延迟时间的边沿触发器也可以做成 D 触发器,也可以做成上升沿结构的触发器,等等。

5.3 触发器的主要参数

对于不同结构类型的触发器,其参数值是不同的,即使是同一种结构类型但不同型号的触发器参数也是不同的,因此具体使用时必须查阅使用手册。以下参数中均假设所有门电路的平均传输延迟时间相等,用 t_{pd} 表示。触发器的主要参数有以下几个。

1. 输入信号宽度

为了保证触发器可靠地翻转,则基本 RS 触发器,必须保证输入信号宽度 $t_W \geqslant 2t_{pd}$,对于同步 RS 触发器,要求输入信号 S(或 R)和 CP 同时为高电平的时间应满足 $t_{W(S \cdot CP)} \geqslant 2t_{pd}$。

2. 传输延迟时间

对于基本 RS 触发器,从输入信号到达起,到触发器输出端新状态稳定地建立起来为止,所经过的这段时间称为传输延迟时间。输出端从低电平变为高电平的传输延迟时间 $t_{PLH} = t_{pd}$,输出端从高电平变为低电平的传输延迟时间 $t_{PHL} = 2t_{pd}$。

对于同步 RS 触发器,从 S 和 CP(或 R 和 CP)同时变为高电平开始,到输出端新状态稳定地建立起来为止,所经过的时间

$$t_{PLH} = 2t_{pd}, \quad t_{PHL} = 3t_{pd}$$

对于主从触发器,从 CP 下降沿开始到输出端新状态稳定地建立起来的这段时间称为传输延迟时间

$$t_{PLH} = 3t_{pd}, \quad t_{PHL} = 4t_{pd}$$

对于边沿触发器,从 CP 上升沿(下降沿)到达时开始,到触发器新状态稳定地建立起来的这段时间,称为传输延迟时间

$$t_{PLH} = 2t_{pd}, \quad t_{PHL} = 3t_{pd}$$

3. 建立时间

建立时间是指输入信号应先于 CP 信号到达的时间,用 t_{set} 表示。对于主从触发器,输入信号只要不迟于 CP 信号到达即可,即 $t_{set} = 0$;而对于维持阻塞型触发器,输入信号必须先于 CP 的触发沿到达,而且建立时间应满足 $t_{set} \geqslant 2t_{pd}$。

4. 保持时间

为保证触发器可靠翻转,输入信号需要保持一定的时间。保持时间用 t_H 表示。对于主从触发器,如果要求在 CP=1 期间,输入信号的状态保持不变,而 CP=1 的时间为 t_{WH},则

应满足 $t_H \geqslant t_{WH}$；而对于维持阻塞触发器，在触发沿到达后，输入信号仍需要保持 $1t_{pd}$ 等待维持阻塞作用建立。

5. 最高时钟频率

为保证触发器可靠地翻转，时钟信号 CP 的高、低电平持续时间要大于触发器的传输延迟时间。因此要求时钟信号 CP 有一个最高频率 $f_{C(max)}$。例如，同步 RS 触发器，CP 高电平持续时间要大于 t_{PHL}，而为保证下一个 CP 上升沿到达之前触发器的输出得以稳定建立，CP 的低电平持续时间应大于 t_{set} 和一个门的延迟时间。因此

$$f_{C(max)} = \frac{1}{t_{PHL} + t_{set} + t_{pd}}$$

需要说明一点，在上面的讨论中是在假定了所有门电路的传输延迟时间是相等的前提下进行的，而在实际的集成触发器中，每个门的传输延迟时间是不同的。所以每个集成触发器产品的参数数值最后要通过实验测定。

5.4 不同类型触发器之间的转换

触发器的电路结构和逻辑功能是不同的概念。所谓逻辑功能是指触发器的次态与现态及输入信号之间在稳态下的逻辑关系，据此则前面已经介绍了三种触发器，即 RS 触发器、JK 触发器和 D 触发器。其中 RS 触发器具有约束，在实际使用中会受到限制，JK 触发器是逻辑功能最强的，而在需要单端输入时，通常采用 D 触发器。因此，目前生产的由时钟脉冲控制的触发器定型产品中只有 JK 触发器和 D 触发器这两大类。如果需要其他类型的触发器可以由 JK 触发器和 D 触发器转换得到。

所谓逻辑功能的转换，就是将一种类型的触发器，通过外接一定的逻辑电路后转换成另一类型的触发器。触发器类型转换的示意图如图 5-26 所示。

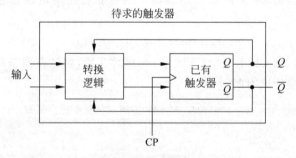

图 5-26 触发器类型转换示意图

触发器类型转换步骤如下：
(1) 写出已有触发器和待求触发器的特性方程。
(2) 变换待求触发器的特性方程，使之形式与已有触发器的特性方程一致。
(3) 比较已有触发器和待求触发器特性方程，根据两个方程相等的原则求出转换逻辑。
(4) 根据转换逻辑画出逻辑电路图。

5.4.1 JK 触发器转换成其他功能的触发器

1. 将 JK 触发器转换为 D 触发器

将 JK 触发器的特性方程重写如下

$$Q^{n+1} = J\bar{Q}^n + \bar{K}Q^n \tag{5-10}$$

将 D 触发器的特性方程变换为与 JK 触发器特性方程一致的形式为

$$Q^{n+1} = D = D(\bar{Q}^n + Q^n) \tag{5-11}$$

比较系数可得

$$J = D, \quad K = \bar{D} \tag{5-12}$$

转换电路图如图 5-27 所示。

2. 将 JK 触发器转换为 RS 触发器

将 RS 触发器的特性方程变换为与 JK 触发器特性方程一致的形式

$$\begin{aligned}Q^{n+1} &= S + \bar{R}Q^n = S(Q^n + \bar{Q}^n) + \bar{R}Q^n = S\bar{Q}^n + (S + \bar{R})Q^n \\ &= S\bar{Q}^n + \overline{\bar{S}R}Q^n \end{aligned} \tag{5-13}$$

比较系数可得

$$J = S, \quad K = \overline{\bar{S}R} \tag{5-14}$$

将 RS 触发器的约束条件 $RS=0$ 代入式(5-14)中 K 的表达式,可得

$$K = \bar{S}R + SR = R$$

所以,转换结果为

$$J = S, \quad K = R \tag{5-15}$$

转换电路如图 5-28 所示。

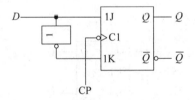

图 5-27 JK 触发器转换为 D 触发器   图 5-28 JK 触发器转换为 RS 触发器

由图 5-28 可见,JK 触发器可以直接作为 RS 触发器来用,但是却不能将 RS 触发器直接作为 JK 触发器来用。

3. 将 JK 触发器转换为 T 触发器

在某些场合下,需要这样一种逻辑功能的触发器,即当输入信号 $T=1$ 时,每来一个时钟脉冲 CP,触发器的状态就翻转一次;而当 $T=0$ 时,时钟脉冲 CP 到来时触发器的状态保持不变,这就是 T 触发器。它的特性方程为

$$Q^{n+1} = T\bar{Q}^n + \bar{T}Q^n \tag{5-16}$$

它的特性表如表 5-11 所示。

表 5-11 T 触发器的特性表

T	Q^n	Q^{n+1}	备 注
0	0	0	状态保持
	1	1	
1	0	1	状态翻转
	1	0	

状态转换图如图 5-29(a)所示,逻辑符号如图 5-29(b)所示。

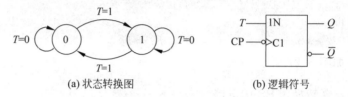

(a) 状态转换图　　　　　　　(b) 逻辑符号

图 5-29　T 触发器的状态转换图和逻辑符号

将 JK 触发器的特性方程与式(5-16)相比较可得

$$J = K = T \tag{5-17}$$

由式(5-17)可知,只要将 JK 触发器的两个输入端连在一起,就可构成 T 触发器,因此,在触发器的定型产品中没有 T 触发器。转换电路如图 5-30 所示。

4. JK 触发器转换为 T′ 触发器

在某些场合还需要这样一种触发器,即每来一个时钟脉冲 CP,触发器的状态就翻转一次,这就是 T′ 触发器。将 T′ 触发器与 T 触发器的逻辑功能相比可知,只要令 $T=1$,即构成了 T′ 触发器。其特性方程为

$$Q^{n+1} = \bar{Q}^n \tag{5-18}$$

很容易得到将 JK 触发器转换为 T′ 触发器的转换电路如图 5-31 所示。

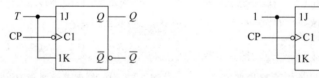

图 5-30　JK 触发器转换为 T 触发器　　　图 5-31　JK 触发器转换为 T′ 触发器

5.4.2　D 触发器转换成其他功能的触发器

1. D 触发器转换为 JK 触发器

比较 D 触发器和 JK 触发器的特性方程可知,若用 D 触发器转换为 JK 触发器,必须使

$$D = J\bar{Q}^n + \bar{K}Q^n = \overline{\overline{J\bar{Q}^n}\ \overline{\bar{K}Q^n}} \tag{5-19}$$

转换电路如图 5-32 所示。

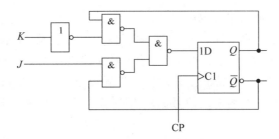

图 5-32 D 触发器转换为 JK 触发器

2. D 触发器转换为 T 触发器

T 触发器的特性方程可重写为

$$Q^{n+1} = T\bar{Q}^n + \bar{T}Q^n = T \oplus Q^n \tag{5-20}$$

与 D 触发器的特性方程相比较,得到

$$D = T \oplus Q^n \tag{5-21}$$

转换电路如图 5-33 所示。

3. D 触发器转换为 T′ 触发器

D 触发器和 T′ 触发器的特性方程分别为 $Q^{n+1}=D$ 和 $Q^{n+1}=\bar{Q}^n$,所以只要令 $D=\bar{Q}^n$ 即可。转换电路如图 5-34 所示。

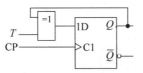   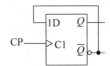

图 5-33 D 触发器转换为 T 触发器   图 5-34 D 触发器转换为 T′ 触发器

小　　结

触发器是构成时序逻辑电路的基本单元,具有记忆功能。因此触发器具备两个基本特点,即具有两个能自行保持的稳定状态,即 0 态和 1 态;根据不同的输入信号可以将触发器置成 1 态或 0 态。

根据电路结构形式的不同,触发器分为基本 RS 触发器、同步 RS 触发器、主从触发器、边沿触发器等。基本 RS 触发器是各种触发器电路中结构最简单的一种,但是其存在约束和直接控制的缺点。同步 RS 触发器在 CP=0 期间解决了直接控制,但是在 CP=1 期间 S 和 R 信号的变化都将引起触发器输出端状态的变化。所以基本 RS 触发器和同步 RS 触发器的抗干扰能力较差。为了提高触发器工作的可靠性,在同步 RS 触发器的基础上又设计出了主从 RS 触发器。该触发器只是在 CP 下降沿到来时,触发器的状态改变一次,因此其抗干扰能力较强。但是其仍然存在约束,于是产生了主从 JK 触发器。但是主从 JK 触发器存在主触发器一次性变化问题。对于边沿触发器,其次态仅仅取决于 CP 上升沿或下降沿到达时刻输入信号的状态,而在此之前和之后输入信号的变化对触发器的次态没有影响,因此它是性能最好、抗干扰能力最强的触发器。

根据触发器逻辑功能的不同,分为 RS 触发器、JK 触发器、T 触发器、T′触发器和 D 触发器。RS 触发器具有置 0、置 1 和保持功能,但是其存在约束。JK 触发器是功能最全的触发器,其具有置 0、置 1、保持和翻转功能。T 触发器具有保持和翻转功能。T′触发器只具有翻转功能。当需要单端输入信号的场合时可以采用 D 触发器,其具有置 0 和置 1 功能。

在使用触发器过程中,有时需要在加 CP 前将触发器预置成指定的状态,为此触发器一般都具有异步控制端(异步置 0 端和异步置 1 端),异步控制端是不受时钟脉冲约束的,只要其有效,就把触发器置 0 或置 1。有的触发器其异步控制端是高电平有效,有的是低电平有效。但是异步置 0 端和异步置 1 端不能同时有效。有的触发器还存在多输入端的情况,此时这些输入端是逻辑与的关系。

目前生产的由时钟脉冲控制的触发器定型产品中只有 JK 触发器和 D 触发器这两大类。如果需要其他类型的触发器可以由 JK 触发器和 D 触发器转换得到。

习　　题

1. 填空题。

(1) 触发器具有两个能自行保持的稳定状态,即_____态和_____态。正因为触发器具有两个稳定状态,所以又称其为_____触发器。

(2) 根据触发器逻辑功能的不同特点,可分为_____、_____、_____、_____、_____等几种类型。

(3) 描述触发器的逻辑功能的方法有 3 种,它们是_____、_____和_____。

(4) 目前生产的由时钟脉冲控制的触发器定型产品中只有_____触发器和_____触发器这两大类。如果需要其他类型的触发器可以由这两种触发器转换得到。

(5) 通常将触发脉冲作用前触发器的输出状态定义为_____态,用_____表示;将触发脉冲作用后触发器的输出状态定义为_____态,用_____表示。

(6) 双稳态触发器有两个基本性质,一是_____,二是_____。

(7) RS 触发器的特性方程为_____,约束条件为_____。

(8) JK 触发器的特性方程为_____,D 触发器的特性方程为_____。

(9) 下降沿触发器的状态的变化发生在 CP 的_____,在 CP 的其他期间触发器保持原状态。

(10) JK 触发器是这些触发器中功能最全的一种,其具有_____、_____、_____和_____功能。

2. 选择题。

(1) 下列触发器中,存在约束条件的是_____。

　　A. T 触发器　　　　B. JK 触发器　　　　C. RS 触发器　　　　D. D 触发器

(2) 在连续 CP 脉冲作用下,只具有翻转功能的触发器是_____。

　　A. T 触发器　　　　B. JK 触发器　　　　C. RS 触发器　　　　D. T′触发器

(3) 在连续 CP 脉冲作用下,欲使 D 触发器按 $Q^{n+1}=\bar{Q}^n$ 工作,应使输入 $D=$ _____。
A. 0　　　　　B. 1　　　　　C. Q　　　　　D. $\bar{Q}^n$

(4) 经 CP 脉冲作用后,下列选项中能使 JK 触发器的输出 Q 从 1 变为 0 的 JK 信号是_____。
A. 00　　　　B. 01　　　　C. 10　　　　D. 无法确定

(5) 电路如图 5-35 所示,经 CP 脉冲作用后,下列选项中能使 $Q^{n+1}=Q^n$ 的 A、B 信号是_____。
A. $A=0,B=0$　　B. $A=1,B=0$
C. $A=0,B=1$　　D. 无法确定

(6) 具有异步复位端 $\bar{R}_d$ 和异步置位端 $\bar{S}_d$ 端的触发器,当触发器处于受 CP 脉冲控制的情况下工作时,这两端所加的信号为_____。
A. $\bar{R}_d\bar{S}_d=00$　　B. $\bar{R}_d\bar{S}_d=01$　　C. $\bar{R}_d\bar{S}_d=10$　　D. $\bar{R}_d\bar{S}_d=11$

(7) 能够存储 0、1 二进制信息的器件是_____。
A. TTL 门电路　　B. CMOS 门电路　　C. 触发器　　D. 译码器

(8) 触发器是一种_____。
A. 单稳态触发器　　B. 双稳态触发器　　C. 二稳态触发器　　D. 无稳态触发器

(9) 下列触发器中,输入信号直接控制输出状态的是_____。
A. 基本 RS 触发器　B. 主从 JK 触发器　C. 边沿 D 触发器　D. 边沿 JK 触发器

(10) 图 5-36 所示的电路中,能完成 $Q^{n+1}=\bar{Q}^n$ 功能的是_____。

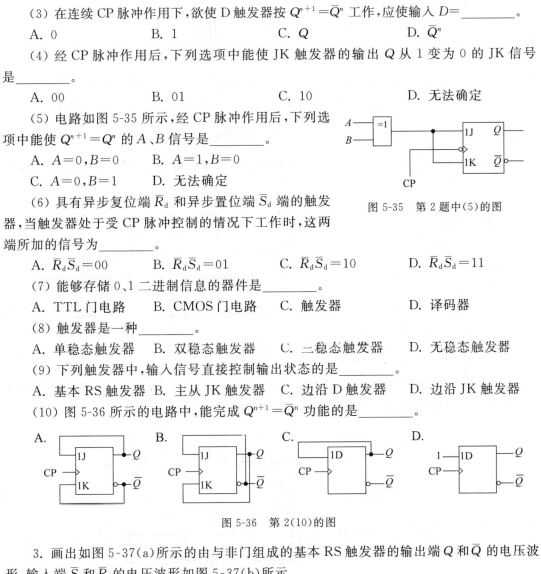

图 5-35　第 2 题中(5)的图

图 5-36　第 2(10)的图

3. 画出如图 5-37(a)所示的由与非门组成的基本 RS 触发器的输出端 Q 和 $\bar{Q}$ 的电压波形,输入端 $\bar{S}$ 和 $\bar{R}$ 的电压波形如图 5-37(b)所示。

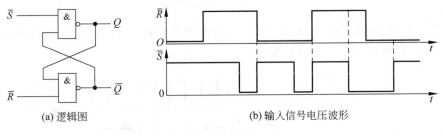

图 5-37　第 3 题的图

4. 基本 RS 触发器经常被用在消抖电路中,图 5-38(a)所示为一个防抖动输出的开关电路。当拨动开关 K 时,由于开关触点接触瞬间发生震颤,$\bar{S}$ 和 $\bar{R}$ 的电压波形如图 5-38(b)所示,试画出 Q 和 $\bar{Q}$ 端的电压波形。

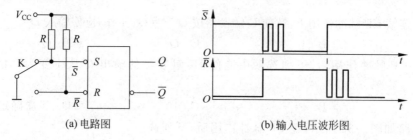

(a) 电路图　　　　　　　　　(b) 输入电压波形图

图 5-38　第 4 题的图

5. 如图 5-39(a)所示的电路中,若 CP、R、S 的电压波形如图 5-39(b)所示,试画出 Q 和 $\bar{Q}$ 端的电压波形。设触发器的初始状态为 0。

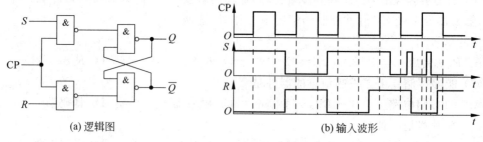

(a) 逻辑图　　　　　　　　　(b) 输入波形

图 5-39　第 5 题的图

6. 若主从 RS 触发器的 R、S、CP 端输入的电压波形如图 5-40 所示,试画出 Q 和 $\bar{Q}$ 端的电压波形。设触发器的初始状态为 0。

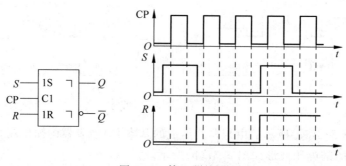

图 5-40　第 6 题的图

7. 若主从 JK 触发器的 J、K、CP 端输入的电压波形如图 5-41 所示,试画出 Q 和 $\bar{Q}$ 端的电压波形。设触发器的初始状态为 0。

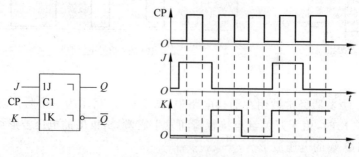

图 5-41　第 7 题的图

8. 在主从结构 T 触发器中，已知 T 和 CP 端的电压波形如图 5-42 所示，试画出 Q 和 $\bar{Q}$ 端的电压波形。设触发器的初始状态为 0。

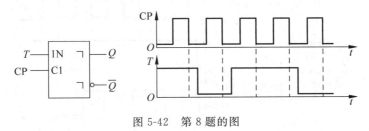

图 5-42 第 8 题的图

9. 已知 CMOS 边沿 D 触发器的 D 和 CP 端的输入电压波形如图 5-43 所示，试画出 Q 和 $\bar{Q}$ 端的电压波形。设触发器的初始状态为 0。

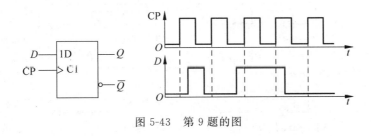

图 5-43 第 9 题的图

10. 已知边沿 D 触发器各个输入端的电压波形如图 5-44 所示，试画出 Q 和 $\bar{Q}$ 端的电压波形。

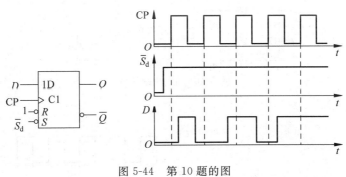

图 5-44 第 10 题的图

11. 已知边沿 D 触发器各个输入端的电压波形如图 5-45 所示，试画出 Q 和 $\bar{Q}$ 端的电压波形。

12. 如图 5-46 所示的各 TTL 触发器电路的初始状态均为 0，试画出在 CP 信号作用下各个触发器输出端 $Q_1 \sim Q_6$ 的电压波形。

13. 已知维持阻塞结构 D 触发器各个输入端的电压波形如图 5-47 所示，试画出 Q 和 $\bar{Q}$ 端的电压波形。

14. 已知边沿 JK 触发器各个输入端的电压波形如图 5-48 所示，试画出 Q 和 $\bar{Q}$ 端的电压波形。设触发器的初始状态为 0。

15. 已知边沿 JK 触发器各个输入端的电压波形如图 5-49 所示，试画出 Q 和 $\bar{Q}$ 端的电压波形。设触发器的初始状态为 0。

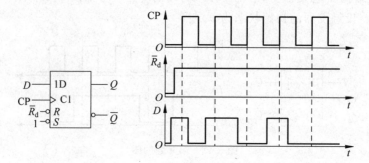

图 5-45 第 11 题的图

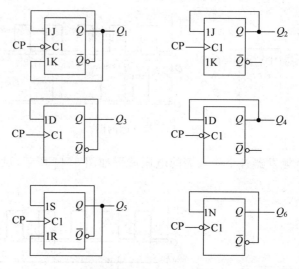

图 5-46 第 12 题的图

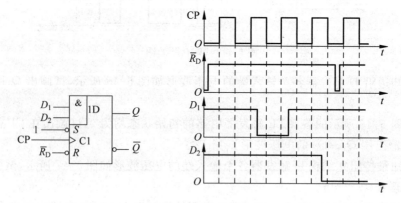

图 5-47 第 13 题的图

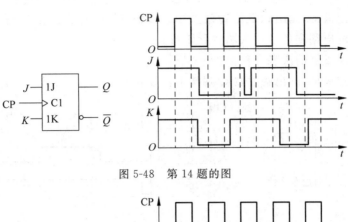

图 5-48 第 14 题的图

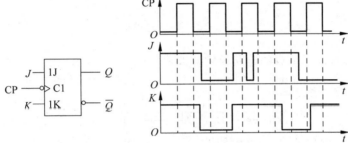

图 5-49 第 15 题的图

16. 已知 CMOS 边沿 JK 触发器各个输入端的电压波形如图 5-50 所示,试画出 Q 和 $\overline{Q}$ 端的电压波形。

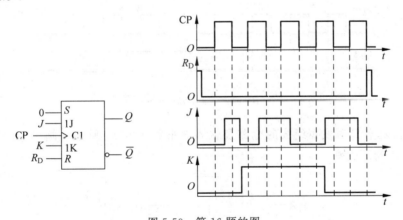

图 5-50 第 16 题的图

17. 触发器电路及相关波形如图 5-51 所示。

（1）写出该触发器的次态方程。

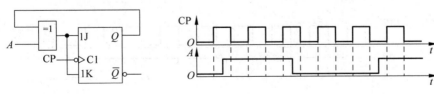

图 5-51 第 17 题的图

(2) 对应给定波形,画出触发器 Q 端波形。设触发器的初始状态为 0。

18. 触发器的电路和各个输入端波形如图 5-52 所示。

(1) 写出该触发器的次态方程。

(2) 对应给定波形,画出触发器 Q 端波形。设触发器的初始状态为 1。

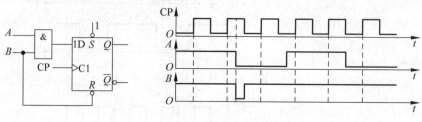

图 5-52 第 18 题的图

19. 边沿 JK 触发器组成的电路及输入波形如图 5-53 所示。画出输出 Q_1 和 Q_2 波形。设 Q_1 的初态为 0。

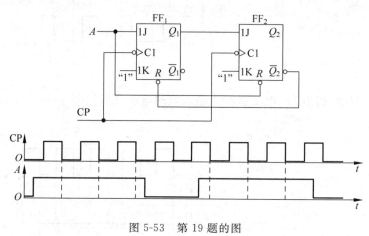

图 5-53 第 19 题的图

20. 维持阻塞 D 触发器组成的电路及输入波形如图 5-54 所示。画出 Q_1 和 Q_2 波形。设 Q_1 和 Q_2 的初态为 0。

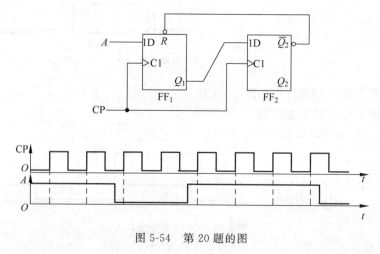

图 5-54 第 20 题的图

21. 维持阻塞 D 触发器 74LS74 组成图 5-55 所示的电路。电路工作时,先在 $\overline{CLR}$ 端加一负脉冲,然后加时钟脉冲 CP,画出在 8 个 CP 作用下 $Q_2Q_1Q_0$ 的波形图。

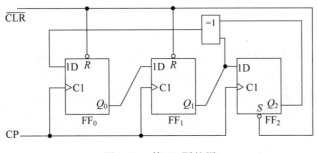

图 5-55　第 21 题的图

22. 试画出图 5-56 所示的电路在一系列 CP 信号作用下 Q_1、Q_2、Q_3 端输出电压的波形。触发器均为边沿触发结构,各个触发器的初始状态均为 0。

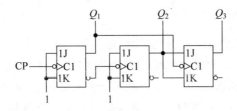

图 5-56　第 22 题的图

第6章 时序逻辑电路

教学提示：时序电路中的计数器、寄存器、移位寄存器、顺序脉冲发生器和序列信号发生器等是计算机及计算机控制系统中常用的器件，具有实际应用价值。

教学要求：要求学生了解时序电路的特点、电路组成和功能分类。掌握时序电路的分析和设计方法，重点掌握常用的计数器、寄存器和移位寄存器、顺序脉冲发生器和序列信号发生器的功能及应用。

6.1 概 述

6.1.1 时序逻辑电路的特点

第 4 章已经提及数字逻辑电路分为两大类。一类是组合逻辑电路，另一类是时序逻辑电路。组合逻辑电路在任意时刻的输出状态仅取决于该时刻的输入信号，而与电路原来的状态无关，因此其不需要记忆元件，输出与输入之间无反馈。而时序逻辑电路在任一时刻的输出信号不仅取决于该时刻的输入信号，而且还取决于电路原来的状态，或者说与以前的输入信号也有关。因此，在时序逻辑电路中，必须具有能够记忆过去状态的存储电路，即触发器，还要具有反馈通路，使得记忆下来的状态能在下一个时刻影响电路的状态。

6.1.2 时序逻辑电路的组成和功能描述

典型的时序逻辑电路的基本结构框图如图 6-1 所示。从图中可以看出，时序逻辑电路由组合电路和存储电路两部分构成。存储电路一般由触发器组成，是必不可少的记忆元件，其输出必须反馈到组合电路的输入端，与输入信号一起，共同决定组合电路的输出。

图中的 $X(x_1,x_2,\cdots,x_i)$ 为时序逻辑电路的输入信号，$Y(y_1,y_2,\cdots,y_j)$ 为输出信号，$Z(z_1,z_2,\cdots,z_k)$ 为存储电路的输入信号，$Q(q_1,q_2,\cdots,q_l)$ 为存储电路的输出信号，也表示时序逻辑电路的

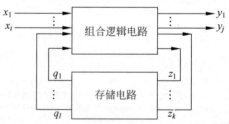

图 6-1 时序逻辑电路的基本结构框图

状态。这些信号之间的逻辑关系可以用 3 个方程组来描述。

$$Z = G[X,Q^n] \tag{6-1}$$

$$Q^{n+1} = H[X,Q^n] \tag{6-2}$$

$$Y = F[X,Q^n] \tag{6-3}$$

式(6-1)表示存储电路输入信号与时序电路的输入信号和电路状态之间的逻辑关系，称为驱动方程(或称激励方程)。式(6-2)表示所有触发器的次态和现态及输入信号

之间的逻辑关系,因所有触发器的状态组合即为时序逻辑电路的状态,所以称其为状态方程。式(6-3)表示时序逻辑电路的输出信号与输入信号及电路状态之间的逻辑关系,称为输出方程。有时为了书写方便,也将式(6-1)、式(6-2)和式(6-3)中等号右边的 Q^n 写成 Q。

6.1.3 时序逻辑电路的分类

时序逻辑电路的分类方法很多。按照电路的工作方式不同,可分为同步时序逻辑电路和异步时序逻辑电路。在同步时序电路中,所有触发器状态的变化都是在同一时钟信号作用下同时发生的,由于时钟脉冲在电路中起到同步作用,故称为同步时序逻辑电路。而异步时序逻辑电路中的各触发器没有同一的时钟脉冲,触发器的状态变化不是同时发生的。

按照时序电路的输出信号的特点将时序逻辑电路分为米利(Mealy)型和穆尔(Moore)型两种。在米利型电路中,输出信号不仅取决于存储单元电路的状态,而且与输入信号有关;在穆尔型电路中,输出信号仅仅取决于存储单元电路的状态。

6.2 时序逻辑电路的分析方法

6.2.1 同步时序逻辑电路的分析方法

分析一个时序逻辑电路,就是已知一个时序逻辑电路,要找出其实现的功能。具体地说,就是要求找出电路的状态和输出信号在输入信号和时钟信号作用下的变化规律。

由于同步时序电路中所有触发器都是在同一个时钟脉冲作用下工作的,所以分析方法比较简单。一般来说,同步时序逻辑电路的分析步骤如下。

(1) 从给定的电路写出存储电路中每个触发器的驱动方程(即触发器输入信号的逻辑式),得到整个电路的驱动方程。

(2) 将驱动方程代入触发器的特性方程,得到时序电路的状态方程。

(3) 从给定电路写出输出方程。

(4) 计算出状态转换表(state table)。状态转换表是表示时序电路的输出信号 Y、次态 Q^{n+1} 与输入信号 X、现态 Q^n 之间的逻辑关系的真值表。需要说明的是,状态转换表必须包含电路所有可能出现的状态。

(5) 根据状态转换表画出状态转换图(state diagram)。为了更加直观地观察电路的状态转换关系和输出变化情况,可以将状态转换表用状态图的形式表示出来。状态转换图的画法与触发器的状态转换图的画法基本相同。

(6) 如果有需要还可以根据状态转换图画出时序图。时序图就是在一系列时钟脉冲的作用下,输出信号、电路状态随着输入信号及时钟脉冲变化的波形图。这也是为了便于观察输入信号、输出信号及电路状态的时序关系。

(7) 判断电路的逻辑功能以及能否自启动。

【例题 6.1】 分析如图 6-2 所示的时序电路的逻辑功能。写出电路的驱动方程、状态方程和输出方程,计算出状态转换表,画出状态转换图和时序图,说明电路能否自启动。

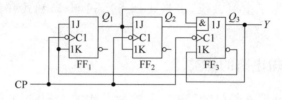

图 6-2 例题 6.1 的逻辑电路

解:从图中可看出 3 个触发器均是下降沿触发的边沿 JK 触发器,且都是在同一个时钟脉冲作用下工作的,故该电路为同步时序电路。

(1) 写出触发器的驱动方程。

$$\begin{cases} J_1 = K_1 = \bar{Q}_3 \\ J_2 = K_2 = Q_1 \\ J_3 = Q_1 Q_2; \ K_3 = Q_3 \end{cases} \tag{6-4}$$

(2) 写出电路的状态方程。

$$\begin{cases} Q_1^{n+1} = \bar{Q}_3 \bar{Q}_1 + Q_3 Q_1 = Q_1 \odot Q_3 \\ Q_2^{n+1} = Q_1 \bar{Q}_2 + \bar{Q}_1 Q_2 = Q_1 \oplus Q_2 \\ Q_3^{n+1} = Q_1 Q_2 \bar{Q}_3 \end{cases} \tag{6-5}$$

(3) 写出电路的输出方程。

$$Y = Q_3 \tag{6-6}$$

(4) 计算状态转换表。

若将任何一组输入信号及电路初态的取值代入状态方程和输出方程,即可算出电路的次态和现态下的输出值;以得到的次态作为新的初态,和这时的输入信号取值一起再代入状态方程和输出方程进行计算,又得到一组新的次态和输出值。如此继续下去,就可以计算出状态转换表。一般情况下均假设电路的初态为 0。

在本例题中,由于没有输入信号(时钟脉冲 CP 是控制触发器状态转换的操作信号,不是输入信号),它属于穆尔型时序电路,因此电路的次态和输出只取决于电路的初态。假设电路的初态为 $Q_3 Q_2 Q_1 = 000$,代入式(6-5)和式(6-6)后得到 $Q_3^{n+1} Q_2^{n+1} Q_1^{n+1} = 001$,$Y = 0$;将这一结果作为新的初态,即 $Q_3 Q_2 Q_1 = 001$,再代入式(6-5)和式(6-6)后得到 $Q_3^{n+1} Q_2^{n+1} Q_1^{n+1} = 010$,$Y = 0$;如此继续下去,直到当 $Q_3 Q_2 Q_1 = 100$ 时,次态 $Q_3^{n+1} Q_2^{n+1} Q_1^{n+1} = 000$,$Y = 1$,返回到了最初设定的初态。到此已经形成了一个状态循环。具体数据如表 6-1 所示。

最后还要检查一下得到的状态转换表是否包含了电路所有可能出现的状态。由于 $Q_3 Q_2 Q_1$ 的状态组合共有 8 种,而根据上述计算过程列出的状态转换表中只有 5 种,缺少 101、110、111 这 3 种状态。所以还需要将这 3 种状态分别代入式(6-5)和式(6-6)进行计算,并将计算结果列入表 6-1 中。至此,才得到完整的状态转换表。

(5) 画出状态转换图。

若以圆圈表示电路的各个状态,以箭头表示状态转换的方向,同时还在箭头旁注明了状态转换前的输入信号的取值和输出值,这样便得到了时序电路的状态转换图。通常将输入

表 6-1 例题 6.1 的状态转换表

CP	Q_3^n	Q_2^n	Q_1^n	Q_3^{n+1}	Q_2^{n+1}	Q_1^{n+1}	Y
1	0	0	0	0	0	1	0
2	0	0	1	0	1	0	0
3	0	1	0	0	1	1	0
4	0	1	1	1	0	0	0
5	1	0	0	0	0	0	1
1	1	0	1	0	1	1	1
1	1	1	0	0	1	0	1
1	1	1	1	0	0	1	1

信号的取值写在斜线之上,将输出值写在斜线以下。在本例题中没有输入信号,所以其状态转换图如图 6-3 所示。

从图 6-3 中可以看出,000、001、010、011、100 这 5 种状态形成了一个循环,电路始终在这 5 个状态中循环往复,并且从 0 开始,按照每次加 1 的顺序递增,因此该电路的功能为同步五进制加法计数器。称这 5 个状态为有效状态,它们构成的循环称为有效循环,将触发器清零后就进入该循环。而另外 3 种状态 101、110、111 不在该循环中,称为无效状态。如果开始工作或工作中出于某种原因进入到这 3 种无效状态后,在连续时钟脉冲的作用下,电路还能自动地进入有效循环,因此该电路是可以自启动的。

如果无效状态又组成自循环,则称为无效循环。这种电路一旦进入到无效状态中,不能自动进入到工作状态,需要人工干预,此时电路就不能自启动。因此,检验一个存在无效输出状态的时序电路是否能够自启动,必须将所有的无效输出状态代入到状态方程进行验算,检验经历一定个数的"次态"(如果这些次态也是无效的状态)后是否进入有效循环,若都能进入有效循环的,确定电路能够自启动;否则,不能自启动。

(6) 进一步画出电路的时序图。

需要注意的是,时钟脉冲的个数至少要等于有效状态的个数,这样才能在实验中对时序电路的逻辑功能进行全面的观察。时序图如图 6-4 所示。

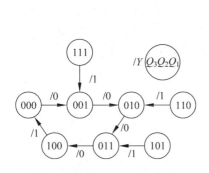

图 6-3 例题 6.1 的状态转换图

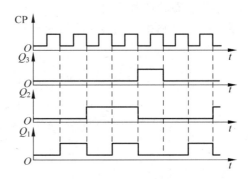

图 6-4 例题 6.1 的时序图

【例题 6.2】 分析如图 6-5 所示的时序电路的逻辑功能。写出电路的驱动方程、状态方程和输出方程,计算出状态转换表,画出状态转换图,说明电路能否自启动。

由图 6-5 可知,该电路有输入信号 A,所以该电路为米利型时序电路。

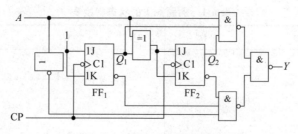

图 6-5　例题 6.2 的逻辑电路

(1) 写出触发器的驱动方程。

$$\begin{cases} J_1 = K_1 = 1 \\ J_2 = K_2 = A \oplus Q_1 \end{cases} \tag{6-7}$$

(2) 写出电路的状态方程。

$$\begin{cases} Q_1^{n+1} = \overline{Q}_1 \\ Q_2^{n+1} = (A \oplus Q_1)\overline{Q}_2 + \overline{A \oplus Q_1}Q_2 = A \oplus Q_1 \oplus Q_2 \end{cases} \tag{6-8}$$

(3) 写出电路的输出方程。

$$Y = \overline{\overline{AQ_1Q_2} \cdot \overline{\overline{A}\overline{Q}_1\overline{Q}_2}} = AQ_1Q_2 + \overline{A}\overline{Q}_1\overline{Q}_2 \tag{6-9}$$

(4) 计算状态转换表。

根据式(6-8)和式(6-9)计算的状态转换表如表 6-2 所示。

表 6-2　例题 6.2 的状态转换表

$Q_2^{n+1}Q_1^{n+1}/Y$ A	$Q_2^n Q_1^n$			
	00	**01**	**10**	**11**
0	01/1	10/0	11/0	00/0
1	11/0	00/0	01/0	10/1

(5) 画出状态转换图。

根据表 6-2 所画的状态转换图如图 6-6 所示。

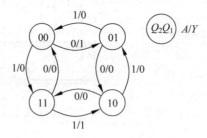

图 6-6　例题 6.2 的状态转换图

由图 6-6 可以得知,当 $A=0$ 时作两位二进制加法计数器,当 $A=1$ 时作两位二进制减法计数器。且电路可以自启动。

6.2.2 异步时序逻辑电路的分析方法

在异步时序电路中,由于触发器并不都在同一个时钟信号作用下动作,因此在计算电路的次态时,需要考虑每个触发器的时钟信号,只有那些有时钟信号的触发器才用状态方程去计算次态,而没有时钟信号的触发器将保持原状态不变。

【**例题 6.3**】 分析如图 6-7 所示的时序电路的逻辑功能。写出电路的驱动方程、状态方程和输出方程,计算出状态转换表,画出状态转换图,说明电路能否自启动。

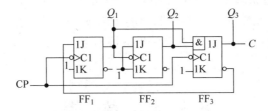

图 6-7 例题 6.3 的逻辑电路

解:由图 6-7 可以看出,3 个触发器的时钟信号是不同的,因此该电路为异步时序电路。
(1) 写出触发器的驱动方程。

$$\begin{cases} J_1 = \overline{Q}_3, & K_1 = 1 \\ J_2 = K_2 = 1 \\ J_3 = Q_1 Q_2, & K_3 = 1 \end{cases} \tag{6-10}$$

(2) 写出状态方程。

$$\begin{cases} Q_1^{n+1} = \overline{Q}_3 \overline{Q}_1, & \text{CP}_1 = \text{CP} \\ Q_2^{n+1} = \overline{Q}_2, & \text{CP}_2 = Q_1 \\ Q_3^{n+1} = Q_1 Q_2 \overline{Q}_3, & \text{CP}_3 = \text{CP} \end{cases} \tag{6-11}$$

(3) 写出电路的输出方程。

$$C = Q_3 \tag{6-12}$$

(4) 计算状态转换表。

由式(6-11)可以看出,每次遇到外加时钟脉冲的下降沿,触发器 FF$_1$ 和 FF$_3$ 就按照状态方程动作,而触发器 FF$_2$ 则只有遇到 Q_1 发生负跳变(由 1 变为 0)时,才能按照状态方程动作。假设电路的初始状态为 $Q_3^n Q_2^n Q_1^n = 000$,则状态转换表如表 6-3 所示。

表 6-3 例题 6.3 的状态转换表

CP	Q_3^n	Q_2^n	Q_1^n	Q_3^{n+1}	Q_2^{n+1}	Q_1^{n+1}	C
1	0	0	0	0	0	1	0
2	0	0	1	0	1	0	0
3	0	1	0	0	1	1	0
4	0	1	1	1	0	0	0
5	1	0	0	0	0	0	1
1	1	0	1	0	1	0	1
1	1	1	0	0	1	0	1
1	1	1	1	0	0	0	1

(5) 画出状态转换图。

根据表 6-3 所画的状态转换图如图 6-8 所示。

从图 6-8 中可以看出，电路的状态从 000 开始，每输入一个时钟脉冲，电路的状态加 1，直至加到 100 时，再加入一个时钟脉冲，又回到 000 状态，构成了一个循环，期间正好经历了 5 个 CP 脉冲信号，所以，该电路实现的功能是异步五进制加法计数器，而且当输出跳变为 100 时，计数器产生进位信号 C。表 6-3 中的 3 个状态 101、110、111 都是无效状态，但是在时钟脉冲的作用下，都能自动地回到有效循环中去，因此，该电路可以自启动。

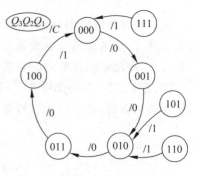

图 6-8 例题 6.3 的状态转换图

6.3 计 数 器

计数器(counter)是数字系统中使用最多的时序电路。比如在计算机控制系统中，经常用到定时和计数功能，实际上完成这项功能的器件就是计数器。计数器是记录输入的脉冲个数，只不过计算机完成计数功能时，是记录外部输入的脉冲个数，而定时功能是记录计算机内部的晶振脉冲的个数，而且计数长度也可以不同。计数器不仅能用于对时钟脉冲计数，还可以用于计算机中的时序发生器、分频器、程序计数器等。

计数器的种类繁多。若按计数器中所有触发器的时钟脉冲是否同一来分类，可以分为同步计数器(synchronous counter)和异步计数器(asynchronous counter)两种；若按计数过程中数值的增减分类，又可以分为加法计数器、减法计数器和可逆计数器(或称为加/减计数器，up-down counter)；若按计数器中数值的编码方式分类，还可以分成二进制计数器、二-十进制计数器、循环码计数器等；若按计数器的计数容量来分，又可分为十进制计数器、十六进制计数器、六十进制计数器等。

6.3.1 同步计数器

1. 同步二进制计数器

(1) 用 T 触发器构成的同步二进制加法计数器

根据二进制加法运算规则可知，在一个多位二进制数的末位上加 1 时，第 i 位的状态是否改变(由 0 变成 1，由 1 变成 0)，取决于第 i 位以下各位是否为 1。若第 i 位以下各位全为 1，则第 i 位的状态改变，否则第 i 位的状态不变。

同步计数器可用 T 触发器构成。每次时钟脉冲 CP(也就是计数脉冲)到达时应使该翻转的那些触发器输入端 $T_i=1$，不该翻转的 $T_i=0$。由此可知，第 i 位触发器输入端的逻辑表达式应为

$$T_i = Q_{i-1}Q_{i-2}\cdots Q_1 Q_0, \quad i=1,2,\cdots,n-1 \tag{6-13}$$

按照加法规则，每输入一个计数脉冲最低位都要翻转一次，所以

$$T_0 = 1 \tag{6-14}$$

如图 6-9 所示为按照式(6-13)和式(6-14)接成的 4 位同步二进制加法计数器。由逻辑图可以得到各个触发器的驱动方程为

$$\begin{cases} T_0 = 1 \\ T_1 = Q_0 \\ T_2 = Q_1 Q_0 \\ T_3 = Q_2 Q_1 Q_0 \end{cases} \quad (6\text{-}15)$$

将式(6-15)代入 T 触发器的特性方程得到电路的状态方程为

$$\begin{cases} Q_0^{n+1} = \overline{Q}_0 \\ Q_1^{n+1} = \overline{Q}_1 Q_0 + Q_1 \overline{Q}_0 \\ Q_2^{n+1} = \overline{Q}_2 Q_1 Q_0 + Q_2 \overline{Q_1 Q_0} \\ Q_3^{n+1} = \overline{Q}_3 Q_2 Q_1 Q_0 + Q_3 \overline{Q_2 Q_1 Q_0} \end{cases} \quad (6\text{-}16)$$

电路的输出方程为

$$C = Q_3 Q_2 Q_1 Q_0 \quad (6\text{-}17)$$

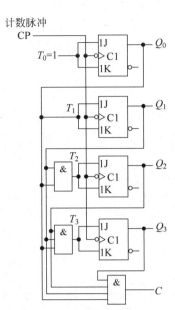

图 6-9　T 触发器构成的 4 位同步二进制加法计数器

根据式(6-16)和式(6-17)求出电路的状态转换表如表 6-4 所示,状态转换图如图 6-10 所示,时序图如图 6-11 所示。

表 6-4　图 6-9 电路的状态转换表

计数顺序	电路状态				等效十进制数	进位输出 C
	Q_3	Q_2	Q_1	Q_0		
0	0	0	0	0	0	0
1	0	0	0	1	1	0
2	0	0	1	0	2	0
3	0	0	1	1	3	0
4	0	1	0	0	4	0
5	0	1	0	1	5	0
6	0	1	1	0	6	0
7	0	1	1	1	7	0
8	1	0	0	0	8	0
9	1	0	0	1	9	0
10	1	0	1	0	10	0
11	1	0	1	1	11	0
12	1	1	0	0	12	0
13	1	1	0	1	13	0
14	1	1	1	0	14	0
15	1	1	1	1	15	1
16	0	0	0	0	0	0

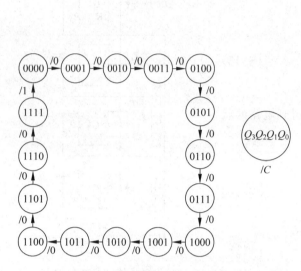

图 6-10 图 6-9 电路的状态转换图

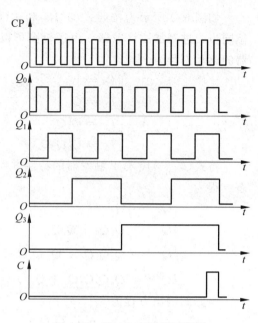

图 6-11 图 6-9 电路的时序图

由图 6-11 可以看出，若计数输入脉冲的频率为 f_0，则 Q_0、Q_1、Q_2、Q_3 端输出脉冲的频率将依次为 $\frac{1}{2}f_0$、$\frac{1}{4}f_0$、$\frac{1}{8}f_0$ 和 $\frac{1}{16}f_0$，因此也把这种计数器称为分频器。

此外，每输入 16 个计数脉冲计数器工作一个循环，并在输出端 C 产生一个进位输出信号，所以又把这个电路称为十六进制计数器。计数器中能计到的最大数称为计数器的容量，它等于计数器所有各位全为 1 时的数值。n 位二进制计数器的容量等于 2^n-1。

在实际生产的计数器芯片中，为了增加芯片的功能和使用的灵活性，通常在电路中附加有扩展功能的控制端。4 位同步二进制加法计数器 74LS161 就是在图 6-9 所示的 4 位同步二进制加法计数器的基础上增加了预置数、保持和异步置零等附加功能。其逻辑图如图 6-12(a) 所示。图中 $\overline{LD}$ 为预置数控制端，$D_3 \sim D_0$ 为数据输入端，C 为进位输出端，$\overline{R}_D$ 为异步置零（复位）端，EP 和 ET 为工作状态控制端。

由图 6-12(a)可见，当 $\overline{R}_D=0$ 时所有触发器将同时被置零，而且置零操作不受其他输入端状态的影响。因此 $\overline{R}_D$ 为异步置零控制端。

当 $\overline{R}_D=1$ 而 $\overline{LD}=0$ 时，电路工作在预置数状态。比如，若 $D_0=1$，则 $J_0=1$、$K_0=0$，当 CP 上升沿到达后，$Q_0=1$。同理，若 $D_3D_2D_1D_0=0001$，则当 CP 上升沿到达后，$Q_3Q_2Q_1Q_0=0001$，也即预置计数器的初始状态。因为其需要时钟脉冲 CP 的配合，所以称 $\overline{LD}$ 为同步预置数控制端。

当 $\overline{R}_D=\overline{LD}=1$ 而 EP=0、ET=1 时，4 个触发器的输入信号 $J=K=0$，所以 CP 信号到达时它们保持原来的状态不变，同时 C 的状态也保持不变。如果 ET=0，则不论 EP 为何种状态，计数器的状态也将保持不变，但此时的进位输出 C 的状态将为 0；而当 $\overline{R}_D=\overline{LD}=$ EP=ET=1 时，电路的工作状态同图 6-9 电路，也即电路工作在计数状态。

4 位同步二进制加法计数器 74LS161 的功能表如表 6-5 所示，逻辑符号如图 6-12(b) 所示。

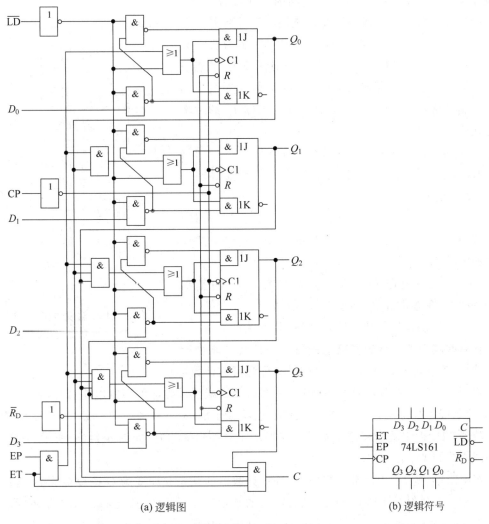

(a) 逻辑图 (b) 逻辑符号

图 6-12 4 位同步二进制加法计数器 74LS161 的逻辑图和逻辑符号

表 6-5 4 位同步二进制加法计数器 74LS161 的功能表

CP	$\overline{R}_D$	$\overline{LD}$	EP	ET	工作状态
×	0	×	×	×	异步置零
⎍	1	0	×	×	同步预置数
×	1	1	0	1	保持(包括 C)
×	1	1	×	0	保持(C=0)
⎍	1	1	1	1	计数状态

目前常用的中规模集成同步二进制加法计数器还有 74LS162、74LS163、CC4520 等。74LS162 和 74LS163 采用同步置零方式,即 $\overline{R}_D$ 出现低电平后要等 CP 信号到达时才能将各个触发器置零,这一点与 74LS161 是不同的;CC4520 是 CMOS 集成电路,它是将 D 触发器

接成 T' 触发器构成的 4 位同步二进制加法计数器。

(2) 用 T 触发器构成的同步二进制减法计数器

根据二进制减法计数规则,在 n 位二进制减法计数器中,只有当第 i 位以下各位触发器同时为 0 时,再减 1 才能使第 i 位触发器翻转。因此,在用 T 触发器组成同步二进制减法计数器时,第 i 位触发器输入端 T_i 的逻辑表达式应为

$$T_i = \bar{Q}_{i-1}\bar{Q}_{i-2}\cdots\bar{Q}_1\bar{Q}_0, i=1,2,\cdots,n-1 \qquad (6-18)$$

按照减法规则,每输入一个计数脉冲最低位都要翻转一次,所以

$$T_0 = 1 \qquad (6-19)$$

按照式(6-18)和式(6-19)连接的同步二进制减法计数器如图 6-13 所示。

CMOS 集成电路 CC14526 就是在图 5-13 的基础上,又增加了预置数和异步置零等附加功能

(3) 用 T 触发器构成的同步二进制加/减计数器。

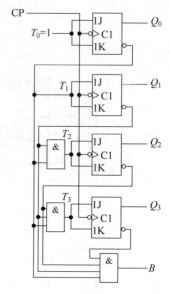

图 6-13 用 T 触发器接成的同步二进制减法计数器

在有些场合要求计数器既能进行递增计数又能进行递减计数,这就需要作成加/减计数器(又称为可逆计数器)。

将图 6-9 所示的加法计数器和图 6-13 所示的减法计数器的控制电路合并,再通过一根加/减控制线选择加法计数还是减法计数,就构成了加/减计数器。单时钟同步十六进制加/减计数器 74LS191 就是在这个基础上又增加了一些附加功能,如图 6-14(a)所示,其逻辑符号如图 6-14(b)所示。

图中 $\overline{LD}$ 为预置数控制端。当 $\overline{LD}=0$ 时,计数器的状态立即变为 $Q_3Q_2Q_1Q_0=D_3D_2D_1D_0$,而不受输入时钟脉冲 CP_I 的控制。因此,它的预置数是异步的,这与 74LS161 是不同的。

$\bar{S}$ 是使能控制端,当 $\bar{S}=1$ 且 $\overline{LD}=1$ 时,计数器的状态保持不变。当 $\bar{S}=0$ 且 $\overline{LD}=1$ 时,计数器处于计数状态,此时若加/减计数控制端 $\overline{U}/D=0$,则进行加计数,若 $\overline{U}/D=1$,则进行减计数。

C/B 是进位/借位信号输出端,CP_O 是串行时钟输出端。当计数器作加法计数($\overline{U}/D=0$),且 $Q_3Q_2Q_1Q_0=1111$ 时,$C/B=1$,有进位输出,则在下一个 CP_I 上升沿到达前 CP_O 端输出一个负脉冲。同样当计数器作减法计数($\overline{U}/D=1$)且 $Q_3Q_2Q_1Q_0=0000$ 时,$C/B=1$,有借位输出,同样也在下一个 CP_I 上升沿到达前 CP_O 端输出一个负脉冲。

74LS191 的功能表如表 6-6 所示。

由图 6-14 可见,电路只有一个时钟信号 CP_I 输入端,电路的加/减由加/减计数控制端 $\overline{U}/D$ 的电平来决定,因此称这种电路结构为单时钟结构。

常用的同步二进制计数器还有 74LS193 和 CMOS 产品 CC40193。它们均是双时钟 4 位二进制可逆计数器,具有异步置零(高电平有效)和异步预置数(低电平有效)功能。

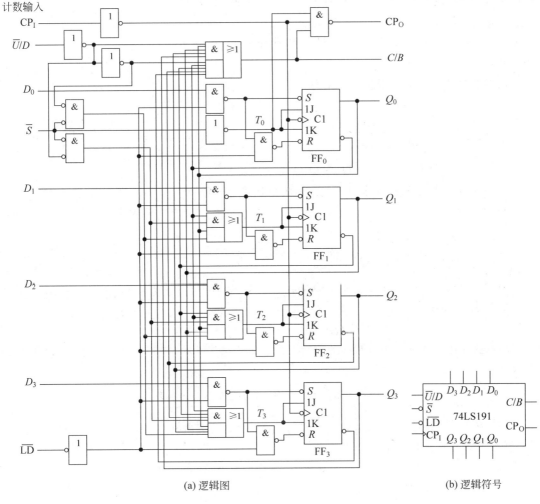

(a) 逻辑图　　　　　　　(b) 逻辑符号

图 6-14　单时钟同步十六进制加/减计数器 74LS191 的逻辑图

表 6-6　同步十六进制加/减计数器 74LS191 的功能表

CP_I	$\overline{S}$	$\overline{LD}$	$\overline{U}/D$	工作状态
×	1	1	×	保持状态
×	×	0	×	异步预置数
↑	0	1	0	加法计数
↑	0	1	1	减法计数

2．同步十进制计数器

（1）用 T 触发器构成同步十进制加法计数器

在图 6-9 所示的同步二进制加法计数器逻辑图的基础上略加修改，就可以得到同步十进制加法计数器，逻辑图如图 6-15 所示。

由图 6-15 可知，如果从 0000 开始计数，则直到输入第 9 个计数脉冲为止，它的工作过程与图 6-9 的二进制计数器相同。计入第 9 个计数脉冲后电路进入 1001 状态，这时 $\overline{Q}_3$ 的

低电平使门 G_1 的输出为 0，而 Q_0 和 Q_3 的高电平使门 G_3 的输出为 1，所以 4 个触发器的输入控制端分别为 $T_0=1$、$T_1=0$、$T_2=0$、$T_3=1$。因此，当第 10 个计数脉冲输入后，电路返回 0000 状态。

由逻辑图 6-15 可写出驱动方程为

$$\begin{cases} T_0 = 1 \\ T_1 = \bar{Q}_3 Q_0 \\ T_2 = Q_1 Q_0 \\ T_3 = Q_2 Q_1 Q_0 + Q_3 Q_0 \end{cases} \quad (6\text{-}20)$$

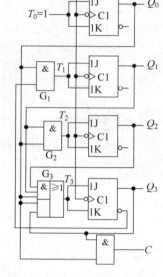

将式(6-20)代入 T 触发器的特性方程可得到状态方程为

$$\begin{cases} Q_0^{n+1} = \bar{Q}_0 \\ Q_1^{n+1} = \bar{Q}_3 Q_0 \bar{Q}_1 + \overline{\bar{Q}_3 Q_0} Q_1 \\ Q_2^{n+1} = Q_1 Q_0 \bar{Q}_2 + \overline{Q_1 Q_0} Q_2 \\ Q_3^{n+1} = (Q_2 Q_1 Q_0 + Q_3 Q_0)\bar{Q}_3 + \overline{(Q_2 Q_1 Q_0 + Q_3 Q_0)} Q_3 \end{cases} \quad (6\text{-}21)$$

图 6-15 同步十进制加法计数器的逻辑图

电路的输出方程为

$$C = Q_3 Q_0 \quad (6\text{-}22)$$

根据式(6-21)可以写出电路的状态转换表如表 6-7 所示，并画出状态转换图如图 6-16 所示。

表 6-7 同步十进制加法计数器的状态转换表

计 数 顺 序	电路状态				等效十进制数	输出 C
	Q_3	Q_2	Q_1	Q_0		
0	0	0	0	0	0	0
1	0	0	0	1	1	0
2	0	0	1	0	2	0
3	0	0	1	1	3	0
4	0	1	0	0	4	0
5	0	1	0	1	5	0
6	0	1	1	0	6	0
7	0	1	1	1	7	0
8	1	0	0	0	8	0
9	1	0	0	1	9	1
10	0	0	0	0	0	0
0	1	0	1	0	10	0
1	1	0	1	1	11	1
2	0	1	1	0	6	0
0	1	1	0	0	12	0
1	1	1	0	1	13	1
2	0	1	0	0	4	0
0	1	1	1	0	14	0
1	1	1	1	1	15	1
2	0	0	1	0	2	0

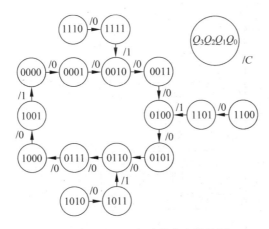

图 6-16　图 6-15 电路的状态转换图

中规模集成同步十进制加法计数器 74LS160 就是在图 6-15 所示逻辑图的基础上增加预置数控制端、异步置零和保持功能,其逻辑图如图 6-17 所示。图中 $\overline{\text{LD}}$、$\overline{R}_D$、$D_3 \sim D_0$、EP、ET 等各输入端的功能和用法与图 6-12 所示逻辑图中对应的输入端用法相同,不再赘述。74LS160 的功能表与表 6-5 相同。所不同的是 74LS160 为十进制计数器而 74LS161 为十六进制计数器。

(2) 用 T 触发器构成的同步十进制减法计数器

同样地,在图 6-13 所示的同步二进制减法计数器的基础上,略加修改就得到同步十进制减法计数器,如图 6-18 所示。为了实现从 $Q_3Q_2Q_1Q_0=0000$ 状态减 1 后跳变到 1001 状态,在电路处于全 0 状态时用与非门 G_2 输出的低电平将与门 G_1 和 G_3 封锁,使 $T_1=T_2=0$。于是当下一个计数脉冲到达后,电路返回到 $Q_3Q_2Q_1Q_0=1001$ 状态。以后继续输入减法计数脉冲时,电路的工作情况就与图 6-13 所示的同步二进制减法计数器一样了。写电路的驱动方程、状态方程和输出方程的方法以及计算状态转换表和画状态转换图的方法与前述方法相同,此处不再赘述,可由读者自行完成。

CMOS 中规模集成同步十进制减法计数器 CC14522 就是在图 6-18 的基础上增加了预置数控制端和异步置零控制端。

(3) 用 T 触发器构成的同步加/减计数器

将图 6-15 所示的同步十进制加法计数器和图 6-18 所示的同步十进制减法计数器的控制电路合并,并由一个加/减控制信号进行控制,就得到了同步十进制加/减计数器。单时钟同步十进制加/减计数器 74LS190 就是在此基础上又增加了附加控制端。其输入、输出端的功能及用法与 74LS191 的用法完全相同,功能表也与表 6-6 相同,所不同的就是计数长度不同,74LS191 为十六进制计数器而 74LS190 为十进制计数器。

同步十进制加/减计数器也有单时钟和双时钟两种结构形式,并各有定型的集成电路产品。属于单时钟类型除了 74LS190 以外还有 CMOS 产品 CC4510,其具有异步置零(高电平有效)功能和异步预置数(低电平有效)功能。双时钟十进制可逆计数器有 74LS192 和 CC40192,它们均具有异步置零功能(高电平有效)和异步预置数(低电平有效)功能。

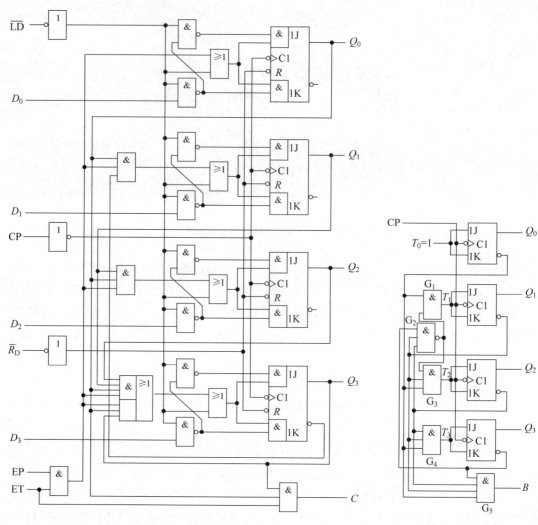

图 6-17　同步十进制加法计数器 74LS160 的逻辑图

图 6-18　同步十进制减法计数器的逻辑图

6.3.2　异步计数器

1. 异步二进制计数器

(1) 异步二进制加法计数器

异步二进制计数器在做加法计数时是以从低位到高位逐位进位的方式工作的。因此，其中的各个触发器不是同步翻转的。

按照二进制加法计数规则，第 i 位如果为 1，则再加上 1 时应变为 0，同时向高位发出进位信号，使高位翻转。

若使用 T′ 触发器构成计数器电路，则只需将低位触发器的 Q（或 $\bar{Q}$）端接至高位触发器的时钟输入端即可实现进位。当低位由 1 变为 0 时，Q 端的下降沿正好可以作为高位的时钟信号（若采用下降沿触发的 T′ 触发器），或者 $\bar{Q}$ 端的上升沿作为高位的时钟信号（若采用上升沿触发的 T′触发器)。

图 6-19 所示为采用下降沿触发的 T′触发器组成的 3 位异步二进制加法计数器。

假设触发器的初始状态均为 0,根据 T′触发器的翻转规律即可画出在一系列 CP_0 作用下 Q_0、Q_1、Q_2 的电压波形如图 6-20 所示。由图可以看出,触发器输出端新状态的建立要比 CP 下降沿滞后一个传输延迟时间 t_{pd}。

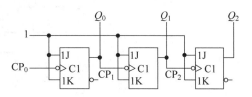

图 6-19　下降沿动作的 3 位异步二进制加法计数器

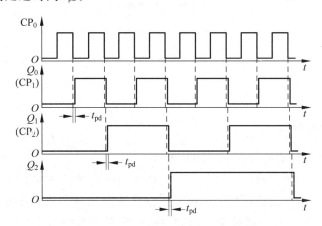

图 6-20　图 6-19 电路的时序图

若采用上升沿触发的 T′触发器构成异步二进制加法计数器,则将低位触发器的 $\bar{Q}$ 端连接到高位触发器的时钟脉冲输入端即可。

(2) 异步二进制减法计数器

按照二进制减法计数规则,若低位触发器已经为 0,则再输入一个减法计数脉冲后应翻转为 1,同时向高位发出借位信号,使高位翻转。

若使用 T′触发器构成计数器电路,则只需将低位触发器的 $\bar{Q}$(或 Q)端接至高位触发器的时钟输入端即可实现进位。当低位由 0 变为 1 时,$\bar{Q}$ 端的下降沿正好可以作为高位的时钟信号(若采用下降沿触发的 T′触发器),或者 Q 端的上升沿作为高位的时钟信号(若采用上升沿触发的 T′触发器)。

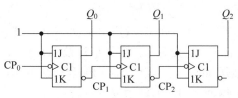

图 6-21　下降沿动作的 3 位异步二进制减法计数器

图 6-21 所示电路为采用下降沿触发的 T′触发器组成的 3 位异步二进制减法计数器。

仍然假设触发器的初始状态均为 0,则图 6-21 所示电路的时序图如图 6-22 所示。

若采用上升沿触发的 T′触发器构成异步二进制减法计数器,则将低位触发器的 Q 端连接到高位触发器的时钟脉冲输入端即可。

目前常见的异步二进制加法计数器产品有双时钟 4 位异步二进制加法计数器 74LS293,其具有异步置零(低电平有效)功能;双 4 位异步二进制计数器 74LS393 具有异步置零(高电平有效)功能;7 位二进制串行计数器 CC4024,其具有异步置零(高电平有效)

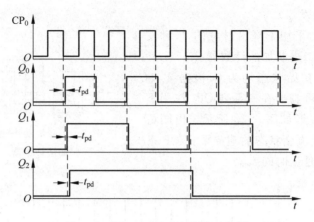

图 6-22 图 6-21 所示电路的时序图

功能等。

2. 异步十进制计数器

(1) 用 JK 触发器构成的异步十进制计数器

异步十进制加法计数器是在 4 位异步二进制加法计数器的基础上得到的,如图 6-23 所示。修改时主要解决的问题是如何使 4 位二进制计数器在计数过程中跳过 1010～1111 这 6 个状态。假定所选用的触发器都是 TTL 电路,J、K 悬空时相当于逻辑 1 电平。

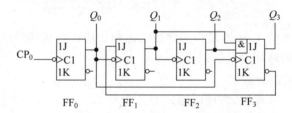

图 6-23 异步十进制加法计数器

如果计数器从 $Q_3Q_2Q_1Q_0=0000$ 开始计数,由图可知,触发器 FF_0、FF_1 和 FF_2 的信号输入端 J、K 始终为 1,即为 T′触发器,在输入第 8 个计数脉冲之前,其工作过程和异步二进制加法计数器相同。在此期间虽然 Q_0 输出的脉冲也送给了触发器 FF_3,但是由于每次 Q_0 的下降沿到达时 $J_3=Q_2Q_1=0$,$K_3=1$,所以触发器 FF_3 一直保持 0 状态不变。

当第 8 个计数脉冲输入时(此时计数器的状态为 $Q_3Q_2Q_1Q_0=0111$),由于 $J_3=K_3=1$,所以 Q_0 的下降沿到达后 Q_3 由 0 变为 1。同时 J_1 也随着 $\overline{Q}_3$ 变为 0。第 9 个计数脉冲输入以后,电路状态变为 $Q_3Q_2Q_1Q_0=1001$。第 10 个计数脉冲输入后,触发器 FF_0 翻转成 0,同时 Q_0 的下降沿使触发器 FF_3 置 0,于是电路从 1001 返回到 0000,跳过了 1010～1111 这 6 个状态,成为十进制计数器。

图 6-23 所示电路的时序图如图 6-24 所示。具体的分析过程,读者可以仿照例题 6.3 的分析方法进行,此处不再赘述。

(2) 异步二-五-十进制计数器 74LS290

74LS290 就是按照图 6-23 所示电路的原理制成的异步十进制计数器,只不过为了增加使用的灵活性，触发器 FF$_1$ 和 FF$_3$ 的时钟信号 CP 端没有与 Q_0 端连接在一起，而是从 CP$_1$ 端单独引出。其逻辑图如图 6-25(a)所示，逻辑符号如图 6-25(b)所示。

若以 CP$_0$ 为计数输入端、Q_0 为输出端，则得到二进制计数器；若以 CP$_1$ 为计数输入端、$Q_3Q_2Q_1$ 为输出端，则得到五进制计数器；若将 CP$_1$ 与 Q_0 相连，同时以 CP$_0$ 为计数输入端、$Q_3Q_2Q_1Q_0$ 为输出端，则得到十进制计数器。因此该电路又称为二-五-十进制计数器。

另外，若以 CP$_1$ 为计数输入端，以 $Q_3Q_2Q_1$ 构成五进制计数器，同时 Q_3 接至 CP$_0$ 端。当 $Q_3Q_2Q_1$ 由 100 变到 000 时，即 CP$_0$ 由 1 变为 0，Q_0 实现二进制

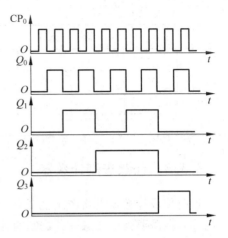

图 6-24　图 6-23 所示电路的时序图

计数器，因此实现 $2 \times 5 = 10$ 的 5421 码计数，输出自高位到低位的顺序为 $Q_0Q_3Q_2Q_1$，对应的权值分别为 5、4、2、1。

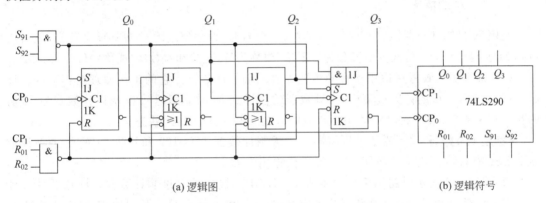

(a) 逻辑图　　　　　　　　　　　　　　(b) 逻辑符号

图 6-25　异步二-五-十进制计数器 74LS290

此外，还附加了两个异步置 0 输入端 R_{01}、R_{02} 和两个异步置 9 输入端 S_{91} 和 S_{92}。当 $R_{01} = R_{02} = 1$ 且 $S_{91}S_{92} = 0$ 时，将计数器置成 0000 状态，当 $S_{91} = S_{92} = 1$ 且 $R_{01}R_{02} = 0$ 时，将计数器置成 1001 状态。

异步二-五-十进制计数器 74LS290 的功能表如表 6-8 所示。

表 6-8　异步二-五-十进制计数器 74LS290 的功能表

输　　入						输　　出			
R_{01}	R_{02}	S_{91}	S_{92}	CP$_0$	CP$_1$	Q_3	Q_2	Q_1	Q_0
1	1	0	×	×	×	0	0	0	0
1	1	×	0	×	×	0	0	0	0
0	×	1	1	×	×	1	0	0	1
×	0	1	1	×	×	1	0	0	1

输	入					输 出
0	×	0	×	↓	—	二进制计数
×	0	×	0	—	↓	五进制计数
×	×	×	×	↓	Q_0	8421 码十进制计数
0	×	×	0	Q_3	↓	5421 码十进制计数

6.3.3 任意进制计数器

目前集成计数器电路产品主要有十进制、十六进制、7 位二进制、12 位二进制、14 位二进制等。在需要其他任意一种进制的计数器时,只能用已有的计数器产品经过外电路的不同连接方式得到。

假定已有的是 N 进制计数器,而需要一种 M 进制计数器,这时分为 $M<N$ 和 $M>N$ 两种情况。

1. $M<N$ 的情况

在用 N 进制计数器构成 $M(M<N)$ 进制计数器时,设法使之跳过 $N-M$ 个状态,就可以得到 M 进制计数器。构成方法又分为置零法(或称为复位法)和置数法(或称置位法)两种。

(1) 置零法。置零法适用于有异步置零输入端的计数器。它的工作原理是:N 进制计数器从 $0 \sim (N-1)$ 的计数过程中,当计数器的值计到 M 时立即返回 0,所以计数器为 M 值的状态只是瞬间出现,在稳定的循环状态中只包含 $0 \sim (M-1)$ 个状态。

【**例题 6.4**】 利用置零法分别将同步十进制计数器 74LS160 和异步二-五-十进制计数器 74LS290 接成六进制计数器,并设计进位输出端 C_0。

解:图 6-26 所示电路为采用置零法将 74LS160 接成的六进制计数器。计数器处于计数状态时应使计数控制端 EP 和 ET 接成高电平 1,而且将不用的预置数控制端 $\overline{LD}$ 接成高电平 1。计数器从 0000 开始计数,当计数到 $Q_3Q_2Q_1Q_0=0101$ 时,通过与门译码输出一个高电平的进位输出。当计到 $Q_3Q_2Q_1Q_0=0110$ 状态时,通过与非门将 0110 译码输出低电平信号给异步置零端 $\overline{R}_D$,立即将计数器置成 0000 状态,因此状态 0110 只是瞬间状态。因此电路的稳定循环状态为 $0000 \sim 0101$ 共 6 个状态,为六进制计数器。因为该六进制计数器的最大计数状态为 0101,而 74LS160 的最大计数状态为 1001,故须重新设计进位输出端,可以将 Q_2 与 Q_0 相与作为进位输出端 C_0,当计数状态为 0101 时有进位输出。电路的状态转换图如图 6-27 所示。

由于置零信号随着计数器置零而立即消失,所以置零信号持续时间很短。如果计数器中的触发器的复位速度有快有慢,则可能出现动作慢的触发器还未来得及复位而置零信号已经消失的情况,导致电路误动作。因此,采用门电路输出直接接到置零端不可靠。

为了克服这个缺点,可以采用图 6-28 所示的连接方法。置零信号通过 G_2 和 G_3 组成的 RS 触发器输出到 $\overline{R}_D$,这样即使 G_1 的输出低电平消失,但基本 RS 触发器的状态仍保持不变,一直到计数脉冲 CP 回到低电平,置零信号才消失。可见,加到计数器 $\overline{R}_D$ 端的置零信号与输入计数脉冲的高电平持续时间相等。同时,进位输出脉冲也可以从基本 RS 触发器

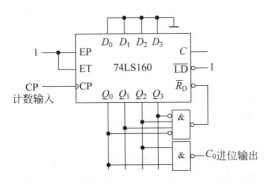
图 6-26 用置零法将 74LS160 接成六进制计数器

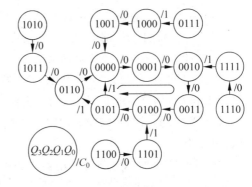
图 6-27 图 6-26 电路的状态转换图

的 Q 端引出。这个脉冲的宽度与计数脉冲的高电平宽度相等。在有的计数器产品中,将 G_1、G_2、G_3 组成的附加电路直接制作在计数器芯片上,这样在使用时就不用外接附加电路了。

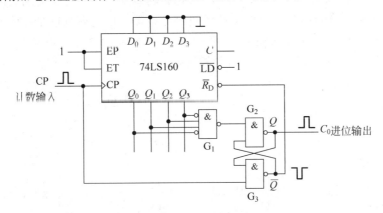
图 6-28 图 6-26 的改进电路

图 6-29 所示电路为采用置零法将 74LS290 接成的六进制计数器。首先必须将其接成十进制计数器,然后采用置零法将其接成六进制计数器。由于 74LS290 的异步复位端 R_{01} 和 R_{02} 均为高电平有效,因此当计数器从 0000 开始计数,到计数到 0110 状态时,经与门译码产生一个高电平给 R_{01} 和 R_{02},立即将触发器置成 0000 状态。因此,电路的稳定循环状态为 0000~0101,是六进制计数器。将 Q_2 和 Q_0 相与作为进位输出端 C_0。电路的状态转换图如图 6-30 所示。

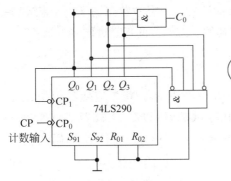
图 6-29 用置零法将 74LS290 接成的六进制计数器

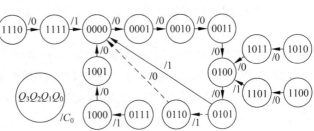
图 6-30 图 6-29 电路的状态转换图

(2) 置数法。适合于有预置数功能的计数器。它的工作原理是：通过给计数器置入某个数值的方法跳过 $N-M$ 个状态，置数操作可以在电路的任何一个状态下进行。置数法又分为同步预置数和异步预置数两种。

① 对于带有同步预置数功能的计数器（如 74LS160、74LS161 等），$\overline{LD}=0$ 的信号只有在下一个 CP 信号到来时，才将要置入的数据置入计数器，因此稳定状态包含此置入的状态。

【例题 6.5】 用置数法将 74LS160 接成六进制计数器，计数状态为 0100~1001，并设计进位输出端。

解：图 6-31 所示电路为采用置数法将 74LS160 接成的六进制计数器。计数器处于计数状态时应使计数控制端 EP 和 ET 接成高电平 1，而且将不用的异步置零端 $\overline{R}_D$ 接成高电平 1，并且使数据输入端 $D_3 D_2 D_1 D_0 = 0100$。当计数器计到 $Q_3 Q_2 Q_1 Q_0 = 1001$ 时，通过与非门译码输出一个低电平信号给预置数控制端 $\overline{LD}$，当下一个 CP 信号到达时置入数据 0100，然后再从 0100 开始计数，所以状态 1001 可以稳定保持一个时钟周期。因此电路的稳定循环状态为 0100~1001 共 6 个状态，为六进制计数器。因为该六进制计数器的最后一个状态为 1001，所以可以利用 74LS160 的进位端 C 作为进位输出。电路的状态转换图如图 6-32 所示。

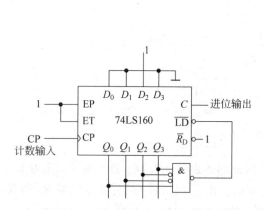

图 6-31 用置数法将 74LS160 接成六进制计数器

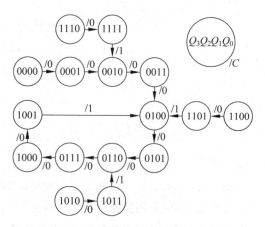

图 6-32 图 6-31 电路的状态转换图

② 对于带有异步预置数功能的计数器（74LS190、74LS191 等），只要 $\overline{LD}=0$ 信号一出现，立即会将数据置入计数器中。因此，$\overline{LD}=0$ 的信号应该从最后一个有效状态的下一个状态译出。而对于 74LS290 具有异步置 9 端，因此它可以接成初始状态为 9 的任意进制计数器。

【例题 6.6】 用置数法将同步十六进制加/减计数器 74LS191 接成六进制计数器，计数状态为 0001~0110。

解：用置数法将 74LS191 接成的六进制计数器如图 6-33 所示。首先应使其工作在加法状态，所以 $\overline{U}/D$ 和 $\overline{S}$ 引脚接低电平。因为计数初值为 0001，所以令 $D_3 D_2 D_1 D_0 = 0001$。又由于 74LS191 具有异步置数功能，因此当计数器计数到 $Q_3 Q_2 Q_1 Q_0 = 0111$ 时译码产生一个低电平信号给 $\overline{LD}$，立即将计数器的状态置为 $Q_3 Q_2 Q_1 Q_0 = 0001$，因此状态 0111 只是瞬间状态。所以该电路的稳定的循环状态为 0001~0110 六个状态。读者可以参照前面的画法自行画出电路的状态转换图。

【例题 6.7】 利用置 9 端将 74LS290 接成六进制计数器,计数状态为 1001~0100。

解:图 6-34 为利用置 9 端将 74LS290 接成的六进制计数器。因为具有异步置 9 端,所以从最后一个有效状态 0100 的下一个状态 0101 译码产生一个高电平信号给置 9 控制端。当计数器计到 $Q_3Q_2Q_1Q_0=0101$ 时,经与门产生一个高电平信号给 S_{91} 和 S_{92},计数器的状态立即变为 $Q_3Q_2Q_1Q_0=1001$,因此 0101 为瞬间状态。所以电路的稳定循环状态为 1001、0000、0001、0010、0011、0100 六个状态。

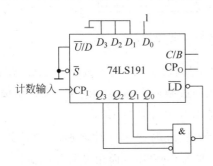

图 6-33 用置数法将 74LS191 接成六进制计数器

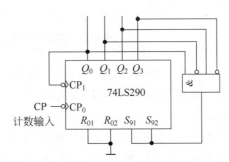

图 6-34 利用置 9 端将 74LS290 接成六进制计数器

2. M>N 的情况

当用 N 进制计数器构成 $M(M>N)$ 进制计数器时,需要多片 N 进制计数器组合而成。多片 N 进制计数器的连接方式有串行进位方式、并行进位方式、整体置零方式和整体置数方式几种。下面仅以两级之间的连接为例说明这 4 种连接方式。

(1) 串行进位方式和并行进位方式。串行进位方式是以低位片的进位输出信号作为高位片的时钟输入信号;在并行进位方式中是以低位片的进位输出信号作为高位片的工作状态控制信号,两个芯片的 CP 输入端同时接计数输入信号。

若 M 可以分解为两个小于 N 的因数相乘,即 $M=N_1 \times N_2$,则可以采用串行进位方式或并行进位方式将一个 N_1 进制计数器和一个 N_2 进制计数器连接起来,构成 M 进制计数器。

【例题 6.8】 分别用并行进位和串行进位方式将两片同步十进制计数器 74LS160 接成四-十进制计数器。

解:$M=40, N_1=10, N_2=4$,可以将两个芯片按串行进位和并行进位两种方式连接成四-十进制计数器。

图 6-35 所示电路是并行进位方式的连接。第 1 片接成十进制计数器,第 2 片接成四进制计数器。第 1 片的 $\overline{LD}$、$\overline{R}_D$、EP 和 ET 接到高电平,始终工作在计数状态,第 1 片的进位输出 C 作为第 2 片的 EP、ET 输入。当第 1 片计数为 0(0000)~8(1000)时,其 C 为低电平,第 2 片不能工作在计数状态,而当第 1 片计到 9(1001)时 C 变为 1,这时使第 2 片为计数工作状态,下一个 CP 到达时,第 2 片计数加 1,同时第 1 片变为 0(0000),它的 C 端回到低电平。当第 39 个时钟脉冲到达时,计数器的状态为 39(第 2 片为 0011,第 1 片为 1001),此时产生进位输出 C_0,到下一个 CP 到来时,第 2 个芯片复位为 0000,同时第 1 芯片从 1001 状态回到 0000 状态,也即计数器回到计数初值 0。该电路的计数状态为 0~39 共 40 个状态。

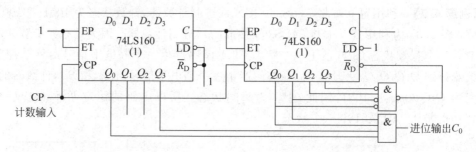

图 6-35　并行进位方式接成的四-十进制计数器

图 6-36 所示电路是串行进位方式的连接。第 1 片接成十进制计数器,其 $\overline{LD}$、$\overline{R}_D$、ET、EP 均接成高电平,始终处于计数状态。第 2 片接成四进制计数器,其 $\overline{R}_D$、ET、EP 均接成高电平,其 CP 受第 1 片的 C 端控制,当第 1 片计数到 9(1001)时,其 C 端输出高电平,再回到 0(0000)时,C 端输出一个下降沿,经反相器后为上升沿,此时第 2 片计数加 1,当计数到 39 时,产生进位输出 C_0,若再来一个时钟脉冲,第 1 片回到 0(0000),而第 2 片重新置入 0000,也即回到计数初值 0,因此该计数器的计数状态为 0～39,共计 40 个状态,因此为四-十进制计数器。

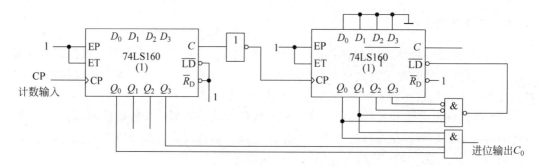

图 6-36　串行进位方式接成的四-十进制计数器

(2) 整体置零和整体置数方式。这两种方式首先都需要将两片 N 进制计数器按最简单的方式接成一个大于 M 进制的计数器(例如 N×N),并且把这个整体看成是一个计数器,在此基础上,再利用前面讲述过的置零与置数方法进行整体置零或整体置数。对于整体置零法是在计数器计为 M 状态时译码出异步置零信号,将两片 N 进制计数器同时置零。而对于整体置数法是在选定的某一个状态下译码出预置数控制信号,将两个 N 进制计数器同时置入初始值,跳过多余的状态,获得 M 进制计数器。

对于 M 不能分解成 $N_1×N_2$ 时,必须用整体置零法或整体置数法。当然对于能够分解成 $N_1×N_2$ 时,除了采用前面讲过的串行进位和并行进位方式外也可以采用整体置零和整体置数法。

【例题 6.9】　试分别用整体置零法和整体置数法将两片同步十进制计数器 74LS160 接成四十七进制计数器。

解:因为 M=47 是一个素数,所以必须用整体置零法或整体置数法构成四十七进制计数器。

图 6-37 是整体置零方式的接法。首先将两片 74LS160 以并行进位方式接成一百进制计数器。在此基础上,采用置零法。当计数器从全 0 状态开始计数,计到第 46 个脉冲时,产生进位输出 C_0,计到 47 个脉冲时,经译码产生低电平信号至两片的异步置零端 $\overline{R}_D$,则两片 74LS160 同时置零,于是得到四十七进制计数器。

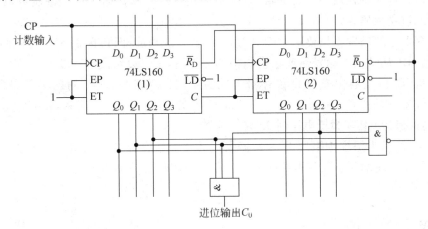

图 6-37 整体置零方式接成的四十七进制计数器

图 6-38 是整体置数方式的接法。首先将两片 74LS160 以并行进位方式接成一百进制计数器。在此基础上,采用置数法。当计数器从全 0 状态开始计数,计到第 46 个脉冲时,产生进位输出 C_0,同时 74LS160(2)的 Q_2 端和 74LS160(1)的 Q_2Q_1 端经与非门译码产生低电平信号至两片的同步预置数控制端 $\overline{LD}$,在下一个 CP 上升沿到达时,两片 74LS160 同时置入初始值,于是得到四十七进制计数器。

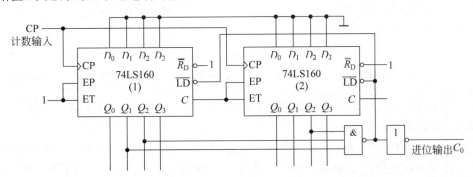

图 6-38 用整体置数法接成的四十七进制计数器

6.4 寄存器和移位寄存器

寄存器(register)是数字系统和计算机系统中用于存储二进制代码等运算数据的一种逻辑器件。通常称仅有并行输入、输出数据功能的寄存器为锁存器,称具有串行输入、输出数据功能的,或者同时具有串行和并行输入、输出数据功能的寄存器为移位寄存器(shift register)。根据移位寄存器存入数据的移动方向,又分为左移寄存器和右移寄存器。同时具有右移和左移存入数据功能的寄存器称为双向移位寄存器。移位寄存器根据输出方式的不同,有串行输出移位寄存器和并行输出移位寄存器。

6.4.1 寄存器

触发器是构成寄存器的主要逻辑部件,每个触发器可以存储一位二进制数码,因此,要存储 n 位二进制数码,必须用 n 个触发器来构成。

对寄存器中的触发器只要求它们具有置 1、置 0 的功能即可,因而无论是用同步 RS 触发器,还是用主从结构的触发器或边沿结构的触发器,都可以组成寄存器。

用同步 RS 触发器接成的 D 锁存器组成的 4 位寄存器 74LS75 的逻辑图如图 6-39 所示。其动作特点是在 CP 为高电平期间,Q 端的状态跟随 D 端状态而变,在 CP 变成低电平以后,Q 端将保持 CP 变为低电平时 D 端的状态。

图 6-40 所示为用维持阻塞 D 触发器组成的 4 位寄存器 74LS175 的逻辑图,其动作特点是触发器输出端的状态仅仅取决于 CP 上升沿到达时刻 D 端的状态。

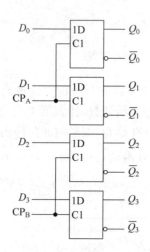

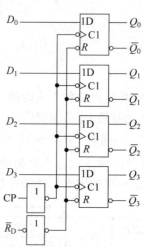

图 6-39　4 位寄存器 74LS75 的逻辑图　　　图 6-40　4 位寄存器 74LS175 的逻辑图

比较 74LS75 和 74LS175 可知,它们虽然都是 4 位寄存器,但由于采用了不同结构类型的触发器,所以动作特点是不同的。

为了增加使用的灵活性,在有些寄存器电路中还附加了一些控制电路。如 CMOS 电路 CC4076 就是带有附加控制端的 4 位寄存器如图 6-41 所示。CC4076 增添了异步置零、输出三态控制和"保持"功能。这里所说的"保持"是指 CP 信号到达时触发器不随输入信号 D 而改变状态,而保持原来的状态。

电路中的 $\overline{R}_D$ 为异步复位端,当 $\overline{R}_D = 0$ 时寄存器中的数据直接清除,不受时钟信号的控制。

$\overline{EN}_A$ 和 $\overline{EN}_B$ 为寄存器的使能端。当 $\overline{EN}_A = \overline{EN}_B = 0$ 时,寄存器处于正常工作状态,而当 $\overline{EN}_A + \overline{EN}_B = 1$ 时,寄存器处于高阻状态。

在电路的使能端有效的情况下,当 $LD_A + LD_B = 1$ 时,电路处于置入数据的工作状态,输入数据 D_3、D_2、D_1、D_0,在 CP 信号的下降沿到达后,将输入数据存入对应的触发器中。当 $LD_A + LD_B = 0$ 时,电路处于保持状态。即 CP 信号下降沿到达后触发器接收的是原来 Q

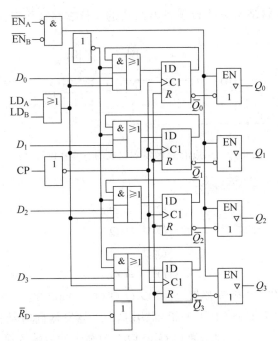

图 6-41 带有附加控制端的 4 位寄存器 CC4076

端的状态。

CC4076 的工作状态表如表 6-9 所示。

表 6-9　4 位寄存器 CC4076 的工作状态表

$\overline{R}_D$	$\overline{EN}_A$	$\overline{EN}_B$	LD_A	LD_B	状　　态
0	×	×	×	×	异步复位
1	0	0	0	0	保持
1	0	0	0	1	CP 下降沿到达时,将输入数据存入对应触发器中
			1	0	
			1	1	
1	0	1	×	×	高阻状态
	1	0	×	×	
	1	1	×	×	

在上面介绍的三个寄存器电路中,接收数据时所有各位代码是同时输入的,而且触发器中的数据是并行地出现在输出端的,因此将这种输入、输出方式叫并行输入、并行输出方式。

6.4.2　移位寄存器

移位寄存器除了具有存储代码的功能以外,还具有移位功能。所谓移位功能,是指寄存器里存储的代码能在移位脉冲的作用下依次左移或右移。因此,移位寄存器不但可以用来寄存代码,还可以用来实现数据的串行-并行转换、数值的运算以及数据处理等。

图 6-42 所示的电路是由边沿 D 触发器组成的 4 位右移移位寄存器。

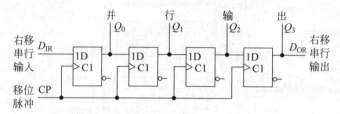

图 6-42 用边沿 D 触发器组成的右移移位寄存器

由图 6-42 可以写出状态方程为

$$\begin{cases} Q_0^{n+1} = D_{IR} \\ Q_1^{n+1} = Q_0 \\ Q_2^{n+1} = Q_1 \\ Q_3^{n+1} = Q_2 \end{cases} \quad (6-23)$$

在输入数据之前将 4 个触发器置 0，即 $Q_0Q_1Q_2Q_3=0000$，然后依次输入数据 1011。首先输入数据 $D_{IR}=1$，在第 1 个 CP 上升沿到达时，4 个触发器同时动作，此时寄存器的状态为 $Q_0Q_1Q_2Q_3=1000$；然后输入第 2 个数据 $D_{IR}=0$，在第 2 个 CP 上升沿到达时，寄存器的状态为 $Q_0Q_1Q_2Q_3=0100$；同理依次输入后两个数，第 3 个 CP 上升沿到达时，寄存器的状态为 $Q_0Q_1Q_2Q_3=1010$，第 4 个 CP 上升沿到达时，寄存器的状态为 $Q_0Q_1Q_2Q_3=1101$。各个触发器输出端在移位过程中的电压波形如图 6-43 所示。

可以看到，经过 4 个 CP 信号以后，串行输入的 4 位代码全部移入了移位寄存器中，同时在 4 个触发器的输出端得到了并行输出的代码。因此，利用移位寄存器可以实现代码的串行-并行转换。

如果首先将 4 位数据并行地置入移位寄存器的 4 个触发器中，然后连续加入 4 个移位脉冲，则移位寄存器里的 4 位代码将从串行输出端 D_{OR} 依次送出，从而实现了数据的并行-串行转换。

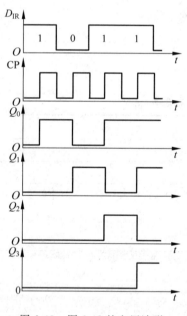

图 6-43 图 6-42 的电压波形

同样地，也可以用 4 个边沿 D 触发器组成 4 位左移移位寄存器，而且利用 JK 触发器也可以组成移位寄存器。

为了便于扩展逻辑功能和增加使用的灵活性，在定型生产的移位寄存器集成电路上有的又附加了左、右移控制、数据并行输入、保持、异步置零（复位）等功能。74LS194 就是这样一个 4 位双向移位寄存器，其逻辑图如图 6-44(a) 所示，逻辑符号如图 6-44(b) 所示。

在图 6-44(a) 中，74LS194 由 4 个触发器和各自的输入控制电路组成，电路内的 4 个触发器都是 CP 上升沿触发。图中的 D_{IR} 为数据右移串行输入端，D_{IL} 为数据左移串行输入端，

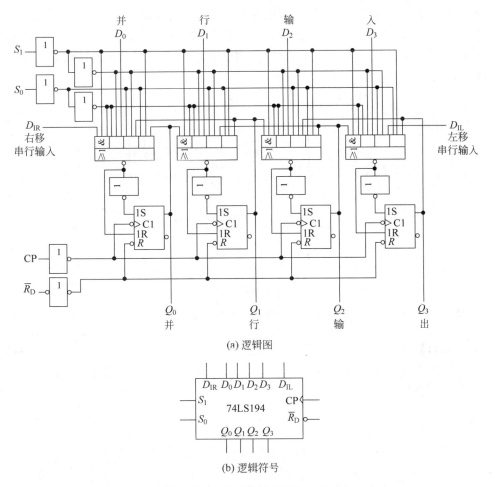

(a) 逻辑图

(b) 逻辑符号

图 6-44 双向移位寄存器的逻辑图

$D_0 \sim D_3$ 为数据并行输入端,$Q_0 \sim Q_3$ 为数据并行输出端。$\overline{R}_D$ 为异步清零端,低电平有效。当 $\overline{R}_D$ 为高电平时,移位寄存器的工作状态由控制端 S_1 和 S_0 的状态指定。当 $S_1 S_0 = 00$ 时,移位寄存器工作在保持状态;当 $S_1 S_0 = 01$ 时,移位寄存器工作在右移状态;当 $S_1 S_0 = 10$ 时,移位寄存器工作在左移状态;当 $S_1 S_0 = 11$ 时,移位寄存器工作在数据并行输入状态,即在 CP 上升沿到达时,将预先准备好的数据 $D_3 D_2 D_1 D_0$ 同时置入 74LS194 中。74LS194 的功能表如表 6-10 所示。

表 6-10 双向移位寄存器 74LS194 的功能表

$\overline{R}_D$	S_1	S_0	工 作 状 态
0	×	×	异步清零
1	0	0	保持状态
1	0	1	右移
1	1	0	左移
1	1	1	CP 上升沿时并行置入数据

【例题 6.10】 试用两片 74LS194 接成 8 位双向移位寄存器。

解：用两片 74LS194 接成 8 位双向移位寄存器的接法十分简单。只需将其中一片的 Q_3 接至另一片的 D_{IR} 端，而将另一片的 Q_0 接到这一片的 D_{IL}，同时把两片的 S_1、S_0、CP 和 $\overline{R}_D$ 分别并联即可。具体接法如图 6-45 所示。

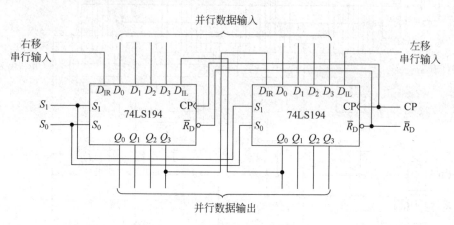

图 6-45 例题 6.10 的电路图

【例题 6.11】 试分析图 6-46 所示电路的逻辑功能，并指出在图 6-47 所示的时钟信号 CP 及 S_1、S_0 的作用下，输出 Y 与两组并行输入的二进制数 M、N 在数值上的关系。假定 M、N 的状态始终未变。

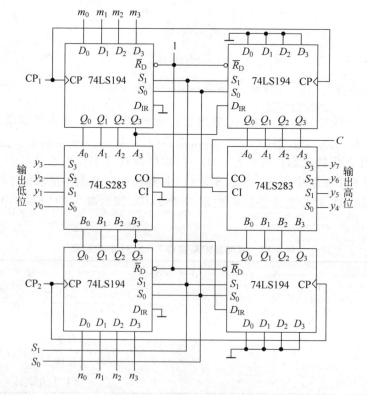

图 6-46 例题 6.11 的电路

解：该电路由两片 4 位加法器 74LS283 和 4 片移位寄存器 74LS194 组成。两片 74LS283 接成了一个 8 位并行加法器，4 片 74LS194 分别接成了两个 8 位的单向移位寄存器。由于两个 8 位移位寄存器的输出分别加到了 8 位并行加法器的两组输入端，所以构成了两个 8 位二进制加法运算电路。

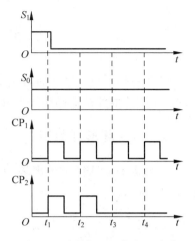

图 6-47 例题 6.11 的电压波形

当 $t=t_1$ 时，CP_1 和 CP_2 两个时钟脉冲上升沿同时到达，而这时 $S_1=S_0=1$，所以移位寄存器处在数据并行输入工作状态，M、N 的数值便被分别存入两个移位寄存器中。

当 $t=t_2$ 时，CP_1 和 CP_2 两个时钟脉冲上升沿同时到达，而此时 $S_1=0$，$S_0=1$，M、N 同时右移一位。若 m_0、n_0 是 M、N 的最低位，则右移一位相当于两数各乘以 2。

当 $t=t_3$ 时，CP_1 时钟脉冲上升沿到达，此时仍然 $S_1=0$，$S_0=1$，M 再右移一位，相当于 M 乘以 4。

到 $t=t_4$ 时，CP_1 时钟脉冲上升沿到达，M 又右移了一位，相当于 M 乘以 8。到此时上面的移位寄存器里的数为 $M\times 8$，下面的移位寄存器里的数为 $N\times 2$。两数经加法器相加后得到

$$Y = M\times 8 + N\times 2 \tag{6-24}$$

表 6-11 列出了几种常用寄存器和移位寄存器的基本逻辑功能，可供实际应用选择。G 端电平是指其输入有效状态，当该端输入有效状态时，允许数据输入端输入数据进行寄存；反之，寄存器处于保持状态。

74LS363、74LS373、74LS563、74LS533 和 74LS573 的输出控制端输入高电平时，输出状态为"高阻"状态，输出控制端为低电平时，双稳态输出。具有三态输出功能的锁存器适用于数据总线结构的连接。

表 6-11 几种常用的锁存器和移位寄存器

型　　号	基本逻辑功能	清 零 方 式	G 端（有效电平）控制存入方式
74LS100	8 位双稳态 D 型锁存器	无	同步（高电平）
74LS116	双 4 位双稳态 D 型锁存器	异步（低电平）	同步（低电平）
74LS363	8 位锁存器（三态输出）	无	同步（高电平）
74LS373	8 位锁存器（三态输出）	无	同步（高电平）
74LS375	4 位双稳态 D 型锁存器	无	同步（高电平）
74LS533	8 位锁存器（三态输出、反相）	无	同步（高电平）
74LS563	8 位锁存器（三态输出、反相）	无	同步（高电平）
74LS573	8 位锁存器（三态输出）	无	同步（高电平）
74LS164	8 位右移位寄存器（串入并出）	异步（低电平）	（高电平）右移位
74LS165	8 位右移位寄存器（串并入反相串出）	无	（高电平）右移位，（低电平）置数
74LS166	8 位移位寄存器（串、并入串出）	异步（低电平）	（高电平）右移位，（低电平）置数
74LS198	8 位双向移位寄存器	异步（低电平）	双 G 端（高、低）移位，（全高）置数
74LS199	8 位移位寄存器	异步（低电平）	（高电平）右移位，（低电平）置数
74LS674	16 位串(I/O 口)、并入串出(I/O 口)右移位寄存器	无	（高电平）保持、（低电平）移位

6.5 移位寄存器型计数器

计数器除了可以利用各种触发器组成外,还可以利用移位寄存器组成移位寄存器型计数器,比如环形计数器和扭环形计数器。

6.5.1 环形计数器

如果将74LS194的输出端Q_3连接到D_{IR}端,就可以构成环形计数器(ring counter),如图6-48所示。

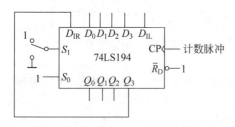

图6-48 用74LS194构成的环形计数器

首先将S_1置高电平,将移位寄存器预先存入某一数据比如$D_0D_1D_2D_3=1000$,加入一个时钟CP后,移位寄存器的状态为$Q_0Q_1Q_2Q_3=1000$,即为环形计数器的初始状态,然后置S_1为低电平,让移位寄存器工作在右移状态。此后不断输入时钟脉冲,存入移位寄存器的数据将不断地循环右移,电路的状态将按$1000\rightarrow0100\rightarrow0010\rightarrow0001\rightarrow1000$的次序循环变化。因此,用电路的不同状态能够表示输入时钟信号的数目,也就是说可以把这个电路作为时钟信号的计数器。

根据移位寄存器的工作特点可以直接画出环形计数器的状态转换图如图6-49所示。如果取1000、0100、0010和0001所组成的状态循环为有效循环,那么还存在着其他的几种无效循环。而且,一旦脱离有效循环之后,电路将不会自动返回到有效循环中去,为了确保它能正常工作,采用如图6-50所示的能够自启动的环形计数器,其状态转换图如图6-51所示。

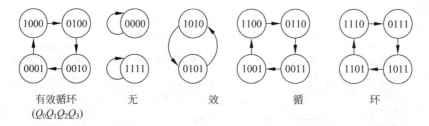

图6-49 环形计数器的状态转换图

环形计数器的优点是在有效循环的每个状态只包含一个1(或0)时,可以直接以各个触发器输出端的1状态表示电路的一个状态,不需要另外加译码电路。缺点是没有充分利用电路的状态。n位移位寄存器组成的环形计数器只用了n个状态,而电路共有2^n个状态,这是一种浪费。

6.5.2 扭环形计数器

如果将74LS194的输出端Q_3取反后连接到D_{IR}端,就可以构成扭环形计数器,如图6-52

所示。其状态转换图如图 6-53 所示。不难看出,它有两个状态循环,若取图中左边的一个为有效循环,则余下的另一个为无效循环,显然这个计数器不能自启动。

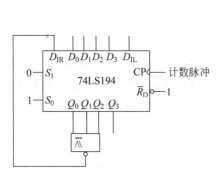

图 6-50　能自启动的环形计数器

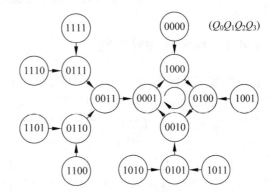

图 6-51　图 6-50 电路的状态转换图

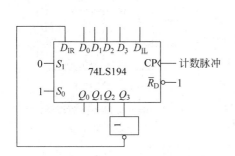

图 6-52　用 74LS194 构成的扭环形计数器

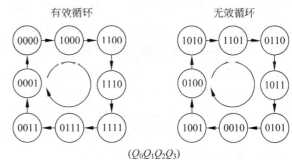

图 6-53　不能自启动的扭环形计数器状态转换图

为了实现自启动,可对图 6-52 所示电路稍作修改,令 $D_{IR}=\overline{\overline{Q_1Q_2}Q_3}$,于是得到如图 6-54 所示电路和如图 6-55 所示状态转换图。

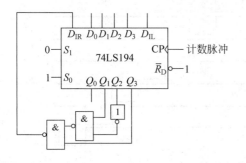

图 6-54　能自启动的扭环形计数器

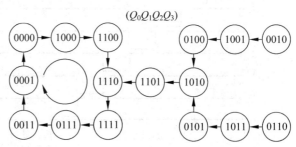

图 6-55　图 6-54 所示电路的状态转换图

不难看出,用 n 位移位寄存器构成的扭环形计数器可以得到含有 $2n$ 个有效状态的循环,状态利用率比环形计数器提高了一倍。而且用图 6-55 中的有效循环,由于电路在每次状态转换时只有一位触发器状态发生改变,因而在将电路状态译码时不会产生竞争-冒险现象。

6.6 顺序脉冲发生器和序列信号发生器

6.6.1 顺序脉冲发生器

在一些数字系统中，有时需要系统按照事先规定的顺序进行一系列的操作。这就要求系统的控制部分能给出一组在时间上有一定先后顺序的脉冲信号，再用这组脉冲形成所需要的各种控制信号。顺序脉冲发生器就是用来产生这样一组顺序脉冲的电路。

顺序脉冲发生器可以用移位寄存器构成，比如前面介绍的环形计数器，当每个状态中只有一个 1 的循环状态时，就是一个顺序脉冲发生器。其优点是结构简单，不必附加译码电路，但是使用的触发器的数目较多，同时还必须采用能自启动的反馈电路。

在顺序脉冲较多时可以采用计数器和译码器组合成顺序脉冲发生器。由计数器 74LS161 和译码器 74LS138 组成的顺序脉冲发生器电路如图 6-56 所示。其工作原理是：十六进制计数器 74LS161 组成八进制的计数器，在时钟 CP 的作用下，顺序产生 0000～0111 的信号，该信号输入译码器 74LS138，作为译码器的地址信号，译码器在该信号的驱动下，顺序产生如图 6-57 所示的 8 个低电平脉冲信号输出。

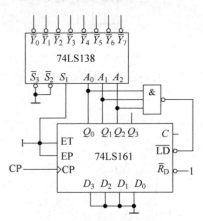

图 6-56 由计数器和译码器组成的顺序脉冲发生器

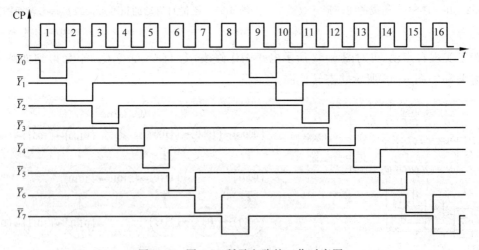

图 6-57 图 6-56 所示电路的工作时序图

6.6.2 序列信号发生器

在数字信号的传输和数字系统测试中，有时需要一组特定的串行数字作为电路的指令码。这种特定的串行数字通常称为序列信号，能够产生序列信号的电路称为序列信号发生器。

序列信号发生器的构成方法有多种。一种比较简单、直观的方法是利用计数器和数据选择器组成。例如产生一个 8 位的序列信号 00010111（时间顺序为自左而右），则可以用一个八进制计数器和一个八选一数据选择器组成，如图 6-58 所示。

图 6-58 所示电路的工作原理是：十六进制计数器 74LS161 组成了八进制计数器。当时钟信号 CP 连续地加到计数器上时，74LS161 的 $Q_2Q_1Q_0$ 顺序产生 000～111 的信号，该信号又作为八选一数据选择器 74LS151 的地址输入信号，这样 74LS151 在地址信号的驱动下，顺序将不同的数据输入端 D_i 与输出端 Y 接通，输出序列信号 00010111。在需要修改序列信号时，只要修改加到 $D_0 \sim D_7$ 端的高、低电平即可实现，而不需对电路结构作修改。因此，使用这种电路既灵活又方便。

构成序列信号发生器的另一种常见方法是采用移位寄存器和数据选择器组成。例如用双向移位寄存器 74LS194 和八选一数据选择器 74LS151 构成一个序列信号发生器，产生序列信号为 0001011101（按时间顺序自左而右）。可以用 74LS194 的右移功能从 Q_3 端输出序列信号，该信号通过右移输入端 D_{IR} 得到。假设移位寄存器的初始状态为 $Q_3Q_2Q_1Q_0 =$

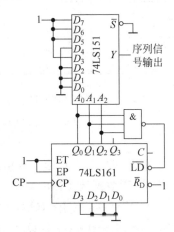

图 6-58　用计数器和数据选择器组成的序列信号发生器

0000，根据要求产生的序列信号，即可列出移位寄存器应具有的状态转换表，如表 6-12 所示。表中非主循环状态 1100、0110、1001、1111 这 4 个状态经过 1 个（或两个）CP 脉冲即可进入主循环。

表 6-12　由 74LS194 和 74LS151 组成序列信号发生器的状态转换表

CP	Q_3	Q_2	Q_1	Q_0	D_{IR}
0	0	0	0	0	1
1	0	0	0	1	0
2	0	0	1	0	1
3	0	1	0	1	1
4	1	0	1	1	1
5	0	1	1	1	0
6	1	1	1	0	1
7	1	1	0	1	0
8	1	0	1	0	0
9	0	1	0	0	0
10	1	0	0	0	1
0	0	0	1	1	1
1	0	1	1	1	0
0	0	1	1	0	0
1	1	1	0	0	0
2	1	0	0	0	1

续表

CP	Q_3	Q_2	Q_1	Q_0	D_{IR}
0	1	0	0	1	0
1	0	0	1	0	1
0	1	1	0	0	0
1	1	0	0	0	1
0	1	1	1	1	0
1	1	1	1	0	1

从状态表可以写出 D_{IR} 与 Q_3、Q_2、Q_1、Q_0 之间的函数关系为

$$D_{IR} = \bar{Q}_3\bar{Q}_2\bar{Q}_1\bar{Q}_0 + \bar{Q}_3\bar{Q}_2\bar{Q}_1Q_0 + \bar{Q}_3Q_2\bar{Q}_1Q_0 + Q_3\bar{Q}_2Q_1Q_0$$
$$+ Q_3Q_2\bar{Q}_1\bar{Q}_0 + Q_3\bar{Q}_2\bar{Q}_1\bar{Q}_0 + \bar{Q}_3\bar{Q}_2Q_1Q_0 \qquad (6-25)$$

将式(6-25)用八选一数据选择器 74LS151 来实现,其输出 Y 直接连到 74LS194 的右移输入端,则数据选择器的输出为

$$Y = D_{IR} = 1 \cdot (\bar{Q}_2\bar{Q}_1\bar{Q}_0) + 0 \cdot (\bar{Q}_2\bar{Q}_1Q_0) + \bar{Q}_3 \cdot (\bar{Q}_2Q_1\bar{Q}_0) + 1 \cdot (\bar{Q}_2Q_1Q_0)$$
$$+ 0 \cdot (Q_2\bar{Q}_1\bar{Q}_0) + \bar{Q}_3 \cdot (Q_2\bar{Q}_1Q_0) + Q_3 \cdot (Q_2Q_1\bar{Q}_0) + 0 \cdot (Q_2Q_1Q_0) \qquad (6-26)$$

所以 $D_0 = D_3 = 1, D_1 = D_4 = D_7 = 0, D_2 = D_5 = \bar{Q}_3, D_6 = Q_3$。

根据上述分析,可以画出电路图如图 6-59 所示。

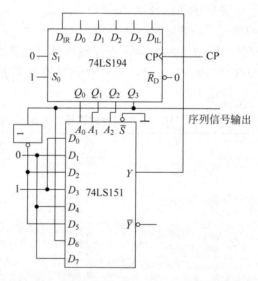

图 6-59 由 74LS194 和 74LS151 组成的序列信号发生器

6.7 时序逻辑电路的设计方法

6.7.1 同步时序电路的设计方法

同步时序电路的设计是同步时序电路分析的逆过程,要求设计者根据给出的具体逻辑问题,设计出实现这一逻辑功能的逻辑电路。所得到的设计电路应力求简单。

当选用小规模集成电路做设计时,电路最简的标准是所用的触发器和门电路的数目最少,而且触发器和门电路的输入端数目也最少。而当使用中、大规模集成电路时,电路最简的标准则是使用的集成电路数目最少,种类最少,而且互相间的连线也最少。

同步时序逻辑电路的设计步骤如下:

(1) 逻辑抽象。所谓逻辑抽象就是指对给定的问题进行分析,得到所需的原始状态转换表或状态转换图。

首先,分析给定的逻辑问题,确定输入变量、输出变量以及电路的状态数。通常都是取原因(或条件)作为输入逻辑变量,取结果作输出逻辑变量。

其次,定义输入、输出逻辑状态和每个电路状态的含意,并将电路状态顺序编号。

最后,按照题意列出电路的状态转换表或画出电路的状态转换图。

这一步是确保整个电路正确的关键,因此要保证状态转换的正确和逻辑关系的完整,而不必过多地关心状态数目的多少。

(2) 状态化简。所谓状态化简就是消除多余状态,得到最简的状态转换图或状态转换表。

若两个电路状态在相同的输入下有相同的输出,并且转换到同样一个次态去,则称这两个状态为等价状态。显然等价状态是重复的,可以合并为一个。电路的状态数越少,设计出来的电路也越简单。

(3) 状态分配。状态分配又称状态编码。

时序逻辑电路的状态是用触发器状态的不同组合来表示的。首先,需要确定触发器的数目 n。因为 n 个触发器共有 2^n 种状态组合,所以为获得时序电路所需的 M 个状态,必须取

$$2^{n-1} < M \leqslant 2^n \tag{6-27}$$

其次,要给每个电路状态规定对应的触发器状态组合。每组触发器的状态组合都是一组二值代码,因而又将这项工作称为状态编码。为便于记忆和识别,一般选用的状态编码和它们的排列顺序都遵循一定的规律。

(4) 选定触发器的类型,求出电路的状态方程、驱动方程和输出方程。

因为不同逻辑功能的触发器特性方程不同,所以用不同类型触发器设计出的电路也不一样。为此,在设计具体的电路前必须选定触发器的类型。选择触发器类型时应考虑到器件的供应情况,并应力求减少系统中使用的触发器种类。

根据状态转换图(或状态转换表)和选定的状态编码、触发器的类型,就可以写出电路的状态方程、驱动方程和输出方程了。

(5) 根据得到的方程式画出逻辑图。

(6) 检查设计的电路能否自启动。如果电路不能自启动,则通过修改逻辑设计加以解决。

【例题 6.12】 试设计一个带有进位输出端的十一进制计数器。

解:首先进行逻辑抽象。

因为计数器的工作特点是在时钟信号作用下自动地依次从一个状态转为下一个状态,所以它没有输入逻辑变量,只有进位输出信号。取进位输出逻辑变量为 C,同时规定有进位输出时 $C=1$,无进位输出时 $C=0$。十一进制计数器应该有 11 个有效状态,若分别用 S_0,

$S_1,\cdots,S_{10}$ 表示,则按题意可以画出如图 6-60 所示的原始的电路状态转换图。

因为十一进制计数器必须用 11 个不同的状态表示已经输入的脉冲数,所以状态转换图已不能再化简。

由于有 11 个状态,根据式(6-27)可以计算出触发器的数目 $n=4$。

因为对状态分配无特殊要求,所以取自然二进制数的 0000～1010 作为 S_0～S_{10} 的编码,这样就得到原始状态转换表如表 6-13 所示。

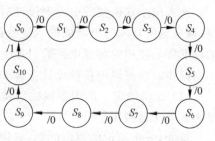

图 6-60　例题 6.12 的原始状态转换图

表 6-13　例题 6.12 的原始状态转换表

状态变化顺序	状态编码				进位输出 C	等效十进制数
	Q_3	Q_2	Q_1	Q_0		
S_0	0	0	0	0	0	0
S_1	0	0	0	1	0	1
S_2	0	0	1	0	0	2
S_3	0	0	1	1	0	3
S_4	0	1	0	0	0	4
S_5	0	1	0	1	0	5
S_6	0	1	1	0	0	6
S_7	0	1	1	1	0	7
S_8	1	0	0	0	0	8
S_9	1	0	0	1	0	9
S_{10}	1	0	1	0	1	10
S_0	0	0	0	0	0	0

$Q_3Q_2 \backslash Q_1Q_0$	00	01	11	10
00	0001/0	0010/0	0100/0	0011/0
01	0101/0	0110/0	1000/0	0111/0
11	××××	××××	××××	××××
10	1001/0	1010/0	××××	0000/1

($Q_3^{n+1}Q_2^{n+1}Q_1^{n+1}Q_0^{n+1}/C$)

图 6-61　例题 6.12 的电路的次态和输出的卡诺图

由于电路的次态 $Q_3^{n+1}Q_2^{n+1}Q_1^{n+1}Q_0^{n+1}$ 和进位输出端 C 唯一地取决于电路的现态 $Q_3^n Q_2^n Q_1^n Q_0^n$ 的取值,所以可以根据表 6-13 画出表示次态和进位输出函数的卡诺图,如图 6-61 所示。由于计数器正常工作时不会出现状态 1011、1100、1101、1110、和 1111 这 5 个状态,所以将与这 5 个状态对应的最小项作约束项处理,在卡诺图中用×表示。

为清晰起见,将图 6-61 所示的卡诺图分解为图 6-62 中的 5 个卡诺图,分别表示 Q_3^{n+1}、Q_2^{n+1}、Q_1^{n+1}、Q_0^{n+1} 和 C 这 5 个逻辑函数。

从卡诺图中可以得到电路的状态方程和输出方程为

$$\begin{cases} Q_3^{n+1} = Q_3\bar{Q}_1 + Q_2Q_1Q_0 \\ Q_2^{n+1} = Q_2\bar{Q}_1 + Q_2\bar{Q}_0 + \bar{Q}_2Q_1Q_0 \\ Q_1^{n+1} = \bar{Q}_1Q_0 + \bar{Q}_3Q_1\bar{Q}_0 \\ Q_0^{n+1} = \bar{Q}_3\bar{Q}_0 + \bar{Q}_1\bar{Q}_0 \end{cases} \quad (6-28)$$

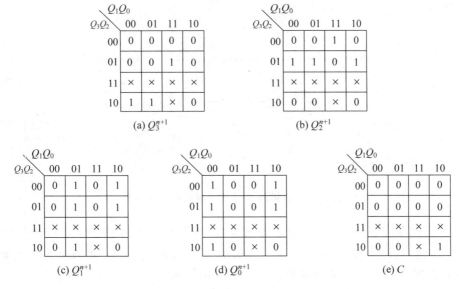

图 6-62 图 6-61 的分解卡诺图

$$C = Q_3 Q_1 \tag{6-29}$$

可以选用 D 触发器,由于 D 触发器的特性方程为 $Q^{n+1}=D$,所以,可以直接画出十一进制计数器的逻辑图,如图 6-63 所示。

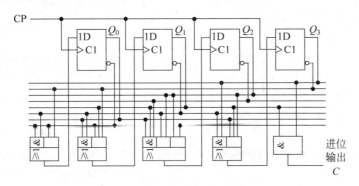

图 6-63 例题 6.12 的逻辑图

为了验证电路的逻辑功能的正确性,可将 0000 作为初始状态代入式(6-28)和式(6-29)依次计算次态值和进位输出值,所得结果与表 6-13 相同。

最后,检查电路的自启动情况。分别将 5 个无效状态代入状态方程,计算出它们的次态,最终都能回到有效循环中去。逻辑图 6-63 完整的状态转换图如图 6-64 所示。

【例题 6.13】 设计一个自动饮料机的逻辑电路。它的投币口每次只能投入一枚 5 角或 1 元的硬币。累计投入 2 元硬币后给出一瓶饮料。如果投入 1.5 元硬币以后再投入一枚 1 元硬币,则给出饮料的同时还应找回 5 角钱。要求设计的电路能自启动。

解:取投币信号为输入的逻辑变量,以 $A=1$ 表示投入 1 元硬币的信号,未投入时 $A=0$;以 $B=1$ 表示投入 5 角硬币的信号,未投入时 $B=0$;以 $X=1$ 表示给出饮料,未给时 $X=0$;以 $Y=1$ 表示找钱,$Y=0$ 不找钱。

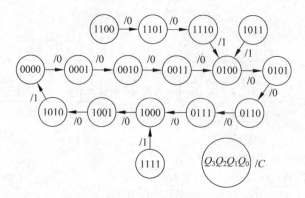

图 6-64 逻辑图 6-63 的完整的状态转换图

若未投币前状态为 S_0，投入 5 角后的状态为 S_1，投入 1 元后的状态为 S_2，投入 1.5 元以后的状态为 S_3，若再投入 5 角硬币（$B=1$）时 $X=1$，返回 S_0 状态；如果投入 1 元硬币，则 $X=Y=1$，返回状态 S_0。于是得到图 6-65 所示的状态转换图。

若以触发器 $Q_1 Q_0$ 的四个状态组合 00、01、10、11 分别表示 S_0、S_1、S_2、S_3，作 $Q_1^{n+1} Q_0^{n+1}/XY$ 的卡诺图，如图 6-66 所示。

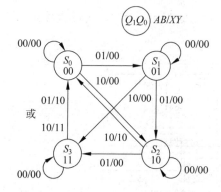

图 6-65 例题 6.13 的状态转换图

$Q_1 Q_0$ AB	00	01	11	10
00	00/00	01/00	11/00	10/00
01	01/00	10/00	00/10	11/00
11	×	×	×	×
10	10/00	11/00	00/11	00/10

图 6-66 例题 6.13 的电路次态、输出 $(Q_1^{n+1} Q_0^{n+1}/XY)$ 的卡诺图

由卡诺图化简得出

$$\begin{cases} Q_1^{n+1} = A\bar{Q}_1 + \bar{A}\bar{B}Q_1 + \bar{A}Q_1\bar{Q}_0 + B\bar{Q}_1 Q_0 \\ Q_0^{n+1} = A\bar{Q}_1 Q_0 + \bar{A}\bar{B}Q_0 + B\bar{Q}_0 \end{cases} \quad (6\text{-}30)$$

$$\begin{cases} X = AQ_1 + BQ_1 Q_0 \\ Y = AQ_1 Q_0 \end{cases} \quad (6\text{-}31)$$

若采用 D 触发器，则 $D_1 = Q_1^{n+1}$，$D_0 = Q_0^{n+1}$，根据式（6-30）和式（6-31）可以画出逻辑图如图 6-67 所示。

6.7.2 异步时序电路的设计方法

异步时序电路的设计和同步时序电路的设计的最大不同在于，异步时序电路需要为每

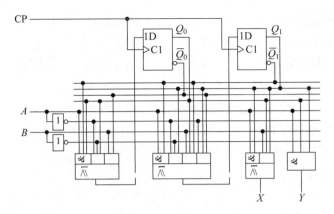

图 6-67　例题 6.13 的逻辑图

个触发器设计相应的时钟输入。

【**例题 6.14**】　设计一个异步六进制计数器。

解：(1) 列出状态转换表

由题意可知,电路中的状态转换情况已经确定了,因此可以直接列出状态转换表如表 6-14 所示。

表 6-14　例题 6.14 的状态转换表

时钟脉冲	Q_2	Q_1	Q_0	C
0	0	0	0	0
1	0	0	1	0
2	0	1	0	0
3	0	1	1	0
4	1	0	0	0
5	1	0	1	1
6	0	0	0	0

(2) 选择时钟

为了更好地观察电路的时序情况,可以画出电路的时序图,这里根据题意选定时钟脉冲信号的下降沿触发的触发器,如图 6-68 所示。

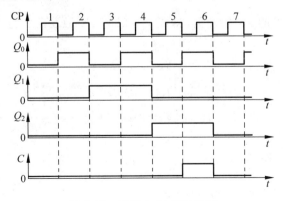

图 6-68　例题 6.14 的时序图

选取时钟信号的基本原则为：首先,保证每个触发器状态翻转时存在触发时钟；其次,在触发器不进行翻转时,触发时钟越少越好,最低位的触发时钟一般用外部时钟 CP 信号,高位的时钟通常用低位的输出,条件是高位的每次翻转出现在低位输出的每个下降沿(选用下降沿触发的触发器)。从电路时序图和状态表可以看出,Q_0 翻转最为频繁,在 6 个时钟脉冲信号的下降沿,有 6 次发生了翻转,因而外部时钟 CP 作为 Q_0 的触发时钟脉冲；在输出信号 Q_0 的下降沿,Q_1 翻转了两次,从而选取 Q_0 作为 Q_1 的触发脉冲；Q_2 的翻转未能出现在 Q_1 的每一次翻转,所以选取外部时钟 CP 作为 Q_2 的触发脉冲。

(3) 得到状态方程和输出方程

为了得到电路的状态方程和输出方程,必须画出电路的"次态卡诺图",如图 6-69 所示。其中不包含在有效状态中的"次态"输出作任意项处理。

接下来,画出 Q_2、Q_1、Q_0 和 C 的逻辑函数的分解卡诺图。进行分解时需要注意,对于任何一个触发器来说,若在某次状态转换过程中,该触发器无时钟信号触发,其对应的"次态"以任意项处理。分解结果如图 6-70 所示。

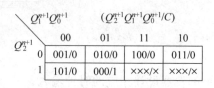

图 6-69　例题 6.14 的次态和输出 $(Q_2^{n+1}Q_1^{n+1}Q_0^{n+1}/C)$ 的卡诺图

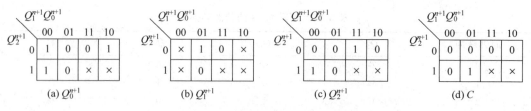

图 6-70　例题 6.14 的分解卡诺图

根据图 6-70 的分解卡诺图,化简后得到状态方程和输出方程为

$$\begin{cases} Q_2^{n+1} = Q_1 Q_0 + Q_2 \bar{Q}_0 \\ Q_1^{n+1} = \bar{Q}_2 \bar{Q}_1 \\ Q_0^{n+1} = \bar{Q}_0 \end{cases} \tag{6-32}$$

$$C = Q_2 Q_0 \tag{6-33}$$

(4) 得到驱动方程

现采用下降沿触发的 JK 触发器,将式(6-32)与 JK 触发器的特性方程相比较,得到触发器的驱动方程为

$$\begin{cases} J_2 = Q_1 Q_0 \\ K_2 = \bar{Q}_1 Q_0 \end{cases} \tag{6-34}$$

$$\begin{cases} J_1 = \bar{Q}_2 \\ K_1 = 1 \end{cases} \tag{6-35}$$

$$\begin{cases} J_0 = 1 \\ K_0 = 1 \end{cases} \tag{6-36}$$

(5) 画出逻辑图。

根据式(6-33)~式(6-36)可以画出逻辑图如图 6-71 所示。

(6) 检查能否自启动。

将两个无效状态 110、111 代入状态方程求其次态,结果表明电路可以自启动。电路完整的状态转换图如图 6-72 所示。

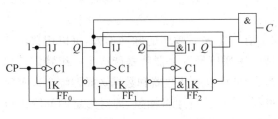

图 6-71　例题 6.14 的逻辑图

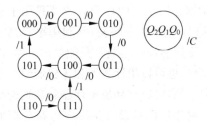

图 6-72　例题 6.14 的完整的状态转换图

小　结

时序逻辑电路由组合电路和存储电路两部分构成。存储电路由触发器组成,是必不可少的记忆元件。因此,时序逻辑电路在任一时刻的输出信号不仅取决于该时刻的输入信号,而且还取决于电路原来的状态。按照电路的工作方式不同,时序逻辑电路可分为同步时序逻辑电路和异步时序逻辑电路。在同步时序电路中,所有触发器状态的变化都是在同一时钟信号作用下同时发生的,而异步时序逻辑电路中的各触发器没有同一的时钟脉冲,触发器的状态变化不是同时发生的。

分析一个时序逻辑电路,就是已知一个时序逻辑电路,要找出其实现的功能。具体地说,就是要求找出电路的状态和输出信号在输入信号和时钟信号作用下的变化规律。同步时序逻辑电路的分析步骤为:从给定的电路写出存储电路的驱动方程,求出状态方程,再写出输出方程。然后计算出状态转换表,画出状态转换图,必要时可以画出时序图。最后判断电路的逻辑功能以及能否自启动。异步时序电路的分析与同步时序电路分析的不同之处在于:在计算电路的次态时,需要考虑每个触发器的时钟信号,只有那些有时钟信号的触发器才用状态方程去计算次态,而没有时钟信号的触发器将保持原状态不变。

计数器是数字系统中使用最多的时序电路。计数器不仅能用于对时钟脉冲计数,还可以用于计算机中的时序发生器、分频器、程序计数器等。用 T 触发器可以方便地构成同步二进制加法、减法、加/减计数器,对四位二进制计数器稍加修改就可以设计出十进制计数器。为了使用灵活、方便,对常用的计数器制成了集成电路,74LS161 是同步四位二进制加法计数器,74LS160 是同步十进制加法计数器。它们都具有异步置零、同步预置数功能。用 T' 触发器可以方便地构成异步二进制加法、减法、加/减计数器,对四位二进制计数器稍加修改就可以设计出十进制计数器。74LS290 是常用的异步二-五-十进制计数器,其具有异步置零和异步置九功能。在实际应用中已有 N 进制计数器,如果需要 M(任意)进制的计数器,可以用已有的定型产品经过外电路的不同连接方式得到。若 $M<N$,可以用 1 片 N 进制计数器采用置零法或置数法,跳过 $N-M$ 个状态,就可以得到 M 进制计数器。若 $M>N$,

则需要多片 N 进制计数器组合而成。

寄存器可以存储二进制代码,移位寄存器不仅可以存储代码,还可以用来实现数据的串行-并行转换、数值的运算以及数据处理等。用移位寄存器可以构成环形计数器和扭环形计数器。环形计数器的优点是:在有效循环的每个状态只包含一个 1(或者 0)时,可以直接以各个触发器输出端的 1 状态表示电路的一个状态,不需要另外加译码电路。缺点是 n 位移位寄存器组成的环形计数器只用了 n 个状态,造成了浪费。而扭环形计数器可以得到含有 $2n$ 个有效状态的循环,利用率提高了一倍。

顺序脉冲发生器就是能给出一组在时间上有一定先后顺序的脉冲信号,可以用移位寄存器构成,也可以用计数器和译码器组合来实现。序列信号发生器就是能产生一组特定的串行数字信号,可以用移位寄存器和数据选择器构成,也可以用计数器和数据选择器组合来实现。

时序电路的设计是时序电路分析的逆过程,首先进行逻辑抽象,即对给定的问题进行分析,得到所需的原始状态转换表或状态转换图,然后进行状态化简、状态分配,再根据选定触发器的类型,求出电路的状态方程、驱动方程和输出方程。最后根据得到的方程式画出逻辑图,检查设计的电路能否自启动。

习　题

1. 填空题。

(1) 时序逻辑电路在任一时刻的输出信号不仅取决于_____信号,而且还取决于_____状态。

(2) 时序逻辑电路在结构上一定含有_____,而且它的输出还必须_____到输入端,与_____一起决定电路的输出状态。

(3) 时序逻辑电路按照工作方式不同,可分为_____电路和_____电路。

(4) 3 位二进制加法计数器最多能累计_____个脉冲,若要记录 12 个脉冲,至少需要_____个触发器。

(5) 一个 4 位二进制加法计数器其初始状态为 1000,输入 8 个脉冲后,其状态为_____,输入第 16 个脉冲后,其状态为_____。

(6) 集成计数器的计数长度是固定的,但可以用_____法和_____法来改变它们的计数长度。

(7) 用具有异步清 0 端的 4 位二进制计数器,通过反馈(可以引入门电路)构成十进制计数器,则当 $Q_3Q_2Q_1Q_0 = $ _____时,清 0 信号有效。

(8) 移位寄存器除了具有_____的功能以外,还具有_____功能。

(9) 某寄存器由 D 触发器构成,有 4 位代码要存储,此寄存器必须由_____个触发器构成。

(10) 由 4 位移位寄存器构成的顺序脉冲发生器可产生_____个顺序脉冲。

2. 选择题。

(1) 用 n 个触发器构成计数器,可得到最大计数长度是_____。
A. n　　　　　　B. $2n$　　　　　　C. 2^n　　　　　　D. 2^{n-1}

(2) 在下列逻辑电路中,不是组合逻辑电路的是_____。
A. 译码器　　　B. 编码器　　　C. 全加器　　　D. 寄存器
(3) 同步时序逻辑电路和异步时序逻辑电路比较,其差别在于后者_____。
A. 没有触发器　　　　　　　　B. 没有同一的时钟脉冲控制
C. 没有稳定状态　　　　　　　D. 输出只与内部状态有关
(4) 当同步 n 位二进制加法计数器采用 T 触发器构成时,则第 i 位触发器输入端的逻辑式应为_____。
A. $T_i = Q_{i-1}Q_{i-2}\cdots Q_1Q_0 (i=1,2,\cdots,n-1), T_0 = 0$
B. $T_i = \bar{Q}_{i-1}\bar{Q}_{i-2}\cdots \bar{Q}_1\bar{Q}_0 (i=1,2,\cdots,n-1), T_0 = 0$
C. $T_i = \bar{Q}_{i-1}\bar{Q}_{i-2}\cdots \bar{Q}_1\bar{Q}_0 (i=1,2,\cdots,n-1), T_0 = 1$
D. $T_i = Q_{i-1}Q_{i-2}\cdots Q_1Q_0 (i=1,2,\cdots,n-1), T_0 = 1$
(5) 在下列逻辑电路中,不是时序逻辑电路的是_____。
A. 74LS138　　　B. 74LS290　　　C. 74LS160　　　D. 74LS161
(6) 把一个五进制计数器和一个四进制计数器串联,可得到_____进制计数器。
A. 4　　　B. 5　　　C. 9　　　D. 20
(7) n 个触发器可以构成能寄存_____位二进制数码的寄存器。
A. $n-1$　　　B. n　　　C. $n+1$　　　D. $2n$
(8) 5 个 D 触发器构成的环形计数器,其计数长度为_____。
A. 5　　　B. 10　　　C. 15　　　D. 30
(9) 8 位移位寄存器串行输入时,经_____个脉冲后,8 位数码全部移入寄存器中。
A. 1　　　B. 2　　　C. 4　　　D. 8
(10) 用异步二进制计数器从 0 做加法,计到十进制数 178,则最少需要_____个触发器。
A. 2　　　B. 6　　　C. 7　　　D. 8

3. 分析图 6-73 所示的时序电路的功能,写出电路的驱动方程、状态方程和输出方程,画出电路的状态转换图,并说明该电路能否自启动。

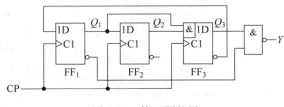

图 6-73　第 3 题的图

4. 分析图 6-74 所示的时序电路的功能,写出电路的驱动方程、状态方程和输出方程,画出电路的状态转换图,并说明该电路能否自启动。

5. 分析图 6-75 所示的时序电路的功能,写出电路的驱动方程、状态方程和输出方程,画出电路的状态转换图。A 为输入逻辑变量。

6. 分析图 6-76 所示的时序电路的功能,写出电路的驱动方程、状态方程和输出方程,画出电路状态转换图。图中 X、Y 为输入量,Z 为输出量。

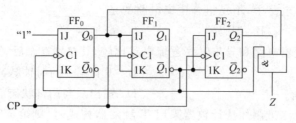

图 6-74 第 4 题的图

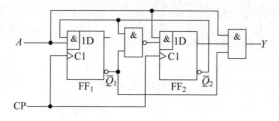

图 6-75 第 5 题的图

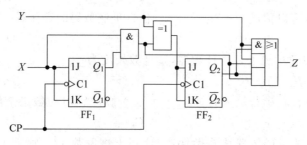

图 6-76 第 6 题的图

7. 同步十六进制计数器 74LS161 接成如图 6-77 所示的电路。分析各电路的计数长度各是多少？并画出相应的状态转换图。

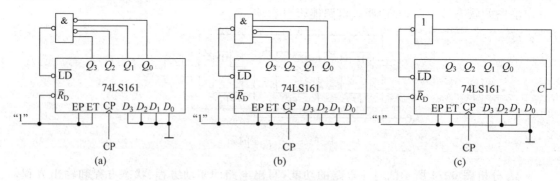

图 6-77 第 7 题的图

8. 同步十进制计数器 74LS160 接成如图 6-78 所示电路。分析电路的计数长度是多少？
9. 试分析如图 6-79 所示的计数器在 $M=1$ 和 $M=0$ 时各为几进制？
10. 试分析如图 6-80 所示的计数器在 $A=1$ 和 $A=0$ 时各为几进制？

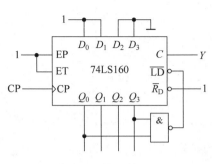

图 6-78 第 8 题的图

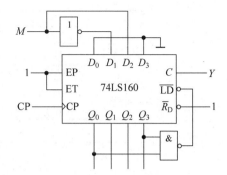

图 6-79 第 9 题的图

11. 试用同步十进制计数器 74LS160 接成计数长度为 7 的计数器。要求分别用 $\overline{R}_D$ 端复位法、$\overline{LD}$ 端置最大数法和 $\overline{LD}$ 端置零法来实现,画出相应的接线图。

12. 试用同步十进制计数器 74LS160 设计九进制计数器,画出接线图。
(1) 0~8 计数循环;(2) 1~9 计数循环。

13. 试用同步十六进制计数器 74LS161 接成计数长度为 13 的计数器。要求分别用 $\overline{R}_D$ 端复位法、$\overline{LD}$ 端置最大数法和 $\overline{LD}$ 端置零法来实现,画出相应的接线图。

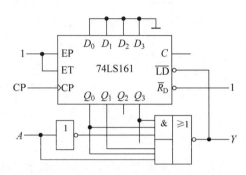

图 6-80 第 10 题的图

14. 试用同步十六进制计数器 74LS161 设计十一进制计数器,画出接线图。
(1) 0~10 计数循环;(2) 1~11 计数循环。

15. 同步十六进制计数器 74LS161 接成如图 6-81 所示的两级计数电路。
(1) 芯片Ⅰ和Ⅱ的计数长度各为多少?
(2) 电路输出 Y 和触发时钟 CP 的分频比为多少?

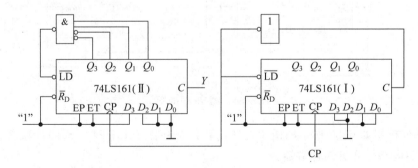

图 6-81 第 15 题的图

16. 同步十进制计数器 74LS160 接成如图 6-82 所示的两级计数电路,写出电路的计数长度。

17. 异步二-五-十进制计数器 74LS290 接成如图 6-83 所示的计数器,写出电路的计数长度各为多少,并画出相应的状态转换图。

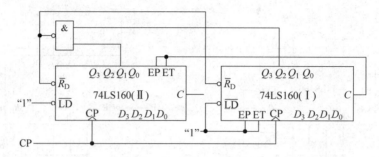

图 6-82 第 16 题的图

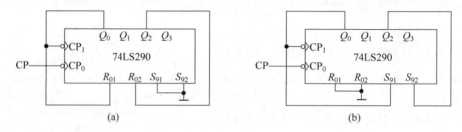

图 6-83 第 17 题的图

18. 试用异步二-五-十进制计数器 74LS290 设计八进制计数器,画出接线图。
(1) 0~7 计数循环;(2) 9~6 计数循环。

19. 试分析图如 6-84 所示的由两片 4 位双向移位寄存器 74LS194 组成的 7 位串行-并行变换电路的工作过程。

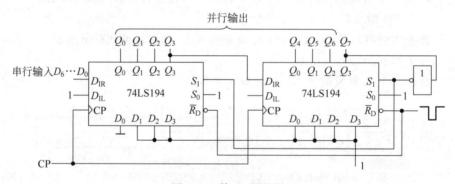

图 6-84 第 19 题的图

20. 试分析图如 6-85 所示的由 4 位双向移位寄存器 74LS194 组成的计数器,列出状态转换表,说明电路是几进制计数器。

21. 同步可预置数的十六进制计数器 74LS191 和 4 线-16 线译码器 74LS154 组成如图 6-86 所示的电路。分析电路的功能。(4 线-16 线译码器 74LS154 在其使能端有效即 $\overline{S}_1 = \overline{S}_2 = 0$ 时,输入与输出之间的关系为 $\overline{Y}_0 = \overline{\overline{A}_3 \overline{A}_2 \overline{A}_1 \overline{A}_0}$,$\overline{Y}_1 = \overline{\overline{A}_3 \overline{A}_2 \overline{A}_1 A_0}$,…,$\overline{Y}_{15} = \overline{A_3 A_2 A_1 A_0}$。)

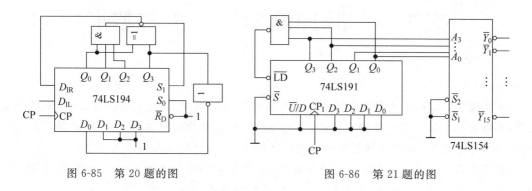

图 6-85　第 20 题的图　　　　　图 6-86　第 21 题的图

22. 同步可预置数的十进制计数器 74LS160 和 3 线-8 线译码器 74LS138 组成如图 6-87 所示电路。分析电路的功能。

23. 试用 JK 触发器设计一个同步七进制计数器，电路的状态转换图如图 6-88 所示。图中 Z 为输出进位信号。检查所设计电路能够自启动，并画出相应的逻辑电路。

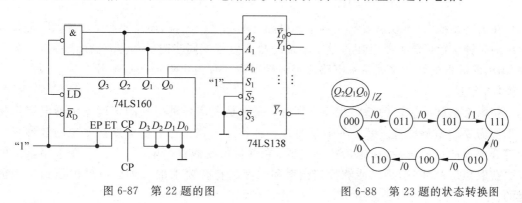

图 6-87　第 22 题的图　　　　　图 6-88　第 23 题的状态转换图

24. 设计一个灯光控制逻辑电路。要求红、绿、黄三种颜色的灯在时钟信号作用下按表 6-15 规定的顺序转换状态。表中的"1"表示亮，"0"表示灭。要求电路能自启动，并尽可能采用中规模集成电路设计。

表 6-15　第 24 题的规定的顺序转换状态

CP 顺序	红	黄	绿
0	0	0	0
1	1	0	0
2	0	1	0
3	0	0	1
4	1	1	1
5	0	0	1
6	0	1	0
7	1	0	0
8	0	0	0

第7章 脉冲波形的产生与整形

教学提示：在构成数字系统时必然要用到时钟脉冲，时钟脉冲需要整形，而施密特触发器和单稳态触发器具有脉冲整形功能，多谐振荡器可以产生脉冲波形，555定时器不但可以构成施密特触发器、单稳态触发器和多谐振荡器，还可以连接成各种应用电路。

教学要求：要求学生掌握施密特触发器、单稳态触发器和多谐振荡器的特点，掌握555定时器构成以上3种电路的连接方法。了解常用的集成施密特触发器、集成单稳态触发器和石英晶体振荡器的功能及应用。

7.1 概　　述

在数字系统中，不仅需要研究各单元电路之间的逻辑关系，还需要产生脉冲信号源作为系统的时钟。矩形脉冲常常用作数字系统的命令信号或同步时钟信号，作用于系统的各个部分，因此波形的好坏将关系到电路能否正常工作。有关定量描述矩形脉冲的参数已在第1章中介绍过。

获取矩形脉冲波形的途径主要有两种：一种是利用各种形式的多谐振荡器电路直接产生所需要的矩形脉冲；另一种则是通过各种整形电路把已有的周期性变化的波形变换为符合要求的矩形脉冲，如施密特触发器、单稳态触发器整形电路。当然，在采用整形的方法获取矩形脉冲时，是以能够找到频率和幅度都符合要求的一种已有的电压信号为前提的。

7.2　555定时器

555定时器(timer)最早是由美国的Signetics公司在1972年开发出来的，又称作555时基集成电路。555定时器是一种多用途的数字-模拟混合的中规模集成电路，利用它能极方便地构成施密特触发器、单稳态触发器和多谐振荡器。由于使用灵活、方便，所以555定时器被广泛地应用在波形产生与变换、工业自动控制、定时、仿声、电子乐器和防盗报警等方面。

555定时器能在很宽的电压范围内工作，并可承受较大的负载电流。双极型555定时器的电源电压范围为5～16V，最大的负载电流可达到200mA，CMOS型7555定时器的电源电压范围为3～18V，但最大负载电流在4mA以下。另外，555定时器还能提供与TTL、MOS电路相兼容的逻辑电平。正因为如此，国际上各主要的电子器件公司相继生产了各自的555定时器产品。尽管产品型号繁多，但所有双极型产品型号最后的3位数字都是555，所有CMOS产品型号最后的4位数字都是7555。而且，它们的功能和外部引脚的排列完全相同。为了提高集成度，随后又生产了双定时器产品556(双极型)和7556(CMOS型)。

7.2.1 555定时器的电路结构

图 7-1(a)是国产双极型定时器 CB555 的电路结构图,其逻辑符号如图 7-1(b)所示。

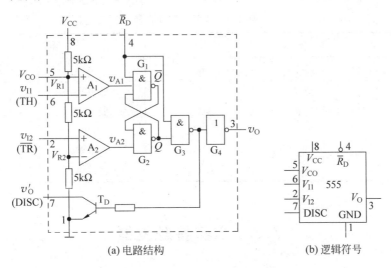

(a) 电路结构　　　　(b) 逻辑符号

图 7-1　CB555 的电路结构及逻辑符号

它的内部结构由比较器 A_1 和 A_2、基本 RS 触发器和集电极开路的放电三极管 T_D 三部分组成。比较器前接有 3 个 $5k\Omega$ 电阻构成的分压器,555 也是由此得名。

v_{I1} 是比较器 A_1 的输入端(也称阈值端,用 TH 标注),v_{I2} 是比较器 A_2 的输入端(也称触发端,用 $\overline{TR}$ 标注)。A_1 和 A_2 的参考电压(电压比较器的基准)V_{R1} 和 V_{R2} 由 V_{CC} 经 3 个 $5k\Omega$ 电阻分压给出。在控制电压输入端 V_{CO} 悬空时,$V_{R1}=\frac{2}{3}V_{CC}$,$V_{R2}=\frac{1}{3}V_{CC}$。如果 V_{CO} 外接固定电压,则 $V_{R1}=V_{CO}$,$V_{R2}=\frac{1}{2}V_{CO}$。

$\overline{R}_D$ 是置零输入端。只要在 $\overline{R}_D$ 端加上低电平,输出端 v_O 便立即被置成低电平,不受其他输入端状态的影响。正常工作时,必须使 $\overline{R}_D$ 端处于高电平。

在输出端设置缓冲器 G_4,是为了提高电路的带负载能力。如果将 v'_O 端经过电阻接到电源上,那么只要这个电阻的阻值足够大,v_O 为高电平时 v'_O 也一定为高电平,v_O 为低电平时 v'_O 也一定为低电平。

7.2.2 555定时器的工作原理

由图 7-1(a)可知,当 $v_{I1}>V_{R1}$、$v_{I2}>V_{R2}$ 时,比较器 A_1 的输出 $v_{A1}=0$、比较器 A_2 的输出 $v_{A2}=1$,基本 RS 触发器被置成 0 态,T_D 导通,同时 v_O 为低电平。

当 $v_{I1}<V_{R1}$、$v_{I2}>V_{R2}$ 时,$v_{A1}=1$,$v_{A2}=1$,基本 RS 触发器的状态保持不变,因而 T_D 和输出的状态也维持不变。

当 $v_{I1}<V_{R1}$、$v_{I2}<V_{R2}$ 时,$v_{A1}=1$,$v_{A2}=0$,基本 RS 触发器被置成 1 态,由于正常工作时 $\overline{R}_D=1$,所以 v_O 为高电平,同时 T_D 截止。

当 $v_{I1} > V_{R1}$、$v_{I2} < V_{R2}$ 时，$v_{A1}=0$、$v_{A2}=0$，基本 RS 触发器处于 $Q=\bar{Q}=1$ 的状态，v_O 处于高电平，同时 T_D 截止。

将以上分析情况汇总后形成了表 7-1 所示的 CB555 的功能表。

表 7-1 CB555 的功能表

输入			输出	
$\bar{R}_D$	v_{I1}	v_{I2}	v_O	T_D 状态
0	×	×	低电平	导通
1	$>V_{R1}$	$>V_{R2}$	低电平	导通
1	$<V_{R1}$	$>V_{R2}$	不变	不变
1	$<V_{R1}$	$<V_{R2}$	高电平	截止
1	$>V_{R1}$	$<V_{R2}$	高电平	截止

7.3 施密特触发器

7.3.1 施密特触发器的特点

施密特触发器(Schmitt trigger)是一种经常使用的脉冲波形变换电路，它有两个稳定状态，是双稳态触发器的一个特例。它具有如下特点：

(1) 施密特触发器是一种电平触发器，它能将变化缓慢的信号(如正弦波、三角波及各种周期性变化的不规则波形)变换为边沿陡峭的矩形波。

(2) 施密特触发器具有两个门限电压。输入电压信号从低电平上升的过程中，电路状态转换时对应的输入信号电压值 V_{TH1}，与输入信号从高电平下降的过程中对应的输入信号电压值 V_{TH2} 是不同的，即电路具有回差(backlash)特性。

由于施密特触发器具有这样两个特点，在实际应用中，不仅可以将边沿变化缓慢的电压信号波形整形为接近于理想的矩形波形，也可以将夹杂在信号中的干扰噪声电压信号有效地消除。

由于施密特触发器的广泛应用，所以无论是在 TTL 电路中还是 CMOS 电路中，都有集成施密特触发器产品。

7.3.2 用 555 定时器构成的施密特触发器

1. 电路结构

将 555 定时器的阈值端 $TH(v_{I1})$ 和触发端 $\overline{TR}(v_{I2})$ 连接在一起作为信号输入端，即可得到施密特触发器，为了提高比较器参考电压 V_{R1} 和 V_{R2} 的稳定性，通常在 V_{CO}(5 引脚)端接有 $0.01\mu F$ 左右的滤波电容，电路如图 7-2 所示。

由于 555 定时器的比较器 A_1 和 A_2 的参考电压不同，因而基本 RS 触发器的置零信号

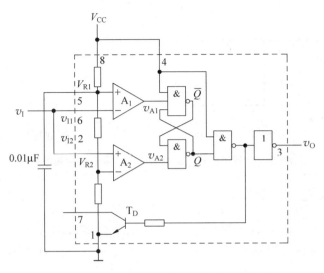

图 7-2 用 555 定时器构成的施密特触发器

($v_{A1}=0$)和置 1 信号($v_{A2}=0$)必然发生在输入信号 v_I 的不同电平。因此,输出电压 v_O 由高电平变为低电平和由低电平变为高电平所对应的 v_I 值也不相同,这样就形成了施密特触发器的特性。

2. 工作原理

(1) v_I 上升过程

当 $v_I<V_{R2}$ 时,即 $v_{I1}<V_{R1}$、$v_{I2}<V_{R2}$ 时,由 555 定时器的功能表(见表 7-1)可知,$v_O=V_{OH}$。

随着 v_I 上升,当 $V_{R2}<v_I<V_{R1}$ 时,即 $v_{I1}<V_{R1}$、$v_{I2}>V_{R2}$ 时,$v_O=V_{OH}$ 保持不变。

v_I 继续上升,当 $v_I>V_{R1}$ 时,即 $v_{I1}>V_{R1}$、$v_{I2}>V_{R2}$ 时,$v_O=V_{OL}$。

因此,在 v_I 上升过程中,电路状态发生转换时对应的输入电压(上限阈值电压)V_{T+} 为

$$V_{T+} = V_{R1} \tag{7-1}$$

(2) v_I 下降过程

当 $v_I>V_{R1}$ 时,即 $v_{I1}>V_{R1}$、$v_{I2}>V_{R2}$ 时,$v_O=V_{OL}$。随着 v_I 的下降,当 $V_{R2}<v_I<V_{R1}$ 时,即 $v_{I1}<V_{R1}$、$v_{I2}>V_{R2}$ 时,$v_O=V_{OL}$ 保持不变。v_I 继续下降,当 $v_I<V_{R2}$ 时,即 $v_{I1}<V_{R1}$、$v_{I2}<V_{R2}$ 时,$v_O=V_{OH}$。

因此,v_I 下降过程中电路状态发生转换时对应的输入电压(下限阈值电压)V_{T-} 为

$$V_{T-} = V_{R2} \tag{7-2}$$

由此得到电路的回差电压为

$$\Delta V_T = V_{T+} - V_{T-} = V_{R1} - V_{R2} \tag{7-3}$$

若 V_{CO} 悬空,则 $\Delta V_T = \frac{1}{3}V_{CC}$;若 V_{CO} 外接固定电压,则 $\Delta V_T = \frac{1}{2}V_{CO}$,通过调整 V_{CO} 的值可以调节回差电压的大小。

图 7-2 所示电路的电压传输特性如图 7-3(a)所示,它是一个典型的反相输出施密特触发器。逻辑符号如图 7-3(b)所示。

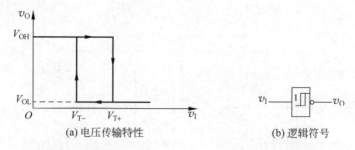

(a) 电压传输特性　　　　　(b) 逻辑符号

图 7-3　图 7-2 施密特触发器电路的电压传输特性和逻辑符号

7.3.3　集成施密特触发器

由于施密特触发器的应用非常广泛,所以无论是在 TTL 电路中还是在 CMOS 电路中,都有集成的施密特触发器产品。下面以 TTL 集成施密特触发器 74LS14 为例进行介绍。

如图 7-4 所示为 74LS14 反相施密特触发器的电路图。电源电压为 5V,图中 D_1 和 D_2 构成输入电路,其输出作为施密特触发器的输入信号;T_1 和 T_2 构成具有回差特性的施密特电路;输出级具有逻辑非功能。这样整个电路构成反相施密特触发器。

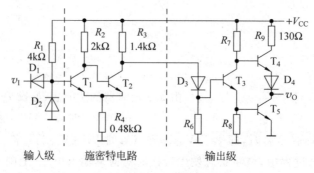

图 7-4　74LS14 反相施密特触发器的逻辑图

常用的 TTL 集成施密特触发器还有四输入端与非的施密特触发器 74LS13、四二输入与非的施密特触发器 74LS132、CMOS 集成施密特触发器如 CC40106 等。具体的上、下限阈值电压读者可查阅使用手册。

7.3.4　施密特触发器的应用

1. 脉冲整形

在数字通信系统中,脉冲信号在传输过程中经常发生畸变,如传输线上电容较大,会使波形的上升沿、下降沿明显变坏,如图 7-5(a)所示的 v_I。当传输线较长,而且阻抗不匹配时,在波形的上升沿和下降沿将产生振荡,如图 7-5(b)所示的 v_I。当其他脉冲信号通过导线间的分布电容或公共电源线叠加到矩形脉冲信号时,信号将出现附加噪声,如图 7-5(c)所示的 v_I。为此,必须对发生畸变的脉冲波形进行整形。利用施密特触发器对畸变了的矩形脉冲进行整形可以取得较为理想的效果(图 7-5 中均是采用反相施密特触发器)。由

图 7-5 可见,只要施密特触发器的 V_{T+} 和 V_{T-} 选择合适,均能收到满意的整形效果。

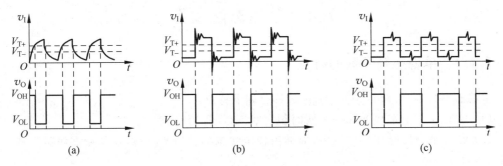

图 7-5 用施密特触发器对脉冲整形

2. 波形变换

利用施密特触发器状态转换过程中的正反馈作用,可以把边沿变化缓慢的周期性信号变换为边沿很陡的矩形脉冲信号。

在图 7-6 中,输入信号为正弦波,只要输入信号的幅度大于 V_{T+},即可在施密特触发器的输出端得到同频率的矩形脉冲信号。

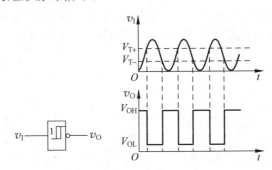

图 7-6 用施密特触发器实现波形变换

3. 脉冲鉴幅

如图 7-7 所示为利用施密特触发器鉴别脉冲幅度。若将一系列幅度不等的脉冲信号加到施密特触发器的输入端时,施密特触发器能将幅度大于 V_{T+} 的脉冲选出,具有脉冲鉴幅的能力。

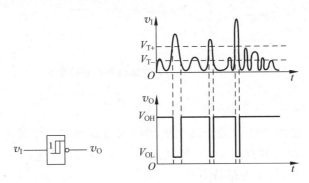

图 7-7 用施密特触发器鉴别脉冲幅度

7.4 单稳态触发器

7.4.1 单稳态触发器的特点

单稳态触发器(monostable trigger)具有如下特点：
(1) 它有一个稳定状态和一个暂时稳定状态(简称暂稳态)。
(2) 在外来触发脉冲的作用下，能够由稳定状态翻转到暂稳态，在暂稳态维持一段时间以后，再自动返回稳态。
(3) 暂稳态维持时间的长短，仅取决于电路本身的参数，与触发脉冲的宽度和幅度无关。

正是因为具有上述特点，单稳态触发器被广泛地应用于脉冲整形、延时(产生滞后于触发脉冲的输出脉冲)以及定时(产生固定时间宽度的脉冲信号)的脉冲电路。

7.4.2 用 555 定时器构成的单稳态触发器

1. 电路结构

若以 555 定时器的 $\overline{TR}$ 端(v_{I2})作为触发信号的输入端，并将放电端 DISC 接至阈值端 TH(v_{I1})，同时在 TH 端对地接入电容 C，与直流电源 V_{CC} 之间接电阻 R，就构成了如图 7-8 所示的单稳态触发器。

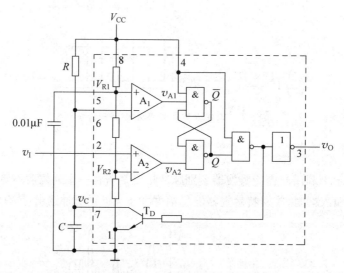

图 7-8 用 555 定时器构成的单稳态触发器

2. 工作原理

(1) 如果没有触发信号时 v_I 处于高电平，那么稳态时电路一定处于 $v_O=0$。

假定接通电源后触发器停在 $Q=0$ 的状态，则三极管 T_D 导通，$v_C=0$。故 $v_{A1}=v_{A2}=1$，$Q=0$ 及 $v_O=0$ 的状态将稳定地维持不变。

如果接通电源后触发器停在 $Q=1$ 的状态，则三极管 T_D 截止，电源 V_{CC} 便经电阻 R 向

电容 C 充电。当充电到 $v_C = \frac{2}{3}V_{CC}$ 时，v_{A1} 变为 0，于是将 RS 触发器置 0。同时三极管 T_D 导通，电容 C 经 T_D 迅速放电，使 $v_C = 0$。此后，由于 $v_{A1} = v_{A2} = 1$，触发器保持 0 态不变，输出也相应地稳定在 $v_O = 0$ 的状态。

（2）在负脉冲的作用下，电路进入暂稳态。

当外加触发脉冲 v_I 的下降沿到达时，使 v_{I2} 跳变到 $\frac{1}{3}V_{CC}$ 以下时，$v_{A2} = 0$（此时 v_{A1} 仍然为 1），触发器被置成 1 态，输出 v_O 也跳变为高电平，电路进入暂稳态。与此同时，三极管 T_D 截止，电源 V_{CC} 便经电阻 R 开始向电容 C 充电。

（3）暂稳态维持一段时间后自行恢复到稳态。

当电容充电使 v_C 略大于 $\frac{2}{3}V_{CC}$ 时，v_{A1} 变为 0。如果此时输入端的触发脉冲已经消失，即 v_I 回到了高电平，则触发器被置 0，于是输出返回 $v_O = 0$ 的状态。同时三极管 T_D 又变为导通状态，电容 C 经 T_D 迅速放电，直至 $v_C = 0$，电路恢复稳态。

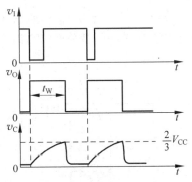

图 7-9　图 7-8 电路的工作波形图

以上的分析过程可以用工作波形图表示，如图 7-9 所示。

3．输出脉冲的宽度 t_W 的计算

图 7-9 中输出脉冲的宽度 t_W 等于暂稳态的持续时间，而暂稳态持续的时间取决于外接电阻 R 和电容 C 的值的大小，t_W 等于电容电压在充电过程中从 0 上升到 $\frac{2}{3}V_{CC}$ 所需要的时间，因此得到

$$t_W = RC \ln \frac{V_{CC} - 0}{V_{CC} - \frac{2}{3}V_{CC}} = RC \ln 3 \approx 1.1RC \tag{7-4}$$

可见，要延长暂稳态的时间，只要增大 R 或电容 C 的值即可。通常，R 的取值在几百欧姆到几百万欧姆之间，电容的取值范围为几百皮法到几百微法，t_W 的范围为几微秒到几分钟。但必须注意，随着 t_W 的宽度增加它的精度和稳定度也将下降。

7.4.3 集成单稳态触发器

由于单稳态触发器应用十分广泛，在 TTL 系列和 CMOS 系列集成电路的产品中，都有单稳态触发器的专用器件。集成单稳态触发器有不可重复触发的单稳态触发器和可重复触发的单稳态触发器两种。这些器件在使用时仅需要很少的外接元件和连线，而且由于器件内部电路附加上升沿触发、下降沿触发和置零等功能，所以使用起来极为方便。此外，由于元器件集成在同一芯片上，并且在电路上采取了温漂补偿措施，所以电路的温度稳定性较好。

在常用的 TTL 系列单稳态触发器中，不可重复触发的系列产品有 74121、74LS121、74221、74LS221 等；可重复触发的系列产品有 74122、74LS122、74123、74LS123 等。在

CMOS 系列单稳态触发器中,不可重复触发的系列产品有 CC74123 等;可重复触发的系列产品有 CC14528 和 CC14538 等。下面简单介绍 TTL 系列产品中的 74LS121 和 74LS123。

1. 不可重复触发的单稳态触发器 74LS121

不可重复触发的单稳态触发器,是指触发器在触发信号作用下进入暂稳态后,再加入触发脉冲不会影响电路的工作过程,必须在暂稳态结束以后,它才能接受下一个触发脉冲而转入暂稳态。

如图 7-10(a) 和 7-10(b) 所示分别为 TTL 集成单稳态触发器 74LS121 的逻辑图和逻辑符号。它是在普通的微分型单稳态触发器的基础上附加输入控制电路和输出缓冲电路而成的。

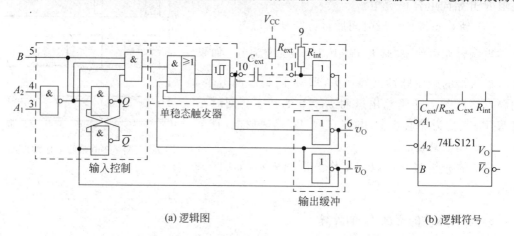

(a) 逻辑图 　　　　　　　　　(b) 逻辑符号

图 7-10　不可重复触发的单稳态触发器 74LS121 的逻辑图和逻辑符号

图 7-10 中,A_1、A_2 和 B 端为输入端,v_O 和 $\bar{v}_O$ 为输出端。其逻辑功能表如表 7-2 所示。

表 7-2　不可重复触发的单稳态触发器 74LS121 的功能表

输	入		输	出	功　能
A_1	A_2	B	v_O	$\bar{v}_O$	
0	×	1	0	1	不接受触发信号,处于稳态
×	0	1	0	1	
×	×	0	0	1	
1	1	×	0	1	
1	⎍	1	⎍	⎍	可接受触发信号,进入暂稳态
⎍	1	1	⎍	⎍	
⎍	⎍	1	⎍	⎍	
0	×	⎍	⎍	⎍	
×	0	⎍	⎍	⎍	

由表 7-2 可以看出,74LS121 在以下 3 种情况下,不接受输入触发信号,保持为稳态 ($v_O=0$,$\bar{v}_O=1$)不变。

(1) 输入端 A_1 和 A_2 中至少有一个为低电平,且 B 端为高电平。

(2) 输入端 B 端为低电平。

(3) 输入端 A_1 和 A_2 同时为高电平。

74LS121 在以下两种情况下可以接受输入触发信号,由稳态进入暂稳态($v_O=1,\bar{v}_O=0$)。

(1) 在输入端 A_1 和 A_2 中至少有一个接低电平时,B 端可以接受一个上升沿触发信号。

(2) 在输入端 B 为高电平的条件下,输入端 A_1 和 A_2 中至少有一个接受下降沿触发信号。

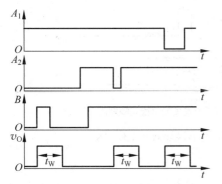

图 7-11 不可重复触发的集成单稳态触发器 74LS121 的工作波形图

如图 7-11 所示是 74LS121 在触发脉冲作用下的波形图。

输出脉冲的宽度 t_W 由 R_{ext} 和 C_{ext} 的大小决定,其输出脉冲宽度的计算公式为

$$t_W \approx R_{ext} C_{ext} \ln 2 = 0.69 R_{ext} C_{ext} \quad (7\text{-}5)$$

通常 R_{ext} 的取值在 $2k\Omega \sim 30k\Omega$ 之间,C_{ext} 的取值在 $10pF \sim 10\mu F$ 之间,得到的 t_W 的范围可达 $20ns \sim 200ms$。

另外,还可以使用 74LS121 内部设置的电阻 R_{int} 取代外接电阻 R_{ext},以简化外部接线。但是因为 R_{int} 的阻值不太大(约为 $2k\Omega$),所以在希望得到较宽的输出脉冲时,仍然需要外接电阻。

2. 带清除端的可重复触发的单稳态触发器 74LS123

可重复触发单稳态触发器是指触发器在触发信号作用下进入暂稳态后,如果再次加入触发脉冲,电路将重新被触发,使输出脉冲再继续维持一个 t_W 宽度。

74LS123 为带有清除端的双可重复触发的单稳态触发器,其逻辑符号如图 7-12 所示。其中 A_1、A_2 为下降沿触发端,B_1、B_2 为上升沿触发端,Q_1、Q_2 为正脉冲输出端,$\bar{Q}_1$、$\bar{Q}_2$ 为负脉冲输出端,R_{D1}、R_{D2} 为直接清除端,低电平有效,C_{ext1}、C_{ext2} 为外接电容端,R_{ext1}、R_{ext2} 外接电阻端。74LS123 的功能表如表 7-3 所示。

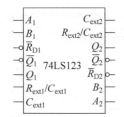

图 7-12 带有清除端的双可重复触发的单稳态触发器 74LS123 的逻辑符号

表 7-3 带有清除端的双可重复触发的单稳态触发器 74LS123 的功能表

输	入		输	出
$\bar{R}_{D1}$	A_1	A_2	Q_1	$\bar{Q}_1$
0	×	×	0	1
×	1	×	0	1
×	×	0	0	1
1	0	⎍	⎍	⎍
1	⎍	1	⎍	⎍
⎍	0	1	⎍	⎍

外接电容接在 C_{ext} 和 R_{ext}/C_{ext}(电解电容正极)之间,外接电阻或可变电阻接在 R_{ext}/C_{ext} 和电源 V_{CC} 之间以获得脉冲宽度和重复触发脉冲。

74LS123 的输出脉冲宽度 t_W 可由 3 种方法控制:一是通过选择外接电阻 R_{ext} 和电容 C_{ext} 来确定脉冲宽度;二是通过正触发输入端 B 或负触发输入端 A 的重复延长 t_W(将脉冲宽度展开);三是通过清除端 $\bar{R}_D$ 的清除使 t_W 缩小(缩短脉冲宽度)。

如图 7-13 所示为不可重复触发单稳态触发器与可重复触发单稳态触发器的工作波形对照。

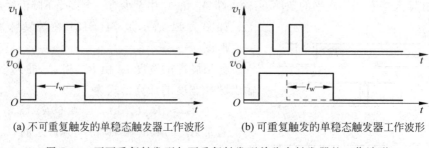

(a) 不可重复触发的单稳态触发器工作波形　　(b) 可重复触发的单稳态触发器工作波形

图 7-13　不可重复触发型与可重复触发型单稳态触发器的工作波形

7.4.4　单稳态触发器的应用

利用单稳态触发器在触发信号作用下由稳定状态进入暂稳态,暂稳态持续一定时间后自动回到稳定状态的特点,作脉冲整形、定时或延时器件。

1. 脉冲整形

单稳态触发器输出脉冲的宽度 t_W 取决于电路自身的参数,输出脉冲幅度 V_m 取决于输出高、低电平之差。因此,在电路参数不变的情况下,单稳态触发器输出脉冲波形的宽度和幅度是一致的。若某个脉冲波形不符合要求时,可以用单稳态触发器进行整形,得到宽度一定、幅度一定的脉冲波形,如图 7-14 所示。

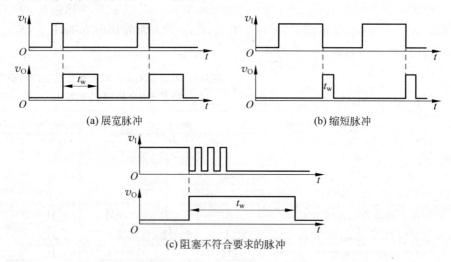

(a) 展宽脉冲　　　　　　　　　　(b) 缩短脉冲

(c) 阻塞不符合要求的脉冲

图 7-14　单稳态触发器的脉冲整形

图 7-14(a)是将触发脉冲展宽,当然脉冲宽度 t_W 应小于触发脉冲的间歇时间,否则会丢失脉冲。它还可以缩短脉冲,如图 7-14(b)所示。另外,可重复触发的单稳态触发器还可以阻塞不符合要求的脉冲,如图 7-14(c)所示,当输入脉冲为多个窄脉冲时,单稳态触发器可将其转换成一个单脉冲输出。例如,用机械开关作触发器的脉冲源,当开关闭合和断开时,触点要发生跳动,相当于输入信号在 0 和 1 之间多次转换,如果用开关信号直接控制数字系

统,会引起错误操作。利用单稳态触发器就可以解决这个问题。当然要使单稳态触发器输出的脉冲宽度 t_W 大于开关跳动时间。

2. 定时

利用单稳态触发器输出脉冲宽度一定的特点,还可以实现定时,如图 7-15 所示。若 v_{O1} 为单稳态触发器的输出端,当单稳态触发器处于稳定状态时,其输出 $v_{O1}=0$,将输入信号 v_F 封锁。当单稳态触发器有触发信号作用时,单稳态触发器进入暂稳态,其输出为 $v_{O1}=1$,与门被打开,允许输入信号 v_F 通过。若与门输出端接一个计数器,则可以知道在 t_W 时间内输出的脉冲个数(即可求得脉冲的频率)。

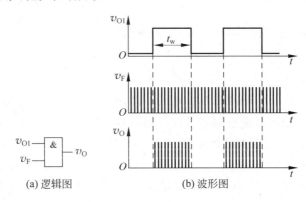

图 7-15 用于定时的单稳态触发器

3. 延时

利用单稳态触发器输出脉冲宽度一定的特性也可以实现延时的功能。与定时不同的是:延时是将输入脉冲滞后 t_W 时间后才输出。如图 7-16 所示电路为用 74LS121 设计的延时电路。当第 1 个 74LS121 接收触发信号 v_I 后,其 v_{O1} 端输出脉冲的宽度为 $t_{W1}=0.69R_{ext}C_{ext} \approx$ 2ms,2ms 后第 2 个 74LS121 接收其触发信号 v_{O1},其 v_O 端输出脉冲的宽度为 $t_{W2}=0.69R_{ext}C_{ext} \approx$ 1ms。这里第 1 个 74LS121 就起到延时的作用,而第 2 个 74LS121 可以用作定时信号。其工作波形图如图 7-17 所示。

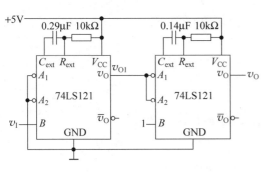

图 7-16 利用 74LS121 连接的延时电路

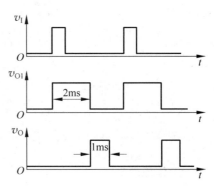

图 7-17 图 7-16 电路的工作波形图

7.5 多谐振荡器

7.5.1 多谐振荡器的特点

多谐振荡器(astable multivibrator)是一种自激振荡器,在接通电源后,不需要外加触发信号就可以自动地产生矩形波。由于矩形波含有丰富的高次谐波成分,所以矩形波振荡器又称为多谐振荡器。多谐振荡器没有稳定的状态,只有两个暂稳态,所以又称为无稳态电路。因为多谐振荡器产生矩形波的幅度和宽度都是一定的,所以它常用来作为脉冲信号源。

7.5.2 用555定时器构成的多谐振荡器

1. 电路结构

前面已经介绍过,施密特触发器具有滞回特性,假如能使它的输入电压在 V_{T+} 和 V_{T-} 之间不停地往复变化,那么在其输出端就可以得到一系列矩形波了。因此,首先将555定时器的 v_{I1} 和 v_{I2} 端连在一起接成施密特触发器,然后将输出 v_O 经 RC 积分电路接回到输入端就可以了。

为了减轻门 G_4 的负载,在电容 C 的容量较大时不宜直接由 G_4 提供电容的充、放电电流。为此,将电路中的 T_D 与 R_1 接成一个反相器,它的输出 v_O' 与 v_O 在高、低电平状态上完全相同。将 v_O' 经 R_2 和 C 组成的积分电路接到施密特触发器的输入端同样也能构成多谐振荡器,如图7-18所示。

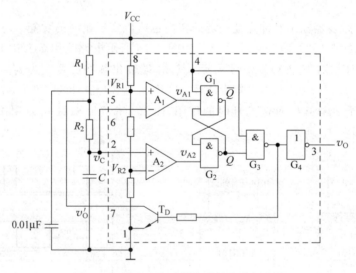

图7-18 用555定时器构成的多谐振荡器

2. 工作原理

当电源接通后,电容 C 来不及充电,所以 v_C 为低电平,输出 v_O 为高电平,三极管 T_D 截止,这样电源 V_{CC} 经电阻 R_1 和 R_2 对电容 C 充电。

随着充电的进行，v_C 电位升高，当升高到略大于 $\frac{2}{3}V_{CC}$ 时，输出 v_O 变为低电平，使 T_D 导通，此时电容 C 经电阻 R_2、三极管 T_D 放电。

随着放电的进行，v_C 电位降低，当下降到略小于 $\frac{1}{3}V_{CC}$ 时，输出 v_O 又变为高电平，三极管 T_D 截止，这样电源 V_{CC} 经电阻 R_1 和 R_2 对电容 C 充电。

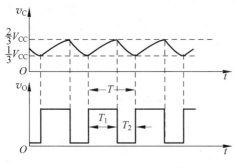

图 7-19 图 7-18 的电路的工作波形

如此循环往复下去，在输出端就得到了一系列的矩形波。v_C 和 v_O 的波形如图 7-19 所示。

由图 7-19 中 v_C 的波形求得电容 C 的充电时间 T_1 和放电时间 T_2 分别为

$$T_1 = (R_1+R_2)C\ln\frac{V_{CC}-V_{T-}}{V_{CC}-V_{T+}} = (R_1+R_2)C\ln 2 \tag{7-6}$$

$$T_2 = R_2 C\ln\frac{0-V_{T-}}{0-V_{T+}} = R_2 C\ln 2 \tag{7-7}$$

故电路的振荡周期为

$$T = T_1 + T_2 = (R_1 + 2R_2)C\ln 2 \tag{7-8}$$

振荡频率为

$$f = \frac{1}{T} = \frac{1}{(R_1+2R_2)C\ln 2} \tag{7-9}$$

占空比为

$$q = \frac{T_1}{T} = \frac{R_1+R_2}{R_1+2R_2} \tag{7-10}$$

同样道理，任意一个施密特触发器只要将输出 v_O 经 RC 积分电路接回到输入端都可以接成多谐振荡器，如图 7-20 所示。

由式(7-10)可以看出，图 7-18 所示电路的占空比大于 50%，电路输出高、低电平的时间不可能相等（即不可能输出方波）。另外，电路参数确定之后，占空比不可调。为了获得占空比可调的多谐振荡器，在图 7-18 所示电路的基础上增加一个电位器和两个二极管，就可以构成一个占空比可调的多谐振荡器，如图 7-21 所示。图 7-22 所示为用施密特触发器构成的占空比可调的多谐振荡器。

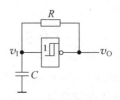

图 7-20 用施密特触发器接成的多谐振荡器

由于接入了二极管 D_1 和 D_2，电容的充电电流和放电电流流经不同的路径，充电回路为 V_{CC} 经 R_1、D_1 对 C 充电，而放电回路为 C 经 D_2、R_2、T_D 放电，因此电容的充电时间为

$$T_1 = R_1 C\ln 2 \tag{7-11}$$

而放电时间为

$$T_2 = R_2 C\ln 2 \tag{7-12}$$

输出脉冲的占空比为

$$q = \frac{R_1}{R_1+R_2} \tag{7-13}$$

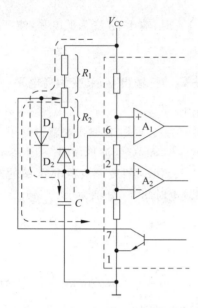

图 7-21 用 555 定时器构成的占空比可调的多谐振荡器

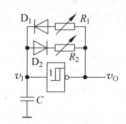

图 7-22 用施密特触发器构成的占空比可调的多谐振荡器

由式(7-13)可以看出，图 7-21 和图 7-22 所示电路只要改变电位器滑动端的位置，即可达到调节占空比的目的。当 $R_1=R_2$ 时，占空比 $q=\dfrac{1}{2}$，即电路输出的高、低电平的时间相等，即为方波。

7.5.3 石英晶体多谐振荡器

在许多场合下对多谐振荡器的振荡频率有严格的要求。例如将多谐振荡器作为数字钟的脉冲源，它的频率稳定性将直接影响计时的准确性。这时可以采用石英晶体多谐振荡器。

图 7-23 给出了石英晶体（Crystal）的符号和电抗的频率特性。由石英晶体的电抗频率特性可知，当外加电压的频率为 f_0 时它的阻抗最小，所以把它接入多谐振荡器的反馈环路中以后，频率为 f_0 的电压信号最容易通过它，并在电路中形成正反馈，而其他频率的信号经过石英晶体时被衰减。因此，振荡器的工作频率也必然是 f_0。

由石英晶体组成的多谐振荡器电路如图 7-24 所示。其工作原理是：为了产生自激振荡，电路就不能有稳定状态。因此要设法使门电路 G_1 和 G_2 工作在线性区，即放大区，为此两个门电路分别连接了反馈电路 R_1 和 R_2。

设电路接通电源时，门电路 G_1 的输出为高电平，门电路 G_2 的输出为低电平，在不考虑石英晶体作用的情况下，G_1 的高电平输出通过电阻 R_1 对电容 C_2 充电，使门电路 G_2 输入端的电压增大为高电平，输出跳变成低电平。与此同时，

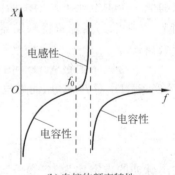

图 7-23 石英晶体的符号和电抗的频率特性

电容 C_1 在门电路 G_2 输入端的高电平，通过电阻 R_2 放电，使门电路 G_2 输入端的电压减少为低电平，输出跳变成高电平，实现门电路 G_1 的输出从高电平跳变成低电平，门电路 G_2 的输出从低电平跳变成高电平的一次翻转，电路周而复始地翻转产生方波信号输出。

晶振在电路中的作用是选频网络，当电路的振荡频率等于晶振的固有振荡频率 f_0 时，频率 f_0 的信号最容易通过晶振和 C_2 所在的支路形成正反馈，促进电路产生振荡，输出方波信号。

对于 TTL 门电路，图 7-24 所示的电路中电阻 R_1 和 R_2 的取值为 $0.7\text{k}\Omega \sim 2\text{k}\Omega$；对于 CMOS 门电路，电路中电阻 R_1 和 R_2 的取值为 $10\text{M}\Omega \sim 100\text{M}\Omega$。

当门电路为 CMOS 器件时，石英晶体多谐振荡器电路的组成采用如图 7-25 所示的形式更为简单。图中，门电路 G、电阻 R、电容 C_1、C_2 和晶振组成电容三点式振荡电路，产生频率为 f_0 的正弦波振荡，输出频率为 f_0 的正弦波信号。

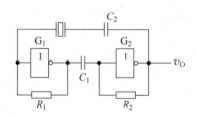

图 7-24 石英晶体多谐振荡器

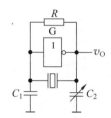

图 7-25 用 CMOS 器件组成的多谐振荡器

7.5.4 压控振荡器

压控振荡器(Voltage Controlled Oscillator，VCO)是一种频率随外界输入电压的变化而变化的振荡器，该振荡器广泛应用于自动控制、自动检测和通信系统中。

最简单的压控振荡器可由施密特触发器组成。由施密特触发器组成的压控振荡器电路如图 7-26(a)所示。外界的输入电压 v_I 控制电流源输出电流 I_0 的变化。当输入电压 v_I 增大时，电流源的输出电流 I_0 也增大，电容 C 充、放电的时间缩短，施密特电路输出方波信号的周期也缩短，方波信号的振荡频率增加，反之，方波信号的振荡频率将减小，实现输出信号的频率随输入信号电压的变化而变化的目的。工作电压波形如图 7-26(b)所示。

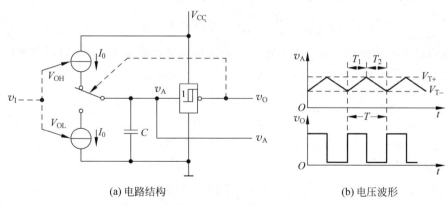

(a) 电路结构　　　　　　　　　　(b) 电压波形

图 7-26 施密特触发器型压控振荡器的电路结构和电压波形

小 结

在构成数字系统时必然要用到时钟脉冲。获取矩形脉冲波形的途径主要有两种：一种是利用各种形式的多谐振荡器电路直接产生所需要的矩形脉冲；另一种则是通过各种整形电路把已有的周期性变化的波形变换为符合要求的矩形脉冲，如施密特触发器、单稳态触发器整形电路。

施密特触发器能将各种变化缓慢的、周期性变化的不规则波形变换为边沿陡峭的矩形波，有两个门限电压，具有回差特性。因此在实际应用中，可以利用施密特触发器进行波形整形、波形变换和脉冲鉴幅。使用时，可以选择集成施密特触发器产品，如74LS14等，也可以利用555定时器构成施密特触发器。用555定时器构成的施密特触发器，当控制电压输入端V_{CO}悬空时，其上限阈值电压V_{T+}为$\frac{2}{3}V_{CC}$，下限阈值电压V_{T-}为$\frac{1}{3}V_{CC}$，回差电压ΔV_T为$\frac{1}{3}V_{CC}$；若V_{CO}外接固定电压，则上限阈值电压V_{T+}为V_{CO}，下限阈值电压V_{T-}为$\frac{1}{2}V_{CO}$，回差电压ΔV_T为$\frac{1}{2}V_{CO}$，通过调整V_{CO}的值可以调节回差电压的大小。

单稳态触发器有一个稳定状态和一个暂稳态。在外来触发脉冲的作用下，能够由稳定状态翻转到暂稳态，在暂稳态维持一段时间以后，再自动返回稳态。暂稳态维持时间的长短，仅取决于电路本身的参数，与触发脉冲的宽度和幅度无关。正是因为具有上述特点，单稳态触发器被广泛地应用于脉冲整形、延时以及定时的脉冲电路。使用时，可以选择集成单稳态触发器，如不可重复触发的单稳态触发器74LS121，带清除端的可重复触发的单稳态触发器74LS123等，也可以利用555定时器构成单稳态触发器。用555定时器构成的单稳态触发器，其输出脉冲的宽度t_W约为$1.1RC$。

多谐振荡器是一种自激振荡器，在接通电源后，不需要外加触发信号就可以自动地产生矩形波。多谐振荡器没有稳定的状态，只有两个暂稳态，所以又称为无稳态电路。因为多谐振荡器产生矩形波的幅度和宽度都是一定的，所以它常用来作为脉冲信号源。用555定时器可以方便地构成多谐振荡器。产生矩形脉冲的周期为$T=(R_1+2R_2)C\ln2$，频率为$f=\frac{1}{(R_1+2R_2)C\ln2}$，占空比为$q=\frac{T_1}{T}=\frac{R_1+R_2}{R_1+2R_2}$。若需要占空比可调的多谐振荡器，可以在充放电回路中增加电位器和二极管来实现。若需要频率比较稳定，可以采用石英晶体多谐振荡器，若需要一种频率随外界输入电压的变化而变化，则可以采用压控振荡器。

习 题

1. 填空题。

(1) 555定时器是一种_____器件，由于使用灵活、方便，所以555定时器广泛地应用在波形产生与变换、工业自动控制、定时、仿声、电子乐器、防盗报警等方面。

(2) 555定时器产品型号的最后数字为555的是_____产品，为7555的是_____

产品。

(3) 由 555 定时器构成的施密特触发器中,如果在 V_{CO} 端外接直流电压时,回差电压 ΔV_T 为_____。

(4) 施密特触发器是一种经常使用的_____电路,它有_____个稳定状态。

(5) 施密特触发器的上限阈值电压和下限阈值电压的差值称为_____。

(6) 单稳态触发器具有一个_____状态和一个_____状态。在外来触发脉冲的作用下,能够由_____状态翻转到_____状态,在_____状态维持一段时间以后,再自动返回_____状态。

(7) 单稳态触发器最重要的参数是_____。

(8) 多谐振荡器没有_____状态,只有两个_____状态,所以又称为_____电路。

(9) 将多谐振荡器作为数字钟的脉冲源,它的频率稳定性将直接影响计时的准确性,这时可以采用_____。

2. 选择题。

(1) 单稳态触发器的主要用途是_____。
A. 整形、延时、鉴幅　　　　　　B. 延时、定时、存储
C. 延时、定时、整形　　　　　　D. 整形、鉴幅、定时

(2) 为了将正弦信号转换成与之频率相同的脉冲信号,可采用_____。
A. 多谐振荡器　　　　　　　　　B. 移位寄存器
C. 序列信号发生器　　　　　　　D. 施密特触发器

(3) 石英晶体多谐振荡器的输出脉冲频率取决于_____。
A. 晶体的固有频率　　　　　　　B. 晶体的固有频率和 RC 参数值
C. RC 参数的大小　　　　　　　D. 组成振荡器的门电路的平均传输时间

(4) 回差特性是_____的基本特性。
A. 多谐振荡器　　B. 555 定时器　　C. 施密特触发器　　D. 单稳态触发器

(5) _____可以用来自动产生矩形波脉冲信号。
A. 施密特触发器　　B. 多谐振荡器　　C. 555 定时器　　D. 单稳态触发器

(6) 石英晶体多谐振荡器的突出优点是_____。
A. 速度高　　　　　　　　　　　B. 电路简单
C. 振荡频率稳定　　　　　　　　D. 输出波形边沿陡峭

(7) 由 555 定时器构成的施密特触发器,当改变控制电压 V_{CO} 时,则可改变_____。
A. 输出脉冲的幅值　　　　　　　B. 输出低电平的数值
C. 输出高电平的数值　　　　　　D. 回差电压

(8) 下列各电路中,具有脉冲幅度鉴别作用的是_____。
A. 单稳态触发器　　B. 施密特触发器　　C. 多谐振荡器　　D. 双稳态触发器

(9) 单稳态触发器输出脉冲的宽度取决于_____。
A. 触发脉冲的宽度　　　　　　　B. 电源电压
C. 触发脉冲的幅度　　　　　　　D. 定时电阻和电容的数值

(10) 由 555 定时器构成的单稳态触发器,改变控制电压 V_{CO} 时,则可改变_____。

A. 输出脉冲的幅值　　　　　　　　B. 输出脉冲的周期
C. 输出脉冲的宽度　　　　　　　　D. 输出脉冲的频率

(11) 由 555 定时器构成的多谐振荡器,增大定时电容 C,则增大_____。

A. 振荡周期　　　　　　　　　　　B. 输出脉冲的幅度
C. 占空比　　　　　　　　　　　　D. 振荡频率

(12) 下列电路中,没有稳定状态的是_____。

A. 多谐振荡器　　B. 单稳态触发器　　C. 施密特触发器　　D. 基本 RS 触发器

3. 若反相输出的施密特触发器输入信号波形如图 7-27 所示,试画出输出信号的波形。施密特触发器的转换电平 V_{T+} 和 V_{T-} 已在输入信号波形图上标出。

4. 在图 7-2 用 555 定时器接成的施密特触发器电路中,试求:

(1) 当 $V_{CC}=12V$,而且没有外接控制电压时,V_{T+}、V_{T-} 及 ΔV_T 的值。

(2) 当 $V_{CC}=9V$、外接控制电压 $V_{CO}=5V$ 时,V_{T+}、V_{T-} 及 ΔV_T 的值。

5. 555 定时器接成如图 7-28 所示的电路。已知输入 v_I 的范围为 $0V\sim5V$。

(1) 图示电路为何种功能的电路?有何特点?

(2) 当 $v_I=0V$ 时,电路输出 v_O 为何种状态?

(3) 定性画出 $v_O=f(v_I)$ 曲线,并标明电平值。

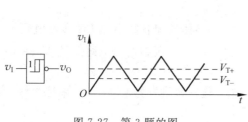

图 7-27　第 3 题的图

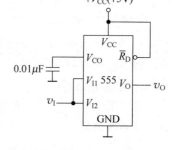

图 7-28　第 5 题的图

6. 电路形式同题 5,但 V_{CO} 端改接 $V_R=3.8V$ 的参考电压。

(1) 求电路的 V_{T+}、V_{T-} 及 ΔV_T 的值。

(2) 画出相应的 $v_O=f(v_I)$ 曲线。

7. 555 定时器接成如图 7-29 所示的电路。

(1) 图示电路为何种功能的电路?

(2) 说明图示电路处于稳态时 v_I 和 v_O 应为何种状态?

(3) 画出触发信号 v_I 作用后,v_I、v_C 和 v_O 各点的波形。

(4) 写出电路输出脉冲宽度 T_W 的计算公式。若 $R=10k\Omega$,$C=0.02\mu F$,计算 T_W 的值。

8. 图 7-30 是用两个集成单稳态触发器 74LS121 组成的脉冲变换电路,外接电阻和电容的参数如图 7-30 所示。试计算在图中所示的输入触发信号 v_I 的作用下 v_{O1}、v_{O2} 输出脉冲的宽度,并画出与 v_I 波形相对应的 v_{O1}、v_{O2} 的电压波形。

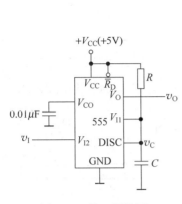

图 7-29 第 7 题的图

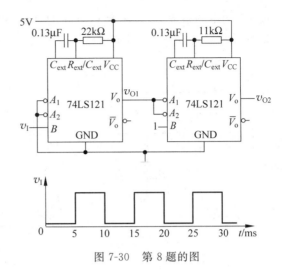

图 7-30 第 8 题的图

9. 集成单稳态触发器 74LS121 组成图 7-31 所示的电路。

(1) 从输入 v_I 上升沿触发开始,经多长时间后 $\overline{V}_O$ 端出现上升沿?

(2) 定性画出 v_I、$\overline{V}_O$、v_R 和 v_O 点波形。

(3) 若已知 $\overline{V}_O$ 端输出的高、低电平为 $V_{OH}=3.6V$,$V_{OL}=0.3V$,稳态时电阻 R 上的电压 $V_R=0.5V$,74LS14 的 $V_{T+}=1.7V$,$V_{T-}=0.9V$,$R=500\Omega$,$C=0.01\mu F$,计算输出 v_O 的负脉宽 T_W 的值。

10. 在图 7-18 用 555 定时器组成的多谐振荡器电路中,若 $R_1=R_2=5.1k\Omega$,$C=0.01\mu F$,$V_{CC}=12V$,试计算电路的振荡频率。

11. 用 555 定时器构成的多谐振荡器如图 7-32 所示。当电位器 R_W 滑动臂移至上、下两端时,分别计算振荡频率和相应的占空比 q。

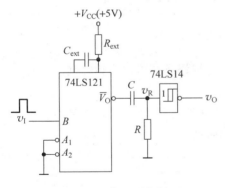

图 7-31 第 9 题的图

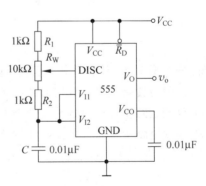

图 7-32 第 11 题的图

12. 555 定时器接成如图 7-33 所示的多谐振荡器电路。

(1) 说明电路充电、放电回路。

(2) 定性画出 v_C 和 v_O 点波形。

(3) 写出电路振荡周期 T 的计算公式。

13. 如图 7-34 所示,用两个 555 定时器接成延迟报警器。当开关 K 断开后,经过一定的延迟时间后扬声器开始发出声音。如果在延迟时间内 K 重新闭合,扬声器不会发出声

229

音。在图中给定的参数下,试求延迟时间的具体数值和扬声器发出声音的频率。图中 G_1 是 CMOS 反相器,输出的高、低电平分别为 $V_{OH} \approx 12V, V_{OL} = 0V$。

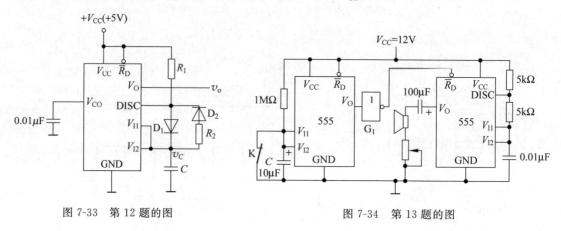

图 7-33 第 12 题的图　　　　　图 7-34 第 13 题的图

14. 图 7-35 所示的是救护车扬声器发音电路。在图中给出的电路参数下,试计算扬声器发出声音的高、低音频率以及高、低音的持续时间。当 $V_{CC} = 12V$ 时,555 定时器输出的高、低电平分别为 11V 和 0.2V,输出电阻小于 100Ω。

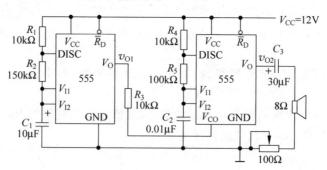

图 7-35 第 14 题的图

15. 分析图 7-36 所示的电子门铃电路,当按下按钮 S 时可使门铃鸣响。

(1) 说明门铃鸣响时 555 定时器的工作方式。

(2) 改变电路中什么参数能改变铃响的持续时间。

(3) 改变电路中什么参数能改变铃响的音调高低。

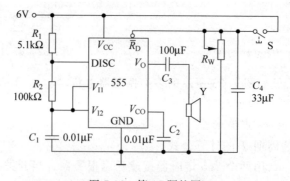

图 7-36 第 15 题的图

16. 有一信号 v_1 如图 7-37 所示,现需要检出幅度大于 6V 的脉冲,试用 555 定时器设计一个能实现该功能的电路,并确定 V_{CC} 的数值。

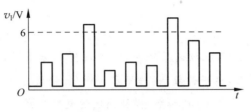

图 7-37　第 16 题的图

17. 一个过电压监视电路如图 7-38 所示,试说明当监视电压 v_X 超过一定值时,发光二极管 D 将发出闪烁的信号。提示:当三极管 T 饱和时,555 定时器的管脚 1 端可认为处于地电位。

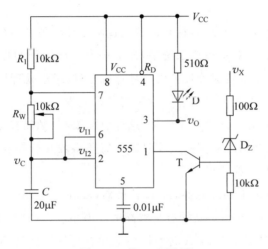

图 7-38　第 17 题的图

第8章　数/模和模/数转换

教学提示：在实际的计算机控制系统中，很多被控参数是模拟量，而计算机只能接收、处理和发送数字信号，因而，离不开数/模转换器和模/数转换器。

教学要求：要求学生了解模/数和数/模转换器的电路形式、主要技术指标、理解转换的基本原理和器件的应用方法。

8.1　概　　述

在数字计算机已经普及的今天，计算机控制技术已经应用到各行各业，比如自动控制系统、自动检测系统等。在计算机控制系统中，为了实现生产过程的控制，要将生产现场测得的信息如温度、压力、流量等传递给计算机。计算机经过计算、处理后，将结果以数字量的形式输出，并转换为适合于对生产过程进行控制的量。温度、压力、流量等都是随着时间连续变化的模拟量，而计算机处理的是数字信号，这样就需要模/数转换器将模拟量转换为数字量。而计算机输出的数字信号去控制被控对象又需要将数字量转换为模拟量，所以也需要经数/模转换器将数字量转换为模拟量。

为了保证数据处理结果的准确性，A/D 转换器(analog to digital converter)和 D/A 转换器(digital to analog converter)必须有足够高的转换精度。同时，为了适应快速过程的控制和检测的需要，A/D 转换器和 D/A 转换器还必须有足够快的转换速度。因此，转换精度和转换速度是衡量 A/D 转换器和 D/A 转换器性能优劣的主要标志。

在目前常见的 D/A 转换器中，有权电阻网络 D/A 转换器、倒 T 形电阻网络 D/A 转换器、权电流型 D/A 转换器等。

A/D 转换器的类型也有多种，可以分为直接 A/D 转换器和间接 A/D 转换器两大类。在直接 A/D 转换器中，输入的模拟电压信号直接被转换成相应的数字信号；而在间接 A/D 转换器中，输入的模拟信号首先被转换成某种中间变量(如时间、频率等)，然后再将这个中间变量转换为数字信号。

此外，根据 D/A 转换器数字量的输入方式划分，又分为并行输入 D/A 转换器和串行输入 D/A 转换器两种类型。相应地，在 A/D 转换器数字量的输出方式上，也有并行输出 A/D 转换器和串行输出 A/D 转换器两种类型。

考虑到 D/A 转换器的工作原理比 A/D 转换器的工作原理简单，而且在有些 A/D 转换器中需要用 D/A 转换器作为内部的反馈电路，所以首先讨论 D/A 转换器。

8.2 数/模(D/A)转换器

8.2.1 D/A 转换器的主要电路形式

1. 权电阻网络 D/A 转换器

权电阻网络 D/A 转换器(weighted resistance DAC)的电路原理图如图 8-1 所示。它实际上是一个输入信号受电子开关控制的反相比例加法电路。

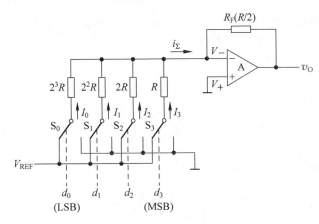

图 8-1 权电阻网络 D/A 转换器的原理图

图 8-1 中,S_3、S_2、S_1 和 S_0 是 4 个电子开关,它们的状态分别受输入代码 d_3、d_2、d_1 和 d_0 的取值控制,代码为 1 时开关接到参考电压 V_{REF} 上,代码为 0 时开关接地。故 $d_i=1$ 时有支路电流 I_i 流向运算放大器,$d_i=0$ 时支路电流为 0。这样根据反相比例加法器输入与输出之间的关系式可得

$$v_O = -i_F R_F = -\left(\frac{V_{REF}}{2^3 R}d_0 + \frac{V_{REF}}{2^2 R}d_1 + \frac{V_{REF}}{2R}d_2 + \frac{V_{REF}}{R}d_3\right)\frac{R}{2}$$

$$= -\frac{V_{REF}}{2^4}(2^0 d_0 + 2^1 d_1 + 2^2 d_2 + 2^3 d_3) = -\frac{V_{REF}}{2^4}D_4 \tag{8-1}$$

对于 n 位的权电阻网络 D/A 转换器,当反馈电阻为 $R/2$ 时,输出电压的计算公式可写成

$$v_O = -\frac{V_{REF}}{2^n}(2^0 d_0 + 2^1 d_1 + \cdots + 2^{n-2} d_{n-2} + 2^{n-1} d_{n-1}) = -\frac{V_{REF}}{2^n}D_n \tag{8-2}$$

其中 D_n 为输入的二进制数所对应的十进制数。

式(8-2)表明,输出的模拟电压正比于输入的数字量所对应的十进制数,从而实现了从数字量到模拟量的转换。

当输入的数字量为 00…00 时 $v_O=0$,为 11…11 时 $v_O = -\frac{2^n-1}{2^n}V_{REF}$,故 v_O 的最大变化范围是 $0 \sim -\frac{2^n-1}{2^n}V_{REF}$。

权电阻网络 D/A 转换器电路的优点是结构比较简单,所用的电阻元件数较少。缺点是

各个电阻的阻值相差较大,尤其是在输入信号的位数较多时,这个问题就更加突出。例如,当输入信号增加到 8 位时,如果取权电阻网络中最小的电阻为 $10\mathrm{k}\Omega$,那么最大的电阻值将达到 $2^7R=1.28\mathrm{M}\Omega$,两者相差 128 倍之多。这会给制造工艺带来很大困难,很难保证精度,特别是在集成 D/A 转换器中尤为突出。因此,在集成 D/A 转换器中,一般都采用下面介绍的倒 T 形电阻网络 D/A 转换器。

2. 倒 T 形电阻网络 D/A 转换器

为了克服权电阻网络 D/A 转换器中电阻阻值相差太大的缺点,又研制了倒 T 形电阻网络 D/A 转换器(inverted T type DAC),原理图如图 8-2 所示。由图可知,电阻网络中只有 R 和 $2R$ 两种阻值的电阻,因此会给集成电路的设计和制作带来很大的方便。

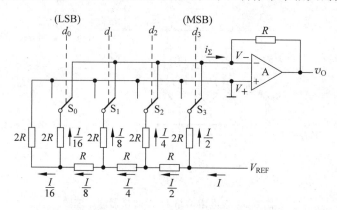

图 8-2 倒 T 形电阻网络 D/A 转换器

因为运算放大器的同相输入端 V_+ 接地,而利用虚短的性质,其反相输入端 V_- 为虚地。所以无论开关 S_3、S_2、S_1 和 S_0 合到哪一边,电阻与电子开关相连的一端总是接地,由此可得计算受电子开关控制的各支路电流大小的等效电路如图 8-3 所示。不难看出,依次从 AA、BB、CC 和 DD 端口向左看过去的等效电阻都是 R,因此从参考电源流入到 T 形电阻网络的总电流为 $I=\dfrac{V_{\mathrm{REF}}}{R}$,根据并联分流公式,可得各个电子开关所在支路的电流分别为 $\dfrac{I}{2}$、$\dfrac{I}{4}$、$\dfrac{I}{8}$ 和 $\dfrac{I}{16}$。

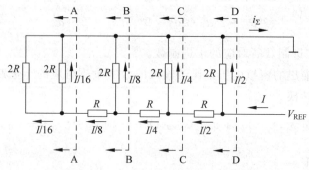

图 8-3 计算各支路电流的等效电路

如果令 $d_i=0$ 时开关 S_i 接地（运放的同相输入端 V_+），$d_i=1$ 时开关 S_i 接运放的反相输入端。根据反相加法器的计算公式可得图 8-2 所示电路的输出电压为

$$v_O = -I_F R = -\left(\frac{I}{16}d_0 + \frac{I}{8}d_1 + \frac{I}{4}d_2 + \frac{I}{2}d_3\right)R$$

$$= -\frac{V_{REF}}{2^4}(2^0 d_0 + 2^1 d_1 + 2^2 d_2 + 2^3 d_3) = -\frac{V_{REF}}{2^4}D_4 \tag{8-3}$$

式(8-3)与式(8-1)完全相同，因此，n 位输入的倒 T 形电阻网络 D/A 转换器的输出模拟电压的计算公式与式(8-2)也相同。

倒 T 形电阻网络 D/A 转换器的特点是电阻种类少，只有 R 和 $2R$ 两种，因此可以提高制造精度。并且，由于在倒 T 形电阻网络 D/A 转换器中，各支路电流直接流入运算放大器的输入端，它们之间不存在传输上的时间差。这样不仅提高了转换速度，而且也减少了动态过程中输出信号可能出现的尖脉冲。它是目前集成 D/A 转换器中转换速度较高且使用较多的一种。常用的 DAC0832 就是采用这种结构。

3. 权电流型 D/A 转换器

在分析权电阻网络 D/A 转换器和倒 T 形电阻网络 D/A 转换器的过程中，都把模拟开关看作理想开关处理，没有考虑它们的导通电阻和导通压降，并且每个开关的情况又不完全相同。它们的存在无疑将引起转换误差，影响转换精度。解决这个问题可采用权电流型 D/A 转换器(current-output DAC)。

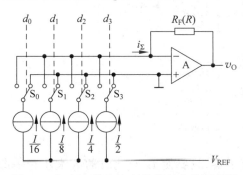

图 8-4 权电流型 D/A 转换器的电路原理图

权电流型 D/A 转换器的电路原理图如图 8-4 所示。可以看出，其是用电流源代替图 8-2 所示电路中的倒 T 形电阻网络。这样每个支路电流的大小不再受开关导通电阻和导通压降的影响，从而提高了转换的精度。

当输入数字量的某位代码为 1 时，对应的开关将恒流源接到运算放大器的反相输入端；当输入代码为 0 时，对应的开关接地，故输出电压为

$$v_O = -i_\Sigma R_F = -R_F\left(\frac{I}{16}d_0 + \frac{I}{8}d_1 + \frac{I}{4}d_2 + \frac{I}{2}d_3\right)$$

$$= -\frac{R_F I}{2^4}(2^0 d_0 + 2^1 d_1 + 2^2 d_2 + 2^3 d_3) \tag{8-4}$$

可见，v_O 正比于输入的数字量所对应的十进制数。

4. 双极性输出的 D/A 转换器

在前面介绍的 D/A 转换器输出电压都是单极性的，得不到正、负性的输出电压。而在实际的 D/A 转换电路中，还有一种双极性输出的 D/A 转换器。

双极性码表示模拟信号的幅值和极性，适用于具有正负极性的模拟信号的转换。常用的双极性码有偏移码、补码和原码，如表 8-1 所示。偏移码是自然二进制码经过偏移而得到

的一种双极性码,它是补码的符号位取反而得到的。在转换器应用中,偏移码是最容易实现的一种双极性码。

表 8-1 常用的三位双极性码表

要求的输出电压	原 码	输入补码	偏 移 码
+3V	011	011	111
+2V	010	010	110
+1V	001	001	101
0V	000	000	100
−1V	101	111	011
−2V	110	110	010
−3V	111	101	001
−4V		100	000

为了得到双极性输出的 D/A 转换器,在倒 T 形电阻网络电路中增设了由 V_B 和 R_B 组成的偏移电路,如图 8-5 所示。

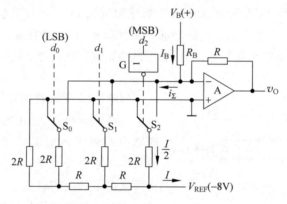

图 8-5 双极性输出的 D/A 转换器

为了使输入代码为 100 时对应的输出电压等于零,只要使 I_B 与此时的 i_Σ 大小相等即可,故应取

$$\frac{|V_B|}{R_B} = \frac{I}{2} = \frac{|V_{REF}|}{2R}$$

另外由于偏移码是由补码的符号位取反得到的,因此,在图 8-5 中将符号位经反相器后加到 D/A 转换器上。

通过上面的分析不难得出,双极性输出的 D/A 转换器的一般方法是只要在运算放大器的输入端接入一个偏移电流,使最高位为 1 而其他各位为 0 时输出电压为 0,同时将输入的符号位取反后接到一般的 D/A 转换器的输入,就得到了双极性输出的 D/A 转换器。

8.2.2 D/A 转换器的输出方式

常用的 D/A 转换器绝大部分是数字电流转换器,即输出量是电流。因此,实际应用时还需将电流转换成电压。为了正确使用 D/A 转换器,选择和设计输出电路是非常重要的。

根据运放和 D/A 转换器的连接方法不同,可以分为单极性输出和双极性输出两种。单极性输出的电压范围从 0V 到满度值(正值或负值),例如 $0\sim+10\mathrm{V}$。双极性输出的电压范围则从负满度值到正满度值,例如 $-5\sim+5\mathrm{V}$。

单极性反相电压输出电路如图 8-6(a)所示,输出电压为

$$v_\mathrm{O} = -I_\Sigma R_\mathrm{F} \tag{8-5}$$

同相电压输出电路如图 8-6(b)所示,输出电压为

$$v_\mathrm{O} = I_\Sigma R\left(1+\frac{R_\mathrm{F}}{R_1}\right) \tag{8-6}$$

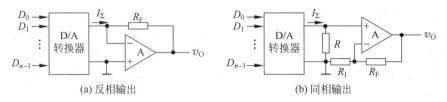

(a) 反相输出　　　　　　　　　　　(b) 同相输出

图 8-6　D/A 转换器的单极性电压输出

双极性输出电路如图 8-7 所示。D/A 转换器内部的反馈电阻为 $10\mathrm{k}\Omega$,A_1 实现单极性输出。由于 $R_\mathrm{F2}=R_2=2R_1$,因此,A_2 实现将单极性输出 v_O1 放大两倍并和 V_REF 进行反相求和。

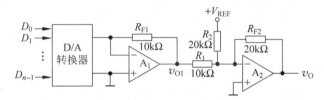

图 8-7　D/A 转换器的双极性电压输出

由图 8-7 可得

$$v_\mathrm{O} = -(2v_\mathrm{O1}+V_\mathrm{REF}) = -\left[2\left(-\frac{D_n}{2^n}V_\mathrm{REF}\right)+V_\mathrm{REF}\right] \tag{8-7}$$

式(8-7)说明该电路实现了双极性偏移二进制码转换。

8.2.3　D/A 转换器的主要技术指标

D/A 转换器的主要技术指标有分辨率、转换误差和转换时间等。

1. 分辨率

分辨率(resolution)用于表征 D/A 转换器对输入微小量变化的敏感程度。其定义为最小输出电压(对应的输入数字量只有最低有效位为 1)与最大输出电压(对应的数字输入信号所有有效位全为 1)之比。例如对于 8 位 D/A 转换器,其分辨率为

$$\frac{1}{2^8-1} = \frac{1}{255} \approx 0.004$$

分辨率越高,在转换时,对应数字输入信号最低位的模拟信号电压数值越小,也就越灵

敏。有时也用数字输入信号的有效位数来给出分辨率。例如,单片集成 D/A 转换器 DAC0832 的分辨率为 8 位,DAC1210 的分辨率为 12 位。

2. 转换误差

转换误差是转换器实际转换特性曲线与理想转换特性曲线之间的最大偏差,它是一个实际的性能指标。转换误差通常用满量程(FSR)的百分数来表示。例如一个 DAC 的线性误差为 0.05%,也就是说转换误差是满量程的万分之五。有时转换误差用最低有效位 LSB 的倍数来表示。例如一个 DAC 的转换误差为 LSB/2,则表示输出电压的绝对误差是最低有效位为 1 时的输出电压的 1/2。

造成 D/A 转换器转换误差的原因有参考电压 V_{REF} 的波动、运算放大器的零点漂移、模拟开关的导通内阻和导通压降、电阻网络中电阻值的偏差以及三极管特性不一致等。

D/A 转换器的分辨率和转换误差共同决定了 D/A 转换器的精度。提高 D/A 转换器的精度,不仅要选择位数多的 D/A 转换器,还要选用稳定度高的参考电压和低漂移的运算放大器与其配合。

3. 转换时间

D/A 转换器的转换时间是选择器件时的另一项重要技术指标。D/A 转换器的转换时间规定为转换器完成一次转换所需的时间,也即从转换命令发出开始到转换结束为止的时间。D/A 转换器的转换时间是由其建立时间 t_{set} 来决定的,表示从输入的数字量发生突变开始,到输出电压进入与稳态值相差 $\pm\frac{1}{2}$ LSB 范围内的这段时间,如图 8-8 所示。建立时间通常由手册给出。目前不包含运算放大器的单片集成 D/A 转换器中,建立时间最短的可达到 0.1μs 以内。在包含运算放大器的集成 D/A 转换器中,建立时间最短的可达到 1.5μs 以内。

除了上述指标外,在使用 D/A 转换器时,还必须知道工作电源电压、输出方式、输出值的范围和输入逻辑电平等,这些都可以在使用手册中查到。

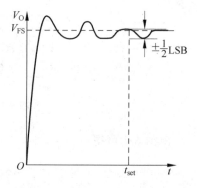

图 8-8 D/A 转换器的转换时间

8.2.4 集成 D/A 转换器

在基本电路结构的基础上,附加一些控制端,就形成了集成 D/A 转换器。目前 D/A 转换器的种类很多,功能各异,比如分辨率有 8 位、10 位、12 位和 16 位等。有内部不带锁存器(需要外加锁存器)和内部带有锁存器(可直接与计算机的数据线连接)。内部带有锁存器的 D/A 转换器有 DAC0832、AD7524 等,不带有锁存器的有 AD7520、AD7521 等。下面介绍 8 位 D/A 转换器 DAC0832 的内部结构、工作原理和使用方法。

1. DAC0832 的内部结构

DAC0832 是美国国家半导体公司(National)生产的 8 位 D/A 转换集成芯片,能完成数字量输入、模拟量(电流)输出的转换。单电源供电,从+5～+15V均可正常工作,基准电压的范围为±10V,电流建立时间为$1\mu s$,CMOS工艺,低功耗20mW。其具有价格低廉、接口简单、转换控制容易等优点,在计算机应用系统中得到了广泛的应用。

DAC0832的原理框图如图8-9所示。由图可以看出DAC0832由8位数据锁存器、8位DAC寄存器、8位D/A转换电路及转换控制电路构成。

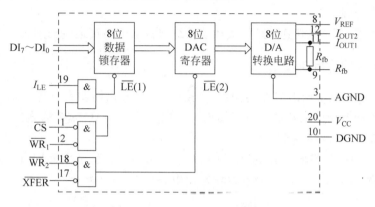

图8-9 DAC0832的原理框图

在图8-9中,$\overline{LE}(1)$为锁存器命令,由原理框图可知,当$I_{LE}=1$,$CS=\overline{WR_1}=0$时,$\overline{LE}(1)=1$,8位数据锁存器的输出状态随着输入数据的状态变化,否则$\overline{LE}(1)=0$,数据被锁存;$\overline{LE}(2)$为寄存器命令,当$\overline{WR_2}=0$和$\overline{XFER}=0$时,$\overline{LE}(2)=1$,DAC寄存器的输出状态随着数据锁存器的输出状态变化,进行D/A转换,否则$\overline{LE}(2)=0$,停止D/A转换。

由此可见,可以通过对控制引脚的不同设置而决定是采用双缓冲方式(两级输入锁存)、单缓冲方式(两级同时输入锁存或只用一级输入锁存,另一级始终直通)还是完全接成直通的形式。

2. DAC0832的引脚功能

$DI_0 \sim DI_7$:8位数据输入线。

I_{LE}:数据锁存允许信号,高电平有效。

$\overline{CS}$:数据锁存器选择信号,也称片选信号,低电平有效。它与I_{LE}信号结合可对$\overline{WR_1}$信号是否起作用进行控制。

$\overline{WR_1}$:数据锁存器的写选通信号,低电平有效,用以把数字量输入锁存于数据锁存器中,在$\overline{WR_1}$有效时,必须$\overline{CS}$和I_{LE}同时有效。

$\overline{XFER}$:数据传送信号,低电平有效。

$\overline{WR_2}$:DAC寄存器的写选通信号,低电平有效,用以将锁存于数据锁存器的数字量传送到D/A寄存器中锁存。$\overline{WR_2}$有效时,$\overline{XFER}$必须有效。

I_{OUT1}:电流输出引脚1。随DAC寄存器的内容线性变化,当DAC寄存器输入全为1时,输出电流最大,DAC寄存器输入全为0时,输出电流为0。

I_{OUT2}:电流输出引脚2,与I_{OUT1}电流互补输出,即I_{OUT1}与I_{OUT2}的和为常数。

R_{fb}:反馈电阻连接端。由于片内已具有反馈电阻,故可以和外接运算放大器直接相连。该运算放大器是将 D/A 芯片电流输出转换为电压输出 V_{OUT}。

V_{REF}：基准电源输入引脚。该引脚把一个外部标准电压源与内部倒 T 型网络相接，外接电压源的稳定精度直接影响 D/A 转换精度，所以要求 V_{REF} 精度应尽可能高一些，范围为 $-10 \sim +10V$。

V_{CC}：电源电压输入端，范围为 $+5 \sim +15V$。

DGND：数字地。

AGND：模拟地。模拟量电路的接地端始终与数字电路接地端相连。

3. DAC0832 的输出方式

DAC0832 是电流型输出器件，它不能直接带负载，所以需要在其电流输出端加上运算放大器，将电流输出线性地转换成电压输出。根据运放和 DAC0832 的连接方法不同，可以分为单极性输出和双极性输出两种。

（1）单极性输出。只要在其电流输出端加上一级电压运算放大器即可满足输出电压的要求，但需要将 I_{OUT2} 端接地。单极性电压输出电路如图 8-10 所示。

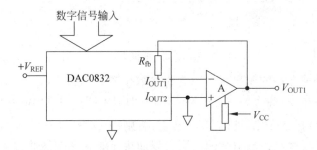

图 8-10 单极性电压输出电路

图 8-10 中，DAC0832 的电流输出端 I_{OUT1} 接至运算放大器的反相输入端。故输出电压 V_{OUT1} 与参考电压 V_{REF} 极性相反。其输出电压为

$$V_{OUT1} = - I_{OUT1} \times R_{fb} \tag{8-8}$$

或者为

$$V_{OUT1} = - V_{REF} \times \frac{D}{256} \tag{8-9}$$

由此，8 位单极性电压输出采用二进制代码时，输入数字量与输出电压之间的对应关系如表 8-2 所示。

表 8-2 单极性电压输出时输入数字量与输出电压之间的对应关系

数 字 量								模 拟 量
MSB							LSB	
1	1	1	1	1	1	1	1	$-V_{REF} \times \frac{255}{256}$
1	0	0	0	0	0	0	0	$-V_{REF} \times \frac{128}{256}$
0	0	0	0	0	0	0	0	$-V_{REF} \times \frac{0}{256}$

（2）双极性输出。只要在单极性电压输出的基础上再加上一级电压放大器，并配以相关的电阻网络，就可以构成双极性电压输出，如图 8-11 所示。

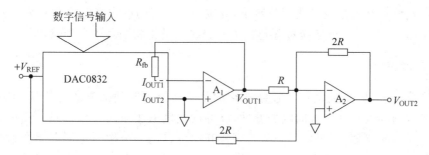

图 8-11 双极性电压输出电路

在图 8-11 中，运放 A_2 构成的是反相求和电路，其输出 V_{OUT2} 为

$$V_{OUT2} = -2V_{OUT1} - V_{REF} \tag{8-10}$$

将式(8-9)代入式(8-10)得

$$V_{OUT2} = V_{REF} \times \frac{D-128}{128} \tag{8-11}$$

设

$$1\text{LSB} = \frac{|V_{REF}|}{128} \tag{8-12}$$

由此，采用偏移二进制代码的双极性电压输出时，数字量与模拟量之间的关系如表 8-3 所示。

表 8-3 双极性输出时数字量与模拟量之间的关系

输入数字量								输出模拟量	
MSB							LSB	$+V_{REF}$	$-V_{REF}$
1	1	1	1	1	1	1	1	$V_{REF} - 1\text{LSB}$	$-|V_{REF}| + 1\text{LSB}$
1	1	0	0	0	0	0	0	$V_{REF}/2$	$-|V_{REF}|/2$
1	0	0	0	0	0	0	0	0	0
0	1	1	1	1	1	1	1	-1LSB	$+1\text{LSB}$
0	0	1	1	1	1	1	1	$-\frac{V_{REF}}{2} - 1\text{LSB}$	$\frac{|V_{REF}|}{2} + 1\text{LSB}$
0	0	0	0	0	0	0	0	$-V_{REF}$	$|V_{REF}|$

8.3 模/数(A/D)转换器

8.3.1 A/D 转换器的基本工作原理

A/D 转换器的功能是将模拟信号转换为数字信号。因为输入的模拟信号在时间上是连续的，而输出的数字信号是离散的，因此转换只能在一系列选定的瞬间对输入的模拟信号采样,然后再把这些采样值转换成输出的数字量。

A/D 转换的过程是首先对输入的模拟电压信号进行采样,采样结束后进入保持时间,在这段时间内将采样的电压量化为数字量,并按一定的编码形式给出转换结果。然后,再开始下一次采样。因此,A/D 转换过程包括采样、保持、量化和编码 4 个步骤。

1. 采样和保持

(1) 采样(sample)是将时间上连续变化的信号转换为时间上离散的信号,即把时间上连续的模拟量转换为一系列等间隔的脉冲,脉冲的幅度取决于输入模拟量。实现这个采样过程的装置称为采样器,又叫采样开关。采样开关可以用一个按一定周期闭合的开关来表示,其采样周期为 T,每次闭合的持续时间为 τ。连续的输入信号 $v_I(t)$ 经过采样器 S 后,变成离散的脉冲序列 $v_S(t)$,如图 8-12 所示。每个脉冲的宽度为 τ,幅度等于采样器闭合期间输入信号的瞬时值。$v_S(t)$ 只在采样器闭合期间有值,而当采样器断开时,$v_S(t)=0$。显然,采样过程要丢失采样间隔之间的信息。

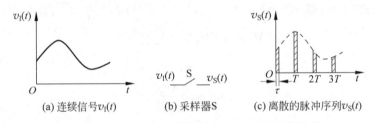

(a) 连续信号 $v_I(t)$ (b) 采样器 S (c) 离散的脉冲序列 $v_S(t)$

图 8-12 连续信号的采样过程

为了不失真地恢复原来的输入信号,根据采样定理,一个频率有限的模拟信号,其采样频率 f_s 必须大于等于输入模拟信号所包含的最高频率 f_{max} 的两倍,即采样频率必须满足

$$f_s \geqslant 2f_{max} \tag{8-13}$$

模拟信号经采样电路采样后,变成一系列脉冲信号,采样脉冲宽度 τ 一般是很短暂的,在下一个采样脉冲到来之前,应暂时保留前一个采样脉冲结束时刻对应的模拟量瞬时值(简称为采样值),以便实现对该模拟量值进行转换,保留时间等于 A/D 转换器转换时间。因此,在采样电路之后需加信号保持电路。

(2) 保持(hold)就是将采样最终时刻的信号电压保持下来,直到下一个采样信号出现。图 8-13(a)所示的是一种常见的采样保持电路,场效应管 T 为采样开关;电容 C_H 为保持电容;运算放大器作为电压跟随器使用,起缓冲隔离作用。在采样脉冲 $S(t)$ 到来的时间 τ 内,场效应管 T 导通,输入模拟量 $v_I(t)$ 向电容充电,假定充电时间常数远小于 τ,那么 C_H 上的充电电压能及时跟上 $v_I(t)$ 的瞬时值变化。采样结束,T 迅速截止,电容 C_H 上的充电电压就保持了前一采样时间 τ 的最终时刻输入 $v_I(t)$ 的瞬时值,一直保持到下一个采样脉冲到来。当下一个采样脉冲到来,电容 C_H 上的电压 $v_S(t)$ 再按 $v_I(t)$ 输入变化。在输入采样脉冲序列后,缓冲放大器输出电压的脉冲序列如图 8-13(b)所示。

采样保持电路的精度及性能极大地影响 A/D 转换器的精度。目前已经生产出多种采样保持集成电路。比如 LF198/298/398、AD582、AD585、AD346、THS-0025 等。

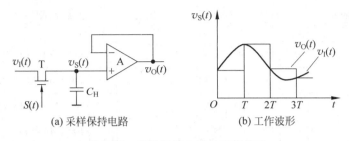

图 8-13 采样保持电路及工作波形

2. 量化和编码

采样保持电路的输出仍然为离散的模拟量,而数字信号不仅在时间上是离散的,而且数值上也是不连续的。因此用数字量来表示模拟量时,任何一个数字量的大小只能是某个规定的最小数量单位的整数倍。在进行 A/D 转换时,必须把采样电压表示为这个最小单位的整数倍,这个转化过程叫做量化(quantization)。所取的最小数量单位叫做量化单位,用 Δ 表示。显然,数字信号最低有效位(LSB)的 1 所代表的数量大小就等于 Δ。

把量化的结果用代码(可以是二进制,也可以是其他进制)表示出来,称为编码。这些代码就是 A/D 转换的输出结果。

模拟采样信号不一定能被 Δ 整除,所以在进行量化的过程中,不可避免地会引入误差,这种误差称为量化误差(quantization error)。量化误差的大小与量化的方法和编码的二进制位数有关。量化的最小单位 Δ 取决于编码的二进制位数,编码的二进制位数越大,量化的最小单位 Δ 越小,量化误差越小。当采用的量化方法不同时,所引入的误差也不同,比如下面两种不同的量化方法,得到的量化误差相差较大。

(1) 只舍不入法。这种方法是将小于量化单位 Δ 的值舍掉,取下限值数字量。例如将 0~1V 的模拟信号转化成 3 位二进制数,因 3 位二进制数可以表示 8 种状态,所以量化的最小单位 $\Delta = \frac{1}{8}$,采用只舍不入法进行量化的电平如图 8-14(a)所示。由图可以看出,最大的量化误差为 $\frac{1}{8}$V。

(2) 四舍五入法。这种方法是将小于 $\frac{\Delta}{2}$ 的值舍掉,取下限值数字量,将大于 $\frac{\Delta}{2}$ 而小于 Δ 的值看做一个量化单位 Δ,取其上限值的数字量。例如,同样将 0~1V 的模拟信号转化成 3 位二进制数,现在取量化单位为 $\Delta = \frac{2}{15}$,采用四舍五入法进行量化的电平如图 8-14(b)所示。由图可以看出,最大的量化误差仅为 $\frac{1}{15}$V。

8.3.2 A/D 转换器的主要电路形式

1. 直接 A/D 转换器

直接 A/D 转换器能将输入的模拟电压信号直接转换为输出的数字量而不需要经过中间变量。特点是工作速度高,能保证转换精度,易于调准。常用的直接 A/D 转换器有并联

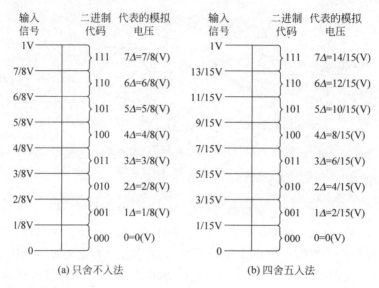

图 8-14 只舍不入法和四舍五入法量化的电平图

比较型和逐次逼近型两类。

(1) 并联比较型 A/D 转换器

并联比较型 A/D 转换器(parallel-comparator ADC)的电路原理图如图 8-15 所示,它由电压比较器、寄存器和编码器 3 部分组成。为了简化电路,图中以 3 位 A/D 转换器为例,并且略去了采样保持电路。V_{REF} 是参考电压。输入的模拟电压 V_I 已经是采样保持电路的输出电压了,取值范围为 $0 \sim V_{REF}$,输出为 3 位二进制代码 $d_2 d_1 d_0$。

电压比较器由电阻分压器和 7 个比较器构成。在电阻分压器中,量化电平依据四舍五入法进行划分,电阻网络将参考电压 V_{REF} 分压,得到从 $\frac{1}{15}V_{REF}$ 到 $\frac{13}{15}V_{REF}$ 之间的 7 个量化电平,量化单位为 $\Delta = \frac{2}{15}V_{REF}$,量化误差为 $\frac{1}{15}V_{REF}$。然后,把这 7 个量化电平分别接到 7 个电压比较器的反相输入端,作为比较基准。同时,将输入的模拟电压 V_I 接到 7 个电压比较器的同相输入端,与这 7 个量化电平进行比较。若 V_I 不低于比较器 A_i 的比较电平,则比较器 A_i 的输出为 1,否则为 0。

寄存器由 7 个 D 触发器组成。在时钟脉冲 CP 的作用下,将比较结果暂存,以供编码用。

若 $V_I < \frac{1}{15}V_{REF}$,则所有比较器的输出全是低电平,CP 上升沿到来后,由 D 触发器组成的寄存器中所有的触发器($FF_0 \sim FF_6$)都被置为 0 状态。

若 $\frac{1}{15}V_{REF} \leqslant V_I < \frac{3}{15}V_{REF}$,则只有 A_0 输出高电平,CP 上升沿到来后,触发器 FF_0 被置为 1,其余触发器 $FF_1 \sim FF_6$ 都被置为 0 状态。

依此类推,即可得到不同输入电压值时对应的寄存器的输出状态,如表 8-4 所示。不过寄存器输出的是一组 7 位的二值代码,还不是所要求的二进制数,因此必须经过编码器对寄存器的输出状态进行编码。

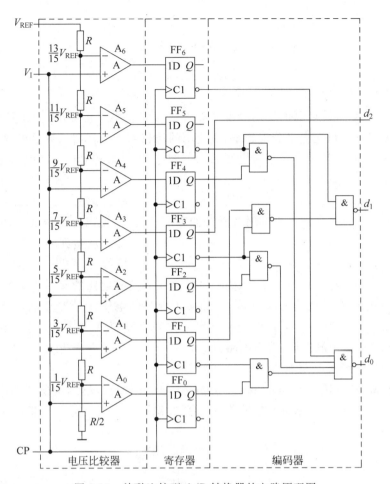

图 8-15 并联比较型 A/D 转换器的电路原理图

表 8-4 3 位并联比较型 A/D 转换器的代码转换表

输入模拟电压 V_I	寄存器状态（编码器的输入） $Q_6\ Q_5\ Q_4\ Q_3\ Q_2\ Q_1\ Q_0$	数字量输出（编码器的输出） $d_2\ d_1\ d_0$
$(0 \sim 1/15)V_{REF}$	0　0　0　0　0　0　0	0　0　0
$(1/15 \sim 3/15)V_{REF}$	0　0　0　0　0　0　1	0　0　1
$(3/15 \sim 5/15)V_{REF}$	0　0　0　0　0　1　1	0　1　0
$(5/15 \sim 7/15)V_{REF}$	0　0　0　0　1　1　1	0　1　1
$(7/15 \sim 9/15)V_{REF}$	0　0　0　1　1　1　1	1　0　0
$(9/15 \sim 11/15)V_{REF}$	0　0　1　1　1　1　1	1　0　1
$(11/15 \sim 13/15)V_{REF}$	0　1　1　1　1　1　1	1　1　0
$(13/15 \sim 1)V_{REF}$	1　1　1　1　1　1　1	1　1　1

编码器由 6 个与非门构成，将寄存器送来的 7 位二值代码换成 3 位二进制代码 d_2、d_1 和 d_0，根据表 8-4 得到逻辑关系如下：

$$\begin{cases} d_2 = Q_3 \\ d_1 = Q_5 + \overline{Q}_3 Q_1 = \overline{\overline{Q_5} \, \overline{\overline{Q}_3 Q_1}} \\ d_0 = Q_6 + \overline{Q}_5 Q_4 + \overline{Q}_3 Q_2 + \overline{Q}_1 Q_0 = \overline{\overline{Q_6} \, \overline{\overline{Q}_5 Q_4} \, \overline{\overline{Q}_3 Q_2} \, \overline{\overline{Q}_1 Q_0}} \end{cases} \quad (8\text{-}14)$$

按照式(8-14)即可得到图 8-15 中的编码器。

并联比较型 A/D 转换器的转换精度主要取决于量化电平的划分,分得越细(Δ 取得越小),精度越高。不过量化电平分得越细,所使用的比较器和触发器的数目也就越大,电路也就更复杂。此外,转换精度还受参考电压的稳定度、分压电阻相对精度及电压比较器灵敏度的影响。

并联比较型 A/D 转换器的最大优点是转换速度快,故又称为高速 A/D 转换器。其转换速度实际上取决于器件的速度和时钟脉冲的宽度。目前,输出为 8 位的并联比较型 A/D 转换器转换时间可以达到 50ns 以下,这是其他 A/D 转换器无法做到的。

另外,使用图 8-15 所示的这种含有寄存器的 A/D 转换器时,可以不用附加采样保持电路。因为比较器和寄存器也兼有采样保持功能,这也是这种电路的又一个优点。

并联比较型 A/D 转换器的缺点是,需要使用较多的电压比较器和触发器。从图 8-15 所示电路可以看出,对于一个 n 位二进制输出的并联比较型 A/D 转换器,需要有 $2^n - 1$ 个电压比较器和 $2^n - 1$ 个触发器,编码电路也随 n 的增大变得更为复杂。

(2) 逐次逼近型 A/D 转换器

逐次逼近型 A/D 转换器(successive approximation ADC)的结构框图如图 8-16 所示。它由电压比较器 A、D/A 转换器、寄存器、时钟脉冲源和控制逻辑电路 5 部分组成。

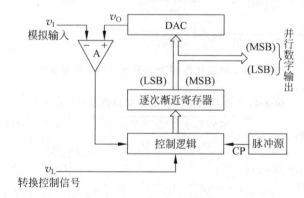

图 8-16 逐次逼近型 A/D 转换器的结构框图

转换开始前,先将寄存器清零,所以加给 D/A 转换器的数字量也是全 0。转换控制信号 v_L 变为高电平时开始转换,时钟信号首先将寄存器的最高位置成 1,使寄存器的输出为 $100\cdots00$。这个数字量被 D/A 转换器转换成相应的模拟电压 v_O,并送到比较器与输入信号 v_I 进行比较。如果 $v_O > v_I$,说明数字过大了,则应去掉这个 1;如果 $v_O < v_I$,说明数字还不够大,则应保留这个 1。然后,再按同样的方法将次高位置 1,并比较 v_O 与 v_I 的大小以确定这一位的 1 是否应当保留。这样逐位比较下去,直到最低位比较完为止。这时寄存器里所存的数码就是所求的输出数字量。

由上述转换过程可知,逐次逼近型 A/D 转换器的转换时间取决于转换中的数字位数的多少,完成每位数字的转换需要一个时钟周期,第 $n+1$ 个时钟周期作用后,第 n 位数据才存入寄存器,最后一个时钟周期数据送到输出寄存器,所以完成一次转换所需要的时间为 $n+2$ 个时钟周期。因此,它的转换速度比并联比较型 A/D 转换器低,而且输出位数较多时,电路比并行的简单。正因为如此,逐次逼近型 A/D 转换器是目前应用十分广泛的集成 A/D 转换器。常用的 ADC0809、AD574 等都是采用这种结构的 A/D 转换器。

2. 间接 A/D 转换器

间接 A/D 转换器就是将采样电压值转换成对应的中间量值,如时间变量 t 或频率变量 f,然后再将时间量值 t 或频率量值 f 转换成数字量(二进制数)。特点是工作速度较低但转换精度较高,且抗干扰性强,一般在测试仪表中用得较多。目前使用的间接 A/D 转换器多半属于电压-时间变换型(简称 $V\text{-}T$ 变换)和电压-频率变换型(简称 $V\text{-}F$ 变换)两类。

在 $V\text{-}T$ 变换型 A/D 转换器中,首先把输入的模拟电压信号转换成与之成正比的时间宽度信号,然后在这个时间宽度里对固定频率的时钟脉冲计数,计数的结果就是正比于输入模拟电压的数字信号。

在 $V\text{-}F$ 变换型 A/D 转换器中,则首先把输入的模拟电压信号转换成与之成正比的频率信号,然后在一个固定的时间间隔里对得到的频率信号计数,所得到的计数结果就是正比于输入模拟电压的数字量。

(1) 双积分型 A/D 转换器

在 $V\text{-}T$ 变换型 A/D 转换器中,用得最多的是双积分型 A/D 转换器(dual-slope ADC)。双积分型 A/D 转换器的转换原理是,首先将输入的模拟电压信号转换成与其大小成正比的时间脉宽信号,然后在这个时间内对固定频率的时钟进行计数,计数结果就是正比于输入模拟电压信号的数字信号。

双积分型 A/D 转换器的原理框图如图 8-17 所示。它由比较器、积分器、计数器、控制逻辑、时钟信号源等部分构成。

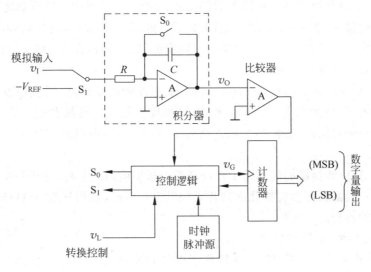

图 8-17 双积分型 A/D 转换器的原理框图

转换开始前,转换控制信号 $v_L=0$,将计数器置零,控制逻辑使开关 S_0 闭合,S_1 断开,电容 C 完全放电。

当 v_L 变为 1 时开始转换。由控制逻辑使 S_0 断开,S_1 接通输入模拟电压信号 v_I,积分器对 v_I 进行固定时间 T_1 的积分。积分结束时积分器的输出电压为

$$v_O = \frac{1}{C}\int_0^{T_1} -\frac{v_I}{R}dt = -\frac{T_1}{RC}v_I \tag{8-15}$$

式(8-15)说明,在 T_1 固定的条件下,积分器的输出电压 v_O 与输入电压 v_I 成正比。

当时间 T_1 到了以后,产生溢出信号,通过控制逻辑电路,使开关 S_1 转接到参考电压(或称为基准电压)$-V_{REF}$ 一侧,积分器向相反方向积分。如果积分器的输出电压上升到零时所经过的积分时间为 T_2,则可得

$$v_O = \frac{1}{C}\int_0^{T_2}\frac{V_{REF}}{R}dt - \frac{T_1}{RC}v_I = 0$$

则

$$\frac{T_2}{RC}V_{REF} = \frac{T_1}{RC}v_I$$

所以

$$T_2 = \frac{T_1}{V_{REF}}v_I \tag{8-16}$$

可见,反向积分到 $v_O=0$ 的这段时间 T_2 与输入信号 v_I 成正比。

令计数器在 T_2 这段时间里对固定频率为 $f_c\left(f_c=\frac{1}{T_c}\right)$ 的时钟脉冲进行计数,则计数结果也一定与 v_I 成正比,即

$$D = \frac{T_2}{T_c} = \frac{T_1}{T_c V_{REF}}v_I \tag{8-17}$$

式(8-17)中的 D 为表示模拟输入电压信号 v_I 对应的数字量。

双积分型 A/D 转换器的电压波形图如图 8-18 所示。从图中可以直观地看出:当 v_I 取为两个不同的数值 V_{I1} 和 V_{I2} 时,反向积分时间 T_2 和 T_2' 也不相同,而且时间的长短与 v_I 的大小成正比。由于时钟脉冲源输出的是固定频率的脉冲,所以在 T_2 和 T_2' 期间送给计数器的计数脉冲的数目必然与 v_I 成正比。

双积分型 A/D 转换器的优点如下。第一,工作性能比较稳定,转换精度高。由于转换结果只与 V_{REF} 有关,因此只要保证 V_{REF} 稳定,就能保证很高的转换精度;第二,抗干扰能力强。由于两个积分时间内,转换的是输入信号 v_I 的平均值,所以对交流干扰信号具有很强的抑制力。

双积分型 A/D 转换器的缺点是工作速度低。根据前面的分析,完成一次转换需要的时间为 T_1+T_2,一般都在每秒转换几次到几十次以内。因此,双积分型 A/D 转换器应用于对速度要求不高的场合。

(2) V-F 变换型 A/D 转换器

图 8-19 所示为 V-F 变换型 A/D 转换器的结构框图。它由压控振荡器(VCO)、寄存器、计数器、时钟信号控制闸门等部分组成。

压控振荡器 VCO 的输出脉冲的频率 f_{OUT} 随输入模拟电压信号 v_I 的变化而改变,而且

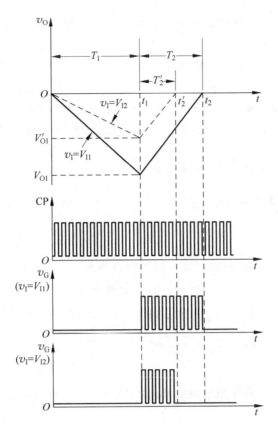

图 8-18 双积分型 A/D 转换器的电压波形图

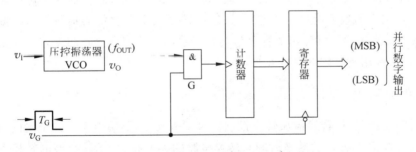

图 8-19 V-F 变换型 A/D 转换器的结构框图

在一定的变化范围内有较好的线性关系。转换过程由闸门信号 v_G 控制。当 v_G 变成高电平以后，VCO 的输出脉冲通过与门 G 给计数器计数。由于 v_G 是固定宽度 T_G 的脉冲信号，所以在 v_G 高电平期间通过的脉冲数与 f_{OUT} 成正比，因而也与 v_I 成正比。因此每个 v_G 周期结束后计数器中的数字就是所需要的转换结果。

为了避免在转换过程中输入的数字跳动，通常在电路的输出端设有输出寄存器。每当转换结束时，用 v_G 的下降沿将计数器的状态置入寄存器中。

由于 VCO 的输出是一种调频的脉冲信号，而这种调频信号不仅易于传输和检测，还具有很强的抗干扰能力，所以 V-F 变换型 A/D 转换器在遥测、遥控系统中有广泛应用。在需要远距离传送模拟信号并完成 A/D 转换的情况下，一般将 VCO 设置为检测发送端，被检测模拟信号经 VCO 转换成脉冲信号发送,而将计数器、输出寄存器等设置为信号接收端,接收发送端发送的脉冲信号。

V-F 变换型 A/D 转换器的转换精度主要取决于 V-F 变换精度和压控振荡器的线性度和稳定度,同时与计数器的容量有关,计数器的容量越大,转换误差越小。V-F 变换型 A/D 转换器的缺点是速度比较低。因为每次转换都是定时控制计数器计数,而且计数脉冲频率一般不可能很高,计数器的容量又要求足够大,所以速度必然较慢。

8.3.3　A/D 转换器的主要技术指标

A/D 转换器的主要技术指标包括分辨率、转换误差、转换时间等。

1. 分辨率

分辨率用来说明 A/D 转换器对输入信号的分辨能力。有 n 位输出的 A/D 转换器能区分输入模拟信号的 2^n-1 个不同等级,因此,其分辨率为

$$\text{分辨率} = \frac{V_{\text{Imax}}}{2^n - 1} \tag{8-18}$$

式中,V_{Imax} 是输入模拟信号的最大值。由式(8-18)可以看出,在最大输入电压一定时,输出位数越多,分辨率越高。

分辨率通常用输出的数字量的位数来表示,如 8 位、10 位、12 位等。

2. 转换误差

A/D 转换器的转换误差通常以输出误差的最大值形式给出,它表示实际输出的数字量与理论上应该输出的数字量之间的差别,一般以输出最低有效位的倍数给出。如转换误差小于 ±1/2LSB,则表明实际输出的数字量与理论输出的数字量之间的误差小于最低有效位的一半。有时,也用满量程的百分数来表示。

3. 转换时间

转换时间是指 A/D 转换器从转换控制信号到来开始,到输出端得到稳定的数字信号所经过的时间。A/D 转换器的转换时间与转换电路的类型有关,不同类型的转换器转换速度相差很大。

并联比较型 A/D 转换器的转换速度最快。例如,8 位二进制输出的单片集成 A/D 转换器的转换时间一般不超过 50ns。逐次逼近型 A/D 转换器的转换速度次之。一般在 10~100μs 之间。相比之下,间接 A/D 转换器的转换速度要低得多了。目前使用的双积分型 A/D 转换器转换时间多在几十毫秒到几百毫秒之间。

此外,在组成高速 A/D 转换器时,还应将采样-保持电路的获取时间(即采样信号稳定地建立起来所需要的时间)计入转换时间之内。一般单片集成采样-保持电路的获取时间在几微秒的数量级,与所选定的保持电容的电容量大小有关。

除了上述指标外,在使用 A/D 转换器时,还必须知道 A/D 转换器的量程(所能转换的电压范围)、对基准电源的要求等,这些都可以在使用手册中查到。

8.3.4 集成 A/D 转换器

集成 A/D 转换器的种类很多，功能各异，下面仅以 ADC0809 为例介绍集成 A/D 转换器的内部结构、工作原理和使用方法。

1. ADC0809 的内部结构

NATIONAL 公司生产的 ADC0809 是 8 位逐次逼近型 A/D 转换器，其分辨率是 8 位，采用 28 引脚双列直插式封装，不必进行零点和满度调整，功耗为 15mW，其最大不可调误差小于 ±1LSB。

ADC0809 的内部结构如图 8-20 所示。片内带有锁存功能的 8 路模拟多路开关，可对 8 路 0～5V 的输入模拟电压信号分时进行转换，片内有 256R 电阻 T 型网络、树状电子开关、逐次逼近寄存器 SAR、控制与时序电路等。输出具有 TTL 三态锁存缓冲器。

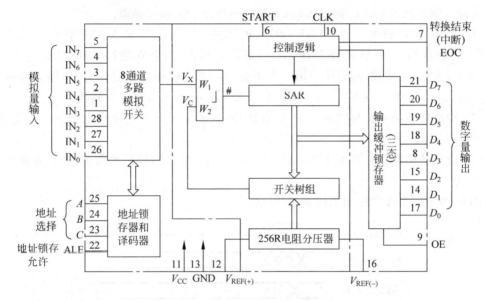

图 8-20 ADC0809 的内部结构图

2. ADC0809 的引脚功能

$IN_7 \sim IN_0$：8 路模拟量输入端口，电压范围为 0～5V。

$D_7 \sim D_0$：8 位数字量输出端口。

ADDA、ADDB、ADDC：8 路模拟开关的三位地址输入端，以选择对应的输入通道。ADDC 为高位，ADDA 为低位。

ALE：地址锁存允许信号输入端。高电平时，转换通道地址送入锁存器中，下降沿时将三位地址线 A、B、C 锁存到地址锁存器中。

START：启动控制输入端口，它与 ALE 可以连接在一起，当通过软件输入一个正脉冲，便立即启动模/数转换。

EOC：转换结束信号输出端。EOC=0，说明 A/D 正在转换中；EOC=1，说明 A/D 转换结束，同时把转换结果锁存在输出锁存器中。

OE：输出允许控制端，高电平有效。在此端提供给一个有效信号则打开三态输出锁存缓冲器，把转换后的结果送至外部数据线。

$V_{REF(+)}$、$V_{REF(-)}$、V_{CC}、GND：$V_{REF(+)}$ 和 $V_{REF(-)}$ 为参考电压输入端，V_{CC} 为主电源输入端，单一的+5V 供电，GND 为接地端。一般 $V_{REF(+)}$ 与 V_{CC} 连接在一起，$V_{REF(-)}$ 与 GND 连接在一起。

CLK：时钟输入端。由于 ADC0808/0809 芯片内无时钟，所以必须靠外部提供时钟，外部时钟的频率范围为 10k～1280kHz。

3．ADC0809 的工作时序

ADC0809 的工作时序分为锁存通道地址、启动 A/D 转换、检测转换结束和读出转换数据 4 个步骤。

（1）锁存通道地址。根据所选通道编号，输入 ADDC、ADDB、ADDA 的值，并使 ALE=1（正脉冲），锁存通道地址。例如，CBA=001，则选通 IN_1 输入通道。

（2）启动 A/D 转换。使 START=1（正脉冲）启动 A/D 转换。由于锁存通道地址（ALE=1）和启动 A/D 转换（START=1）都是正脉冲，因此在使用 ADC0809 时，一般把 ALE 和 START 连接在一起，统一用一个正脉冲控制。使用时需要注意，当输入时钟周期为 1μs 时，启动 ADC0809 约 10μs 后，EOC 才变为低电平 0，表示正在转换。

（3）检测转换结束。当完成一次 A/D 转换后，控制及时序电路送出 EOC=1 的信号，表示转换结束。

（4）读出转换数据。在 EOC=1 时，使 OE=1 将 A/D 转换后的数据读出，并从数据线 $D_7 \sim D_0$ 送出。

ADC0809 的工作时序图如图 8-21 所示。

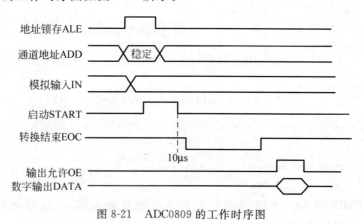

图 8-21 ADC0809 的工作时序图

小　　结

在实际的计算机控制系统中，很多被控参数是模拟量，而计算机只能接收、处理和发送数字信号，因而，离不开 D/A 转换器和 A/D 转换器。

目前常见的 D/A 转换器中,有权电阻网络 D/A 转换器、倒 T 形电阻网络 D/A 转换器和权电流型 D/A 转换器等。

权电阻网络 D/A 转换器电路的优点是结构比较简单,缺点是各个电阻的阻值相差较大。倒 T 形电阻网络 D/A 转换器的特点是电阻种类少,制造精度高,转换速度快,它是目前集成 D/A 转换器中转换速度较高且使用较多的一种。常用的 DAC0832 就是采用这种结构。但是权电阻网络 D/A 转换器和倒 T 形电阻网络 D/A 转换器转换误差较大。权电流型 D/A 转换器是用电流源代替倒 T 形电阻网络 D/A 转换器中的倒 T 形电阻网络。这样每个支路电流的大小不再受开关导通电阻和导通压降的影响,从而提高了转换的精度。

D/A 转换器的主要技术指标有分辨率、转换误差和转换时间等。另外,在使用 D/A 转换器时,还必须知道工作电源电压、输出方式、输出值的范围和输入逻辑电平等。

由于 A/D 转换器将输入的模拟量转换为数字量需要一定的时间,为保证给后续环节提供稳定的输入值,输入信号通常要经过采样和保持电路再送入 A/D 转换器。

A/D 转换器可以分为直接 A/D 转换器和间接 A/D 转换器两大类。直接 A/D 转换器能将输入的模拟电压信号直接转换为输出的数字量而不需要经过中间变量。特点是工作速度高,能保证转换精度,调准比较容易。常用的直接 A/D 转换器有并联比较型和逐次逼近型。逐次逼近型 A/D 转换器是目前应用十分广泛的集成 A/D 转换器。常用的 ADC0809 就是采用这种结构的 A/D 转换器。

间接 A/D 转换器就是将采样电压值转换成对应的中间量值,如时间变量 t 或频率变量 f,然后再将时间量值 t 或频率量值 f 转换成数字量(二进制数)。特点是工作速度较低但转换精度较高,且抗干扰性强,一般在测试仪表中用得较多。目前使用的间接 A/D 转换器多半属于电压-时间变换型(简称 V-T 变换)和电压-频率变换型(简称 V-F 变换)两类。

A/D 转换器的主要技术指标包括分辨率、转换误差和转换时间等。另外,在使用 A/D 转换器时,还必须知道 A/D 转换器的量程、对基准电源的要求。

习 题

1. 填空题。

(1) _____ 和 _____ 是衡量 A/D 转换器和 D/A 转换器性能优劣的主要标志。

(2) 对于 D/A 转换器,其转换位数越多,转换精度越 _____。

(3) DAC0832 有 3 种工作方式,它们是 _____、_____ 和 _____。

(4) 欲得到一个阶梯波,可将 _____ 电路、_____ 电路和 _____ 电路连接而成。

(5) A/D 转换器是将 _____ 转换为 _____。将数字量转换为模拟量,采用 _____ 转换器。

(6) A/D 转换器通常分为 _____ 和 _____ 两大类。

(7) 模/数转换通常可分为 _____、_____、_____、_____ 4 个过程进行。

(8) 一个十位 A/D 转换器,其分辨率是 _____。

(9) D/A 转换器的分辨率越高,分辨 _____ 的能力越强;A/D 转换器的分辨率越高,分辨 _____ 的能力越强。

(10) 转换误差是指 _____ 转换特性曲线与 _____ 转换特性曲线之间的最大偏差。

2. 选择题。

(1) 在 D/A 转换电路中，输出模拟电压数值与输入的数字量之间成_____关系。
A. 正比 B. 反比 C. 指数 D. 无

(2) 在 D/A 转换电路中，当输入全部为"0"时，输出电压等于_____。
A. 电源电压 B. 0
C. 基准电压 D. 基准电压值的一半

(3) 一个 8 位 D/A 转换器的最小输出电压增量为 0.02V，当输入代码为 01001101 时，输出电压 $v_O =$ _____。
A. 1.53V B. 1.54V C. 2.53V D. 2.54V

(4) 如果要将一个最大幅度为 5.1V 的模拟信号转换为数字信号，要求模拟信号每变化 20mV 能使数字信号最低有效位发生变化（即最低有效位为 1 时代表的模拟电压值），所用的 A/D 转换器至少需要_____位。
A. 8 B. 7 C. 6 D. 5

(5) 模拟信号的最高工作频率为 10kHz，则为了不失真地恢复该输入信号，其采样频率的下限是_____。
A. 5kHz B. 10kHz C. 20kHz D. 25kHz

(6) 在逐次逼近型、并联比较型、双积分型 A/D 转换器中，转换速度最高的是_____。
A. 逐次逼近型 B. 并联比较型 C. 双积分型 D. 都一样

(7) 在逐次逼近型、并联比较型、双积分型 A/D 转换器中，转换速度最低的是_____。
A. 逐次逼近型 B. 并联比较型 C. 双积分型 D. 都一样

(8) 现在若想对 ADC0809 的 IN_4 通道输入的模拟信号进行 A/D 转换，则应使其地址 CBA 为_____。
A. 001 B. 010 C. 011 D. 100

(9) ADC 的量化单位为 Δ，用只舍不入法对采样值量化，则其最大量化误差为_____。
A. 0.5Δ B. 1Δ C. 1.5Δ D. 2Δ

(10) ADC 的量化单位为 Δ，用四舍五入法对采样值量化，则其最大量化误差为_____。
A. 0.5Δ B. 1Δ C. 1.5Δ D. 2Δ

3. 在双积分式 A/D 转换器中，计数器的最大计数容量为 $N_1 = (3000)_{10}$，时钟脉冲频率为 $f_{CP} = 400kHz$，试问：

(1) 完成一次转换最长需要多少时间？

(2) 若参考电压 $V_{REF} = +15V$，第二次计数值 $N_2 = (2000)_{10}$，此时的输入模拟电压 v_I 为多少？输出数字量又是多少？

4. 采样-保持集成电路 LF398/198 的原理电路如图 8-22 所示。

(1) 简述电路工作原理。

(2) 说明电路中二极管 D_1 和 D_2 的作用。

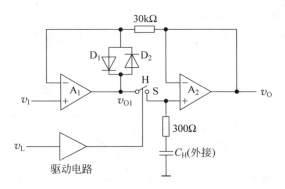

图 8-22 第 4 题的图

5. 在图 8-2 所示的 D/A 转换电路中,$V_{REF}=10V$,$R=10k\Omega$,求

(1) D/A 转换器的输出电压的最大值 V_{Omax} 和最小值 V_{Omin}。

(2) 当 $d_3d_2d_1d_0$ 为 0110 和 1101 时的 v_O 的值。

6. 若 DAC0832 采用单极性输出方式,参考电压 $V_{REF}=5V$,试计算其输出电压范围。

7. 对于 8 位 D/A 转换器:

(1) 若最小输出电压增量为 0.02V,试问当输入代码为 01001011 时,输出电压 v_O 为多少?

(2) 若其分辨率用百分数表示是多少?

(3) 若某系统中要求 D/A 转换器的精度小于 0.25%,试问这一 D/A 转换器能否使用?

8. 在图 8-23 所示的倒 T 形 D/A 转换器中,已知参考电压 $V_{REF}=6V$,计算输入数字量为 00000001、10000000、01111111 时的输出电压。

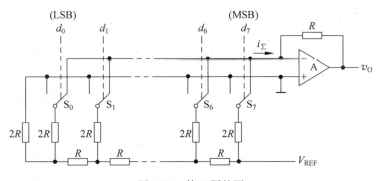

图 8-23 第 8 题的图

9. 要求某 DAC 电路输出的最小分辨电压 V_{LSB} 约为 5mV,最大满度输出 $V_{Omax}=10V$,试求该电路输入二进制数字量的位数 n 应是多少?

10. 已知某 DAC 电路输入 10 位二进制数,最大满度输出电压 $V_{Omax}=5V$,试求分辨率和最小分辨电压。

11. 8 位权电阻型 D/A 转换器,当其 $V_{REF}=-10V$,输入数据为 20H 时的输出电压为多少?

12. 假设 DAC0832 采用单极性输出,$V_{REF}=5V$,试计算当其输入数字量分别为 7FH,81H,F3H 时的模拟输出电压值 V_{OUT}。

13. 用 DAC0832 和 4 位二进制计数器 74LS161 设计一个阶梯脉冲发生器。要求有如图 8-24 所示的 15 个阶梯，每个阶梯高 0.5V。请选择基准电源电压 V_{REF}，并画出电路图。

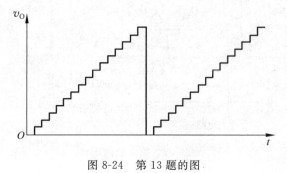

图 8-24　第 13 题的图

第9章 存储器和可编程逻辑器件

教学提示：可编程逻辑器件可以通过软件编程对其硬件结构和工作方式进行重构，使得硬件设计可以如同软件设计那样方便快捷，在电子设计领域已经得到了很好的普及。而存储器是可编程逻辑器件的一种，同时又是计算机系统中必不可少的存储设备。

教学要求：要求学生了解存储器和可编程逻辑器件的工作原理和分类，了解可编程逻辑器件的特点及编程方法，掌握存储器的扩展方法。

9.1 概 述

9.1.1 存储器

存储器是数字系统中必不可少的组成部分，用于存储大量的二值信息（二值数据）。按照集成度来划分，存储器属于大规模集成电路，由于其存储单元数目庞大而器件的引脚数目有限，所以在电路结构上就不可能像寄存器那样把每个存储单元的输入和输出直接引出。解决的办法是在存储器中给每个存储单元编写一个地址，只有被输入地址代码指定的存储单元才能与公共的输入/输出引脚接通，进行数据的读出或写入。

存储器的容量一般以字节（byte）为单位，有时也以位（bit）为单位，通常也以 $2^{10}=1024=1(KB)$ 为计算单位。例如 2732 存储器的容量是 4KB，即 4×1024 字节，也可以说它的容量是 $4\times 1024\times 8$ 位 $=32\times 1024$ 位。

存储器的种类很多，从制造工艺上可以把存储器分为双极型和 MOS 型。双极型存储器存取速度快，而 MOS 型功耗低、集成度高，所以目前大容量存储器都是采用 MOS 工艺制作的。

从存、取功能上可以分为只读存储器（read only memory，ROM）和随机存储器（random access memory，RAM）两大类。ROM 在正常工作状态下，只能读出数据，而不能修改或重新写入数据，但保存在其中的数据断电后不会丢失。只读存储器又分为固定 ROM、可编程 ROM（programmable read only memory，PROM）、光可擦除的可编程 ROM（erasable programmable read only memory，EPROM）、电可擦除可编程 ROM（electricity erasable programmable read only memory，EEPROM 或 E^2PROM）和快闪存储器（flash memory）等几种类型。固定 ROM 中的数据在制造时由厂家写入，写入后不能更改。PROM 中的数据可由用户一次性写入，写入后的数据不能修改。EPROM 中的数据不但可以写入，而且可以用紫外光擦除，再编程改写。E^2PROM 和快闪存储器中的数据可以由用户编程写入，而且可以用电擦除原有数据，再编程改写。EPROM、E^2PROM 和快闪存储器具有很强的使用灵活性。

随机存储器 RAM 与只读存储器的根本区别在于，正常工作状态下可以随时写入数据或读取数据,但断电后数据会丢失。根据所采用的存储单元的工作原理不同,RAM 又分为静态存储器(static random access memory,SRAM)和动态存储器(dynamic random access memory,DRAM)两类。

9.1.2 可编程逻辑器件

可编程逻辑器件(programmable logic device,PLD)是 20 世纪 80 年代发展起来的有划时代意义的新型逻辑器件,它是一种半定制的集成电路,在其内部集成了大量的门电路和触发器等基本逻辑单元电路,用户通过编程改变 PLD 内部电路的逻辑关系或连线后,就可以得到所需要的设计电路。

PLD 自问世以来发展非常迅速。自最早于 1970 年出现的 PROM 后,相继出现了可编程逻辑阵列 PLA(Programmable Logic Array)、可编程阵列逻辑 PAL(Programmable Array Logic)、通用阵列逻辑 GAL(Generic Array Logic)、可擦除可编程逻辑器件 EPLD (Erasable Programmable Logic Device)、现场可编程门阵列 FPGA(Field Programmable Gate Array)、具有在系统编程能力的复杂可编程逻辑器件 CPLD(Complex PLD)。由于 PLA 编程复杂,开发具有一定的难度,因而没有得到广泛的应用。PAL 和 GAL 同属于低密度的简单 PLD,其规模小,难以实现复杂的逻辑功能。EPLD 集成度比 PAL 和 GAL 高得多,设计更加灵活,但内部连接能力比较弱。FPGA 内部由许多独立的可编程逻辑模块组成,逻辑块之间可以灵活地相互连接,具有密度高、编程速度快、设计灵活和可再配置设计能力等优点。CPLD 是在 EPLD 的基础上发展起来的,增加了内部互连线,改进了内部结构体系,设计更加灵活。目前可编程逻辑器件正朝着更高速、更高集成度、更强功能、更灵活的方向发展。

可编程逻辑器件的出现也给数字系统的设计带来很多方便,其优点如下。

(1) 集成度高。一片 PLD 可以代替几片、几十片甚至上百片中小规模的数字集成电路芯片。用 PLD 器件设计数字系统时使用的芯片数量少,占用印刷线路板面积小,整个系统的硬件规模明显减小。

(2) 可靠性好。系统的可靠性是数字系统设计的一个重要指标。使用 PLD 器件减少了实现系统所需要的芯片数目,在印刷线路板上的引线以及焊点数量也随之减少,从而使印刷电路板布线密度下降,这些都大大提高了电路的可靠性。

(3) 工作速度快。设计者使用 PLD 器件的主要原因是考虑其速度因素。PLD 器件的性能超过最快的标准逻辑器件,使器件的延迟以纳秒的数量级缩短,因而整个系统的工作速度会得到提高。

(4) 提高系统的灵活性。在系统的研制阶段,由于设计错误或任务的变更而修改设计的事是不可避免的。采用标准的数字器件就要更换或增减器件,甚至更换印刷线路板。使用 PLD 器件后,由于 PLD 器件引脚比较灵活,又有可擦除可编程的能力,因此对原设计进行修改时,只需要修改原设计文件再对 PLD 芯片重新编程即可,而不需要修改电路布局或更换印刷线路板,这就大大提高了系统的灵活性。

(5) 缩短设计周期。PLD 器件集成度高、性能灵活、修改设计方便、开发工具先进、自动化程度高,使用时印刷线路板电路布局布线简单。因此,可以大大缩短系统的设计周期,加快产品投放市场的速度,从而提高产品的竞争能力。

(6) 增加系统的保密性能。很多 PLD 器件都具有加密功能,在系统中广泛使用 PLD 器件可有效防止产品被他人非法仿制,大大提高了系统的保密性。

(7) 降低成本。使用 PLD 器件设计数字系统时,如果仅从器件本身的价格考虑,有时看不出它的优势,但影响系统成本的因素很多。首先,使用 PLD 器件便于修改设计,会使设计周期缩短,这使得系统的开发费用降低;其次,使用 PLD 器件可使器件的数量减少,相应地会使系统规模变小,使印刷线路板面积缩小,从而降低系统的制造费用;再次,使用 PLD 器件使系统的可靠性大大提高,减少了维修工作量,从而降低维修费用。总之,使用 PLD 进行系统设计可以节约成本。

9.2 只读存储器的分类及工作原理

9.2.1 只读存储器的分类

只读存储器按照数据写入方式特点的不同,可分为以下几种。

1. 固定 ROM

固定 ROM 也称掩膜 ROM(Mask ROM),这种 ROM 在制造时,用户把真值表送给生产厂家,说明每个数据应该存储的位置(地址),然后生产厂家制作出照相的负片(即掩膜),用它来生产 ROM 存储阵列的内部连接电路。ROM 制成后,其存储的数据也就固定不变了,用户对这类芯片无法进行任何修改。

2. 一次性可编程 ROM(PROM)

PROM 的结构与固定 ROM 的结构基本相同,不同的是 PROM 不是由生产厂家编程,而是由用户根据自己的需要,利用编程器编程。PROM 也是用熔丝和晶体管存储数据位,存储数据就是有选择地保留熔丝或烧断它,保留熔丝连接的单元就存储了 1,烧断熔丝的单元就存储了 0。PROM 一旦进行了编程,就不能再修改了。

3. 光可擦除可编程 ROM(EPROM)

光可擦除的可编程只读存储器 EPROM 中的数据可以由用户编程写入,而且可以用紫外光擦除后再改写。这种器件比较容易识别,在器件封装中间有一个透明的方窗口,强紫外线透过这个窗口照到芯片上就可把存在存储阵列中的数据擦掉。一般情况下,为了保护芯片存入的数据,要给窗口贴一张窗户纸。

EPROM 是采用浮栅技术生产的可编程存储器,它的存储单元多采用 N 沟道叠栅 MOS 管,信息的存储是通过 MOS 管浮栅上的电荷分布来决定的,编程过程就是一个电荷注入过程。编程结束后,尽管撤除了电源,但是,由于绝缘层的包围,注入到浮栅上的电荷无法泄漏,因此电荷分布维持不变,EPROM 也就成为非易失性存储器件了。

当外部能源(如紫外线光源)加到 EPROM 上时,EPROM 内部的电荷分布才会被破坏,此时聚集在 MOS 管浮栅上的电荷在紫外线照射下形成光电流被泄漏掉,使电路恢复到初始状态,从而擦除了所有写入的信息。这样 EPROM 又可以写入新的信息。

4. 电可擦除可编程 ROM(E^2PROM)

E^2PROM 也是采用浮栅技术生产的可编程 ROM,但是构成其存储单元的是隧道 MOS 管,隧道 MOS 管也是利用浮栅是否存有电荷来存储二值数据的,不同的是隧道 MOS 管是用电擦除的,并且擦除的速度要快得多(一般为毫秒数量级)。

E^2PROM 的电擦除过程就是改写过程,它具有 ROM 的非易失性,又具备类似 RAM 的功能,可以随时改写(可重复擦写一万次以上)。目前,大多数 E^2PROM 芯片内部都备有升压电路。因此,只需提供单电源供电,便可进行读、擦除/写操作。整个芯片擦除时间一般为 1s 左右,这为数字系统的设计和在线调试提供了极大方便。

5. 闪速存储器

闪速存储器(flash memory,简称闪存)也是一种电信号擦除的可编程存储器。闪速存储器采用了一种类似 EPROM 的叠栅结构的存储单元,存储器中数据的擦除和写入是分开进行的,数据写入方式与 EPROM 相同,需要输入一个较高的电压,因此要为芯片提供两组电源。

闪速存储器具有存储容量大、不挥发、在系统中可读出也可写入、操作速度快等优点。但是闪存的擦写次数也是有限的,一般闪存可擦写 10 万次。

9.2.2 只读存储器的电路结构及工作原理

1. 只读存储器的电路结构

只读存储器 ROM 的电路结构包括存储矩阵、地址译码器和输出缓冲器三个组成部分。其中存储矩阵由许多存储单元排列而成。存储单元可以用二极管、三极管或 MOS 管构成。每个单元能存放 1 位二值代码(0 或 1)。每一个或一组存储单元有一个对应的地址代码。地址译码器的作用是将输入的地址代码译成相应的控制信号,利用这个控制信号选定存储矩阵中的某个存储单元,并把其中的数据送到输出缓冲器。而输出缓冲器采用三态控制,一是能提高存储器的带负载能力,二是便于与系统的总线连接。ROM 的电路结构框图如图 9-1 所示。其中,$A_0 \sim A_{n-1}$ 为 n 条地址输入线,能产生 2^n 种译码输出,范围为 $W_0 \sim W_{2^n-1}$,输出是 $D_0 \sim D_{m-1}$ 共 m 位数据。通常称 $A_0 \sim A_{n-1}$ 为地址线,每种译码输出叫做一个"字",称 $W_0 \sim W_{2^n-1}$ 为字线,每个字的输出为 m 位,把 $D_0 \sim D_{m-1}$ 称为位线(或称为数据线)。

图 9-2 所示电路为具有两位地址输入代码和 4 位数据输出的 ROM 电路,它的存储单元使用二极管构成。它的地址译码器由 4 个二极管与门组成。两位地址代码 A_1A_0 能给出 4 个不同的地址。地址译码器将这 2 个地址代码分别译成 $W_3 \sim W_0$ 的 4 根线上的高电平信号。存储矩阵实际上是由 4 个二极管或门组成的编码器,当 $W_3 \sim W_0$ 每根线上给出高电平信号时,都会在 $D_3 \sim D_0$ 的 4 根线上输出一个 4 位二值代码。输出端的缓冲器用来提高带

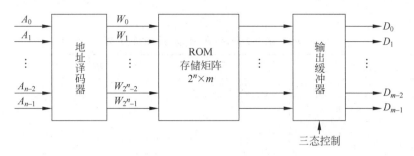

图 9-1　ROM 的电路结构框图

负载能力，并将输出的高、低电平变换为标准的逻辑电平。同时，通过给定$\overline{\text{EN}}$信号实现对输出的三态控制。

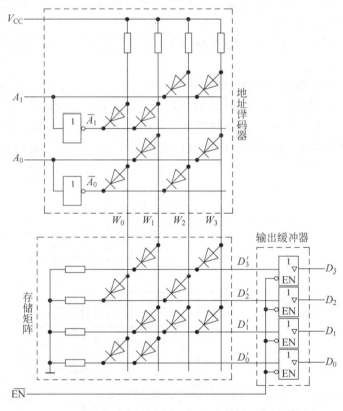

图 9-2　二极管 ROM 的电路结构图

2. 只读存储器的工作原理

在读取数据时，只要输入指定的地址码并令$\overline{\text{EN}}=0$，则地址指定的存储单元所存储的数据便会出现在输出数据线上。例如当$A_1A_0=01$时，$W_1=1$，而其他字线均为低电平。由于有D_3'、D_1'、D_0'这 3 根线与W_1间接有二极管，所以这 3 个二极管导通后使D_3'、D_1'、D_0'均为高电平，而D_2'为低电平。如果这时$\overline{\text{EN}}=0$，即可在数据输出端得到$D_3D_2D_1D_0=1011$。根据二极管存储矩阵的排列形式，可以列出地址A_1A_0与输出数据$D_3D_2D_1D_0$的对应关系如

表 9-1 所示。

表 9-1 图 9-2 所示 ROM 电路中的数据表

地址		数据			
A_1	A_0	D_3	D_2	D_1	D_0
0	0	0	1	0	1
0	1	1	0	1	1
1	0	0	1	1	0
1	1	1	0	1	0

从以上分析可以看出,字线和位线的每个交叉点处都是一个存储单元。交点处接有二极管时相当于存 1,没有接二极管时相当于存 0。交叉点的数目也就是存储单元数。习惯上用存储单元的数目表示存储器的容量,并写成"字数×位数"的形式。因此,图 9-2 中 ROM 的存储容量应表示成"4×4 位"。

从图 9-2 中还可以看到,ROM 的电路结构很简单,所以集成度可以做得很高,而且一般都是批量生产,价格便宜。

采用 MOS 工艺制作 ROM 时,译码器、存储矩阵和输出缓冲器全用 MOS 管组成。图 9-3 给出了用 MOS 管构成的 ROM 电路结构图。在大规模集成电路中 MOS 管多做成对称结构,但是为了画图的方便,一般都采用图中所用的简化画法。字线与位线的交叉点上接有 MOS 管时相当于存 1,没有接 MOS 管时相当于存 0。图 9-3 中所存的数据与表 9-1 中的数据相同。

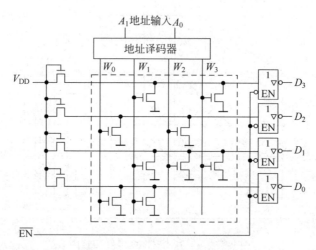

图 9-3 用 MOS 管构成的 ROM 电路结构

9.2.3 常用的只读存储器

1. EPROM 2764

常用的 2764 是采用紫外线擦除、电编程的,容量为 8K×8 位的 EPROM 芯片,为双列直插式封装,共 28 个引脚,引脚图如图 9-4 所示。13 位地址线为 $A_{12} \sim A_0$,用于片内地址信号线,8 位数据线 $D_7 \sim D_0$ 用于读出数据。$\overline{CE}$ 为片选信号线,用于芯片选择,低电平有效。

$\overline{OE}$为读允许信号线,用来控制数据读出,低电平有效。正常工作时,电源$V_{CC}=+5V$,编程脉冲输入端$\overline{PGM}=0$,数据由数据总线输出。在进行编程时,$\overline{PGM}=1$,编程电源V_{PP}接$+25V$,数据由数据总线输入。

常用的EPROM芯片还有2732(4K×8位)、27256(32K×8位)等,其结构与2764相同。

2. E²PROM 2816

常用的芯片2816是采用电擦除、电编程的,容量为2K×8位的E²PROM芯片,既能对单个存储单元进行擦除和重写,也能对整个芯片在10ms内进行擦除。它是24引脚双列直插式芯片,采用+5V工作电源,编程电压+21V,其典型读取时间为250ns,引脚如图9-5所示。

图9-4 2764芯片引脚

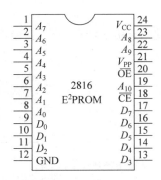

图9-5 2816芯片引脚

2816有以下3种工作模式。

(1) 读模式:即CPU从存储单元中读取数据,此时使用+5V的电源,$\overline{CE}$和$\overline{OE}$均为低电平。

(2) 写模式:对单个字节进行擦/写,应先擦后写。进行这种操作时,$\overline{CE}$为低电平,$\overline{OE}$为高电平,V_{PP}为21V的编程脉冲,进行擦除时,所有数据线必须全为TTL高电压,写入时则在数据线上输入所需写入的字节。

(3) 芯片擦除模式:进行这种擦除时,$\overline{CE}=0$,$V_{PP}=21V$,$\overline{OE}$电压为$+9\sim+15V$,所有数据线保持为TTL高电平,整个擦除过程需10ms,芯片擦除后,所有2K单元字节内容均为FFH。

常用的E²PROM还有2817A(2K×8位)、2864(8K×8位)等都是采用上述结构的存储器。

9.3 随机存储器

随机存储器也叫随机读/写存储器,简称 RAM。在 RAM 工作时可以随时从任何一个指定地址读出数据,也可以随时将数据写入任何一个指定的存储单元中去。它的最大优点是读、写方便,使用灵活。但是,它也存在数据易失性的缺点(即一旦停电以后所存储的数据将随之丢失)。

按照所用器件不同,RAM 分为双极型和 MOS 型两种。MOS 电路具有功耗低、集成度高的特点,所以目前大容量的存储器都是采用 MOS 工艺制造。按照其工作方式 RAM 又分为静态随机存储器 SRAM 和动态随机存储器 DRAM 两大类。

9.3.1 RAM 的电路结构及工作原理

1. RAM 的电路结构

由于存储器存储的是二进制数据,数据必须能放入存储器,在需要的时候能从存储器中取出来。因此,写操作就是把数据存放到存储器中指定单元的过程。而读操作则是从存储器指定单元取出数据的过程。所谓访问就是在读操作和写操作过程中,选择指定的存储器地址。

RAM 电路通常由地址译码器、存储矩阵、片选端和读/写控制电路 4 部分组成,如图 9-6 所示。

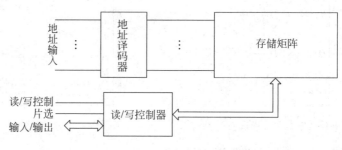

图 9-6 RAM 的结构框图

存储矩阵由许多存储单元排列而成,每个存储单元能存储 1 位二值数据(1 或 0),在译码器和读/写控制电路的控制下,既可以写入 1 或 0,又可以将存储的数据读出。

地址译码器的作用是接受从外面输入的地址信号,经译码,使得在所有译码输出线中,只有与该控制地址对应的字线有输出,于是这个字线选中的二进制存储单元,经过读/写控制电路与存储器的输入/输出接通,以便进行"读"或"写"。地址输入的数量决定于存储器的容量。

读/写控制电路用于对电路的工作状态进行控制。当读/写控制信号 $R/\overline{W}=1$ 时,执行读操作,将存储单元里的数据送到输入/输出端上。当 $R/\overline{W}=0$ 时,执行写操作,加到输入/输出端上的数据被写入存储单元中。图 9-6 中的双向箭头表示一组可双向传输数据的导线,它所包含的导线数目等于并行输入/输出数据的位数。多数 RAM 集成电路是用一根读/写控制线控制读/写操作的,但也有少数的 RAM 集成电路是用两个输入端分别进行读和写控制的。

由于集成度的限制,一片 RAM 能存储的信息是有限的,常常不能满足数字系统的需要。因此往往把若干片 RAM 组合在一起,构成一组存储器,访问存储器时,每次只与其中的某一片(或几片)交换信息。为此,输入/输出端设置了三态输出结构和片选输入信号。当片选输入端$\overline{CS}=0$ 时,该片 RAM 被选中,为正常工作状态;当片选输入端$\overline{CS}=1$ 时,则该片的输入/输出端均为高阻态,不能对 RAM 进行读/写操作。

图 9-7 是一个 1024×4 位 RAM 的实例——2114 的结构框图。它共有 4096 个存储单元,排列成 64 行×64 列的矩阵。图 9-7 中的每个方块代表一个二进制存储单元,某个存储单元与外界是否连通,取决于地址输入。10 位输入地址代码分成两组译码。$A_8 \sim A_3$ 这 6 位地址码加到行地址译码器上,用它的输出信号从 64 行存储单元中选出指定的一行。另外 4 位地址码 A_9 和 $A_2 \sim A_0$ 加到列地址译码器上,利用它的输出信号再从已选中的一行里挑出要进行读/写的 4 个存储单元,这样 4096 个存储单元被分成 1024×4 位。例如,当 $A_8 \sim A_3 = 000111$ 时表示存储矩阵的 X_7 行被选中,若 $A_9 A_2 A_1 A_0 = 0101$ 表示存储矩阵的 Y_5 列被选中,对应的 X_7 行、Y_5 列 4 个存储单元执行读/写功能,其他的存储单元处于高阻状态。

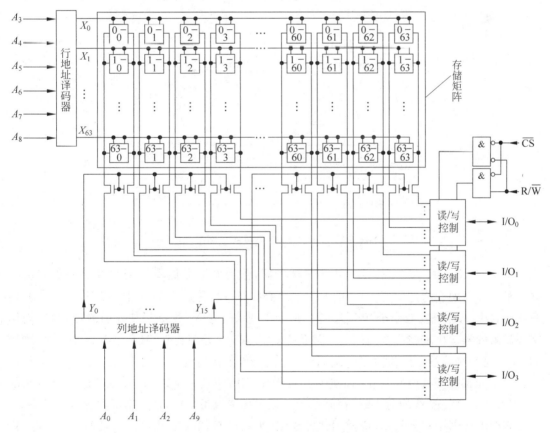

图 9-7 1024×4 位 RAM 的结构框图

$I/O_0 \sim I/O_3$ 既是数据输入端,又是数据输出端。读/写操作在 $R/\overline{W}$ 和 $\overline{CS}$ 信号的共同控制作用下进行。例如,当 $\overline{CS}=0$ 且 $R/\overline{W}=0$ 时,读/写控制电路工作在写入状态。这时加

到 $I/O_0 \sim I/O_3$ 端的数据将被写入由地址译码器选中的 4 个存储单元中。当 $\overline{CS}=0$ 且 $R/\overline{W}=1$ 时，读/写控制电路工作在读出状态。这时由地址译码器选中的 4 个存储单元中的数据被送到 $I/O_0 \sim I/O_3$ 端。若 $\overline{CS}=1$，则所有的 I/O 端均处于禁止状态，将存储器内部电路与外部连线隔离。因此，可以直接把 $I/O_0 \sim I/O_3$ 与系统总线相连，或将多片 2114 的输入/输出端并联使用。

9.3.2 RAM 的存储单元

1. 静态随机存储器

静态 RAM(static RAM, SRAM)单元由触发器和门控管组成，属于时序逻辑电路，如图 9-8 所示。

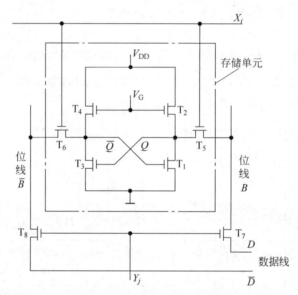

图 9-8 6 只 NMOS 管静态存储单元

图中 T_1、T_2、T_3 与 T_4 构成基本 RS 触发器，作为数据存储单元用来存储一位二值数据。触发器有两个稳定状态：T_1 截止 T_3 导通时，$Q=1$，称触发器处于"1"态；T_1 导通 T_3 截止时，$Q=0$，称触发器处于"0"态。T_5、T_6 是门控管，由 X_i 线控制其导通或截止，它们用来控制触发器输出端与位线之间的连接状态。T_7、T_8 也是门控管，其导通与截止受 Y_j 线控制，它们是用来控制位线与数据线之间连接状态的，工作情况与 T_5、T_6 类似。但并不是每个存储单元都需要这两只管子，而是一列存储单元用两只。所以，只有当存储单元所在的行、列对应的 X_i、Y_j 线均为 1 时，存储单元才能进行读或写操作，这种情况称为选中状态。

若向存储器中写入数据，应使列选择线 Y_j 为高电平，T_7、T_8 导通，数据 D、$\overline{D}$ 由 T_7、T_8 送到位线上，此时也应使行选择线 $X_i=1$，这时 T_5、T_6 导通，亦即传输门导通，位线上的数据就由传输门送入基本 RS 触发器。例如要写入信号为"0"，即 $D=0$，$\overline{D}=1$。则 D 线上的低电平通过 T_5 连到 T_3 的栅极，使 T_3 截止，$Q=1$。$\overline{D}$ 线上的高电平通过 T_6 与 T_1 的栅极相连，使 T_1 导通，输出置 0，即 $Q=0$，从而将数据线上 $D=0$ 信号写入存储电路。若要写入 1，

需送入 $D=1,\overline{D}=0$,使 T_1 截止、T_3 导通,输出置 1,即 $Q=1$。

若从存储器中读出数据,首先得到地址信号使 $X_i=1$,T_5、T_6 导通,触发器的状态由传输门送到位线 B 和 $\overline{B}$ 上。当 $Y_j=1$ 时,T_7、T_8 两个传输门导通,将位线上的信息送到数据线上。若原来存储的信息为"0",则 $D=Q=0,\overline{D}=\overline{Q}=1$。

当 $X_i=Y_j=0$ 时,T_5、T_6、T_7、T_8 均截止,触发器保持原状态不变。

由以上分析可知 SRAM 中数据由触发器记忆,在不断电的情况下,数据能永久保存下来。但 SRAM 静态功耗大,需要的器件多。

2. 动态随机存储器

动态随机存储器(dynamic RAM,DRAM)在不断电的条件下,且没有写入新的信号之前,触发器将维持原状态不变,即保留原来的信息。DRAM 具有功耗低,元件少的特点。

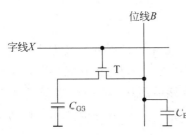

图 9-9 单管动态 MOS 存储单元

RAM 的动态存储单元是利用 MOS 管栅极和源极之间的极间电容 C_{GS} 来存储信息的,如图 9-9 所示。信息存于电容 C_{GS} 上,C_{GS} 上有电荷,表示存有信息"1",否则存有信息"0"。MOS 管是个门控管,通过控制 T 的栅极电压来达到把信息从存储单元取到位线或从位线送到存储单元中去的目的。

在进行写操作时,字线 X 为高电平,T 导通。位线 B 上的信息经过 T 被存入 C_{GS} 中。当位线数据为 1 时,C_{GS} 被充电到高电平;若位线数据为 0,C_{GS} 放电到低电平。在进行读操作时,字线 $X=1$,使 T 导通。这时 C_{GS} 通过 T 向 C_B 充电,由位线读出信号电平。由于位线上连接元件较多,C_B 较大,故位线上电压 v_B 很大,需经过放大后才能读出。读操作时 C_{GS} 上的电荷会有损失,所以每次信息读出后,应进行信息再生,即刷新电路。

9.3.3 常用的随机存储器

常用的 6116 是一种典型的 CMOS 静态 RAM,其容量为 $2 \times 1024 \times 8$ 位,引脚排列如图 9-10 所示。

图中 $D_0 \sim D_7$ 为数据输入/输出端。$A_0 \sim A_{10}$ 为地址输入端,因此 6116 的存储容量为 $2 \times 1024 \times 8$ 位($2^{11} \times 8$ 位)。$\overline{CE}$ 为片选控制端,低电平有效。$\overline{OE}$ 为输出使能控制端,低电平有效;$\overline{WE}$ 为写控制端。根据 $\overline{CE}$、$\overline{OE}$、$\overline{WE}$ 的状态组合,6116 有 3 种工作方式。

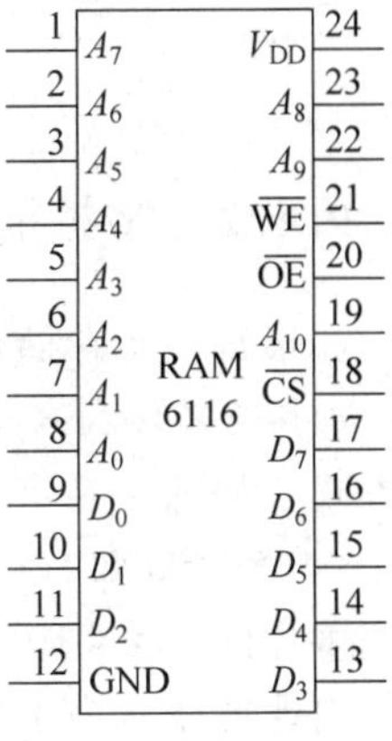

1. 写入方式

当 $\overline{CE}=0$、$\overline{WE}=0$、$\overline{OE}=1$ 时,$D_0 \sim D_7$ 上的内容存入 $A_0 \sim A_{10}$ 指定的单元中。

2. 读出方式

当 $\overline{CE}=0$、$\overline{WE}=1$、$\overline{OE}=0$ 时,$A_0 \sim A_{10}$ 对应的单元中的内

图 9-10 静态 RAM6116 的引脚图

容输出到 $D_0 \sim D_7$。

3. 低功耗维持方式

当 $\overline{CE}=1$ 时进入低功耗工作方式,此时器件电流仅 $20\mu A$ 左右,为系统断电时用电池保持 RAM 内容提供了可能性。

9.4 存储器的扩展

在数字系统中,当存储器的容量不够时,需要把多片存储器组合在一起,组成容量更大的存储器。存储器容量的扩展分为位扩展和字扩展两种。

9.4.1 位扩展方式

如果每一片存储器中的字数够用但是位数不够用时,应采用位扩展的连接方式。通常存储器芯片的字长有 1 位、4 位、8 位、16 位和 32 位等。当采用 $2^n \times K_1$ 位存储器芯片扩展成 $2^n \times K_2$ 位($K_1 < K_2$)存储器时,需要 $K(K=K_2/K_1)$ 个存储器芯片。连接时需要将 K 个存储器芯片作为一组,从而获得 K_2 位输出。位扩展就是用同一地址信号控制几个相同字数的存储器,从而达到扩展位的目的。

图 9-11 所示为用两片 $4 \times 1024 \times 8$ 位的 2732 芯片扩展成 $4 \times 1024 \times 16$ 位的 EPROM。两片 2732 的地址线、片选线和读允许信号线对应并联在一起,这样就将 2732 的 8 位数据线分别构成了 16 位数据线的高 8 位和低 8 位,完成位扩展。

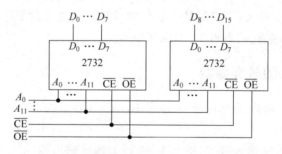

图 9-11 存储器的位扩展方式

9.4.2 字扩展方式

如果每一片存储器的数据位数够用而字数不够时,则需要采用字扩展方式。

如用 $2 \times 1024 \times 8$ 位的 RAM6116 扩展成 $6 \times 1024 \times 8$ 位的 RAM 时,就需要用到字扩展方式。如图 9-12 所示为用 3 片 6116 扩展成为 $6 \times 1024 \times 8$ 位的 RAM。因为 6116 内部有 2×1024 字(即 2×1024 个存储单元,每个单元为 8 位),这样每个芯片需要 11 根地址线来选中片内的 2×1024 个存储单元,这里选 $A_0 \sim A_{10}$ 作为片内地址线(一般选低位地址线作为片内地址线),为了分别选中 3 个芯片,还需要 3 根高位地址线 A_{11}、A_{12} 和 A_{13} 作为片选线分别与 3 个芯片的片选线 $\overline{CS}$ 相连。当 A_{11} 为低电平时,选中芯片(1),其地址范围为 $A_{13}A_{12}A_{11}A_{10}\cdots A_0=1100\cdots0 \sim 1101\cdots1$,转换为十六进制数为 3000H $\sim$ 37FFH;当 A_{12} 为低电平

时选中芯片(2)，其地址范围为 $A_{13}A_{12}A_{11}A_{10}\cdots A_0 = 1010\cdots 0 \sim 1011\cdots 1$，转换为十六进制数为 2800H～2FFFH；当 A_{13} 为低电平时选中芯片(3)，其地址范围为 $A_{13}A_{12}A_{11}A_{10}\cdots A_0 = 0110\cdots 0 \sim 0111\cdots 1$，转换为十六进制数为 1800H～1FFFH。3 片 6116 的数据线 $D_0 \sim D_7$ 连接在一起，共 8 位输出。此种方法一般被称为线选法。

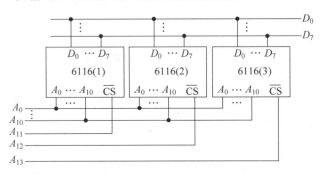

图 9-12 存储器的线选法字扩展方式

图 9-12 所示的方法适合于扩展少量芯片的情况，对于需要更大容量的存储器时，若高位地址线有限，可以利用译码器将高位地址信号译码输出作为片选信号。如图 9-13 所示为利用 3-8 译码器的输出信号作为扩展芯片的片选线，扩展 8 个 6116。当 $A_{13}A_{12}A_{11} = 000$ 时，3-8 译码器的 $\overline{Y}_0$ 输出为低电平选中芯片(1)，当 $A_{13}A_{12}A_{11} = 001$ 时，3-8 译码器的 $\overline{Y}_1$ 输出为低电平选中芯片(2)，同理当 $A_{13}A_{12}A_{11} = 111$ 时，3-8 译码器的 $\overline{Y}_7$ 输出为低电平选中芯片(8)。此种方法称为全地址译码法。这 8 个芯片的寻址范围依次为 0000H～07FFH、0800H～0FFFH、1000H～17FFH、1800H～1FFFH、2000H～27FFH、2800H～2FFFH、3000H～27FFH、3800H～3FFFH。

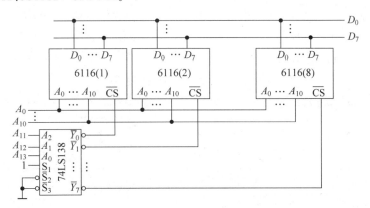

图 9-13 存储器的全地址译码法字扩展方式

9.5 可编程逻辑器件

9.5.1 PLD 的电路表示法

由于在可编程逻辑器件中，含有大量的门阵列，门的输入也较多，为了便于图解，在 PLD 器件中通常采用一些简单画法。

1. PLD 阵列连接的表示法

PLD 中阵列交叉点上的画法有 3 种，它们是固定的硬件连接、可编程断开连接和可编程接通连接。具体画法如图 9-14 所示。

2. 输入缓冲表示法

PLD 的输入缓冲器和反馈缓冲器都采用互补的输出结构，以产生原变量和反变量两个互补信号，如图 9-15 所示。

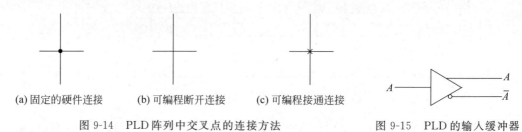

图 9-14　PLD 阵列中交叉点的连接方法　　　　图 9-15　PLD 的输入缓冲器

3. PLD 的与门和或门的表示法

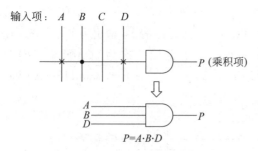

与、或阵列是 PLD 中的基本逻辑阵列，它们由若干个与门和或门组成，每个门都是多输入、多输出的形式。PLD 与门的表示法如图 9-16 所示。PLD 或门的表示法如图 9-17 所示。图 9-18 所示的与或阵列表示的逻辑函数为

$Y_1 = \overline{A}\overline{B}C + \overline{A}B\overline{C} + A\overline{B}\overline{C}$

$Y_2 = \overline{A}\overline{B}C + \overline{A}B\overline{C}$

$Y_3 = \overline{A}\overline{B}C + \overline{A}B\overline{C}$

图 9-16　PLD 与门的表示法

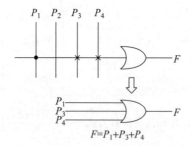
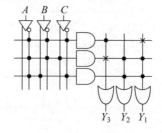

图 9-17　PLD 或门的表示法　　　　图 9-18　与或阵列

9.5.2　低密度可编程逻辑器件

低密度可编程逻辑器件 LDPLD(low density PLD)通常是集成密度小于 1000 门/片的 PLD。PROM、PLA、PAL 和 GAL 均为 LDPLD。

1. 可编程只读存储器 PROM

PROM 最初是作为计算机存储器设计和使用的,它具有 PLD 的功能是后来发现的。PROM 的内部结构是由固定的与阵列和可编程的或阵列组成,如图 9-19 所示。因为与阵列是固定的,输入信号的每个可能组合是由连线接好的,而不管此组合是否会被使用。因为每个输入信号组合都被译码,所以 PROM 的输入阵列结构可以为要求小数量的输入和许多组合项的逻辑应用很好地工作。PROM 是一种速度快、成本低、编程容易的 PLD。但它的缺点是,PROM 的规模随输入信号数量的增加按照 2^n 成指数增长。所以当输入信号的数据变得较大时,阵列规模越来越大,从而导致器件成本升高、功耗增加、可靠性降低等问题。

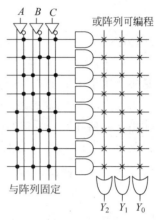

图 9-19 PROM 阵列结构

2. 可编程逻辑阵列 PLA

可编程逻辑阵列 PLA 芯片是由可编程与阵列和可编程或阵列组成,可以实现任意逻辑函数。如图 9-20 所示的 PLA 结构图可以实现下列的逻辑函数。

$$Y_2 = ABC + \overline{A}B\overline{C} + \overline{A}\,\overline{B}C$$
$$Y_1 = BC + \overline{B}\,\overline{C} + A\overline{B}\,\overline{C}$$
$$Y_0 = B\overline{C} + \overline{B}C + \overline{B}\,\overline{C}$$

PLA 的内部结构提供了在系统可编程逻辑器件中最高的灵活性。因为与阵列是可编程的,它不需要包含输入信号每个可能的组合,只需通过编程产生函数所需的乘积项。但是 PLA 器件的制造工艺复杂,工作速度低,现在已不常用。

3. 可编程阵列逻辑 PAL 和通用阵列逻辑 GAl

可编程阵列逻辑 PAL 芯片的与阵列是可编程的,而或阵列是固定的。如图 9-21 所示为 PAL 的基本结构图。在这种结构中,每个输出是若干个乘积项之和,其中乘积项的数目

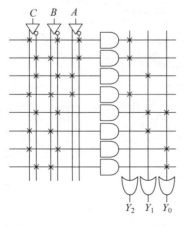

图 9-20 编程后的 PLA 结构图

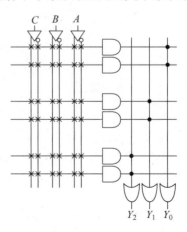

图 9-21 PAL 的基本结构

是固定的。图 9-21 中所示的每个输出对应的乘积项数为两个,典型的逻辑函数要求三四个乘积项,在现有产品中,最多的乘积项数通常都可达 8 个。PAL 的这种结构对于大多数逻辑函数是很有效的,因为大多数逻辑函数都可以方便地化简为若干个乘积项之和,即与-或表达式,同时这种结构也提供了最高的性能和速度,故一度成为 PLD 发展史上的主流。

PAL 有几种固定的输出结构,不同的输出结构对应不同的型号。PAL 采用的是 PROM 编程工艺,只能一次性编程,而且由于输出方式是固定的,不能重新组态,因而编程灵活性较差。

GAL 的基本结构与 PAL 的一样,是由一个可编程的与阵列驱动一个固定的或阵列。但是每个输出引脚上都集成了一个输出逻辑宏单元(output logic macro-cell,OLMC)结构。图 9-22 是 GAL16V8 的逻辑图。它由一个 64×32 位的可编程与阵列、8 个 OLMC、8 个三态输出缓冲器和 8 个反馈/输入缓冲器组成。引脚 2~9 是输入端(I),1 和 11 是专用输入端,12~19 是 I/O 端,可以根据需要用作输入端或是输出端。

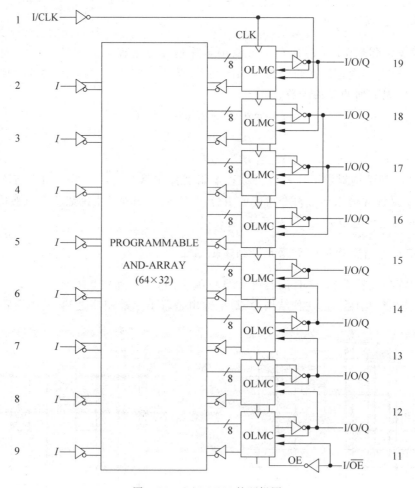

图 9-22 GAL16V8 的逻辑图

输出逻辑宏单元 OLMC 的结构如图 9-23 所示。其中包括一个 D 触发器,可以产生 8 项与或逻辑函数的 8 输入端或门,可以控制或门输出逻辑函数极性的 1 个异或门(XOR)和

4个多路选择器(MUX)。这些选择器的状态都是可编程控制的,通过编程改变其连线可以使 OLMC 配置成多种不同的输出结构,完全包含了 PAL 的几种输出结构。

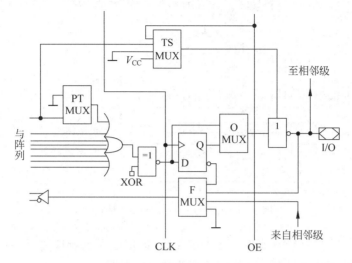

图 9-23 输出逻辑宏单元

9.5.3 高密度可编程逻辑器件

高密度可编程逻辑器件 HDPLD(high density PLD),一般是指集成密度大于 1000 门每片甚至上万门每片的 PLD,具有更多的输入/输出信号端、更多的乘积项和宏单元,HDPLD 的内部包含许多逻辑宏单元块,这些块之间还可以利用内部的可编程连线实现相互连接,具有在系统可编程或现场可编程特性,可用于实现较大规模的逻辑电路。HDPLD 包括 EPLD、CPLD 和 FPGA。HDPLD 的编程方式有两种,一种是使用编程器编程的普通编程方式,另一种是在系统可编程(in-system programmable,ISP)方式。

1. EPLD 和 CPLD 的结构特点

EPLD 和 CPLD 是从 PAL、GAL 发展起来的阵列型高密度 PLD 器件,它们大多数采用了 CMOS EPROM、E^2PROM 和闪速存储器等编程技术,具有高密度、高速度和低功耗等特点。EPLD 和 CPLD 的基本结构如图 9-24 所示。尽管 EPLD 和 CPLD 与其他类型 PLD 的结构各有其特点和长处,但概括起来,它们是由逻辑阵列模块(LAB)、I/O 控制模块和可编程连线阵列(PIA)3 大部分组成。

(1) 逻辑阵列模块

逻辑阵列模块是器件的逻辑组成核心,它由许多宏单元组成,宏单元内部主要包括或阵列、可编程触发器和多路选择器等电路,能独立地配置为时序逻辑或组合逻辑工作方式。EPLD 器件与 GAL 器件相似,但其宏单元及与阵列数目比 GAL 大得多,且和 I/O 做在一起。CPLD 器件的宏单元在芯片内部,称为内部逻辑宏单元。EPLD 和 CPLD 的逻辑宏单元主要有以下特点:

- 多触发器结构和"隐埋"触发器结构。GAL 器件每个输出宏单元只有一个触发器,而 EPLD 和 CPLD 的宏单元内通常含有两个以上的触发器,其中只有一个触发器与

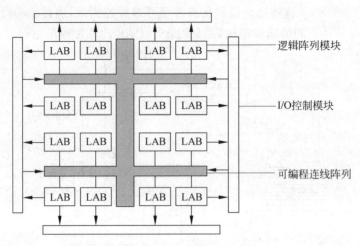

图 9-24 EPLD 和 CPLD 的基本结构

输出端相连,其余触发器不与输出端相连,但可以通过相应的缓冲电路反馈到与阵列,从而与其他触发器一起构成较复杂的时序电路。

- 乘积项共享结构。在 PAL 和 GAL 的与或阵列中,每个或门的输入乘积项最多为 8 个,当要实现多于 8 个乘积项的"与-或"逻辑函数时,必须将"与-或"函数表达式进行逻辑变换。在 EPLD 和 CPLD 的宏单元中,如果输出表达式的与项较多,对应的或门输入端不够用,可以借助可编程开关将同一单元(或其他单元)中的其他或门合起来使用,或者在每个宏单元中提供未使用的乘积项为其他宏单元共享和使用,从而提高了资源利用率,实现快速复杂的逻辑函数。
- 异步时钟和时钟选择。与 PAL 和 GAL 相比,EPLD 和 CPLD 的触发器时钟既可以同步工作,也可以异步工作,甚至有些器件的触发器时钟还可以通过数据选择器或时钟网络进行选择。此外,逻辑宏单元内触发器的异步清零和异步置位也可以用乘积项进行控制,因而使用起来更加灵活。

(2) I/O 控制模块

I/O 控制模块是芯片内部信号到 I/O 引脚的接口部分。由于阵列型 HDPLD 通常只有少数几个专用输入端,大部分端口均为 I/O 端,而且系统的输入信号常常需要锁存,因此 I/O 常作为一个独立单元来处理。

(3) 可编程连线阵列

EPLD 和 CPLD 器件提供丰富的可编程内部连线资源。可编程连线阵列的作用是给各逻辑宏单元之间以及逻辑宏单元与 I/O 单元之间提供互联网络。各逻辑宏单元通过可编程内部连线接收来自专用输入或通用输入端的信号,并将宏单元的信号反馈到目的地。这种互连机制有很大的灵活性,它允许在不影响引脚分配的情况下改变器件内部的设计。

2. 现场可编程逻辑阵列的结构特点

现场可编程门阵列 FPGA 是美国 Xilinx 公司于 1984 年首先推出的大规模可编程集成逻辑器件。它由许多独立的可编程逻辑模块组成,用户可以通过编程将这些模块连接起来实现不同的设计功能。与 CPLD 相比,一般 FPGA 具有更高的集成度、更高的逻辑功能和更大的灵活性,它由可编程逻辑芯片逐步演变成系统级芯片,是可编程的 ASIC。

FPGA 器件采用逻辑单元阵列结构,它主要由可编程逻辑块(configurable logic block,CLB)、输入/输出模块(I/O block,IOB)、互连资源(interconnect resource,IR)和一个用于存放编程数据的静态存储器 SRAM 组成。FPGA 的基本结构如图 9-25 所示。

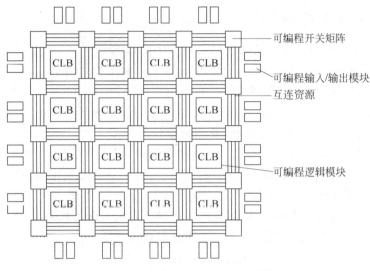

图 9-25 FPGA 的基本结构框图

(1) 可编程逻辑块

可编程逻辑块(CLB)是实现逻辑功能的基本单元,它们通常规则地排列成一个阵列,散部于整个芯片。

(2) 输入/输出模块

输入/输出模块(IOB)主要完成芯片上的逻辑与外部封装引脚的接口,它们通常排列在芯片的四周。每个 IOB 对应一个封装引脚,通过对 IOB 编程,可以把引脚定义为输入、输出或双向 I/O 功能等。

(3) 可编程互连资源

可编程互连资源(IR)包括各种长度的连接线和一些可编程连接开关,连通 FPGA 内部的所有单元,用来提供高速可靠的内部连线。它们将 CLB 之间、CLB 和 IOB 之间以及 IOB 之间连接起来,构成特定功能的电路。连线的长度和工艺决定了信号在连线上的驱动能力和传输速度。

(4) 片内 RAM

在进行数字信号处理、数据加密或数据压缩等复杂数字系统设计时,芯片内都要用到中小规模存储器如单口或多口 RAM、FIFO 缓冲器等。如果将存储模块集成到 PLD 芯片内,则不仅可以简化系统的设计,提高系统的工作速度,而且还可以减少数据存储的成本,使芯片内外数据的交换更可靠。

由于半导体工艺已进入亚微米和纳米时代,目前新一代的 FPGA 都提供片内 RAM。这种片内 RAM 的速度非常快,存取速度可以达到 5~20ns,比任何芯片外解决方案都要快很多倍。

FPGA 的功能由逻辑结构的配置数据决定。工作时,这些配置数据存放在片内的 SRAM 上。基于 SRAM 的 FPGA 器件,在工作前需要从芯片外部加载配置数据。配置数据可以存储在片外的 EPROM、E²PROM 或其他存储体上。用户可以控制加载过程,在现场修改器件的逻辑功能,即所谓现场编程。

3. CPLD/FPGA 主要产品介绍

目前,生产 CPLD/FPGA 产品的著名公司有 Altera 公司、Lattice 公司和 Xilinx 公司。Altera 公司发展了若干系列的 CPLD 和 FPGA,可以满足电子设计工程师不同的需求。Altera 公司的 CPLD 产品有 MAX3000、MAX7000、MAX9000 和 MAX-Ⅱ 等系列,FPGA 有 Flex6000、Flex10K、ACEX1K、Apex20K、Apex-Ⅱ、Cyclone、Cyclone Ⅱ、Stratix、Stratix Ⅱ 等系列产品。其中 Cyclone 和 Stratix 系列为主打产品,而 Cyclone Ⅱ 和 Stratix Ⅱ 系列产品具有更低的功耗、更高的速度和更低廉的价格等优势,但尚未大规模上市。

Xilinx 公司发展了若干系列的 CPLD 与 FPGA,占据了很大的市场份额。该公司提供了从商业级到航天级的各种类型产品。它的 CPLD 产品主要有 Coolrunner XPLA3、Coolrunner-Ⅱ 和 XC9500 系列。Xilinx 的 FPGA 有 Spartan、Spartan-XL、Spartan-Ⅱ、Spartan-3、Vertex-E、Vertex-Ⅱ 和 Vertex-Ⅱ Pro 等系列产品。

Lattice 公司也发展了 CPLD 和 FPGA 系列产品,主要有 ispMACH 4000V/B/Z、ispMACH 5000B、ispMACH 5000MX 等系列 CPLD,以及 ispXPGA、ECP/EC、ORCA 等系列 FPGA 产品。

除了上述公司外,还有 Actel、Cypress、QuickLogic、Vantis 等公司可以提供不同类型的 CPLD 和 FPGA 产品,可以满足不同用户需求。

9.6 可编程逻辑器件的编程

由于 PLD 具有在系统下载或重新配置功能,因此在电路设计之前,就可以把其焊接在印刷电路板(PCB)上,并通过并口下载电缆 ByteBlaster 与计算机连接。并口下载电缆与计算机连接示意图如图 9-26 所示。具体的操作过程如图 9-27 所示。在设计过程中,用下载编程或配置方式来改变 PLD 的内部逻辑关系,达到设计逻辑电路的目的。

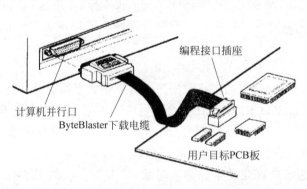

图 9-26 编程电缆与计算机连接示意图

(a) 将PLD焊接在PCB板上　　(b) 接好编程电缆　　(c) 现场烧写PLD芯片

图 9-27　PLD 的编程操作过程示意图

9.6.1　并口下载电缆 ByteBlaster 的内部电路与信号定义

用 Altera 公司的 ByteBlaster 并行下载电缆通过标准并口与 PC 相连，在 EDA 工具软件的控制下，就可以对 Altera 公司的多种 CPLD 和 FPGA 进行编程或配置，即实现在系统编程。它由与 PC 并口相连的 25 针插座、与目标 PCB 板插座相连的 10 针插头和 25 针到 10 针的变换电路构成。

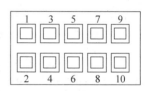

图 9-28　ByteBlaster 接口

Altera 公司的 ByteBlaster(MV) 并行下载电缆与 PLD 的接口如图 9-28 所示，它是一个 10 芯接口，MV 表示混合电压。电缆的 10 芯信号如表 9-2 所示。

表 9-2　ByteBlaster 接口引脚信号表

引脚	1	2	3	4	5	6	7	8	9	10
PS 模式	DCK	GND	CONF_DONE	VCC	nCONFIG	-	nSTAUS	-	DATA0	GND
JTAG 模式	TCK	GND	TDO	VCC	TMS	-	-	-	TDI	GND

9.6.2　编程配置方式

ByteBlaster 可用来对 MAX7000S、MAX7000A、MAX9000、FLEX10K、FLEX8000、FLEX6000 等器件进行编程下载。对于 MAX 器件，只有边界扫描(JTAG)一种数据配置方式，用于 MAX 器件的下载文件为 POF 文件(.pof)。而对于 FLEX10K、FLEX8000、FLEX6000 等器件有两种配置方式：被动串行(PS)方式和边界扫描(JTAG)方式，使用的配置文件为 SOF 文件(.sof)。下面分别说明这两种类型器件的数据配置方式。

1. 单个 MAX 器件的 JTAG 编程

将 ByteBlaster 电缆的一端与微机的并口相连(LPT1)，另一端 10 针插头与装配有 PLD 器件的 PCB 板上的插座相连，如图 9-29 所示。

在 MAX+PLUS Ⅱ开发环境下，选择 MAX+PLUS Ⅱ/Programmer 项，进入 Programmer 窗口，取消选择菜单 JTAG 中的 Multi-Device JTAG Chain 选项，使系统处于单个器件编程方式。选择 File|Select Programming File 命令，弹出 Select Programming File 对话框，在其中选好需要下载的 POF 文件，再回到编程器窗口，单击 Program 就可以进行下载了。

2. 多个 MAX/FLEX 器件的 JTAG 编程/配置

可以使用 JTAG 方式一次对目标板上的多个 MAX/FLEX 器件同时进行编程，在 PCB 板上多个器件的编程接口连接如图 9-30 所示。

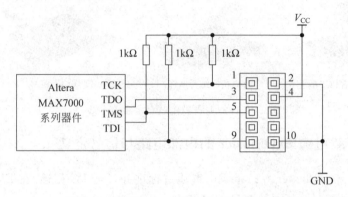

图 9-29　采用 JTAG 模式对 CPLD 编程下载的连线图

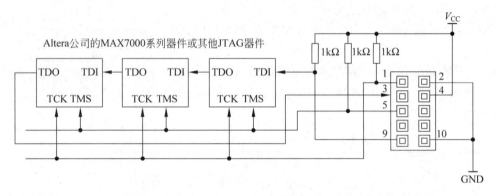

图 9-30　多个 MAX/FLEX 器件的 JTAG 编程接口的连线图

在 Programmer 窗口中,打开多个器件的 JTAG 编程选项,然后选择菜单 JTAG/MULti-Device JTAG Chain Setup 选项,出现多级 JTAG 链设置对话框。单击 Select Programming File,选择相应器件的下载文件,再将选择的文件添加到器件编程列表中。确认所选择的文件类型、次序与硬件系统中连接的顺序一致后,单击 OK 按钮,即设置好编程文件,这时就可以进行下载了。

3. 单个 FLEX 器件的 JTAG 方式配置

单个 FLEX 器件可以使用 JTAG 方式配置数据,其编程接口的连接如图 9-31 所示。下载文件的过程与 MAX 器件相同。

4. 单个 FLEX 器件的被动串行(PS)配置

FLEX 系列器件除了可以使用 JTAG 方式配置数据外,还可以使用被动串行方式配置数据。其编程接口的连接如图 9-32 所示。

5. 多个 FLEX 器件的 PS 配置

多个 FLEX 器件可以同时进行 PS 配置。如图 9-33 所示为多个 FLEX 10K 器件的 PS 配置连接图。在多个 FLEX 器件 PS 配置链中,不同系列的器件不能混合连接配置。

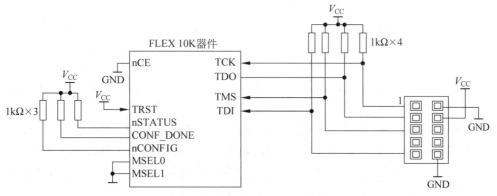

图 9-31 单个 FLEX 器件的 JTAG 编程接口示意图

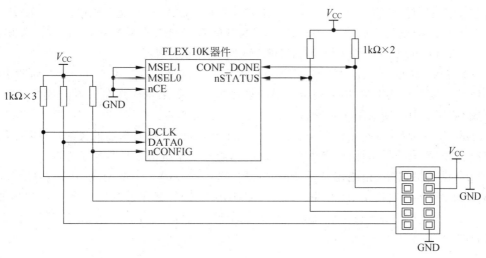

图 9-32 单个 FLEX 器件的被动串行接口连接示意图

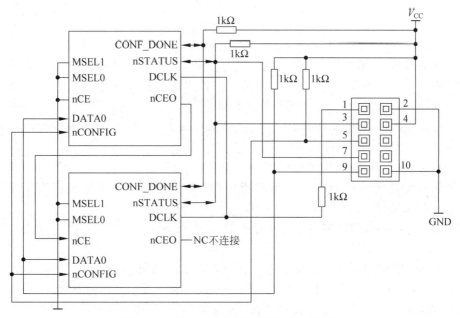

图 9-33 多片 FPGA 芯片配置电路连接图

小 结

存储器是数字系统中必不可少的组成部分,从存、取功能上可以分为 ROM 和 RAM 两大类,目前大容量的存储器都是采用 MOS 工艺制作的。

ROM 属于组合逻辑电路,是一种非易失性的存储器,它存储的是固定数据。根据数据写入的方式不同,可分为固定 ROM、可编程 ROM,后者又分为 PROM、EPROM、E^2PROM 和快闪存储器等几种类型。其中的 E^2PROM 和快闪存储器中的数据可以由用户编程写入,而且可以用电擦除原有数据,再编程改写,具有很强的使用灵活性。

RAM 属于时序逻辑电路,是一种易失性的存储器,它存储的数据随电源断电而消失。但是它读、写方便,使用灵活。按照其工作方式不同,RAM 又分为 SRAM 和 DRAM 两大类。SRAM 用触发器记忆数据,DRAM 靠 MOS 管栅极电容存储数据,因此在不停电的情况下,SRAM 的数据可以长久保持,而 DRAM 则必须定期刷新。

在数字系统中,当存储器的容量不够时,需要进行容量扩展。如果每一片存储器中的字数够用但是位数不够用时,应采用位扩展的连接方式。如果每一片存储器的数据位数够用而字数不够时,则需要采用字扩展方式。

可编程逻辑器件具有集成度高、可靠性好、工作速度快、提高系统的灵活性、缩短系统设计周期、增加系统的保密性能、降低成本等优点,给数字系统的设计带来了方便。

PLD 自问世以来,相继出现了 PROM、PLA、PAL、GAL 等低密度 PLD 器件,EPLD、FPGA、CPLD 等高密度 PLD 器件。FPGA 和 CPLD 都具有在系统编程和边界扫描能力,在设计过程中,可以用下载编程或配置方式来改变 PLD 的内部逻辑关系,达到设计逻辑电路的目的。

习 题

1. 填空题。

(1) 存储器从存、取功能上可以分为_____和_____两大类。ROM 在正常工作状态下,只能_____,而不能_____,但保存在其中的数据断电后_____。RAM 在正常工作状态下可以随时_____,但断电后数据_____。

(2) 可编程逻辑器件 PLD 属于_____集成电路。

(3) 可编程逻辑器件具有_____、_____、_____、_____、_____、_____等优点。

(4) 集成度是集成电路的一项重要指标,可编程逻辑器件按集成度密度小于或大于_____门来区分,可以分为_____和_____两类。

(5) 只读存储器按照数据写入方式特点的不同,可分为_____、_____、_____、_____和_____5 种。

(6) 半导体存储器中,ROM 属于组合逻辑电路,而 RAM 属于_____逻辑电路。

(7) RAM 按照其工作方式不同,可分为_____和_____两种类型。

(8) SRAM 是用触发器记忆数据,DRAM 是靠 MOS 管栅极电容存储数据。因此,在不停电的情况下，SRAM 的数据可以_____，而 DRAM 则必须_____。

（9）对于随机存储器，如果位数够用而字数不够用，可采用_____扩展。

（10）对于随机存储器，如果字数够用而位数不够用，可采用_____扩展。

2．选择题。

（1）为了构成 2048×8 的 RAM，需要_____片 1024×1 的 RAM，并且需要有_____位地址译码以完成寻址操作。

A．8,10　　　　B．16,11　　　　C．16,14　　　　D．10,12

（2）若存储芯片的容量为 128×1024×8 位，访问该芯片需要_____位地址。

A．10　　　　B．12　　　　C．15　　　　D．17

（3）一个 6 位地址码、8 位输出的 ROM，其存储矩阵的容量为_____。

A．48　　　　B．64　　　　C．256　　　　D．512

（4）为了构成 64×1024×8 位的 EPROM，需要_____片 8×1024×8 位的 EPROM，需要采用_____扩展方式。

A．8,字　　　　B．8,位　　　　C．16,字　　　　D．16,位

（5）一个容量为 1×1024×4 位的 ROM，应有_____根地址线、_____根数据线、_____根字线、_____根位线。

A．10,4,10,4　　　　　　　　B．1024,4,10,4

C．10,4,1024,4　　　　　　　D．10,4,1024,16

（6）1970 年出现的第一块可编程逻辑器件 PLD 是_____。

A．PROM　　　B．PAL　　　C．GAL　　　D．PLA

（7）在下列可编程逻辑器件中，不属于高密度可编程逻辑器件 HDPLD 的是_____。

A．EPLD　　　B．CPLD　　　C．FPGA　　　D．PAL

（8）断电后，存储数据不会丢失的是_____。

A．ROM　　　B．RAM　　　C．寄存器　　　D．触发器

3．试用 2×1024×8 位的 RAM6116 和 3 线-8 线译码器 74LS138 实现 16×1024×8 位的内存，内存地址范围为 8000H～BFFFH，画出相应的接线图。

4．用 2×1024×8 位的 RAM6116 组成如图 9-34 所示的电路。

（1）试确定电路内存的容量及相应的地址。

（2）若要求将内存地址范围改为 C000H～FFFFH，电路接线应作如何改动？

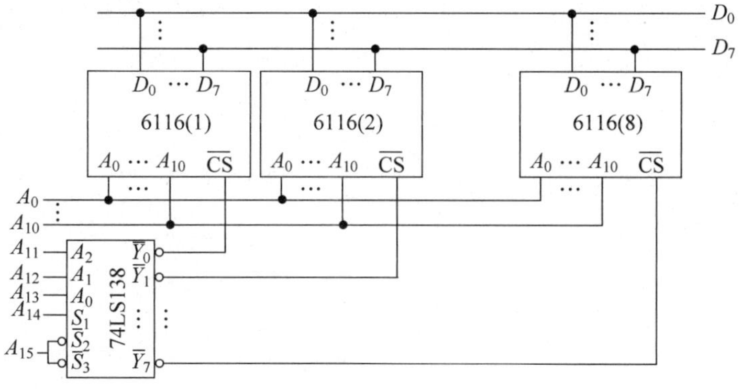

图 9-34　第 4 题的图

5. PROM实现的组合逻辑函数如图9-35所示。

(1) 分析电路的功能,说明当 A、B、C 为何值时,函数 $Y_1=1$,函数 $Y_2=1$。

(2) A、B、C 为何值时,函数 $Y_1=Y_2=0$?

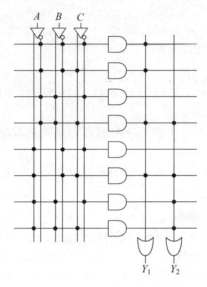

图 9-35　第 5 题的图

6. 某台计算机的内存储器设置有 32 位地址线,16 位并行数据输入/输出端,试计算它的最大存储容量是多少?

7. 说明 ROM 与 RAM 器件的区别,EPROM 和 E^2PROM 的区别。

8. 试用 4 片 256MB×16 位的 SRAM 芯片,并选用合适的译码器组成最大存储容量为 1024MB×16 位的 RAM 存储器。

9. 试用 4 片 256MB×16 位的 SRAM 芯片,并选用合适的译码器组成最大存储容量为 512MB×32 位的 RAM 存储器。

第10章 VHDL 语言基础

教学提示：VHDL 是 IEEE 标准的硬件描述语言之一，是目前标准化程度最高的硬件描述语言。VHDL 以其强大的系统描述能力、规范的程序设计结构、灵活的语言表达风格和多层次的仿真测试手段，在电子设计领域受到了普遍的认同和广泛的接受，成为现代 EDA 领域的首选硬件描述语言。

教学要求：要求学生了解 VHDL 语言的特点，掌握 VHDL 实体的基本结构、语言规则、顺序语句和并行语句。

10.1 概　　述

VHDL 是超高速集成电路硬件描述语言(very high speed integrated circuit hardware description language)的缩写，是当前最流行的并已成为 IEEE(The Institute of Electrical and Electronics Engineers)标准的硬件描述语言之一，是目前标准化程度最高的硬件描述语言。VHDL 是在美国国防部的支持下于 1985 年正式推出的，经过二十多年的发展、应用和完善，以其强大的系统描述能力、规范的程序设计结构、灵活的语言表达风格和多层次的仿真测试手段，在电子设计领域受到了普遍的认同和广泛的接受，成为现代 EDA 领域的首选硬件描述语言。

目前，流行的 EDA 工具软件全部支持 VHDL，它在 EDA 领域的学术交流、电子设计的存档、专用集成电路(ASIC)设计等方面，担当着不可缺少的角色。因此，VHDL 是现代电子设计师必须掌握的硬件设计计算机语言。

用硬件描述语言 VHDL 实现电路设计的方法是用硬件语句描述系统的结构或行为，再利用设计软件工具生成与硬件实现相关的工艺文件，最后用高密度可编程逻辑器件作为载体来实现系统功能。

概括起来，VHDL 的主要优点如下。

(1) VHDL 具有强大的功能、覆盖面广、描述能力强，是一个多层次的硬件描述语言。

(2) VHDL 有良好的可读性。它既可以被计算机接受，也容易被人理解。

(3) VHDL 具有良好的可移植性。作为一种已被 IEEE 承认的工业标准，VHDL 已成为通用的硬件描述语言，可以在各种不同的设计环境和系统平台中使用。

(4) 使用 VHDL 可以延长设计的生命周期。用 VHDL 描述的硬件电路与工艺无关，不会因工艺变化而使描述过时。

(5) VHDL 支持对大规模设计的分解和已有设计的再利用。VHDL 可以描述复杂的电路系统，支持对大规模设计的分解，由多人、多项目组来共同承担和完成。标准化的规则和风格，为设计的再利用提供了有力的支持。

(6) VHDL 有利于保护知识产权。用 VHDL 设计的专用集成电路(ASIC)，在设计文件下载到集成电路时可以采用一定的保密措施，使其不易被破译和窃取。

10.2 VHDL 设计实体的基本结构

一个完整的 VHDL 程序,或者说设计实体,一般包含库(library)、程序包(package)、实体(entity)、结构体(architecture)和配置(configuration)5 个部分,其基本结构如图 10-1 所示。其中实体和结构体是设计实体的基本组成部分,它们可以构成最基本的 VHDL 程序。实体描述该设计实体的外部接口信号,结构体描述系统的功能,程序包里存放着能共享的数据类型、常数、子程序等。库则用于存放编译过的实体、结构体、配置和程序包。配置用来把特定的结构体关联(指定给)一个确定的实体,为一个大型系统的设计提供管理和工程组织。

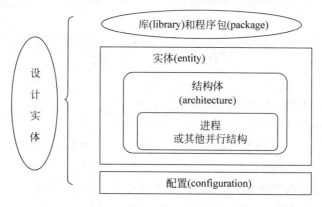

图 10-1 VHDL 设计实体的基本结构图

10.2.1 库和程序包

VHDL 库用来存储和放置已编译的设计实体,可以放置若干个程序包。VHDL 库分为设计库和资源库。

设计库对当前项目是可见的、默认的,无须用 library 语句声明。设计库包括 work 库和 std 库。work 库相当于一个临时仓库,用于保存当前项目中设计成功、正在验证及未仿真的中间器件。一个项目对应一个 work 库。在 MAX+plus Ⅱ中,work 库中所涉及的资源必须存放在当前工程项目中。若一个项目想要引用其他项目 work 库的资源,则必须把这些资源编译后生成的"*.dls"文件复制到当前目录中。work 库中的资源不利于共享,用资源库就可以较好地解决这个问题。std 库是文件输入/输出程序包,在 VHDL 的编译和综合过程中,系统都能自动调用该库中的任何内容。

资源库是把常用的工具、元件和模块等设计资源集中打包,它存放常规元件和标准模块,供其他项目引用。许多 IC 厂商、EDA 软件厂商都开发了自己的资源库。IEEE 库是最常用的资源库,它包含了 std_logic_1164 等常用的程序包。在 MAX+plus Ⅱ中,还另外提供了一些常用资源库,用户也可以开发自己的资源库。例如,ALTERA 公司开发的 prim 库、mf 库、Mega_lpm 库都是自主资源库。引用第三方或自己开发的资源库,需要指定读取路径。资源库使用前要预先用 library 语句和 use 语句声明。

库子句的语法形式为:

```
library 库名；
```

use 子句使库中的元件、程序包、类型说明、函数和子程序对本程序成为"可见"的。use 子句的两种常用格式为：

（1）use 库名.程序包名.项目名。

（2）use 库名.程序包名.all。

这里 all 代表程序包中所有资源。

在 IEEE 1076 标准中规定所有设计实体开头都隐含 work 库和 standard 程序包，即如下两句是默认的，不必再写出。

```
library work.std;
use standard.all;
```

10.2.2 实体

实体是设计实体中的重要组成部分，是一个完整的、独立的语言模块。它相当于电路中的一个器件或电路原理图上的一个元件符号。实体由实体声明和结构体组成。实体声明部分指定了设计单元的输入输出端口或引脚，它是设计实体对外的一个通信界面，是外界可以看到的部分。结构体用来描述设计实体的逻辑结构和逻辑功能，它由 VHDL 语句构成，是外界看不到的部分。一个实体可以拥有一个或多个结构体。

实体声明部分的语句格式为（语句后面用"--"引导的是注释信息）：

```
entity 实体名 is
        generic(类属表);            -- 类属参数声明
        port(端口表);               -- 端口声明
end [entity] 实体名;
```

其中，类属参数声明必须放在端口声明之前，用于指定如矢量位数、器件延迟时间等参数。例如

```
generic (m:time := 1ns);
```

声明 m 是一个值为 1ns 的时间参数。这样，在程序中语句

```
tmp1 <= d0 and se1 after m;
```

表示 d0 and se1 经 1ns 延迟后才送到 tmp1。

端口声明是描述器件的外部接口信号的声明，相当于器件的引脚声明。端口声明语句格式为：

```
port(端口名,端口名,…:方向数据类型名;
        ⋮
        端口名,端口名,…:方向数据类型名);
```

例如：

```
port(a,b:in std_logic;           -- 声明 a、b 是标准逻辑位类型的输入端口
     y:out std_logic);           -- 声明 y 是标准逻辑位类型的输出端口
```

端口方向包括：
- in——输入,符号如图 10-2(a)所示。
- out——输出,符号如图 10-2(b)所示。
- inout——双向,既可作输入也可作输出,符号如图 10-2(c)所示。
- buffer——具有读功能的输出,符号如图 10-2(d)所示。图 10-2(e)给出一个 buffer 端口的解释图,它是一个电路(触发器)的输出,同时可将它的信号读出并送到与门的输入端。

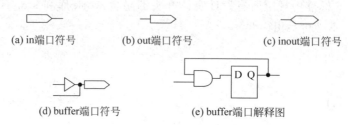

(a) in端口符号　　　(b) out端口符号　　　(c) inout端口符号

(d) buffer端口符号　　　(e) buffer端口解释图

图 10-2　各种端口的符号及解释图

程序中的"[…]"表示其中的内容不是必要的。另外,VHDL 程序中的标点符号全部是半角符号,使用全角标点符号被视为非法。

10.2.3　结构体

结构体用来描述设计实体的内部结构和实体端口间的逻辑关系,在电路上相当于器件的内部电路结构。结构体由信号声明部分和功能描述语句部分组成。信号声明部分用于结构体内部使用的信号名称及信号类型的声明；功能描述部分用来描述实体的逻辑行为。

结构体语句格式为：

```
architecture 结构体名 of 实体名 is
    [信号声明语句];                    -- 为内部信号名称及类型声明
    begin
    [功能描述语句];
end [architecture] 结构体名;
```

用 VHDL 语言描述结构体功能主要有两种方法,即结构描述法和行为描述法。

(1) 结构描述法。结构描述(structural description)法是按照原理图的结构进行的描述,它可以从最基本的元件描述开始,然后用结构描述方式将这些基本元件组合起来,形成一个小系统元件,再用结构描述或其他描述方式将一些小系统元件组合起来,形成复杂数字系统。

结构描述法表示的是被设计实体硬件方面的特征,类似于实际硬件的连接,只不过用 VHDL 语言把内部元件的连接关系描述出来。

(2) 行为描述法。行为描述(behavioral description)法只描述所设计电路的功能或电路行为,而没有直接指明或涉及实现这些行为的硬件结构。

下面是按照 VHDL 语法规则编写出来的与门设计电路的 VHDL 源程序。它是一个完整的、独立的语言模块,相当于电路中的一个"与"器件或电路原理图上的一个"与"元件符号。它能够被 VHDL 综合器接受,形成一个独立存在和独立运行的元件,也可以被高层次的系统调用,成为系统中的一部分。

```
library ieee;
use ieee.std_logic_1164.all;            -- ieee 库使用声明
entity and1 is
    port(a,b:in std_logic;              -- 实体端口声明
            y:out std_logic);
end and1;
architecture example1 of and1 is
begin
        y < = a and b;                  -- 结构体功能描述
end   architecture example1;
```

10.3 VHDL 语言规则

10.3.1 VHDL 文字规则

与其他计算机高级语言一样,VHDL 也有自己的文字规则,在编程中需要认真遵循。

1. 数字型文字

数字型文字包括整数文字、实数文字、以数制基数表示的文字和物理量文字。

(1) 整数文字由数字和下划线组成。例如 67、15B2 和 45_234_27(相当 45,234,27)都是整数文字。其中,下划线用来将数字分组,便于读出。

(2) 实数文字由数字、小数点和下划线组成。例如 188.93 和 8_60.43_9 都是实数文字。

(3) 以数制基数表示的文字。在 VHDL 中允许使用十进制、二进制、八进制和十六进制等不同基数的数制文字。以数制基数表示的文字的格式为:

数制♯数值♯

例如:

```
10♯170♯;                    -- 十进制数值文字
16♯FE♯;                     -- 十六进制数值文字
2♯11010001♯;                -- 二进制数值文字
8♯376♯;                     -- 八进制数值文字
```

(4) 物理量文字用来表示时间、长度等物理量。例如,60s、100m 都是物理量文字。

2. 字符串文字

字符串文字包括字符和字符串。字符是以单引号括起来的数字、字母和符号。例如,'0','1','A','B','a','b'都是字符。字符串包括文字字符串和数值字符串。

(1) 文字字符串是用双引号括起来的一维字符数组。例如,"ABC","A BOY.","A"都

是文字字符串。

(2) 数值字符串也叫做矢量,其格式为:

数制基数符号"数值字符串";

例如:

```
B"111011110";              -- 二进制数数组,位矢量组长度是 9
O"15";                     -- 八进制数数组,等效 B"001101",位矢量组长度是 6
X"AD0";                    -- 十六进制数数组,等效 B"101011010000",位矢量组长度是 12
```

其中,B 表示二进制基数符号;O 表示八进制基数符号;X 表示十六进制基数符号。

3. 关键字

关键字是 VHDL 预先定义的单词,它们在程序中有不同的使用目的,例如,entity(实体)、architecture(结构体)、type(类型)、is、end 等都是 VHDL 的关键字。VHDL 的关键字允许用大写或小写字母书写,也允许大、小字母混合书写。

4. 标识符

标识符是用户给常量、变量、信号、端口、子程序或参数定义的名字。标识符命名规则是:以字母(大小写均可)开头,后跟若干字母、数字或单个下划线构成,但最后不能为下划线。例如:

H_adder,mux21,example 为合法标识符,2adder,_mux21,ful——adder,adder_ 为错误的标识符。

5. 下标名

下标名用于指示数组型变量或信号的某一元素。下标名的格式为:

标识符(表达式);

例如,b(3),a(m)都是下标名。

6. 段名

段名是多个下标名的组合。段名的格式为:

标识符(表达式 方向 表达式)

其中,方向包括

```
to                         -- 表示下标序号由低到高
downto                     -- 表示下标序号由高到低
```

例如:

```
D(7 downto 0);             -- 可表示数据总线 $D_7 \sim D_0$
D(0 to7);                  -- 可表示数据总线 $D_7 \sim D_0$
```

10.3.2 VHDL 数据类型

1. 标准数据类型

VHDL 共提供了 10 种标准的数据类型,不需说明库和程序包便可直接引用。下面分别给出其保留字并稍加解释。

(1) real(实数):取值范围为 $-1.0E+38 \sim 1.0E+38$。

(2) integer(整数):取值范围为 $-(2^{31}-1) \sim (2^{31}-1)$。

(3) natural(自然数):是整数类型的子类型,其取值范围为 $0 \sim (2^{31}-1)$。

(4) bit(位):只有两种取值,即 0 和 1,可用于描述信号的取值。

(5) bit_vector(位矢量):是用双引号括起来的一组位数据,每位只有两种取值(0 和 1)。在其前面可以加上数制标记,如 X(十六进制)、B(二进制,默认)、O(八进制)等,常用于表示总线的状态。

(6) boolean(布尔量):又称逻辑量,有"真"、"假"两种状态,分别用 true 和 false 标记,用于关系运算和逻辑判断。

(7) character(字符):是用单引号括起来的一个字母、数字或 $、@、% 等字符(区分大小写字母)。

(8) string(字符串):是用双引号括起来的由字母、数字或 $、@、% 等字符组成的"串"(区分大小写字母),常用于程序的提示和说明等。

(9) time(时间):由整数值、一个以上的空格以及时间单位等组成。常用单位有 fs(飞秒)、ns(纳秒)、μs(微秒)、ms(毫秒)、s(秒)、min(分)等,常用于指定器件延时和标记仿真时刻。

(10) severity level(错误等级):分为 note(注意)、warning(警告)、error(出错)、failure(失败)四级,用于提示系统的错误等级。

2. 用户自定义的数据类型

VHDL 允许用户自定义数据类型,书写格式为

type 数据类型名 is 数据类型定义;

例如:

type date is array (7 downto 0) of bit;
variable adden:date;

VHDL 常用的用户自定义数据类型包括枚举类型、整数类型、数组类型、记录类型等。

(1) 枚举类型。把数据类型中的各个元素都列举出来,方便、直观,提高了程序的可读性。书写格式为

type 数据类型名称 is (元素,元素,…);

其中,数据类型名称和元素都是一个标识符。例如:

type color is (blue,green,yellow,red,white,purple);

枚举类型中所列举的元素在程序编译过程中通常是自动编码,编码顺序是默认的,左边第一个元素编码为 0,以后的依次加 1。编码过程中自动将每一个元素转变为位矢量。位矢量的长度将由所列举的元素个数决定。例如上述 6 个元素,位矢量的长度为 3,编码默认值为

```
blue = "000";green = "001";yellow = "010";red = "011";white = "100";purple = "101";
```

(2) 整数类型、实数类型

自定义的整数类型、实数类型是标准数据类型的整数、实数的子类型,是根据特殊需要自定义的数据类型。书写格式为

```
type 数据类型名称 is   integer   range 整数范围;
type 数据类型名称 is   real   range 实数范围;
```

例如:

```
type percent is integer range -100 to 100;
type current is real range -1.6 to 3.0;
```

(3) 数组(array)类型

数组是将相同类型的数据即数组元素集合在一起所形成的一个新的数据类型。数组类型分限定数组和非限定数组两种,书写格式如下:

```
type 数组类型名 is array 范围 of 数组元素的数据类型;
type 数组类型名 is array(range< >)of 数组元素的数据类型;
```

其中范围是用整数指明数组的上下界,是一个限定数组,例如:

```
type smd is array(7 downto 0)of bit;
```

smd 是数组类型名。(7 downto 0)是数组的上下界,数组有 8 个元素,数组的下标排序是 7,6,5,4,3,2,1,0,各元素的排序是 smd(7),smd(6),smd(5),smd(4),smd(3),smd(2),smd(1),smd(0)。每一个元素的数据类型是 bit。范围由"range< >"指定,这是一个没有范围限制的数组,是一个非限定数组。在这种情况下,具体范围由信号说明语句来确定。例如:

```
type bit_vector is array( integer range< >)of bit;
variable my_vector:bit_vector(5 downto -5);
```

(4) IEEE 标准数据类型 std_logic 和 std_logic_vector

除了这些标准数据类型之外,还有两种 IEEE 定义的数据类型也很常用。它们是 std_logic 类型和 std_logic_vector 类型,存放在 IEEE 库的 std_logic_1164 程序包中,使用前必须使用 library 和 use 语句加以说明。

① std_logic(标准逻辑位)数据类型。在 VHDL 中,标准逻辑位数据有 9 种逻辑值,它们是'U'(未初始化的)、'X'(强未知的)、'0'(强 0)、'1'(强 1)、'Z'(高阻态)、'W'(弱未知的)、'L'(弱 0)、'H'(弱 1)和'—'(忽略)。不定状态方便了系统仿真,高阻状态方便了双向总线的描述。

② std_logic_vector(标准逻辑矢量)数据类型。标准逻辑矢量数据类型在数字电路中

常用于表示总线。

10.3.3 VHDL 数据对象

VHDL 数据对象是指用来存放各种类型数据的容器,包括变量、常量和信号。

1. 常量

在程序中,常量是一个恒定不变的值。在实体、结构体、程序包、函数、过程、进程中保持静态数据,以改善程序的可读性,并使修改程序变得容易。实体定义的类属参数就是常量。由保留字 constant 引导,常量声明格式为

constant 常量名: 数据类型[:= 初值];

例如:

constant fbus: bit_vector(7 downto 0) := "11010000";
constant vcc: real := 5.0;
constant   delay: time := 25ns;

都是为常量赋值的语句。

2. 变量

变量只是用来作为指针或存储程序中计算用的暂时值。在 VHDL 语法规则中,变量(variable)是一个局部量,只能在进程(process)、函数(function)和过程(procedure)中声明和使用。变量的赋值是立刻生效的,由保留字 variable 引导,变量声明的语法格式为:

variable 变量名: 数据类型[:= 初始值];

例如,变量声明语句

variable a: integer;
variable b: integer := 2;

分别声明变量 a、b 为整型变量,变量 b 赋有初值 2。

变量在声明时,可以赋初值,也可以不赋值,到使用时才用变量赋值语句赋值,因此变量语句中的"初始值"部分内容用方括号括起来表示任选。变量赋值语句的语法格式为:

目标变量名 := 表达式;

例如,下面在变量声明语句后,列出的都是变量赋值语句。

variable x,y: integer;
x := 100;
y := 15 + x;

3. 信号

信号(signal)对应着硬件内部实实在在的连线,在元件间起互联作用,或作为一种数据容器,以保留历史值和当前值。用于实体、结构体、程序包的说明定义部分。实体中的端口

就是信号。信号由保留字 signal 引导,信号声明语句的语法格式为:

signal 信号名[,信号名]:数据类型[:= 初值];

例如,信号声明语句

signal temp:std_logic := 0;

声明 temp 为标准逻辑位(std_logic)信号,初值为 0。

信号的 event 属性表示信号的状态发生改变。

例如:if (clk'event and clk='1')表示 clk 信号发生变化且现有值为 1,即 clk 发生上升沿触发;If(clk'event and clk='0')表示 clk 信号发生变化且现有值为 0,即 clk 发生下降沿触发。

信号在声明了数据类型之后,也可以在设计中赋值,信号赋值语句的格式为:

目标信号名<= 表达式;

例如:

X<= 9;

4. 信号与变量的区别

信号与变量的区别可以归纳为以下几点。

(1) 信号可以是全局量,变量只能是局部量。信号可以在进程间传递数据,而变量不行。

(2) 信号赋值有延迟,变量赋值没有延迟。在描述中,信号的赋值不会立即生效,而是要等待一个 delta 延迟后才会变化。

(3) 信号可以保留当前值和历史值,而变量只有当前值。所以信号可以仿真,变量不可以仿真。

(4) 进程 process 对信号敏感,对变量不敏感。信号可以是多个进程的全局信号,而变量只能在定义它的进程中可见。

(5) 信号是硬件中连线的抽象描述,功能是保存变化的数据值和连接子元件,信号在元件的端口连接元件,变量在硬件中没有对应关系,而是用于硬件特性的高层次建模所需要的计算中。

10.3.4 VHDL 运算符和操作符

1. VHDL 运算符

VHDL 语言共有 5 类运算,即逻辑运算、算术运算、并置运算、关系运算和符号运算。

(1) 逻辑运算。逻辑运算包括 and(与)、or(或)、nand(与非)、nor(或非)、xor(异或)、nxor(异或非)和 not(非)。

在一个 VHDL 语句中,存在两个以上逻辑运算时,左右没有优先级差别。一个逻辑式中,先做括号内的运算,再做括号外的运算。

(2) 算术运算。算术运算包括"+"(加)、"−"(减)、"*"(乘)、"/"(除)、MOD(取模)、

REM(求余)、SLL(逻辑左移)、SRL(逻辑右移)、RLA(算术左移)、RRA(算术右移)、ROL(逻辑循环左移)、ROR(逻辑循环右移)、"＊＊"(乘方)和 ABS(取绝对值)。

（3）并置运算。在 VHDL 程序设计中,并置运算符号"&"用来完成一维数组的位扩展。例如,将两个一位的一维数组 S1、S2 扩展为一个两位的一维数组的语句是：S<=S1&S2。

（4）关系运算。关系运算包括"＝"(等于)、"/＝"(不等于)、"<"(小于)、">"(大于)、"<="(小于等于)和">="(大于等于)。关系运算的结果为布尔值(真或假),常用于流程控制语句(if、case、loop 等)中。

（5）符号运算。符号运算包括"＋"(正)和"－"(负),它们代表实数数值的符号。

VHDL 运算需要注意两点：

- 每种运算都具有优先级,它们的优先级依次为：()→(NOT,ABS,＊＊)→(＊,/,MOD,REM)→(＋,－)→(关系运算)→(逻辑运算：AND, OR, NAND, NOR, XOR)。记住运算的优先级是困难的,在包含多种运算的表达式中,最好用括号(优先级最高)来区分运算的优先级。
- 操作数的数据类型必须与运算符要求的数据类型完全一致。

2．VHDL 操作符

VHDL 操作符主要有两种：用于将数据传给信号的赋值符"<="和用于将数据传给变量的赋值符号":="。后一种符号也用于为信号、变量、常量等指定初值。还有一种符号就是将在 WHEN 语句中出现的符号"=>",其含义是 then(则,那么)。

10.4　VHDL 的顺序语句和并行语句

VHDL 的基本描述语句包括顺序语句(sequential statements)和并行语句(concurrent statements)。在数字逻辑电路系统设计中,这些语句从众多侧面完整地描述了系统的硬件结构和基本逻辑功能。

10.4.1　顺序语句

顺序语句只能出现在进程(process)、过程(procedure)和函数(function)中,其特点是按程序书写的顺序自上而下、一条一条地执行。利用顺序语句可以描述数字逻辑系统中的组合逻辑电路和时序逻辑电路。VHDL 的顺序语句有变量赋值语句、信号赋值语句、流程控制语句、wait 语句、返回语句、空操作语句和断言语句等。这里只介绍几种常用的顺序语句。

1．赋值语句

赋值语句的功能就是将一个值或者一个表达式的运算结果传递给某一个数据对象,如变量、信号或它们组成的数组。

（1）变量赋值语句

变量赋值语句的格式为：

目标变量名 := 表达式;

(2) 信号赋值语句

信号赋值语句的格式为:

目标信号名<= 表达式;

信号赋值语句可以出现在进程或结构体中,若出现在进程或子程序中则是顺序语句,若出现在结构体中则是并行语句。

例如:

```
variable a,b:bit;
signal c:bit_vector (0 to 3);
a := '0';
b := '1';
c <= "1011";
```

2. 流程控制语句

流程控制语句通过条件控制来决定是否执行 1 条或几条语句、重复执行 1 条或几条语句或者跳过 1 条或几条语句。流程控制语句有 if 语句、case 语句、loop 语句、next 语句和 exit 语句 5 种。

(1) if 语句

在 VHDL 中,许多模型的行为都可以使用一组条件的操作来描述。if 语句就是根据所指定的条件来确定哪些操作可以执行的语句,因此,可以用于表示 VHDL 模型的行为。if 语句的书写格式为:

```
[语句标号:] if 条件表达式 then 顺序语句;
            [[elsif 条件表达式 then 顺序语句;…]
            [else 顺序语句;]]
            end if;
```

这里[ ]内的内容可以省略,条件表达式给出的结果是布尔量,因此,只能用关系运算符或逻辑运算符组成条件表达式。顺序语句也包括 if 语句在内。

if 语句中至少应有 1 个条件句,if 语句根据条件句产生的判断结果 TRUE 或 FALSE,有条件地选择执行其后的顺序语句。

(2) case 语句

当需要描述多选一逻辑模型或描述总线、编码器、译码器等功能时,使用 case 语句比 if 语句有更好的程序可读性。case 语句的书写格式为:

```
[语句标号:] case 表达式 is
            when 选择值 1 = >顺序语句 1;
            when 选择值 2 = >顺序语句 2;
                    ⋮
            when others => 顺序语句 n;
            end case;
```

执行 case 语句时,首先计算表达式的值,然后执行其值与条件句中的"选择值"相同的

"顺序语句"。当所有条件句的"选择值"与表达式的值不同时,则执行 others 后的"顺序语句"。在 case 语句中,when 子句间的放置顺序先后不影响执行结果。条件句中的"=>"不是操作符,它只相当于 then 的作用。

(3) loop 语句

在描述具有重复结构或迭代运算的设计实体时,使用循环语句可以简化程序代码。VHDL 中的循环语句有 3 种形式,即 loop 语句、for loop 语句和 while loop 语句。

① loop 语句

loop 语句的书写格式为:

```
[标号:] loop
         顺序语句;
         end loop[标号];
```

这是最简单的 loop 语句循环方式,它的循环方式需要引入其他控制语句(如 next、exit 等)后才能确定。

② for loop 语句

for loop 语句的书写格式为:

```
[标号:] for 循环变量 in 范围 loop
         顺序语句组;
         end loop[标号];
```

for loop 循环语句适用于循环次数已知的程序设计。语句中的循环变量是一个临时变量,属于 loop 语句的局部变量,不必事先声明。使用时应当注意,在 loop 语句范围内不要使用与其同名的其他标识符。

在 for loop 语句中,用 in 关键字指出循环的次数(即范围)。循环范围有两种表示方法,其一为"初值 to 终值",要求初值小于终值;其二为"初值 downto 终值",要求初值大于终值。

for loop 语句中的循环体由一条或多条顺序语句组成,每条语句后用";"结束。

for loop 循环的操作过程是,循环从循环变量的"初值"开始,到"终值"结束,每执行 1 次循环体中的顺序语句后,循环变量的值递增或递减 1。由此可知,循环的次数为|终值-初值|+1。

③ while loop 语句

while loop 语句的语法格式为:

```
[标号:] while 循环控制条件 loop
         顺序语句;
         end loop[标号];
```

while loop 语句中的循环控制条件可以是任何布尔表达式。在每次迭代前要测试循环控制条件是否为真,如果是,则执行迭代,否则结束迭代。

(4) next 语句

next 语句是一种能控制循环语句执行的语句。当 next 语句被执行时,循环语句中剩余的语句执行操作被终止,语句将跳到由语句标号所指定的新位置继续执行,或回到本层循环语句的入口处重新开始一次新的循环。其书写格式为：

next[标号][when 条件表达式];

根据 next 语句中的可选项,有 3 种 next 语句格式。

格式 1:

next;

这是无条件结束本次循环的语句,当 loop 内的顺序语句执行到 next 语句时,立即无条件终止本次循环,跳回到循环体的开始位置,执行下一次循环。

格式 2:

next loop 标号;

这种语句格式的功能与 next 语句的功能基本相同,区别在于结束本次循环时,跳转到"标号"规定的位置继续循环。

格式 3:

next when 条件表达式;

这种语句的功能是,当"条件表达式"的值为 TRUE 时,才结束本次循环,否则继续循环。

(5) exit 语句

exit 语句是另一种能控制循环语句执行的语句。执行 exit 语句将结束循环状态,并强迫循环语句从正常执行中跳到由语句标号所指定的新位置继续执行。其书写格式为：

exit[标号][when 条件];

根据 exit 语句中的可选项,有 3 种 exit 语句格式。

格式 1:

exit;

这是无条件结束本次循环的语句,当 loop 内的顺序语句执行到 exit 语句时,立即无条件跳出循环,执行 end loop 语句下面的顺序语句。

格式 2:

exit 标号;

这种语句格式的功能与 exit 语句的功能基本相同,区别在于跳出循环时,转到"标号"规定的位置执行顺序语句。

格式 3:

exit when 条件表达式;

这种语句的功能是,当"条件表达式"的值为 TRUE 时,才跳出循环,否则继续循环。

注意：exit 语句和 next 语句的区别。exit 语句是用来从整个循环中跳出而结束循环;而 next 语句是用来结束循环执行过程的某一次循环,重新执行下一次循环。

3. wait 语句

wait 语句在进程(包括过程)中,用来将程序挂起暂停执行,直到满足语句设置的结束挂起条件后,才重新执行程序。其书写格式为:

wait[on 敏感信号表] [until 条件表达式] [for 时间表达式];

根据 wait 语句的可选项,有 4 种 wait 语句格式。

格式 1:

wait;

这种语句未设置将程序挂起的结束条件,表示程序将永远挂起。

格式 2:

wait on 敏感信号表;

这种语句称为敏感信号挂起语句,其功能是将运行的程序挂起,直到敏感信号表中的任一信号发生变化时结束挂起,重新启动进程。

格式 3:

wait until 条件表达式;

这种语句的功能是,将运行的程序挂起,直到表达式中的敏感信号发生变化,而且满足表达式设置的条件时结束挂起,重新启动进程。

格式 4:

wait for 时间表达式;

这种语句格式称为超时等待语句,在此语句中声明了一个时间段,从执行到当前的 wait 语句开始,在此时间段内,进程处于挂起状态,当超过这一时间段后,进程自动恢复执行。

10.4.2 并行语句

在 VHDL 中,并行语句有多种语句结构,各种并行语句在结构体中的执行是同步进行的,或者说是并行运行的,其执行方式与语句书写的顺序无关。在执行中,并行语句之间可以有信息往来,也可以互为独立、互不相干。

并行语句主要有并行信号赋值语句(concurrent signal assignments)、进程语句(process statement)、块语句(block statement)、元件例化语句(component instantiations)、生成语句(generate statement)和并行过程调用语句(concurrent procedure calls)共 6 种。下面介绍在本书中常用的 4 种语句。

1. process(进程)语句

process 语句是最具有 VHDL 语言特色的语句。进程语句由顺序语句组成,但其本身却是并行语句,它的并行行为和顺序行为的双重特性,使它成为 VHDL 程序中使用最频繁和最能体现 VHDL 风格的一种语句。process 语句在结构体中使用的格式分为带敏感信号参数表格式和不带敏感信号参数表格式两种。

（1）带敏感信号参数表的 process 语句的书写格式

```
[进程标号:]process [(敏感信号参数表)] [is]
        [进程声明部分]
            begin
                顺序描述语句；
        end process[进程标号];
```

在这种进程语句格式中有一个敏感信号表，表中列出的任何信号的改变，都将启动进程，使进程内相应的顺序语句被执行一次。用 VHDL 描述的硬件电路的全部输入信号都可以作为敏感信号，为了使 VHDL 的软件仿真与综合和硬件仿真对应起来，应当把进程中所有输入信号都列入敏感信号表中。

（2）不带敏感信号参数表的 process 语句的书写格式

```
[进程标号:]process [is]
        [进程声明部分]
            begin
                wait 语句；
                顺序描述语句；
        end process[进程标号];
```

在这种进程语句格式中，包含了 wait 语句，因此不能再设置敏感信号参数表，否则将存在语法错误。

2．并行信号赋值语句

并行信号赋值语句有简单信号赋值语句、条件信号赋值语句和选择信号赋值语句 3 种形式，下面分别加以介绍。

（1）简单信号赋值语句

简单信号赋值语句是 VHDL 并行语句结构的最基本的单元，其语句格式为：

目标信号名<= 表达式；

具有延时的赋值语句格式为：

目标信号名<= 表达式 after 延时量；

使用赋值语句时，必须保证表达式的类型和目标信号的类型相同。

（2）条件信号赋值语句

条件信号赋值语句的格式为：

```
目标信号名 <= 表达式 1      when 条件 1      else
            表达式 2      when 条件 2      else
            表达式 n-1    when 条件 n-1    else
            表达式；
```

在执行条件信号赋值语句时，结构体按赋值条件的书写顺序逐条测定，一旦赋值条件为

TRUE,就立即将表达式的值赋给目标变量。

（3）选择信号赋值语句

选择信号赋值语句的格式为：

```
with 选择表达式 select
目标信号名<= 表达式1        when    选择值1,
            表达式2        when    选择值2,
            表达式n        when    选择值n,
            [表达式        when    others];
```

选择信号赋值语句的每个子句是以","结束的,只有最后一个子句才是以";"结束。

3. 元件例化语句

元件例化(component)是将预先设计好的设计实体作为一个元件,连接到一个当前设计实体中的指定端口。当前设计实体相当于一个较大的电路系统,所声明的例化元件相当于要插入这个电路系统板上的芯片；而当前设计实体的"端口"相当于这块电路板上准备接受此芯片的一个插座。元件例化可以实现 VHDL 结构描述风格,即从简单门的描述开始,逐步完成复杂元件的描述以至于整个硬件系统的描述,实现"自底向上"或"自顶向下"层次化的设计。

元件例化语句的书写格式为：

```
component 元件名 is                          -- 元件声明
    generic declaration;                     -- 参数声明
    port declaration;                        -- 端口声明
end component 元件名;
例化名: 元件名 port map(信号[,信号关联式……]);   -- 元件例化
```

component 语句分为元件声明和元件例化两部分。元件声明完成元件的封装,元件例化完成电路板上元件"插座"的声明,例化名(标号名)相当于"插座名",是不可缺少的。

在元件声明中,generic 用于该元件的可变参数的代入和赋值；port 则声明该元件的输入输出端口的信号规定。

在元件例化中,(信号[,信号关联式……])部分完成"元件"引脚与"插座"引脚的连接关系,称为关联。关联方法有位置映射法和名称映射法,以及由它们构成的混合关联法。

位置映射法就是把例化元件端口声明语句中的信号名,与元件例化 port map()中的信号名书写顺序和位置一一对应。

名称映射法就是用"=>"号将例化元件端口声明语句中的信号名与 port map()中的信号名关联起来。

用元件例化方式设计电路时,首先要完成各种元件的设计,并将这些元件的声明包装在程序包中,使它们成为共享元件,然后通过元件例化语句来调用这些元件,产生需要的设计电路。

4. 生成语句

如果在一个设计单元内包含有多个相同子结构的情况,可以利用生成语句来描述。

生成语句有如下两种格式。

(1) 迭代生成语句

当设计需要重复一个子系统或子结构时,若被重复的结构或行为都是相同的,即没有例外的情况出现,那么就可以使用迭代生成语句。迭代生成语句的书写格式为:

```
[标号:] for 循环变量 in 取值范围 generate
        [声明部分]
            begin
            [并行语句];
        end generate [标号];
```

(2) 条件生成语句

生成语句的迭代结构只适合于描述具有规则结构的设计,但是,在多数情况下,电路的输入和输出总是具有不规则性,因此,无法用同一结构来表示。此时可以采用条件生成语句。条件生成语句的书写格式为:

```
[标号:] if 条件 generate
        [声明部分]
            begin
            [并行语句];
        end generate [标号];
```

小　　结

超高速集成电路硬件描述语言 VHDL 具有很好的可读性和可移植性,可以延长设计的生命周期,支持对大规模设计的分解和已有设计的再利用,有利于保护知识产权。

一个完整的 VHDL 程序,一般包含库、程序包、实体、结构体和配置 5 个部分。VHDL 库用来存储和放置已编译的设计实体,可以放置若干个程序包。VHDL 库分为设计库和资源库。设计库是用户设计的现行工作库,用于存放用户自己设计的工程项目。资源库存放常规元件和标准模块,供其他项目引用。实体相当于电路中的一个器件或电路原理图上的一个元件符号。实体由实体声明和结构体组成。实体声明部分指定了设计单元的输入输出端口或引脚,是外界可以看到的部分。结构体用来描述设计实体的逻辑结构和逻辑功能,是外界看不到的部分。

VHDL 与一般编程语言类似,也有自己的语言规则,包括文字规则,数据类型,数据对象,运算符和操作符,在编程中需要认真遵循。

VHDL 与一般的编程语言不同之处就是它除了有顺序语句还有独特的并行语句。顺序语句是按程序书写的顺序自上而下、一条一条地执行。利用顺序语句可以描述数字逻辑系统中的组合逻辑电路和时序逻辑电路。并行语句在结构体中的执行是同步进行的,或者说是并行运行的,其执行方式与语句书写的顺序无关。在执行中,并行语句之间可以有信息往来,也可以互为独立、互不相干。因此 VHDL 具有很强的描述能力,也因此在电子设计领域受到了普遍的认同和广泛的接受,是当前最流行的并已成为 IEEE 标准的硬件描述语言之一,是目前标准化程度最高的硬件描述语言。

习 题

1. 填空题。

(1) 一般将一个完整的 VHDL 程序称为_____。

(2) VHDL 设计实体的基本结构由_____、_____、_____、_____和_____5部分组成。

(3) 在 VHDL 的端口声明语句中,端口方向包括_____、_____、_____和_____。

(4) VHDL 的数据对象包括_____、_____和_____,它们是用来存放各种类型数据的容器。

(5) VHDL 的变量是一个_____量,只能在进程、函数和过程中声明和使用。

(6) VHDL 的信号是一种数值容器,不仅可以容纳_____,也可以保持_____。

(7) 常数是程序中的一个_____的值,一般在_____声明。

(8) VHDL 的并行语句在结构体中的执行是_____,其执行方式与语句书写的顺序无关。

(9) VHDL 的 process(进程)语句是由_____组成的,但其本身却是_____语句。

(10) 元件例化是将预先设计好的设计实体作为一个_____,连接到当前设计实体中一个指定的_____。

2. 选择题。

(1) VHDL 属于_____描述语言。

A. 普通硬件　　B. 超高速集成电路硬件　　C. 高级　　D. 低级

(2) VHDL 常用的库是_____标准库。

A. ieee　　B. std　　C. work　　D. package

(3) 在 VHDL 中,45_234_27 属于_____文字。

A. 实数　　　　　　　　　　　　B. 物理量

C. 以数制基数表示的　　　　　　D. 整数

(4) 在 VHDL 中,为目标变量的赋值符号是_____。

A. =:　　B. =　　C. :=　　D. <=

(5) 在 VHDL 中,用语句_____表示检测 clock 的上升沿。

A. clock'event　　　　　　　　　B. clock'event and clock='1'

C. clock='1'　　　　　　　　　　D. clock'event and clock='0'

(6) 在 VHDL 中,语句"for n in 0 to 7 loop"定义循环次数为_____次。

A. 8　　B. 7　　C. 1　　D. 0

(7) 在 VHDL 的进程语句格式中,敏感信号表列出的是设计电路的_____信号。

A. 输入　　B. 输入和输出　　C. 输出　　D. 时钟

(8) VHDL 的 work 库是用户设计的现行工作库,用于存放_____的工程项目。

A. 公共程序　　B. 共享数据　　C. 图形文件　　D. 用户自己设计

(9) 在 VHDL 中,为了使已声明的数据类型、子程序、元件能被其他设计实体调用或共享,可以把它们汇集在_____中。

A. 设计实体　　　B. 程序包　　　　　C. 程序库　　　D. 结构体

(10) 在 VHDL 中,if 语句中至少应有 1 个条件句,条件句必须由_____表达式构成。

A. bit　　　　　B. std_logic　　　　C. boolean　　　D. 任意

3. 判断下面 3 个程序中是否存在错误,若有,则指出错误所在并改正。

(1)

```
signal A,EN:std_logic;
process(A,EN)
  variable B:std_logic;
begin
 if EN = 1 then B <= A;
 end if;
end process;
```

(2)

```
architecture one of sample is
  variable a,b,c:integer;
begin
  c <= a + b;
end;
```

(3)

```
library ieee;
use ieee.std_logic_1164.all;
entity ss is
  port (a1,a2,b1,b2:in std_logic;
        y2:out std_logic);
end;
architecture one of ss is
  begin
    y1 <= not(a1 and b1);
    y2 <= not(a2 and b2);
end one;
```

4. 下面是一个简单的 VHDL 描述,请画出相应的电路原理图。

```
library ieee;
use ieee.std_logic_1164.all;
entity Dlatch is
  port(D,CP:in std_logic;
       Q,QN:buffer std_logic);
end Dlatch;
architecture one of Dlatch is
    signal N1,N2:std_logic;
      begin
        N1 <= D nand CP;
        N2 <= N1 nand CP;
        Q <= QN nand N1;
```

```
        QN <= Q nand N2;
end one;
```

5. 分析下面的 VHDL 源程序，说明设计电路的功能。

```
library ieee;
use ieee.std_logic_1164.all;
entity LX9_5 is
  port(abin:in std_logic_vector(7 downto 0);
       din:in std_logic_vector(7 downto 0);
       dout:out std_logic_vector(7 downto 0));
end LX9_5;
architecture one of LX9_5 is
  begin
    process(abin,din)
      begin
        for i in 0 to 7 loop
          dout(i)<= din(i) and abin(i);
        end loop;
    end process;
end one;
```

6. 画出与以下实体描述对应的原理图符号元件。

```
entity buf3s is                                  -- 实体 1：三态缓冲器
  port(input:in std_logic;                       -- 输入端
       enable:in std_logic;                      -- 使能端
       output:out std_logic);                    -- 输出端
end buf3s;
entity mux21 is                                  -- 实体 2：2 选 1 多路选择器
  port(in0,in1,sel:in std_logic;
       output:out std_logic);
end mux21;
```

7. 图 10-3 所示的是 4 选 1 多路选择器，试分别用 if_then 语句和 case 语句的表达方式写出此电路的 VHDL 程序，选择控制信号 s1 和 s0 的数据类型为 std_logic_vector；当 s1='0',s0='0'；s1='0',s0='1'；s1='1',s0='0'；s1='1',s0='1'时，分别执行 y<=a、y<=b、y<=c、y<=d。

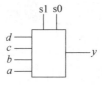

图 10-3　第 7 题的图

第 11 章　VHDL 在数字单元电路设计中的应用

教学提示：组合逻辑电路、时序逻辑电路和存储器被广泛地应用于各类数字系统中，因此，将它们组织成基本元件的形式，编程人员可以随时调用。

教学要求：要求学生掌握用 VHDL 语言设计数字单元电路的方法。

11.1　组合逻辑电路的设计

第 4 章已经介绍了常用的中规模的组合逻辑器件，包括编码器、译码器、数据选择器、数值比较器、加法器等。本节介绍如何用 VHDL 语言来描述这些常用的组合逻辑电路。各种组合逻辑电路都是由最基本的逻辑门电路组成的，因此首先介绍基本逻辑门电路的 VHDL 设计。

11.1.1　基本逻辑门电路的设计

常用的基本逻辑门电路一般有与非门、或非门、非门、异或门和三态门等，在 ALTERA 公司提供的集成开发环境 MAX+plusⅡ中，这些基本门电路都以基本元件的形式被存放在软件的安装目录下的 maxplus2\max2lib\prim 文件夹中，以备调用。这里介绍一下基本元件的 VHDL 语言描述方法，它是其他复杂电路模块设计的基础。

1. 二输入与非门电路

二输入与非门电路的元件符号如图 11-1 所示，其中 A、B 为输入端，Y 为输出端，其 VHDL 源程序如下：

```
library ieee;
use ieee.std_logic_1164.all;
entity mynand2 is
  port(a,b:in std_logic;
       y:out std_logic);
end mynand2;
architecture one of mynand2 is
  begin
    y <= a nand b;
end one;
```

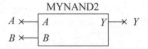

图 11-1　二输入与非门电路的元件符号

2. 二输入或非门电路

二输入或非门电路的元件符号如图 11-2 所示,其中 A、B 为输入端,Y 为输出端,其 VHDL 源程序如下：

```
library ieee;
use ieee.std_logic_1164.all;
entity mynor2 is
  port(a,b:in std_logic;
       y:out std_logic);
end mynor2;
architecture one of mynor2 is
  begin
    y<= a nor b;
end one;
```

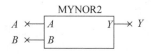

图 11-2 2 输入或非门电路的元件符号

3. 非门电路

非门电路的元件符号如图 11-3 所示,其中 A 为输入端,Y 为输出端,其 VHDL 源程序如下：

图 11-3 非门电路的元件符号

```
library ieee;
use ieee.std_logic_1164.all;
entity mynot is
  port(a:in std_logic;
       y:out std_logic);
end mynot;
architecture one of mynot is
  begin
    y<= not a;
end one;
```

4. 异或门电路

异或门电路的元件符号如图 11-4 所示,其中 A、B 为输入端,Y 为输出端,其 VHDL 源程序如下：

```
library ieee;
use ieee.std_logic_1164.all;
entity myxor is
    port(a,b:in std_logic;
         y:out std_logic);
end myxor;
architecture one of myxor is
    begin
      y<= a xor b;
end one;
```

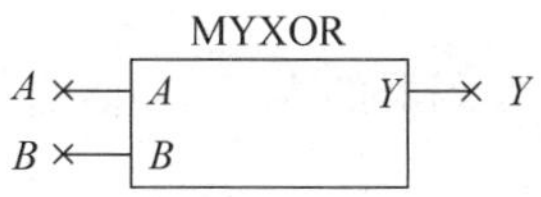

图 11-4 异或门电路的元件符号

5. 三态门电路

三态门电路的元件符号如图 11-5 所示。其中 DIN 为数据输入端，DOUT 为数据输出端，EN 为使能端，当 EN＝1 时，三态门打开，输入数据可以传输出去，当 EN＝0 时，三态门呈现高阻态。

三态门电路的 VHDL 语言源程序如下：

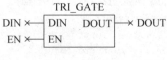

图 11-5 三态门电路的元件符号

```
library ieee;
use ieee.std_logic_1164.all;
entity tri_gate is
  port(din,en:in std_logic;
       dout:out std_logic);
end entity;
architecture one of tri_gate is
  begin
    process(din,en)
      begin
        if (en = '1') then dout <= din;
        else dout <= 'Z';
        end if;
    end process;
end one;
```

11.1.2 优先编码器的设计

优先编码器的元件符号如图 11-6 所示。其中，$A[7..0]$ 是编码器的信号输入端，S 是使能输入端，$Y[2..0]$ 是编码器的信号输出端，YS 和 YEX 为输出扩展端，输入、输出均为低电平有效。当 $S=1$ 时，编码器不工作，输出 $Y[2..0]=111$，YS＝1，YEX＝1；当 $S=0$ 时，编码器工作，若不输入有效信号时，即 $A[7..0]=11111111$ 时，$Y[2..0]=111$，YS＝0，YEX＝1；若输入有效信号时，YS＝1，YEX＝0，且对优先级最高的位进行编码，A_7 的优先级最高，A_6 的优先级次之，A_0 的优先级最低。

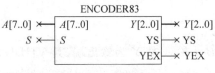

图 11-6 优先编码器的元件符号

优先编码器的 VHDL 语言源程序如下，其实现的功能与中规模集成电路 74LS148 的功能相同。

```
library ieee;
use ieee.std_logic_1164.all;
entity encoder83 is
  port(a:in std_logic_vector(7 downto 0);
       s:in std_logic;
       y:out std_logic_vector(2 downto 0);
       ys,yex:out std_logic);
end entity;
architecture one of encoder83 is
```

```
signal yo:std_logic_vector(4 downto 0);
  begin
    process(s,a)
      begin
        if s = '0'   then
          if a = "11111111" then yo <= "11101";
           else
              if    (a(7) = '0') then yo <= "00001";
              elsif (a(6) = '0') then yo <= "00101";
              elsif (a(5) = '0') then yo <= "01001";
              elsif (a(4) = '0') then yo <= "01101";
              elsif (a(3) = '0') then yo <= "10001";
              elsif (a(2) = '0') then yo <= "10101";
              elsif (a(1) = '0') then yo <= "11001";
              elsif (a(0) = '0') then yo <= "11101";
              end if;
          end if;
        else
           yo <= "11111";
        end if;
        y <= yo(4 downto 2);
        yex <= yo(1);
        ys <= yo(0);
     end process;
end one;
```

11.1.3　3-8 译码器的设计

3-8 译码器的元件符号如图 11-7 所示。其中，A、B、C 是译码器的信号输入端，高电平有效，G1、G2A、G2B 是使能输入端，Y[7..0]是译码器的信号输出端，低电平有效。当 G1=1，并且 G2A=G2B=0 时，译码器工作。当 CBA=000 时，Y[7..0]=11111110（即 Y[0]=0）；当 CBA=001 时，Y[7..0]=11111101（即 Y[1]=0）；以此类推。

3-8 译码器的 VHDL 语言源程序如下，其实现功能与中规模集成电路 74LS138 的功能相同。

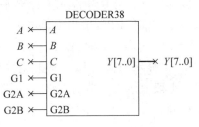

图 11-7　3-8 译码器的元件符号

```
library ieee;
use ieee.std_logic_1164.all;
entity decoder38 is
  port( A,B,C,G1,G2A,G2B: in std_logic;
                      Y:out std_logic_vector(7 downto 0));
end decoder38;
architecture one of decoder38 is
  signal indata:std_logic_vector(2 downto 0);
    begin
      indata <= C&B&A;
      process(indata,G1,G2A,G2B)
```

```
            begin
                if (G1 = '1'and G2A = '0'and G2B = '0')then
                    case indata is
                    when "000" = > Y < = "11111110";
                    when "001" = > Y < = "11111101";
                    when "010" = > Y < = "11111011";
                    when "011" = > Y < = "11110111";
                    when "100" = > Y < = "11101111";
                    when "101" = > Y < = "11011111";
                    when "110" = > Y < = "10111111";
                    when "111" = > Y < = "01111111";
                    when others = > Y < = "XXXXXXXX";
                    end case;
                else
                    Y < = "11111111";
                end if;
        end process ;
end one;
```

11.1.4 显示译码器的设计

七段显示译码器的元件符号如图 11-8 所示。其中 $A[3..0]$ 为信号输入端，$Y[0..6]$ 为信号输出端，均为高电平有效。LT 为灯测试输入端，BI 为消隐输入端，RBI 为灭零输入端，RBO 为灭零输出端，均为低电平有效。当 LT 输入为低电平时，$Y[0..6]$ 输出为 1111111，若灯完好，则 LED 的每一段都应点亮；当 BI 输入为低电平时，则 $Y[0..6]$ 输出为 0000000，表示 LED 的每一段都熄灭；当 RBI 输入为低电平且 $A[3..0]$ 输入为 0000 时，RBO 输出为低电平 0，表示灭零；当

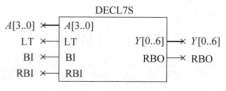

图 11-8 七段显示译码器的元件符号

LT＝BI＝RBI＝1 时，则 $A[3..0]$ 每输入一个代码，$Y[0..6]$ 输出相应的代码，用来点亮 LED，以显示与输入 BCD 码相对应的十进制数值。

七段显示译码器的 VHDL 源程序如下，其功能与中规模集成显示译码器 74LS48 的功能相同。

```
library ieee;
use ieee.std_logic_1164.all;
entity DECL7S is
    port(A:in std_logic_vector(3 downto 0);
        LT,BI,RBI:in std_logic;
        Y:out std_logic_vector(0 to 6);
        RBO:out std_logic);
end ;
architecture one of DECL7S is
    signal yo:std_logic_vector(7 downto 0);
    begin
        process(A,LT,BI,RBI)
            begin
```

```
            if LT = '0' then Yo <= "11111111";
            else
              if BI = '0' then Yo <= "10000000";
              else
                if RBI = '0' and A = "0000" then yo <= "00000000";
                else
                  case A is
                  when "0000" => Yo <= "11111110";
                  when "0001" => Yo <= "10110000";
                  when "0010" => Yo <= "11101101";
                  when "0011" => Yo <= "11111001";
                  when "0100" => Yo <= "10110011";
                  when "0101" => Yo <= "11011011";
                  when "0110" => Yo <= "10011111";
                  when "0111" => Yo <= "11110000";
                  when "1000" => Yo <= "11111111";
                  when "1001" => Yo <= "11110011";
                  when "1010" => Yo <= "10001101";
                  when "1011" => Yo <= "10011001";
                  when "1100" => Yo <= "10100011";
                  when "1101" => Yo <= "11001011";
                  when "1110" => Yo <= "10001111";
                  when "1111" => Yo <= "10000000";
                  when others => null;
                  end case;
                end if;
              end if;
            end if;
          RBO <= yo(7);
          y <= yo(6 downto 0);
      end process;
end architecture;
```

11.1.5 数据选择器的设计

四选一数据选择器的元件符号如图 11-9 所示。其中 $A1$、$A0$ 为地址输入端,S 为附加控制端,低电平有效,$D0$、$D1$、$D2$、$D3$ 为信号输入端,Y 为输出端。当 $S=0$ 时,数据选择器工作,此时若 $A1A0=00$ 时,$Y=D0$,即选择 $D0$ 输出,若 $A1A0=01$ 时,$Y=D1$,即选择 $D1$ 输出,若 $A1A0=10$ 时,$Y=D2$,即选择 $D2$ 输出,若 $A1A0=11$ 时,$Y=D3$,即选择 $D3$ 输出;当 $S=1$ 时,数据选择器不工作。

四选一数据选择器的 VHDL 源程序如下:

```
library ieee;
use ieee.std_logic_1164.all;
entity mux4_1 is
  port (A1,A0,S:in std_logic;
        d0,d1,d2,d3:in std_logic;
        Y:out std_logic);
  end mux4_1;
```

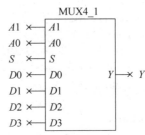

图 11-9 四选一数据选择器的元件符号

```
architecture one of mux4_1 is
  signal m:std_logic_vector(1 downto 0);
  begin
    m < = A1&A0;
      process(A1,A0,S)
        begin
          if S = '1' then Y < = '0';
          else
            case m is
              when "00" = > Y < = d0;
              when "01" = > Y < = d1;
              when "10" = > Y < = d2;
              when "11" = > Y < = d3;
              when others = > Y < = 'X';
            end case;
          end if;
      end process;
end one;
```

对于上面所设计的四选一数据选择器,可以用生成语句设计成双四选一数据选择器。方法是,将上述 VHDL 源程序编译后,首先将其装入程序包,VHDL 语言源程序如下:

```
Library ieee;
Use ieee.std_logic_1164.all;
Package my_pkg is
  Component mux4_1
    port (d0,d1,d2,d3,a1,a0,s:in std_logic;
          y:out std_logic);
  end component;
end my_pkg;
```

然后用生成语句将其生成双四选一数据选择器,其具有与中规模集成双四选一数据选择器 74LS153 相同的功能,元件符号如图 11-10 所示。该元件包含两个四选一数据选择器,地址输入端 $A1$、$A0$ 被两个四选一数据选择器共用。

双四选一数据选择器的 VHDL 语言源程序如下:

```
Library ieee;
Use ieee.std_logic_1164.all;
Use work.my_pkg.all;
Entity doubmux41 is
  Port (d10, d11, d12, d13, d20, d21, d22, d23:in std_logic;
        s1, s2:in std_logic;
        a1,a0:in std_logic;
        y1, y2:out std_logic);
End doubmux41;
Architecture one of doubmux41 is
  Begin
```

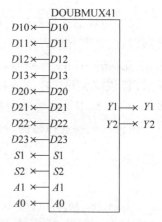

图 11-10 双四选一数据选择器元件符号

```
    M: For I in 0 to 1 generate
     N: If    i = 0 generate
        Muxx:mux4_1 port map(d10, d11, d12, d13, a1,a0,s1,y1);
        End generate n;
     O: if    i = 1 generate
        Muxx:mux4_1 port map(d20, d21, d22, d23, a1, a0,s2,y2);
        End generate O;
      End generate m;
End one;
```

11.1.6 加法器的设计

1. 半加器的设计

半加器的元件符号如图 11-11 所示。其中 A、B 为两个加数输入端，S 为和的输出端，CO 为进位端。

半加器的 VHDL 语言源程序如下：

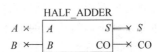

图 11-11 半加器的元件符号

```
library ieee;
use ieee.std_logic_1164.all;
entity half_adder is
  port (a,b :   in std_logic;
        s,co:   out std_logic);
end half_adder;
architecture half1 of half_adder is
  signal c,d : std_logic;
  begin
    c <= a or b;
    d <= a nand b;
    co <= not d;
    s <= c and d;
end half1;
```

2. 全加器的设计

采用元件例化的方法，可以利用上面的半加器设计一个全加器。方法是，首先将半加器装入程序包，其 VHDL 语言源程序如下：

```
library ieee;
use ieee.std_logic_1164.all;
package adderpackage is
  component half_adder
    port( a,b :   in std_logic;
          s,co:   out std_logic);
  end component;
end adderpackage;
```

然后用元件例化产生如图 11-12 所示的全加器，其中 A、B 为两个加数输入端，CIN 为低位来的进位输入端，SUM 为所得到的和输出端，CO 为向高位的进位输出端。

全加器的 VHDL 语言源程序如下：

```
library ieee;
use ieee.std_logic_1164.all;
use work.adderpackage.all;
entity fulladder is
  port (a, b, cin: in std_logic;
        sum, co : out std_logic);
end fulladder;
architecture full1 of fulladder is
  signal u0_co,u0_s,u1_co : std_logic;
  begin
    U0: half_adder port map(a,b,u0_s,u0_co);
    U1: half_adder port map(u0_s, cin, sum, u1_co);
    co <= u0_co or u1_co;
end full1;
```

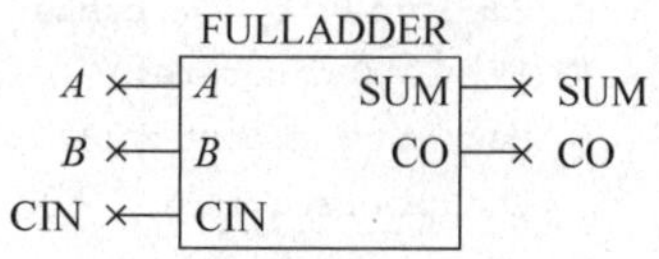

图 11-12　全加器的元件符号

3．串行进位加法器的设计

当全加器设计完成后，再利用元件例化的方法，将全加器装入程序包中，然后利用该元件即可设计出串行进位的加法器。

将上面设计的全加器装入程序包，其 VHDL 语言源程序如下：

```
library ieee;
use ieee.std_logic_1164.all;
package components is
  component fulladder is
    port(a,b,cin:in std_logic;
         co, sum:out std_logic);
  end component;
end components;
```

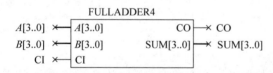

图 11-13　串行 4 位加法器的元件符号

利用元件例化产生如图 11-13 所示的串行 4 位加法器。其中 $A[3..0]$ 和 $B[3..0]$ 为两个 4 位的二进制加数，CI 为低位来的进位，$SUM[3..0]$ 为计算的和，CO 为向高位的进位。

串行 4 位加法器的 VHDL 语言源程序如下：

```
library ieee;
use ieee.std_logic_1164.all;
use work.components.all;
entity fulladder4 is
  port(a,b:in std_logic_vector(3 downto 0);
       ci:in std_logic;
       co:out std_logic;
       sum:out std_logic_vector(3 downto 0));
end fulladder4;
architecture one of fulladder4 is
  signal ci_ns:std_logic_vector(2 downto 0);
```

```
    begin
      U0:fulladder port map(a(0),b(0),ci,ci_ns(0),sum(0));
      U1:fulladder port map(a(1),b(1),ci_ns(0),ci_ns(1),sum(1));
      U2:fulladder port map(a(2),b(2),ci_ns(1),ci_ns(2),sum(2));
      U3:fulladder port map(a(3),b(3),ci_ns(2),co,sum(3));
    end one;
```

11.1.7 数值比较器的设计

8位数值比较器的元件符号如图11-14所示。其中$A[7..0]$和$B[7..0]$是两个数据输入端，YA、YB、YE是输出端。当$A[7..0]>B[7..0]$时，YA=1；当$A[7..0]<B[7..0]$时，YB=1；当$A[7..0]=B[7..0]$时，YE=1。

8位数值比较器的VHDL语言源程序如下：

```
library ieee;
use ieee.std_logic_1164.all;
entity comp8 is
  port(a,b:in std_logic_vector(7 downto 0);
       ya,yb,ye:out std_logic);
end comp8;
architecture one of comp8 is
  begin
  process(a,b)
    begin
      if a > b then
        ya <= '1';
        yb <= '0';
        ye <= '0';
      elsif a < b then
        ya <= '0';
        yb <= '1';
        ye <= '0';
      elsif a = b then
        ya <= '0';
        yb <= '0';
        ye <= '1';
      end if;
    end process;
end one;
```

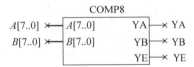

图11-14 8位数值比较器的元件符号

11.2 时序逻辑电路的设计

时序逻辑电路的重要标志是具有时钟脉冲clock,在时钟脉冲的上升沿或下降沿的控制下，时序逻辑电路才能发生状态变化。VHDL提供的测试时钟脉冲敏感边沿的函数，为时序电路设计带来了极大的方便。时序逻辑电路由组合逻辑电路和存储电路两部分组成，存储电路由触发器构成，是时序逻辑电路不可缺少的部分，因此本节首先介绍触发器的设计，然后介绍其他时序电路的设计。

11.2.1 触发器的设计

触发器是构成时序逻辑电路的基本元件,下面以 JK 触发器为例介绍触发器的设计方法。仿照 JK 触发器的设计方法,可以设计出 D 触发器等其他类型的触发器。

JK 触发器的元件符号如图 11-15 所示。其中 J、K 是数据输入端。CLR 是异步复位控制输入端,当 CLR=0 时,触发器被置成 0 态,即 $Q=0$,$QN=1$。CLK 为时钟脉冲输入端,下降沿触发。

下降沿触发的 JK 触发器的 VHDL 语言源程序如下:

```
library ieee;
use ieee.std_logic_1164.all;
entity jkff1 is
    port(j,k,clr,clk:in std_logic;
         q,qn:buffer std_logic);
end jkff1;
architecture one of jkff1 is
begin
    process(j,k,clr,clk)
        variable jk:std_logic_vector(1 downto 0);
    begin
        jk := (j&k);
        if clr = '0' then
            q <= '0';
            qn <= '1';
        elsif clk'event and clk = '0' then
            case jk is
                when "00" => q <= q;qn <= qn;
                when "01" => q <= '0';qn <= '1';
                when "10" => q <= '1';qn <= '0';
                when "11" => q <= not q;qn <= not qn;
                when others => null;
            end case;
        end if;
    end process;
end one;
```

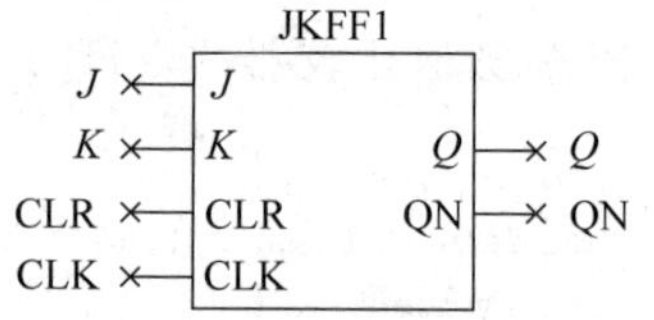

图 11-15 JK 触发器的元件符号

11.2.2 锁存器的设计

1. 1 位 D 锁存器的设计

1 位 D 锁存器的元件符号如图 11-16 所示。其中 D 为数据输入端。ENA 为使能端,当 ENA=1 时,数据可以传输出去,输出 $Q=D$;当 ENA=0 时,数据被锁存,Q 保持不变。

1 位 D 锁存器的 VHDL 语言源程序如下：

```
library ieee;
use ieee.std_logic_1164.all;
entity latch1 is
   port(d:in std_logic;
        ena:in std_logic;
        q:out std_logic);
end latch1;
architecture example of latch1 is
   begin
      process(d,ena)
         begin
            if ena = '1' then
               q <= d;
            end if;
         end process;
end example;
```

图 11-16 1 位 D 锁存器的元件符号

2. 8D 锁存器的设计

锁存器是一种用来暂时保存数据的逻辑器件，8D 锁存器实际上是由 8 个 D 锁存器组成的，它是计算机系统中常用的地址锁存器。8D 锁存器的元件符号如图 11-17 所示。其中 $D[7..0]$ 为数据输入端，$Q[7..0]$ 为数据输出端。CLR 是复位控制输入端，当 CLR＝0 时，8 位数据输出 $Q[7..0]$＝00000000。ENA 是使能控制输入端，当 ENA＝1 时，锁存器处于工作状态，输出 $Q[7..0]$＝$D[7..0]$；当 ENA＝0 时，锁存器的状态保持不变。OE 是三态输出控制端，当 OE＝1 时，输出为高阻态，即 $Q[7..0]$＝ZZZZZZZZ；OE＝0 时，锁存器为正常输出状态。

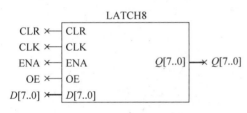

图 11-17 8D 锁存器的元件符号

8D 锁存器的 VHDL 语言源程序如下：

```
library ieee;
use ieee.std_logic_1164.all;
entity latch8 is
   port(clr,clk,ena,oe:in std_logic;
        d:in std_logic_vector(7 downto 0);
        q:buffer std_logic_vector(7 downto 0));
end latch8;
architecture one of latch8 is
   signal q_temp:std_logic_vector(7 downto 0);
      begin
         u1:process(clk,clr,ena,oe)
            begin
               if clr = '0' then q_temp <= "00000000";
               elsif clk'event and clk = '1' then
                  if ena = '1' then
```

```
                q_temp <= d;
            end if ;
        end if;
        if oe = '1' then q <= "ZZZZZZZZ";
        else q <= q_temp;
        end if;
    end process;
end one;
```

11.2.3 寄存器的设计

1. 多位寄存器的设计

一个 D 触发器就是一位寄存器,如果需要多位寄存器,就要用多个 D 触发器组合而成。6 位寄存器的元件符号如图 11-18 所示。其中 $D[5..0]$ 为数据输入端,$Q[5..0]$ 为数据输出端,R 为清零端,低电平有效,CLK 为时钟脉冲输入端,上升沿有效。

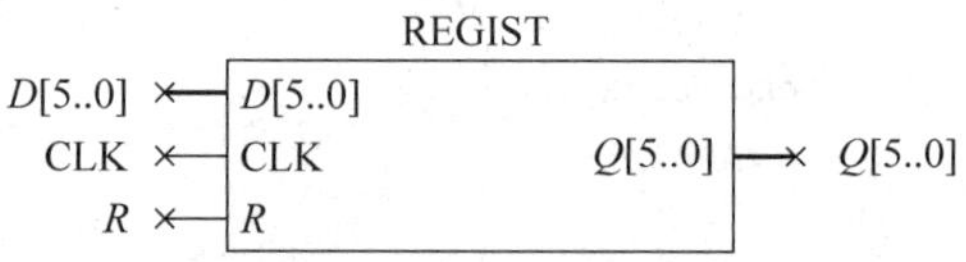

图 11-18　6 位寄存器的元件符号

6 位寄存器的 VHDL 语言源程序如下,本程序中采用类属参数设置寄存器的位数,修改类属参数的值即可修改寄存器的位数。

```
library ieee;
use ieee.std_logic_1164.all;
entity regist is
    generic (n:natural := 6);
    port(D:in std_logic_vector(n-1 downto 0);
         clk,r:in std_logic;
         Q:out std_logic_vector(n-1 downto 0));
end regist;
architecture one of regist is
    begin
        process(clk,r,D)
            begin
                if (r = '0')then Q <= (others =>'0');
                elsif clk'event and clk = '1' then
                    Q <= D;
                end if;
            end process;
end one;
```

2. 双向移位寄存器的设计

8 位双向移位寄存器的元件符号如图 11-19 所示。其中 $D[7..0]$ 为 8 位并行数据输入端,DIR 右移串入信号输入端,DIL 左移串入信号输入端,$Q[7..0]$ 寄存器的输出端。CLK 是时钟脉冲输入端,上升沿触发。CLR 是复位控制输入端,当 $CLR=0$ 时,移位寄存器被复位,$Q[7..0]=00000000$;LOD 预置数控制输入端,当 $LOD=1$ 且 CLK 上升沿到来时,寄存器为预置数状态,即 $Q[7..0]=D[7..0]$。S 是移位方向控制输入端,当 $S=1$ 时,寄存器处于右移状态,在时钟脉冲的作用下,寄存器中的数据依次向右移,寄存器的最高位 $Q[7]$ 从 DIR 接收右移串入数据;当 $S=0$ 时,寄存器处于左移状态,在时钟脉冲的作用下,寄存器中的数据依次向左移,寄存器的最低位 $Q[0]$ 从 DIL 接收左移串入数据。

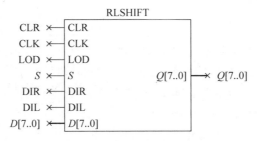

图 11-19 8 位双向移位寄存器的元件符号

8 位双向移位寄存器的 VHDL 语言源程序如下:

```
library ieee;
use ieee.std_logic_1164.all;
entity rlshift is
  port(clr,clk,lod,s,dir,dil:in bit;
       d:in bit_vector(7 downto 0);
       q:buffer bit_vector(7 downto 0));
end rlshift;
architecture one of rlshift is
  signal q_temp:bit_vector(7 downto 0);
    begin
      process(clr,clk,lod,s,dir,dil)
        begin
          if clr = '0' then q_temp <= "00000000";
            elsif clk'event and clk = '1' then
              if (lod = '1') then
                q_temp <= d;
              elsif (s = '1') then
                for i in 7 downto 1 loop
                  q_temp(i-1) <= q(i);
                end loop;
                  q_temp(7) <= dir;
              else
                for i in 0 to 6 loop
                  q_temp(i+1) <= q(i);
                end loop;
                  q_temp(0) <= dil;
              end if;
            end if;
            q <= q_temp;
      end process;
end one;
```

11.2.4 计数器的设计

1. 同步计数器的设计

同步十进制加法计数器的元件符号如图 11-20 所示。其中 CLK 为时钟脉冲输入端,上升沿触发,CLR 为异步清零端,高电平有效,EN 为计数使能端,$Q[3..0]$ 为计数器的输出端。$Q[3..0]$ 可以描述 0～15 这 16 个值,但此处只设计十进制计数器,因此 $Q[3..0]$ 的有效状态为 0000～1001。

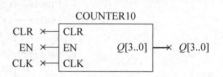

图 11-20 同步十进制加法计数器的元件符号

同步十进制加法计数器的 VHDL 语言源程序如下:

```
library ieee;
use ieee.std_logic_1164.all;
use ieee.std_logic_unsigned.all;
entity counter10 is
   port(clr,en,clk: in std_logic;
        q: out std_logic_vector(3 downto 0));
end counter10;
architecture one of counter10 is
signal count_4: std_logic_vector(3 downto 0);
begin
   process(clk,clr)
   begin
      if(clr = '1') then
         count_4 < = (others = >'0');
      elsif clk'event and clk = '1' then
         if (en = '1') then
            if(count_4 = "1001") then
               count_4 < = "0000";
            else
               count_4 < = count_4 + '1';
            end if;
         end if;
      end if;
   end process;
   q < = count_4;
end one;
```

2. 同步可逆计数器的设计

4 位同步可逆计数器的元件符号如图 11-21 所示。其中 CLK 为时钟脉冲输入端,$Q[3..0]$ 为计数器的输出端。CLR 为异步清零端,当 CLR=1 时,计数器清零,即 $Q[3..0]$=0000。UPDOWN 为计数器的计数方向控制端,当 UPDOWN=1 时,可逆计数器进行加 1 计数;当 UPDOWN=0 时,进行减 1 计数。

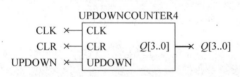

图 11-21 4 位同步可逆计数器的元件符号

4 位同步可逆计数器的 VHDL 语言源程序如下：

```vhdl
library ieee;
use ieee.std_logic_1164.all;
use ieee.std_logic_unsigned.all;
entity updowncounter4 is
  port(clk,clr,updown:in std_logic;
       q:out std_logic_vector(3 downto 0));
end entity;
architecture one of updowncounter4 is
  signal temp_count:std_logic_vector(3 downto 0);
    begin
       q<=temp_count;
       process(clr,clk)
         begin
            if (clr = '1') then
               temp_count<="0000";
            elsif (clk'event and clk = '0') then
               if updown = '1' then
                  temp_count<=temp_count + '1';
               else
                  temp_count<=temp_count - '1';
               end if;
            end if;
         end process;
end one;
```

3. 异步计数器的设计

4 位异步计数器的元件符号如图 11-22 所示。其中 CLK 是异步计数器的时钟脉冲，CLR 是异步计数器的异步清零端，低电平有效。OUT_CN[3..0]为异步计数器的输出端。本异步计数器的设计思路是：首先定义一个带有反相输出端的 D 触发器 dffb，它还具有低电平有效的异步清零端。然后在 ripple_counter4 的结构体中，用 for-generate 元件实现 4 个 D 触发器的串行连接以实现 4 位异步计数器。

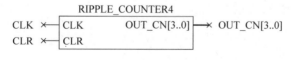

图 11-22　4 位异步计数器的元件符号

4 位异步计数器的 VHDL 语言源程序如下：

```vhdl
library ieee;
use ieee.std_logic_1164.all;
entity dffb is
  port(clk,clr,d:in std_logic;
       q,qn:out std_logic);
end dffb;
```

```
    architecture one of dffb is
      signal temp_q:std_logic;
      begin
        q<=temp_q;
        qn<=not temp_q;
         process(clr,clk)
            begin
              if (clr = '0') then
                temp_q<='0';
              elsif clk'event and clk = '0' then
                temp_q<=d;
              end if;
          end process;
    end one;

    library ieee;
    use ieee.std_logic_1164.all;
    entity ripple_counter4 is
      port(clk,clr:in std_logic;
       out_cn:out std_logic_vector(3 downto 0));
    end entity;
    architecture one of ripple_counter4 is
    component dffb
      port(clk,clr,d:in std_logic;
           q,qn:out std_logic);
    end component;
    signal temp:std_logic_vector(4 downto 0);
      begin
        temp(0)<=clk;
    counter4gen:for i in 0 to 3 generate
    counter4_x:dffb port map(clk=>temp(i),
                             clr=>clr,
                             d=>temp(i+1),
                             q=>out_cn(i),
                             qn=>temp(i+1));
          end generate;
    end one;
```

11.3 存储器的设计

11.3.1 ROM 的设计

16×8 的程序存储器 ROM 的元件符号如图 11-23 所示。其中 ADDR[3..0]为地址线，4 位地址线可以确定 16 个存储单元，DATAOUT[7..0]为 8 位的数据输出线。CE 为片选线，低电平有效。

```
                              ROM16_8
         ADDR[3..0] ──────┤ADDR[3..0]   DATAOUT[7..0]├──── DATAOUT[7..0]
                 CE ──────┤CE
```

图 11-23 16×8 的程序存储器 ROM 的元件符号

16×8 的程序存储器 ROM 的 VHDL 语言源程序如下:

```
library ieee;
use ieee.std_logic_1164.all;
use ieee.std_logic_arith.all;
use ieee.std_logic_unsigned.all;
entity ROM16_8 is
  port(dataout : out std_logic_vector(7 downto 0);
       addr    : in  std_logic_vector(3 downto 0);
       ce      : in  std_logic);
end ROM16_8;
architecture a of ROM16_8 is
  begin
    dataout <= "00001001" when addr = "0000" and CE = '0' else
               "00011010" when addr = "0001" and CE = '0' else
               "00011011" when addr = "0010" and CE = '0' else
               "00101100" when addr = "0011" and CE = '0' else
               "11100000" when addr = "0100" and CE = '0' else
               "11110000" when addr = "0101" and CE = '0' else
               "00010000" when addr = "1001" and CE = '0' else
               "00010100" when addr = "1010" and CE = '0' else
               "00011000" when addr = "1011" and CE = '0' else
               "00100000" when addr = "1100" and CE = '0' else
               "00000000";
end a;
```

11.3.2 RAM 的设计

16×8 位的数据存储器 RAM 的元件符号如图 11-24 所示。其中 ADDR[3..0]为 4 位地址线,共有 16 个存储单元。DIN[7..0]为 8 位数据输入线,DOUT[7..0]为 8 位数据输出线。CS 为片选线,WR 为写使能信号线,OE 为读使能信号线,均为低电平有效。

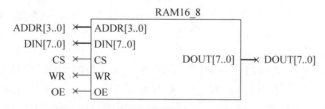

图 11-24 16×8 位的数据存储器 RAM 的元件符号

16×8 位的数据存储器 RAM 的 VHDL 语言源程序如下:

```
library ieee;
use ieee.std_logic_1164.all;
```

```vhdl
entity RAM16_8 is
  port(addr:in integer range 0 to 15;
       din:in std_logic_vector(7 downto 0);
       dout:out std_logic_vector(7 downto 0);
       cs,wr,oe:in std_logic);
end entity;
architecture one of RAM16_8 is
  begin
  process(addr,din,cs,wr,oe) is
    type ram_type is array (0 to 15) of std_logic_vector(7 downto 0);
    variable mem:ram_type;
    begin
      dout <= (others=>'Z');
      if cs = '0' then
        if oe = '0' then
          dout <= mem(addr);
        elsif wr = '0' then
          mem(addr) := din;
        end if;
      end if;
    end process;
end one;
```

小　　结

　　数字电路中介绍的基本逻辑门电路、组合逻辑电路、时序逻辑电路和存储器等都可以方便地用 VHDL 编程实现,而且将它们组织成基本元件的形式,可以方便被编程人员调用。
　　本章在介绍了与非门、或非门、非门、异或门和三态门基本逻辑门电路的 VHDL 实现方法之后,介绍了编码器、译码器、显示译码器、数据选择器、加法器、数值比较器等组合逻辑电路,触发器、锁存器、寄存器、计数器等时序逻辑电路和存储器的 VHDL 实现方法。对这些程序做适当的修改,可以得到更多所需功能的门电路、组合电路和时序电路等单元电路。将这些设计程序创建成逻辑功能模块后,可以逐级地被顶层文件调用,以实现更复杂的数字电路,甚至是一个数字系统。

习　　题

　　1. 编写 16 选 1 数据选择器的 VHDL 源程序。设电路的 16 位数据输入为 $A[15..0]$,使能控制端为 ENA,高电平有效,数据选择输出为 Y。
　　2. 编写带有异步置位端和复位端的 D 触发器的 VHDL 源程序。设电路的置位端为 SD,复位端为 RD,均为低电平有效,互补输出为 Q 和 QN。
　　3. 编写 8 位左移移位寄存器的 VHDL 源程序。设电路的并行数据输入端为 $D[7..0]$,并行数据输出端为 $Q[7..0]$,串行数据输入端为 DIL,时钟输入端为 CLK。LD 是预置控制输入端,当 LD=0 时,$Q[7..0]=D[7..0]$。CLR 是复位控制输入端,当 CLR=0 时,移位寄存器被复位。

4. 编写带有异步复位端的十进制加法计数器。设电路的复位信号为CLR,低电平有效,时钟信号是CLR,上升沿触发。

5. 编写带有复位和预置数控制端的六进制加法计数器的VHDL源程序。设电路的预置数据输入端为$D[3..0]$,计数输出端为$Q[3..0]$。时钟输入端为CLR,复位控制端为CLR,当CLR=0时,$Q[3..0]$=0000。LD是预置数控制端,当LD=0时,$Q[3..0]$=$D[3..0]$。ENA是使能控制输入端,当ENA=1时,计数器计数,ENA=0时,计数器保持状态不变。

附录　MAX＋plusⅡ使用简介

MAX＋plusⅡ是 Altera 公司推出的 PLD 开发工具,在 Windows 系统的桌面上,用鼠标左键选择"开始|程序|MAX＋plusⅡ10.1"命令,即可进入 MAX＋plusⅡ的主界面,如图 A-1 所示。单击主界面左上角的 MAX＋plusⅡ主菜单,其下拉菜单中就是 MAX＋plusⅡ的管理器菜单,该菜单集成了 MAX＋plusⅡ软件的所有处理操作。

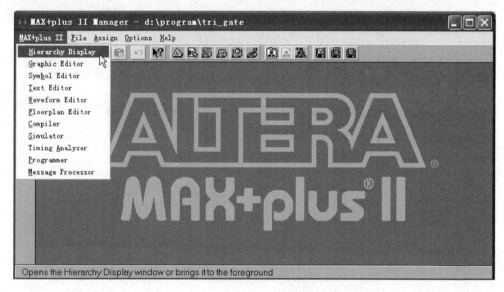

图 A-1　MAX＋plusⅡ的管理窗口

MAX＋plusⅡ由设计输入、项目编译、项目校验和器件编程 4 部分组成,它的输入方式主要有原理图输入方式、文本输入方式、波形输入方式。对于一个项目的设计,除了输入方式不同以外,其余的设计步骤都是相同的。下面以原理图输入方式设计一个半加器为例,介绍 MAX＋plusⅡ的设计步骤。

1. 为本项目工程建立文件夹

任何一个项目设计都必须首先建立一个放置与此工程相关文件的文件夹,此文件夹将被 EDA 软件默认为工作库(Work Library)。不同的设计项目最好放在相应不同的文件夹中,但一个设计项目可以包含多个设计文件夹。需要注意:为文件夹取名不能用中文,且不可带空格。本项目设计的文件夹名称为 mygdf,路径为 D:\PLDjiaoan\PLDeg\mygdf。

2. 输入设计项目并保存

(1) 在 MAX＋plusⅡ集成环境下,选择 File|New 命令,将弹出编辑文件类型对话框,

如图 A-2 所示。这里有 4 种文件类型：Graphic Editor file 为原理图编辑文件，后缀名为 .gdf；Symbol Editor file 为符号编辑文件，后缀名为 .sym；Text Editor file 为文本编辑文件，后缀名为 .vhd；Waveform Editor file 为波形编辑文件，后缀名为 .scf。本设计采用原理图输入方式，所以选择 Graphic Editor file 选项。

（2）在原理图编辑窗口中的任何一个位置上双击，将弹出一个元件选择窗口，如图 A-3 所示。

图 A-2 编辑文件类型对话框

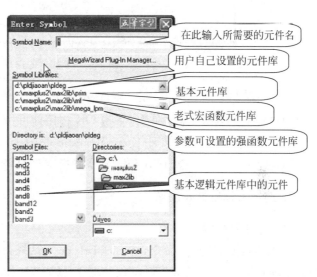

图 A-3 元件选择窗口

在元件选择窗口的 Symbol Libraries 区域中，列出了各个元件库。其中"d:\pldjiaoan\pldeg"是设计者自己定义的元件库，即为工程设计建立的文件夹，设计者可以将自己设计的电路元件存放在该文件夹中，可以被其他的工程项目调用；"c:\maxplus2\max2lib\prim"是 MAX+plusⅡ 基本元件库，如门电路、触发器、电源输入、输出等。本设计项目需要的异或门 XOR、二输入与门、输入和输出均可以从该库中调用；"c:\maxplus2\max2lib\mf"是老式宏函数元件库，如加法器、编码器、译码器、计数器、移位寄存器等 74 系列器件；"c:\maxplus2\max2lib\mega_lpm"是参数可设置的强函数元件库，如参数可设置的与门 lpm_and、参数可预置的三态缓冲器 lpm_bustri 等。

在原理图编辑区编辑的半加器的逻辑图如图 A-4 所示。

（3）保存。选择 File|Save 命令或者选择 File|Save as 命令，将已经设计好的图文件取名为 h_adder.gdf（如果是文本输入方式，保存的文件名要与实体名一致），并保存在自己的项目路径中。

3．指定工程名称

MAX+plusⅡ 在编译或仿真前必须指定当前设计工程的名称，且要保证该设计工程的所有文件都出现在它的层次结构中。需要注意的是，每个设计都必须有一个工程名，且要保证工程名与设计文件名一致。具体方法有以下两种。

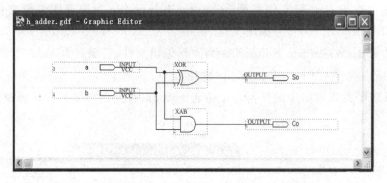

图 A-4　半加器的逻辑图

(1) 选择 File|Project|Name 命令,弹出 Project Name 对话框,如图 A-5 所示。在 Files 区域中选择 h_adder.gdf 文件名,单击 OK 按钮即可指定工程名。

(2) 当 h_adder.gdf 文件名在当前激活的图形编辑器窗口时,可以通过选择 File|Project|Set Project to Current File 命令来指定工程名称。

4. 选择目标器件并编译

(1) 选择目标器件

选择 Assign|Device 命令,将出现 Device 对话框,如图 A-6 所示。用户可以在其中选择最终要编程下载的器件,也可以仅指定器件系列,让软件自动选择具体器件,这里指定 MAX7000 系列,单击 OK 按钮以确认操作。

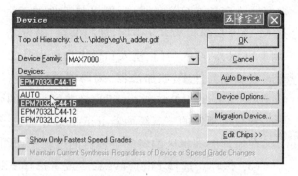

图 A-5　Project Name 对话框　　　　　　图 A-6　Device 对话框

(2) 编译工程

在 MAX+plus Ⅱ 集成环境下,选择 MAX+plus|Compiler 命令,弹出 Compiler 对话框,如图 A-7 所示。单击 Start 按钮即可对 h_adder.gdf 文件进行编译。编译结束时,系统会报告错误及警告情况。若本工程项目没有错误,编译成功的界面将如图 A-8 所示。

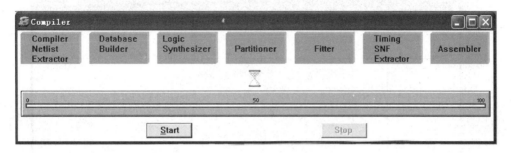

图 A-7　Compiler 对话框

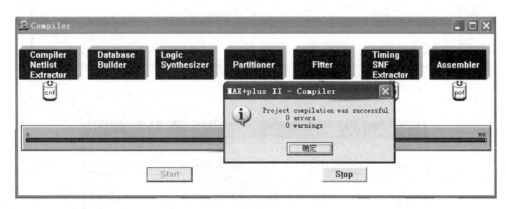

图 A-8　编译成功

5．仿真

（1）建立波形文件

在 MAX+plusⅡ集成环境下，选择 File|New 命令，弹出 New 对话框，如图 A-9 所示。选择 Waveform Editor file 选项，从其下拉列表框中选择".scf"扩展名，单击 OK 按钮以确认操作，即可创建一个新的无标题文件，如图 A-10 所示。

（2）输入信号节点。

图 A-9　New 对话框

选择 Node|Enter Nodes from SNF 命令，将弹出对话框，如图 A-11 所示。单击 List 按钮，这时在窗口左边的 Available Nodes & Groups（可利用的节点与组）框中将列出该设计项目的全部信号节点。选择仿真中需要观察的部分信号，单击窗口中间的"=>"按钮，选中的信号即进入到窗口右边的 Selected Nodes & Groups（被选择的节点与组）框中。单击 OK 按钮进行确认。

（3）设置波形参量

在波形编辑窗口中调入了半加器的所有节点信号，在为输入信号 a、b 设定必要的测试电平之前，首先设定相关的仿真参数。如果希望能够任意设置输入电平位置或设置输入时钟信号的周期，可以在 Options 选项中取消选择网络对齐项 Snap to Grid。

327

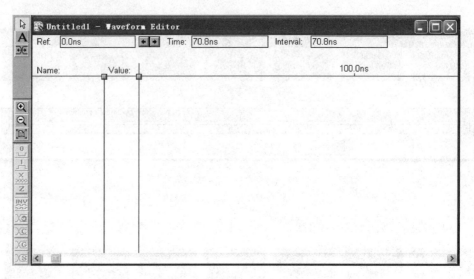

图 A-10　Waveform Editor 窗口

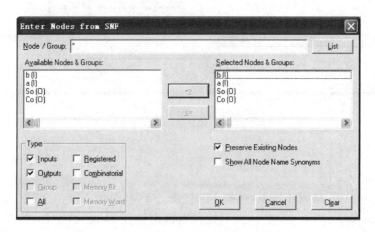

图 A-11　Enter Nodes from SNF 对话框

（4）设定仿真时间

选择 File|End Time 命令，弹出如图 A-12 所示的对话框，自己设定仿真时间，默认时间是 $1.0\mu s$。

（5）加上输入信号

在波形编辑环境下，使用界面最左边的各个控件按钮可以编辑输入节点的波形。常用按钮的功能如下所示。

图 A-12　End Time 对话框

：单击该按钮，可以对选中的目标波形进行移动、剪切、复制、删除或编辑等操作。

：单击该按钮，可以插入一个新的文本说明或编辑已经存在的文本说明。

：单击该按钮，可以移动波形的上升沿或下降沿的位置，或对波形进行编辑。

：单击该按钮后，可以对波形的时间轴尺寸放大。

：单击该按钮后，可以缩小波形的时间轴尺寸。

[图标]：单击该按钮后,可以调整时间轴的显示比例,使得在当前的波形编辑环境下能够显示整个时间段的波形。

[图标]：先单击鼠标左键选择要编辑的波形,然后单击该按钮,可将选择的波形赋值"0"。

[图标]：先单击鼠标左键选择要编辑的波形,然后单击该按钮,可将选择的波形赋值"1"。

[图标]：先单击鼠标左键选择要编辑的波形,然后单击该按钮,可将选择的波形赋值为不定状态。

[图标]：先单击鼠标左键选择要编辑的波形,然后单击该按钮,可将选择的波形赋值为高阻态。

[图标]：先单击鼠标左键选择要编辑的波形,然后单击该按钮,可将选择的波形进行逻辑取反操作。

[图标]：先单击鼠标左键选择要编辑的波形,然后单击该按钮,可将选择的波形赋值时钟信号。

[图标]：先单击鼠标左键选择要编辑的波形,然后单击该按钮,可将选择的波形赋予指定周期的周期信号。

[图标]：针对组群信号(即总线式信号),先单击鼠标左键选择要编辑的总线波形,然后单击该按钮,可将选择的总线波形赋组值。

本设计项目输入波形如图 A-13 所示。

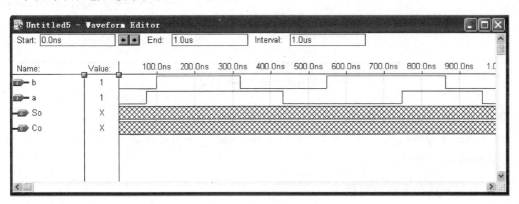

图 A-13　输入节点波形

(6) 保存波形文件

选择 File|Save 命令,在弹出的 Save As 对话框中的 File Name 文本框中将自动出现"h_adder.scf",单击 OK 按钮即可保存波形文件。

(7) 运行仿真器

选择 MAX+plusⅡ|Simulator 命令,弹出仿真器窗口,单击 Start 按钮,即开始仿真。仿真结束时将弹出错误警告对话框,如图 A-14 所示。

若本设计没有错误,则单击"确定"按钮,即可查看仿真波形结果,如图 A-15 所示。仿真结果表明,设计符合要求。

(8) 定时分析

选择 MAX+plusⅡ|Timing Analyzer 菜单命令,弹出 Timing Analyzer 对话框窗口。

图 A-14 仿真器窗口

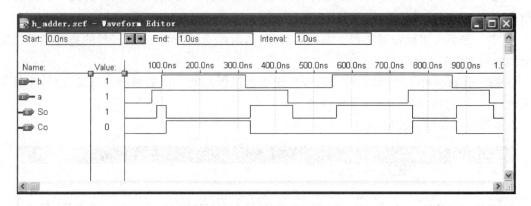

图 A-15 仿真波形结果

在菜单栏的 Analysis 选项中有 Delay Matrix、Setup/Hold Matrix 和 Registered Performance 3 种分析模式可供选择，单击 Start 按钮即开始定时分析。Delay Matrix 的分析结果如图 A-16 所示。

6. 生成元件符号或功能模块

在原理图、文本或波形编辑器环境下，可以通过选择 File|Create Default Symbol 命令将任何类型的设计文件创建成一个逻辑功能模块（将当前文件变成了一个包装好的单一元件 Symbol），并被放置在工程路径指定的目录中以备使用。功能模块文件与其代表的设计文件具有相同的文件名，扩展名为 sym。本设计项目生成的元件符号如图 A-17 所示。

7. 引脚锁定

在以上设计元件仿真测试正确无误的条件下，应将设计下载到选定的目标器件中作进一步的硬件测试，以便最终了解设计项目。

选择 Assign|Pin|Location|Chip 命令，弹出 Pin\Location\Chip 对话框，在 Node Name 文本框中输入节点名称，在 Chip Resource 中的 Pin 选项会自动列出所选芯片的可利用引脚号，选择一个，单击 Add 按钮即可，同样方法依次将所有 I/O 节点锁定在对应引脚上，如图 A-18 所示。

图 A-16 Delay Matrix 定时分析结果

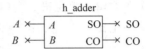

图 A-17 半加器的元件符号

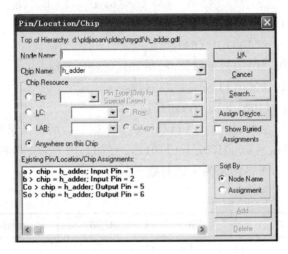

图 A-18 引脚分配情况

需要注意的是,在锁定引脚后必须再通过选择 MAX+plusⅡ|Compiler 命令对文件重新进行编译一次,以便将引脚信息编入下载文件中。

8. 编程下载

选择 MAX+plusⅡ|Programmer 命令,打开 Programmer 窗口,设置硬件后,单击 Programmer 按钮,编程器就开始检查器件,并将设计项目下载到器件中。如果无连线错误,将报告配置完成的信息提示。

至此,一个设计项目的设计流程就结束了。

参 考 答 案

第 1 章

1. (1) 模拟　数字　　　　(2) 逻辑真值表　逻辑函数式　逻辑图　卡诺图
   (3) 正逻辑　负逻辑　　(4) 脉冲幅度 U_m　脉冲周期 T　脉冲宽度 t_w
   (5) 占空比　　　　　　(6) 逻辑与　逻辑或　逻辑非
   (7) 2^n　　　　　　　(8) 2^n
   (9) 相邻　　　　　　　(10) 110

2. (1) C　(2) D　(3) D　(4) A　(5) C　(6) B　(7) B　(8) A　(9) C　(10) B

3. (1) $(11010111)_B = (215)_D = (D7)_H$
   (2) $(1100100)_B = (100)_D = (64)_H$
   (3) $(10011110.110101)_B = (158.828125)_D = (9E.D4)_H$

4. (1) $(001010010100 0011)_{8421BCD} = (2942)_D$
   (2) $(92.75)_D = (10010010.01110101)_{8421BCD}$

5. (1) $(6)_D - (3)_D = (00110)_B + (11101)_B = (00011)_B$，所得结果为十进制数 3。
   (2) $(2)_D - (5)_D = (00010)_B + (11011)_B = (11101)_B$，求其补码得差值的原码为 $(10011)_B$，即 $(-0011)_B$，所得结果为十进制数 -3。

6. (1)

A	B	$\bar{B}$	$A \oplus \bar{B}$	$A \oplus B$	$\overline{A \oplus B}$
0	0	1	1	0	1
0	1	0	0	1	0
1	0	1	0	1	0
1	1	0	1	0	1

(2)

A	B	C	BC	A+BC	A+B	A+C	(A+B)(A+C)
0	0	0	0	0	0	0	0
0	0	1	0	0	0	1	0
0	1	0	0	0	1	0	0
0	1	1	1	1	1	1	1
1	0	0	0	1	1	1	1
1	0	1	0	1	1	1	1
1	1	0	0	1	1	1	1
1	1	1	1	1	1	1	1

7. (1) $\bar{Y}=\bar{A}(\bar{B}+\bar{C})+C+\bar{D}=\bar{A}+C+\bar{D}$

 (2) $\bar{Y}=\bar{A}(BC+\overline{\bar{D}\cdot\bar{E}})=\bar{A}BC+\bar{A}D+\bar{A}E$

 (3) $Y=(\bar{A}+\bar{B}+C)[\bar{A}\bar{B}\bar{C}+\overline{(\bar{A}+\bar{B})(\bar{B}+\bar{C})(\bar{A}+\bar{C})}]=\bar{A}\bar{B}\bar{C}+AB\bar{C}+\bar{A}BC+A\bar{B}C$

8. (1) $Y'=A(B+C)+\bar{C}+D=A+\bar{C}+D$

 (2) $Y=(A+B)\overline{\overline{B+C}+\overline{C\bar{D}}}=BC+AC+BD$

9. (1)

A	B	C	Y
0	0	0	1
0	0	1	0
0	1	0	1
0	1	1	0
1	0	0	1
1	0	1	0
1	1	0	1
1	1	1	1

(2)

A	B	C	D	Y
0	0	0	0	0
0	0	0	1	1
0	0	1	0	0
0	0	1	1	0
0	1	0	0	1
0	1	0	1	1
0	1	1	0	1
0	1	1	1	1
1	0	0	0	0
1	0	0	1	1
1	0	1	0	0
1	0	1	1	0
1	1	0	0	0
1	1	0	1	1
1	1	1	0	0
1	1	1	1	0

10. 表 1-18 对应的逻辑函数式 $Y=\overline{A}\overline{B}C+\overline{A}BC+A\overline{B}C$,逻辑图为

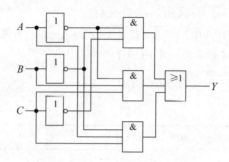

表 1-19 对应的逻辑函数式
$Y = \overline{A}\overline{B}\overline{C}D + \overline{A}B\overline{C}D + \overline{A}BC\overline{D} + A\overline{B}\overline{C}\overline{D} + A\overline{B}\overline{C}D + AB\overline{C}\overline{D} + ABC\overline{D} = \overline{B}C + A\overline{C} + \overline{C}D$
逻辑图为

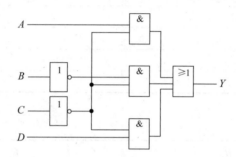

11. (a) $Y=AB+BC+AC$ (b) $Y=\overline{[(AC)\oplus\overline{BD}](A+C)}$

12. (1) $Y=ABC+AB\overline{C}+A\overline{B}C+A\overline{B}\cdot\overline{C}+\overline{A}BC$
    (2) $Y=\overline{M}NQ+\overline{M}N\overline{Q}+\overline{M}\cdot\overline{N}Q+\overline{M}\cdot\overline{N}\cdot\overline{Q}+MNQ$

13. (1) $Y=A\overline{B}+A\overline{C}+\overline{A}C=\overline{\overline{A\overline{B}\cdot\overline{A\overline{C}}\cdot\overline{\overline{A}C}}}$
    (2) $Y=A+B=\overline{\overline{A}\cdot\overline{B}}$
    (3) $Y=A+\overline{B}C=\overline{\overline{A}\cdot\overline{\overline{B}C}}$
    (4) $Y=AC+\overline{A}B+B\overline{C}=AC+B=\overline{\overline{AC}\overline{B}}$

14. (1) $Y=1$
    (2) $Y=1$
    (3) $Y=\overline{B}C+A\overline{C}+\overline{A}B$
    (4) $Y=\overline{B}+\overline{A}D+C\overline{D}$
    (5) $Y=AB+C+B\overline{D}$
    (6) $Y=B+D$
    (7) $Y=B+\overline{A}C+\overline{A}D+CD$
    (8) $Y=AC+D$
    (9) $Y=AE+BC\overline{D}$
    (10) $Y=A\overline{B}+AC+\overline{A}\cdot\overline{D}$

15. (1) $Y=A\overline{C}+B\overline{C}$

(2) $Y=\overline{A}\cdot\overline{B}+AC$

(3) $Y=\overline{A}\cdot\overline{B}\cdot\overline{C}+\overline{A}CD+A\overline{C}\cdot\overline{D}+AB\overline{C}$

(4) $Y=\overline{B}C+\overline{A}CD+AB\overline{D}$

(5) $Y=\overline{A}B+\overline{A}D+\overline{C}D+A\overline{B}C$

(6) $Y=\overline{B}D+A\overline{D}+AC+B\overline{D}$

(7) $Y=\overline{A}\cdot\overline{B}\cdot\overline{C}+A\overline{C}\cdot\overline{D}+AB\overline{C}+\overline{A}C\overline{D}+BD$

(8) $Y=\overline{A}\cdot\overline{C}+\overline{B}C+AB$

(9) $Y=C$

(10) $Y=\overline{B}+\overline{A}\cdot\overline{D}+CD$

16.

(1) $Y=AD+\overline{A}\cdot C\cdot\overline{D}+\overline{A}\cdot\overline{B}\cdot\overline{D}$

(2) $Y=D+AC+\overline{A}\cdot\overline{C}$

(3) $Y=A+B+C$

(4) $Y=B+\overline{A}D+AC$

(5) $Y=\overline{A}+B+C$

(6) $Y=A+C$

(7) $Y=\overline{A}\cdot\overline{B}+\overline{B}\cdot\overline{D}+CD$

(8) $Y=\overline{D}+B\overline{C}+\overline{B}C$

(9) $Y=\overline{A}D+A\overline{D}$

(10) $Y=\overline{A}B+BD+\overline{B}\cdot\overline{D}$

第 2 章

1. (1) P 型半导体　N 型半导体　　　(2) 导通　截止

(3) 愈好　　　　　　　　　　　　(4) 电荷存储效应

(5) 正向偏置　反向偏置　　　　　(6) 基极　集电极

(7) 50　　　　　　　　　　　　　(8) 关断时间 t_{off}　存储时间 t_s　下降时间 t_f

(9) 电流　较低　电压　较高　　　(10) 栅源电压 u_{GS}

2. (1) D　(2) B　(3) B　(4) D　(5) A　(6) C　(7) B　(8) A　(9) C　(10) B

3. (a) D 截止, $V_{o1}=0$V　　　　　　(b) D 导通, $V_{o2}=4.3$V

(c) D 导通, $V_{o3}=-1.3$V　　　　(d) D 导通, $U_{o4}=1.3$V

4.

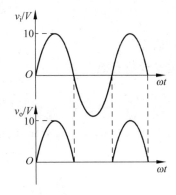

5. (a) D_1 导通，D_2 和 D_3 均截止，$V_o=0.7V$

   (b) D_1、D_2 和 D_3 均导通，$U_o=3.7V$

6. (a) NPN 型硅管，管脚①为发射极、管脚②为集电极、管脚③为基极。

   (b) PNP 型锗管，管脚①为集电极、管脚②为发射极、管脚③为基极。

7. 电极 1 为集电极，电极 2 为基极，电极 3 为发射极。该管为 NPN 管，三极管的电流放大系数 β 为 40。

8. (a) 放大区 (b) 截止区 (c) 饱和区 (d) 截止区 (e) 临界饱和状态

   (f) 放大区

9. $I_{DSS}=4mA$ $V_{GS(OFF)}=-4V$

10. (1) 该管为增强型 PMOS 管。

    (2) $V_{GS(TH)}=-4V$

11. 当 $v_I=4V$ 时，工作在截止区。当 $v_I=9V$ 时，工作在恒流区。

    $v_I=12V$ 时，工作在可变电阻区。

12.

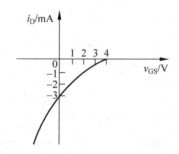

第 3 章

1. (1) 小规模集成门电路 中规模集成门电路 大规模集成门电路 超大规模集成门电路

   (2) 阈值电压或门槛电压

   (3) 噪声容限

   (4) 输入短路电流

   (5) 扇出系数

   (6) 高电平 低电平 高阻态

   (7) 使各个三态门的使能端轮流有效

   (8) CMOS 传输门

   (9) 连接在一起 一恒定逻辑值 逻辑 1 逻辑 0

2. (1) D (2) B (3) B (4) B (5) C (6) C (7) C (8) C (9) D (10) A

3.

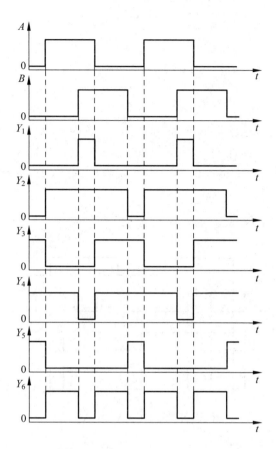

4. 与非门实现 $Y=\overline{A}$

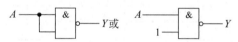

或非门实现 $Y=\overline{A}$

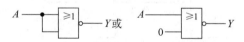

异或门实现 $Y=\overline{A}$

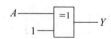

5. 实现 $Y=A+B$

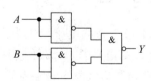

实现 $Y=AB$

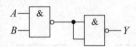

6. (a) $Y_1 = \overline{AB}$ (b) $Y_2 = A+B$

7. 20个

8. 5个

9. $0.57\text{k}\Omega \leqslant R_L \leqslant 1.75\text{k}\Omega$

10. $0.47\text{k}\Omega \leqslant R \leqslant 4.39\text{k}\Omega$

11. (1) $v_{I2} \approx 1.4\text{V}$ (2) $v_{I2} \approx 0.2\text{V}$ (3) $v_{I2} \approx 1.4\text{V}$ (4) $v_{I2} \approx 0\text{V}$ (5) $v_{I2} \approx 1.4\text{V}$

12. $Y = Y_1 \cdot Y_2 = \overline{ABC} \cdot \overline{DEF}$

13. (1) $Y = \overline{ABC} + \overline{\overline{A}\overline{B}C}$

(2)

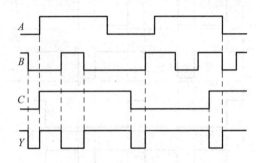

14. (1) $Y = \overline{AB}X_1\overline{X}_2\overline{X}_3 + \overline{BC}X_2\overline{X}_1\overline{X}_3 + \overline{CA}X_3\overline{X}_1\overline{X}_2$

(2)

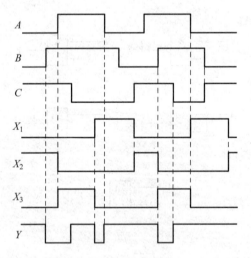

15. Y1为高电平,Y2为低电平,Y3为低电平,Y4为高阻态,Y5为低电平,Y6为高阻态,Y7为低电平,Y8为低电平,Y9为高电平,Y10为低电平。

16. Y1为低电平,Y2为低电平,Y3为低电平,Y4为低电平。

17. $Y_1 = \overline{ABCDE}$ $Y_2 = \overline{A+B+C+D+E}$ $Y_3 = \overline{\overline{ABC} + \overline{DEF}} = ABCDEF$

$Y_4 = \overline{\overline{A+B+C} \cdot \overline{D+E+F}} = A+B+C+D+E+F$

这种扩展输入端的方法不能用于 TTL 门电路。

18. （a）错　（b）错　（c）错　（d）错　（e）错　（f）错　（g）错　（h）错　（i）错
　　（j）对　（k）错　（l）错

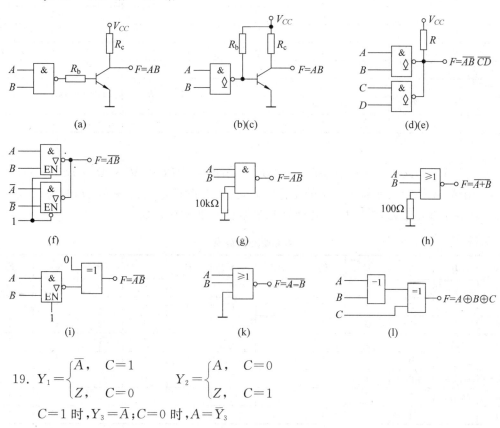

19. $Y_1 = \begin{cases} \overline{A}, & C=1 \\ Z, & C=0 \end{cases}$　　$Y_2 = \begin{cases} A, & C=0 \\ Z, & C=1 \end{cases}$

　　$C=1$ 时, $Y_3 = \overline{A}$; $C=0$ 时, $A = \overline{Y_3}$

第 4 章

1. （1）组合逻辑　时序逻辑　　　（2）该时刻的输入　电路原来的状态　记忆
　（3）数据分配器　数据选择器　　（4）$\overline{Y_1}$　反
　（5）高　低　　　　　　　　　　（6）相反
　（7）滤波电容　选通脉冲　逻辑设计

2. （1）B　（2）B　（3）C　（4）D　（5）B　（6）A　（7）C　（8）D　（9）B　（10）A

3. 一个 3 位二进制数的"判奇电路"。

第 3 题的图

4. 判断"不一致"电路。

5. A、B、C 表示红、黄、绿灯的工作状态,灯亮时为 1,灯不亮时为 0。Y 为输出变量,发生故障时为 1,正常工作时为 0。

339

第 5 题的真值表

A	B	C	Y
0	0	0	1
0	0	1	0
0	1	0	0
0	1	1	1
1	0	0	0
1	0	1	1
1	1	0	1
1	1	1	1

$$Y = \overline{A}\,\overline{B}\,\overline{C} + \overline{A}BC + A\overline{B}C + AB\overline{C} + ABC = \overline{\overline{\overline{A}\,\overline{B}\,\overline{C}} \cdot \overline{AC} \cdot \overline{AB} \cdot \overline{BC}}$$

6. 用 A、B、C、D 表示 4 台设备的工作状态,设备工作时为 1,设备不工作时为 0。F_1、F_2 的工作状态为输出变量,发电机供电时为 1,发电机不供电时为 0。

第 6 题的真值表

A	B	C	D	F_1	F_2	A	B	C	D	F_1	F_2
0	0	0	0	×	×	1	0	0	0	1	0
0	0	0	1	1	0	1	0	0	1	0	1
0	0	1	0	1	0	1	0	1	0	0	1
0	0	1	1	0	1	1	0	1	1	1	1
0	1	0	0	1	0	1	1	0	0	0	1
0	1	0	1	0	1	1	1	0	1	1	1
0	1	1	0	0	1	1	1	1	0	1	1
0	1	1	1	1	1	1	1	1	1	×	×

$$F_1 = \overline{A}\,\overline{B}\,\overline{C} + \overline{A}\,\overline{B}\,\overline{D} + \overline{A}\,\overline{C}\,\overline{D} + \overline{B}\,\overline{C}\,\overline{D} + ABC + ABD + BCD + ACD$$
$$= \overline{\overline{\overline{A}\,\overline{B}\,\overline{C}} \cdot \overline{\overline{A}\,\overline{B}\,\overline{D}} \cdot \overline{\overline{A}\,\overline{C}\,\overline{D}} \cdot \overline{\overline{B}\,\overline{C}\,\overline{D}} \cdot \overline{ABC} \cdot \overline{ABD} \cdot \overline{BCD} \cdot \overline{ACD}}$$

$$F_2 = \overline{A}\,\overline{B}\,\overline{C} + \overline{A}\,\overline{B}\,\overline{D} + \overline{A}\,\overline{C}\,\overline{D} + \overline{B}\,\overline{C}\,\overline{D} = \overline{\overline{\overline{A}\,\overline{B}\,\overline{C}} \cdot \overline{\overline{A}\,\overline{B}\,\overline{D}} \cdot \overline{\overline{A}\,\overline{C}\,\overline{D}} \cdot \overline{\overline{B}\,\overline{C}\,\overline{D}}}$$

7. 四名裁判 A、B、C 和 D 的表决为输入变量,规定认为合格时为 1,认为不合格时为 0,Y 为输出变量,规定合格时为 1,不合格时为 0。

第 7 题的真值表

A	B	C	D	Y
0	0	0	0	0
0	0	0	1	0
0	0	1	0	0
0	0	1	1	1
0	1	0	0	0
0	1	0	1	1
0	1	1	0	0

A	B	C	D	Y
0	1	1	1	1
1	0	0	0	0
1	0	0	1	1
1	0	1	0	0
1	0	1	1	1
1	1	0	0	0
1	1	0	1	1
1	1	1	0	1
1	1	1	1	1

表达式：

$$Y = ABC + AD + BD + CD = \overline{\overline{ABC} \cdot \overline{AD} \cdot \overline{BD} \cdot \overline{CD}}$$

8. 用 K_1、K_2、K_3、K_4 表示一、二、三、四号病室按钮的状态，按钮按下时为 0，未按下时为 1；L_1、L_2、L_3、L_4 表示一、二、三、四号指示灯，灯亮时为 1，灯不亮时为 0。将 K_1、K_2、K_3、K_4 分别接入优先编码器 74LS148 的 $\overline{D}_7$、$\overline{D}_6$、$\overline{D}_5$、$\overline{D}_3$，其他输入端接高电平。

第 8 题的真值表

K_4	K_3	K_2	K_1	$\overline{A}_2$	$\overline{A}_1$	$\overline{A}_0$	L_4	L_3	L_2	L_1
×	×	×	0	0	0	0	0	0	0	1
×	×	0	1	0	0	1	0	0	1	0
×	0	1	1	0	1	0	0	1	0	0
0	1	1	1	1	0	0	1	0	0	0

表达式：

$$L_1 = \overline{A}_2 \overline{A}_1 \overline{A}_0 \quad L_2 = \overline{A}_0 \quad L_3 = \overline{A}_1 \quad L_4 = \overline{A}_2$$

9. A、B、C 为三个按键输入变量，按键按下为 1，未按下为 0；M 为开锁信号，锁开时为 1，锁没开时为 0；N 为报警信号，报警时为 1，不报警时为 0。

第 9 题的真值表

A	B	C	M	N
0	0	0	0	0
0	0	1	0	1
0	1	0	0	1
0	1	1	1	0
1	0	0	0	1
1	0	1	1	0
1	1	0	1	0
1	1	1	1	1

（1）用门电路实现

$$M = AB + BC + AC \quad N = A \oplus B \oplus C$$

(2) 用 74LS138 实现

令 A、B、C 分别从 A_2、A_1、A_0 端输入，则表达式：
$$M = \overline{\overline{Y_3}\,\overline{Y_5}\,\overline{Y_6}\,\overline{Y_7}} \quad N = \overline{\overline{Y_1}\,\overline{Y_2}\,\overline{Y_4}\,\overline{Y_7}}$$

(3) 用双 4 选 1 数据选择器 74LS153 实现

令 $A_1A_0 = AB$

M：$D_0 = 0, D_1 = D_2 = C, D_3 = 1$；$N$：$D_0 = D_3 = C, D_1 = D_2 = \overline{C}$

(4) 用全加器实现

变量 M 相当于全加器的进位，变量 N 相当于全加器的和。

10. 用 A、B、C 表示三人的表决情况，为 1 时表示同意，为 0 时表示不同意。Y 表示最终的表决结果，为 1 时表示议案通过，为 0 时表示议案不通过。

第 10 题的真值表

A	B	C	Y
0	0	0	0
0	0	1	0
0	1	0	0
0	1	1	1
1	0	0	0
1	0	1	1
1	1	0	1
1	1	1	1

(1) 与非门实现
$$Y = \overline{\overline{AB} \cdot \overline{BC} \cdot \overline{AC}}$$

(2) 74LS138 实现

令 A、B、C 分别从译码器的 A_2、A_1、A_0 端输入
$$Y = \overline{\overline{Y_3}\,\overline{Y_5}\,\overline{Y_6}\,\overline{Y_7}}$$

(3) 74LS153 实现

令 $A_1A_0 = AB$，得 $D_0 = 0, D_1 = D_2 = C, D_3 = 1$

11. 为优先编码器（按高阶）的 8421BCD 码的编码器

12. 令 $A_2A_1A_0 = ABC$ 则
$$\begin{cases} Z_1 = \overline{\overline{Y_5}\,\overline{Y_7}} \\ Z_2 = \overline{\overline{Y_1}\,\overline{Y_3}\,\overline{Y_4}\,\overline{Y_7}} \\ Z_3 = \overline{\overline{Y_0}\,\overline{Y_4}\,\overline{Y_6}} \end{cases}$$

13. $Z_1 = \overline{A}BC + AB\overline{C} + A\overline{B}\cdot\overline{C} + \overline{A}\cdot\overline{B}C = \overline{A}C + A\overline{C}$

$Z_2 = ABC + AB\overline{C} + A\overline{B}\cdot\overline{C} + \overline{A}\cdot\overline{B}\cdot\overline{C} = \overline{B}\cdot\overline{C} + AB$

14.
$$\begin{cases} Z_1 = \overline{\overline{Y_1}\,\overline{Y_4}\,\overline{Y_7}} = \overline{M}\cdot\overline{N}\cdot PQ + \overline{M}NP\overline{Q} + \overline{M}NPQ \\ Z_2 = \overline{\overline{Y_2}\,\overline{Y_5}\,\overline{Y_9}} = \overline{M}\cdot\overline{N}P\overline{Q} + \overline{M}NP\overline{Q} + M\overline{N}\cdot PQ \\ Z_3 = \overline{\overline{Y_3}\,\overline{Y_6}\,\overline{Y_8}} = \overline{M}\cdot\overline{N}PQ + \overline{M}NP\overline{Q} + M\overline{N}\cdot\overline{P}\cdot\overline{Q} \end{cases}$$

15. 令 $A_2=A, A_1=B, A_0=C$,并令 $D_0=D_5=0, D_1=D_4=D, D_2=\overline{D}, D_3=D_6=D_7=1$

16. 令 $A_1=A, A_0=B, D_0=\overline{C}, D_1=1, D_2=\overline{C}, D_3=C$

17. $Z=\overline{A}\cdot\overline{B}\cdot CD+\overline{A}\cdot BCD+\overline{A}B\overline{C}+A\overline{B}\cdot CD+AB\overline{C}D+ABC\overline{D}=\overline{B}D+\overline{A}B\overline{C}+BC\overline{D}$

18. 输入的地址代码 A_2 接到 CC14539 的 $\overline{S}_1$ 端, A_2 经反相器后接到 CC14539 的 $\overline{S}_2$ 端, A_1A_0 接到 CC14539 的 A_1A_0 端,输入数据 $D_0 \sim D_3$ 接到 CC14539 的 $D_{10} \sim D_{13}$ 端, $D_4 \sim D_7$ 接到 CC14539 的 $D_{20} \sim D_{23}$ 端, CC14539 的 Y_1 和 Y_2 经或运算后即时输出 Y。

19. 将 74LS138 的片选输入端 S_1 接高电平, $\overline{S}_2$、$\overline{S}_3$ 接地,输入端 A_2、A_1 接地, $\overline{Y}_0$ 端接到 74LS151(1) 的 $\overline{S}$ 端, $\overline{Y}_1$ 端接到 74LS151(2) 的 $\overline{S}$ 端;将待设计的十六选一数据选择器的地址输入代码 A_3 接到 74LS138 的 A_0 端, $A_2A_1A_0$ 对应到地分别接到 74LS151(1) 和 74LS151(2) 的 $A_2A_1A_0$ 端,输入数据 $D_0 \sim D_7$ 接到 74LS151(1) 的 $D_0 \sim D_7$ 端, $D_8 \sim D_{15}$ 接到 74LS151(2) 的 $D_0 \sim D_7$ 端,最后将 74LS151(1) 和 74LS151(2) 的输出端 Y 经或运算后即得到待设计的十六选一数据选择器的输出。

20. 设输入余 3 码为 $A_3A_2A_1A_0$,输出 8421BCD 码为 $Y_3Y_2Y_1Y_0$
$$Y_3Y_2Y_1Y_0 = A_3A_2A_1A_0 - 0011 = A_3A_2A_1A_0 + 1101$$

21. 当 $M=0$ 时, $S_3S_2S_1S_0=P_3P_2P_1P_0+Q_3Q_2Q_1Q_0$
当 $M=1$ 时, $S_3S_2S_1S_0=P_3P_2P_1P_0-Q_3Q_2Q_1Q_0=P_3P_2P_1P_0+[\overline{Q_3Q_2Q_1Q_0}]_{\text{补}}$
所以,加数 $P_3 \sim P_0$ 接到 74LS283 的 $A_3 \sim A_0$,加数 $Q_3 \sim Q_0$ 的每一位与 M 异或后接到 74LS283 的 $B_3 \sim B_0$,即 $B_3=Q_3 \oplus M, B_2=Q_2 \oplus M, B_1=Q_1 \oplus M, B_0=Q_0 \oplus M$,再将输入 M 接到 74LS283 的 CI 端即可。

22. 由全加器的真值表可以写出
输出和 $S(A,B,C_{i-1}) = \sum m(1,2,4,7)$
向高位的进位 $CO(A,B,C_{i-1}) = \sum m(3,5,6,7)$

23. 提示:当 $A>B$ 且 $A>C$ 时,A 最大,当 $A<B$ 且 $A<C$ 时,A 最小。74LS85(1) 比较 A 和 B, 74LS85(2) 比较 A 和 C,只要将两片 74LS85 对应的输出端相与即可得到。

24. 设两个 5 位二进制数分别为 $A(a_4a_3a_2a_1a_0)$ 和 $B(b_4b_3b_2b_1b_0)$。将 $a_4a_3a_2a_1$ 和 $b_4b_3b_2b_1$ 分别接入比较器的数据输入端,将 a_0 和 b_0 比较的结果 $Y(a_0>b_0), Y(a_0<b_0)$ 和 $Y(a_0=b_0)$ 分别接入级联输入的 $Y(A>B), Y(A<B)$ 和 $Y(A=B)$ 端,其函数表达式为
$$Y(a_0>b_0) = a_0\overline{b}_0 \quad Y(a_0<b_0) = \overline{a}_0 b_0 \quad Y(a_0=b_0) = \overline{a_0 \oplus b_0}$$

25. $Y=\overline{A}CD+A\overline{B}D+B\overline{C}+C\overline{D}$,以下几种情况可能会导致竞争-冒险现象。
(1) 当 $B=0, C=D=1$ 时,A 变量的变化   (2) 当 $A=D=1, C=0$ 时,B 变量的变化
(3) 当 $A=0, B=D=1$ 时,C 变量的变化   (4) 当 $A=D=0, B=1$ 时,C 变量的变化
(5) 当 $A=B=1, D=0$ 时,C 变量的变化   (6) 当 $A=B=0, C=1$ 时,D 变量的变化
(7) 当 $A=0, B=C=1$ 时,D 变量的变化   (8) 当 $A=C=1, B=0$ 时,D 变量的变化

第 5 章

1. (1) 0 1 双稳态
   (2) RS JK D T T'

(3) 特性表　特性方程　状态转换图

(4) JK　D

(5) 现　Q^n　次　Q^{n+1}

(6) 具有两个能自行保持的稳定状态0态和1态　根据不同的输入信号可以将触发器置成0态和1态。

(7) $Q^{n+1}=S+\bar{R}Q^n$　$RS=0$

(8) $Q^{n+1}=J\bar{Q}^n+\bar{K}Q^n$　$Q^{n+1}=D$

(9) 下降沿

(10) 置0　置1　保持　翻转

2. (1) C　(2) D　(3) D　(4) B　(5) A　(6) D　(7) C　(8) B　(9) A　(10) B

3.

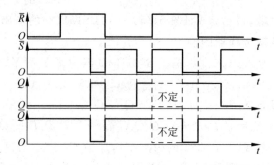

4.

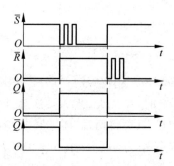

5.

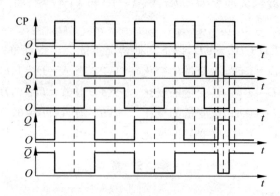

6.

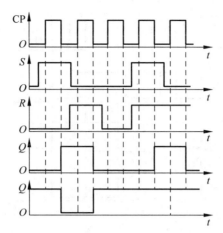

7.

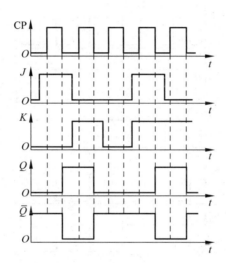

8.

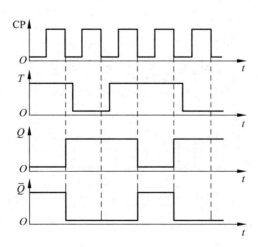

9.

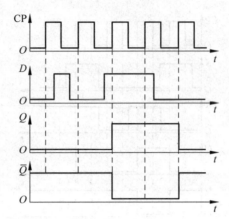

10.

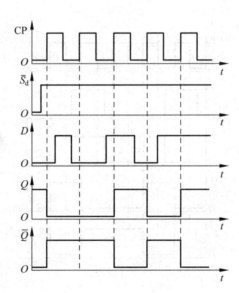

11.

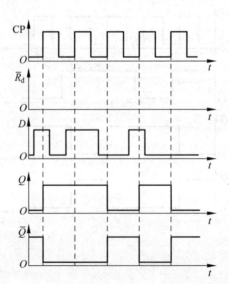

12.

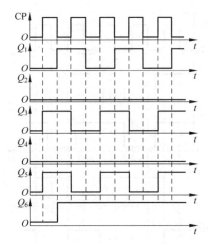

13.

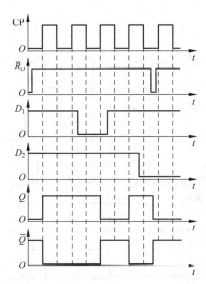

14.

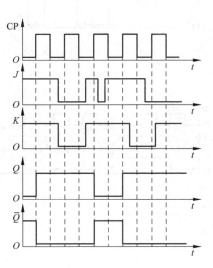

15.

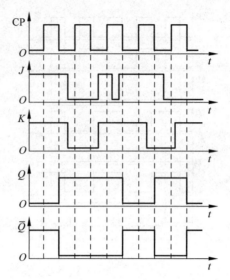

16.

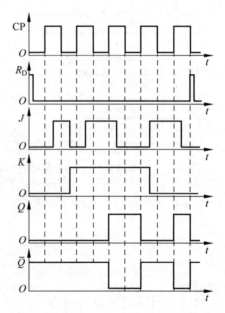

17. (1) $Q^{n+1}=A$

   (2)

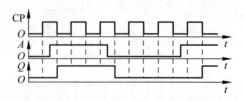

18. (1) $Q^{n+1}=AB$

   (2)

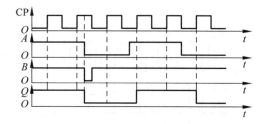

19.

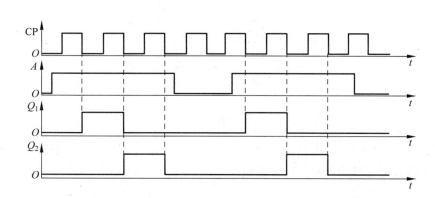

20.

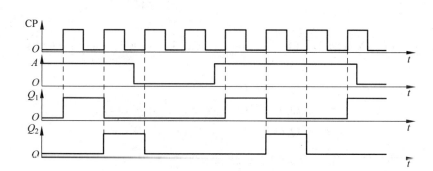

21.

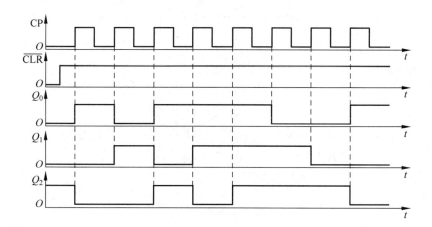

22.

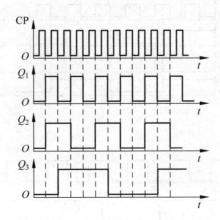

第 6 章

1. (1) 该时刻的输入　电路原来的　　　　(2) 触发器　反馈　输入信号
   (3) 同步时序逻辑　异步时序逻辑　　　　(4) 8　4
   (5) 0000　1000　　　　　　　　　　　(6) 置零法　置数法
   (7) 1010　　　　　　　　　　　　　　(8) 存储代码　移位
   (9) 4　　　　　　　　　　　　　　　　(10) 4

2. (1) C　(2) D　(3) B　(4) D　(5) A　(6) D　(7) B　(8) A　(9) D　(10) D

3. $\begin{cases} D_1 = \bar{Q}_3 \\ D_2 = Q_1 \\ D_3 = Q_1 Q_2 \end{cases}$　$\begin{cases} Q_1^{n+1} = \bar{Q}_3 \\ Q_2^{n+1} = Q_1 \\ Q_3^{n+1} = Q_1 Q_2 \end{cases}$　$Y = \overline{Q_1 Q_3}$

```
         /0        /1         /1        /1
 (100)──▶(000)────▶(001)────▶(010)◀────(101)
          ▲          │
        /0│          │/1            /Y
          │          ▼           ( Q₃Q₂Q₁ )
         (110)◀──(111)◀──(011)
              /1      /1
```

能自启动

4. $\begin{cases} J_0 = 1 & K_0 = \bar{Q}_1 \\ J_1 = K_1 = Q_0 \\ J_2 = K_2 = \bar{Q}_1 \end{cases}$　$\begin{cases} Q_0^{n+1} = \bar{Q}_0 + Q_1 \\ Q_1^{n+1} = Q_0 \oplus Q_1 \\ Q_2^{n+1} = \overline{Q_1 \oplus Q_2} \end{cases}$　$Z = Q_2 \bar{Q}_1 Q_0$

$Q_2 Q_1 Q_0 / Z$

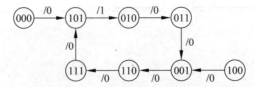

能自启动

5.
$$\begin{cases} D_1 = A\bar{Q}_2 \\ D_2 = A\overline{\bar{Q}_1\bar{Q}_2} = A(Q_1+Q_2) \end{cases} \begin{cases} Q_1^{n+1} = A\bar{Q}_2 \\ Q_2^{n+1} = A\overline{\bar{Q}_1\bar{Q}_2} = A(Q_1+Q_2) \end{cases} Y = AQ_2\bar{Q}_1$$

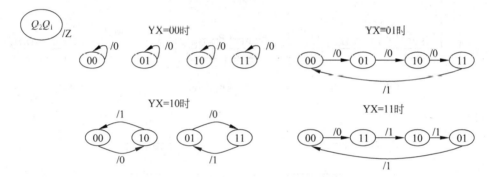

6.
$$\begin{cases} J_1 = K_1 = X \\ J_2 = K_2 = Y \oplus (XQ_1) \end{cases} \begin{cases} Q_1^{n+1} = X \oplus Q_1 \\ Q_2^{n+1} = Y \oplus (XQ_1) \oplus Q_2 \end{cases} Z = YQ_2 + XYQ_1 + XQ_2Q_1$$

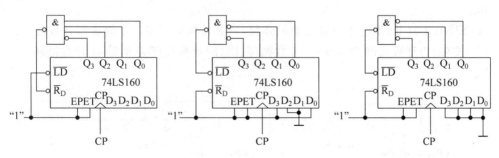

7.
(a) 11 进制计数器,0000～1010 计数循环
(b) 13 进制计数器,1111～1011 计数循环
(c) 10 进制计数器,0110～1111 计数循环

8. 七进制计数器

9. $M=1$ 时为六进制计数器,$M=0$ 时为八进制计数器。

10. $A=1$ 时为十二进制计数器,$A=0$ 时为十进制计数器。

11.

12.

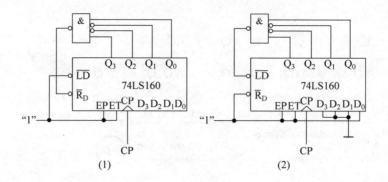

13.

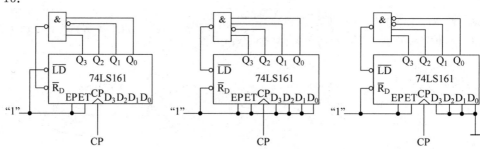

14.

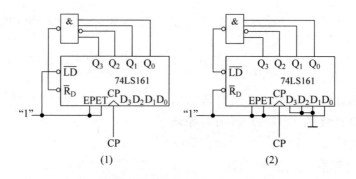

15.
(1) 74LS161(Ⅰ)、(Ⅱ)的计数长度分别为 13 和 12;
(2) Y 和 CP 的分频比为 1∶156(12×13)。

16.
74LS160(Ⅰ)(Ⅱ)均为十进制计数的连接,两芯片构成同步二十四进制计数器。

17. 图(a)为计数长度为 5,0～4 计数循环;图(b)计数长度为 6,9～4 计数循环。

18.

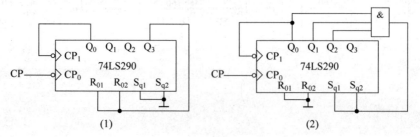

19.

CP	$\overline{R}_D$	Q_0	Q_1	Q_2	Q_3	Q_4	Q_5	Q_6	Q_7	工 作 状 态
—	0	0	0	0	0	0	0	0	0	清零
1	1	0	1	1	1	1	1	1	1	并行置数
2	1	D_0	0	1	1	1	1	1	1	
3	1	D_1	D_0	0	1	1	1	1	1	
4	1	D_2	D_1	D_0	0	1	1	1	1	右移操作
5	1	D_3	D_2	D_1	D_0	0	1	1	1	
6	1	D_4	D_3	D_2	D_1	D_0	0	1	1	
7	1	D_5	D_4	D_3	D_2	D_1	D_0	0	1	
8	1	D_6	D_5	D_4	D_3	D_2	D_1	D_0	0	$D_0 \sim D_6$ 全部移入转为并行数据
9	1	0	1	1	1	1	1	1	1	再次并行置数

20. 十六进制计数器

CP	S_1	S_0	D_0	D_1	D_2	D_3	D_{IR}	Q_0	Q_1	Q_2	Q_3
0	0	1	×	×	×	×	1	0	0	0	0
1	0	1	×	×	×	×	0	1	0	0	0
2	0	1	×	×	×	×	1	0	1	0	0
3	0	1	×	×	×	×	0	1	0	1	0
4	0	1	×	×	×	×	0	0	1	0	1
5	0	1	×	×	×	×	1	0	0	1	0
6	0	1	×	×	×	×	1	1	0	0	1
7	0	1	×	×	×	×	0	1	1	0	0
8	0	1	×	×	×	×	1	0	1	1	0
9	0	1	×	×	×	×	1	1	0	1	1
10	0	1	×	×	×	×	1	1	1	0	1
11	1	1	1	1	1	1	×	1	1	1	0
12	1	1	0	1	1	1	×	1	1	1	1
13	0	1	×	×	×	×	0	0	1	1	1
14	0	1	×	×	×	×	0	0	0	1	1
15	0	1	×	×	×	×	0	0	0	0	1
16	0	1	×	×	×	×	1	0	0	0	0

21. 74LS191 的计数长度为 13,其状态为 0000～1100,电路 $\overline{Y}_0, \overline{Y}_1, \cdots, \overline{Y}_{12}$ 端轮流输出负脉冲,为一组 13 路输出的顺序脉冲发生电路。

22. 74LS160 的计数长度为 7,其状态为 0000～0110,电路 $\overline{Y}_0, \overline{Y}_1, \cdots, \overline{Y}_6$ 为 7 路输出的顺序脉冲发生器。

23.
电路次态的卡诺图为:

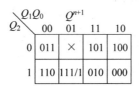

驱动方程为

$$\begin{cases} J_2 = Q_1 \\ K_2 = Q_1 \end{cases} \begin{cases} J_1 = 1 \\ K_1 = \overline{Q_2 Q_0} \end{cases} \begin{cases} J_0 = \overline{Q}_2 \overline{Q}_1 \\ K_0 = Q_2 Q_1 \end{cases}$$

输出方程为

$$Z = \overline{Q}_1 Q_0$$

24. 用 74LS161 的低三位作为八进制计数器,以 R、Y、G 分别表示红、黄、绿三个输出,则可得计数器输出状态 $Q_2 Q_1 Q_0$ 与 R、Y、G 关系的真值表:

Q_2	Q_1	Q_0	R	Y	G
0	0	0	0	0	0
0	0	1	1	0	0
0	1	0	0	1	0
0	1	1	0	0	1
1	0	0	1	1	1
1	0	1	0	0	0
1	1	0	0	1	0
1	1	1	1	0	0

选用两片双四选一数据选择器 74LS153 做通用函数发生器使用,产生 R、Y、G。由真值表写出 R、Y、G 的逻辑式,并化成与数据选择器的输出逻辑式相对应的形式

$$R = Q_2(\overline{Q}_1 \overline{Q}_0) + \overline{Q}_2(\overline{Q}_1 Q_0) + 0 \cdot (Q_1 \overline{Q}_0) + Q_2(Q_1 Q_0)$$

$$Y = Q_2(\overline{Q}_1 \overline{Q}_0) + 0 \cdot (\overline{Q}_1 Q_0) + 1 \cdot (Q_1 \overline{Q}_0) + 0 \cdot (Q_1 Q_0)$$

$$G = Q_2(\overline{Q}_1 \overline{Q}_0) + Q_2(\overline{Q}_1 Q_0) + 0 \cdot (Q_1 \overline{Q}_0) + \overline{Q}_2(Q_1 Q_0)$$

R 从 74LS153(1)的 Y_1 输出,对应的 $D_{10} = Q_2$,$D_{11} = \overline{Q}_2$,$D_{12} = 0$,$D_{13} = Q_2$;
Y 从 74LS153(1)的 Y_2 输出,对应的 $D_{20} = Q_2$,$D_{21} = 0$,$D_{22} = 1$,$D_{23} = 0$;
G 从 74LS153(2)的 Y_1 输出,对应的 $D_{10} = Q_2$,$D_{11} = Q_2$,$D_{12} = 0$,$D_{13} = \overline{Q}_2$。

第 7 章

1. (1) 数字-模拟混合

   (2) TTL CMOS

   (3) $\frac{1}{2} V_{CC}$

   (4) 脉冲波形变换 两个

   (5) 回差电压

   (6) 稳定 暂稳定 稳定 暂稳态 暂稳态 稳态

   (7) 脉冲宽度

   (8) 稳定的 暂稳态 无稳态

   (9) 石英晶体多谐振荡器

2. (1) C (2) D (3) A (4) C (5) B (6) C (7) D (8) B (9) D (10) C
   (11) A (12) A

3.

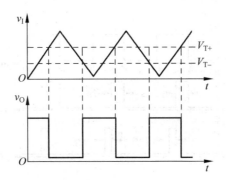

4. (1) $V_{T+}=8V$、$V_{T-}=4V$,$\Delta V_T=4V$

   (2) $V_{T+}=5V$,$V_{T-}=2.5V$,$\Delta V_T=2.5V$

5. (1) 施密特触发器,有回差电压的触发器　　(2) 当 $v_I=0V$ 时,$v_O=1$

   (3)

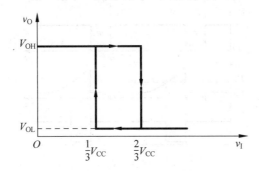

6. (1) $V_{T+}=3.8V$,$V_{T-}=1.9V$,$\Delta V_T=1.9V$

   (2) 形同 5 题(3),其中的 $\frac{2}{3}V_{CC}$ 和 $\frac{1}{3}V_{CC}$ 改为 3.8V 和 1.9V。

7. (1) 单稳态触发器　　　(2) $v_I=1$,$v_O=0$

   (3)

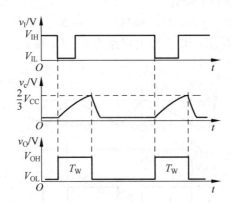

   (4) $T_W=RC\ln 3$,$T_W=0.22ms$

8. $T_{W1} \approx 2\text{ms}$ $T_{W2} \approx 1\text{ms}$

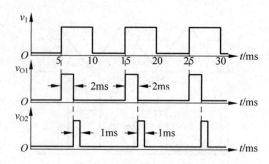

9. (1) $T = 0.7 R_{ext} C_{ext}$

   (2)

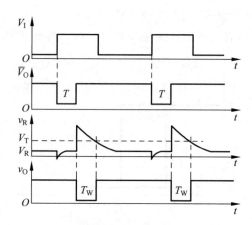

   (3) $T_W = 10.6 \mu\text{s}$

10. $f = 9.47 \text{kHz}$

11. 当电位器 R_W 滑动臂移至上端时

    $f_1 \approx 6.26 \text{kHz}$ $q_1 \approx 52.2\%$

    当电位器 R_W 滑动臂移至下端时

    $f_2 \approx 11.08 \text{kHz}$ $q_2 \approx 92.3\%$

12. (1) 充电回路为 R_1、D_1 和 C，放电回路为 R_2、D_2 和 C。

    (2)

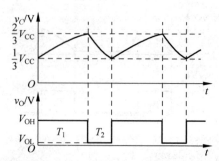

    (3) $T = T_1 + T_2 = \ln2 (R_1 + R_2) C$

13. 延迟时间为 $T_D = RC\ln\dfrac{V_{CC}}{V_{CC}-V_{T+}} = 11\text{s}$

扬声器发出声音的频率为 $f = \dfrac{1}{(R_1+2R_2)C\ln 2} = 9.66\text{kHz}$

14. (1) v_{O1} 的高电平 ($v_{O1}=11\text{V}$) 持续时间为 $t_H = (R_1+R_2)C_1\ln 2 = 1.1\text{s}$

则加到右边 555 定时器 5 脚上的电压为 $V_{CO}=8.8\text{V}$。因此 $V_{T+}=8.8\text{V}, V_{T-}=4.4\text{V}$。

高音的周期为 $T_1 = (R_4+R_5)C_2\ln\dfrac{V_{CC}-V_{T-}}{V_{CC}-V_{T+}} + R_5C_2\ln 2 = 1.63\times 10^{-3}\text{s}$

频率为 $f_1 = \dfrac{1}{T_1} = 611\text{Hz}$

(2) v_{O1} 的低电平 ($v_{O1}=0.2\text{V}$) 持续时间为 $t_L = R_2C_1\ln 2 = 1.04\text{s}$

加到右边 555 定时器 5 脚上的电压为 $V_{CO}=6\text{V}$。因此 $V_{T+}=6\text{V}, V_{T-}=3\text{V}$。

低音振荡周期为 $T_2 = (R_4+R_5)C_2\ln\dfrac{V_{CC}-V_{T-}}{V_{CC}-V_{T+}} + R_5C_2\ln 2 = 1.14\times 10^{-3}\text{s}$

频率为 $f_2 = \dfrac{1}{T_2} = 876\text{Hz}$

15. (1) 当 S 按下后，电容 C_4 立刻充电至高电平，使 555 定时器的 4 端由低电平变为高电平，多谐振荡器起振，输出交流脉冲信号经隔直电容 C_3 驱动门铃 Y 鸣响。S 断开后，C_4 经 R_W 放电，4 端电位逐渐降低，在维持一段高电平时间后，变为低电平，门铃停止鸣响。

(2) 改变 C_4、R_W 值。

(3) 改变 R_1、R_2 和 C_1 参数的值。

16. 电路为用 555 定时器设计的施密特触发器，V_{CC} 为 9V。

17. 图中若 555 定时器的 1 端接地，则构成一个多谐振荡器。当 v_X 未超限时，稳压管 D_Z 截止，定时器的 1 端开路，振荡器不工作，发光二极管不闪烁；当 v_X 超限时，稳压管 D_Z 击穿，三极管 T 饱和，定时器的 1 端接地，振荡器正常工作，在输出端得到脉冲信号，发光二极管闪烁报警。

第 8 章

1. (1) 转换精度　转换速度

(2) 高

(3) 双缓冲工作方式　单缓冲工作方式　直通工作方式

(4) 多谐振荡器　递增/递减计数器　D/A 转换器

(5) 模拟量　数字量　D/A

(6) 直接 A/D 转换器　间接 A/D 转换器

(7) 采样　保持　量化　编码

(8) $\dfrac{V_{I\max}}{1023}$

(9) 最小输出模拟量　最小输入模拟量

(10) 实际　理想

2. (1) A　(2) B　(3) B　(4) A　(5) C　(6) B　(7) C　(8) D　(9) B　(10) A

3. (1) $T_{\max} = N_1 \times T_{CP} = 3000 \times 2.5\mu\text{s} = 7.5\text{ms}$

(2) 输入模拟电压为 $v_1=10\text{V}$,输出的数字量为 $N_2=(2000)_{10}=(011111010000)_2$

4. (1) $V_K=1$ 电子开关接通 S,为采样过程;$V_K=0$,电子开关打向 H,为保持过程。

(2) 在保持阶段,二极管的存在可防止 v_1 变化过大时,电子开关因过压而损坏。

5. (1) $V_{Omin}=-0.63\text{V}, V_{Omax}=-9.38\text{V}$ (2) $-3.13\text{V}, -8.13\text{V}$

6. $-5\sim 0\text{V}$

7. (1) 1.5V   (2) 0.39%   (3) 能

8. $-0.02\text{V}, -3\text{V}, -2.98\text{V}$

9. 由 $V_{LSB}=V_{Omax}\dfrac{1}{2^n-1}$ 得 $n=11$

10. 分辨率为 0.001,最小分辨电压为 5mV。

11. 1.25V

12. $-2.48\text{V}, -2.52\text{V}, -4.75\text{V}$

13. 提示:因为有 15 个阶梯,需要将参考电源 16 等分,所以 $V_{REF}=-8\text{V}$,将 74LS161 的 $Q_3Q_2Q_1Q_0$ 接到 DAC0832 的 $D_7D_6D_5D_4$ 上,$D_3D_2D_1D_0=0000$,这样通过计数器输出的 16 个计数状态就可以从 DAC0832 的输出端得到 16 个等间隔大小的模拟量输出。

DAC0832 采用单极性输出,输出电压为 $v_O=-\dfrac{8}{2^8}(Q_3\times 2^7+Q_2\times 2^6+Q_1\times 2^5+Q_0\times 2^4)$。

第 9 章

1. (1) 只读存储器   随机存储器   读出数据   修改或重新写入数据   不会丢失   写入数据或读取数据   会丢失

(2) 半定制的

(3) 集成度高   可靠性好   工作速度快   提高系统的灵活性   缩短设计周期   增加系统的保密性能   降低成本

(4) 1000   低密度可编程逻辑器件 LDPLD   高密度可编程逻辑器件 HDPLD

(5) 固定 ROM   一次性可编程 ROM(PROM)   光可擦除可编程 ROM(EPROM)   电可擦除可编程 ROM(E^2PROM)   快闪存储器

(6) 时序

(7) SRAM   DRAM

(8) 长久保持   定期刷新

(9) 字

(10) 位

2. 选择题。

(1) B   (2) D   (3) D   (4) A   (5) C   (6) A   (7) D   (8) A

3. 需要用 8 片 6116,采用字扩展方式。参考教材图 9-13,将 74LS138 的 S_1 端接地址线 A_{15},将 $\overline{S_2}$、$\overline{S_3}$ 均接地址线 A_{14}。

4. (1) 内存容量为 16K×8 位,内存地址范围为 4000H~7FFFH;

(2) A15 经反相器后再接 $\overline{S_2}$、$\overline{S_3}$,其余接线均不变。

5. 图中函数为 $Y_1 = \overline{A}\,\overline{B}C + \overline{A}B\overline{C} + A\overline{B}C + AB\overline{C}$
$Y_2 = \overline{A}BC + A\overline{B}C + AB\overline{C} + ABC$

(1) $Y_1=1$,ABC 取值为 000,001,011,101;$Y_2=1$,ABC 取值为 011,101,110,111

(2) $Y_1=Y_2=0$,ABC 取值为 010,100

6. 64G

7. ROM 存储信息或信息擦除时均需使用专用设备,读出信息是随机的,具有非易失性。RAM 存储或读出信息均是随机的,具有易失性。

EPROM 和 E²PROM 的擦除方式不同,EPROM 采用紫外光照射擦除存储的信息,E²PROM 采用电擦除存储的信息。

8. 提示:256MB×16 位的 SRAM 芯片具有 28 根地址线,16 根数据线。采用字扩展方式,选用 2-4 译码器 74LS139(或 3-8 译码器 74LS138)作为地址线的扩展就可以组成最大容量为 1024MB×16 位的 RAM 存储器。

9. 提示:将每 2 片 256MB×16 位的 SRAM 进行位扩展,并将扩展后的当成一个芯片看待,选用 2-4 译码器 74LS139(或 3-8 译码器 74LS138)作为地址线的扩展(字扩展)就可以组成最大容量为 512MB×32 位的 RAM 存储器。

第 10 章

1. (1) 设计实体

(2) 库　程序包　实体　结构体　配置

(3) in(输入)　out(输出)　inout(双向)　buffer(具有读功能的输出)

(4) 变量　常量　信号

(5) 局部

(6) 当前值　历史值

(7) 恒定不变　程序前部

(8) 并行运行

(9) 顺序语句　并行语句

(10) 元件　端口

2. (1) B　(2) A　(3) D　(4) C　(5) B　(6) A　(7) A　(8) D　(9) B　(10) C

3. (1) 变量 B 赋值错误,将 B<=A 改为 B:=A

(2) 变量声明错误,将 variable a,b,c:integer 改为 signal a,b,c:integer

(3) y1 没有声明,应将端口声明改为

port (a1,a2,b1,b2:in std_logic;
　　　y1,y2:out std_logic);

4.

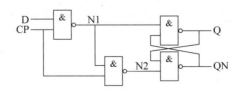

5. 该 VHDL 源程序设计的是二输入端的 8 与门电路。8 个与门的输入端为 abin7～abin0 和 din7～din0，输出为 dout7～dout0。该电路可作为 8 位数据并行开关，abin 是数据输入，din 是数据开关，当 din＝1 时，输出 dout＝abin，当 din＝0 时，开关断开，dout＝0。

6. 实体 1 的原理图符号：

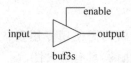

实体 2 的原理图符号：

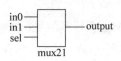

7. 略

第 11 章

答案略。

参 考 文 献

[1] 李雪飞.电子技术基础[M].北京:清华大学出版社,2014
[2] 阎石.数字电子技术基础(第4版)[M].北京:高等教育出版社,1997
[3] 范文兵.数字电子技术基础[M].北京:清华大学出版社,2007
[4] 伍时和.数字电子技术基础[M].北京:清华大学出版社,2009
[5] 沈复兴.电子技术基础(下)[M].北京:电子工业出版社,2005
[6] 王秀敏.数字电子技术[M].北京:机械工业出版社,2010
[7] 陈文楷.数字电子技术基础[M].北京:机械工业出版社,2010
[8] 高歌.电子技术 EDA 仿真设计[M].北京:中国电力出版社,2007
[9] 江国强.EDA 技术与应用(第2版)[M].北京:电子工业出版社,2007
[10] 江国强等.数字系统的 VHDL 设计[M].北京:机械工业出版社,2009
[11] 冯涛,王程.可编程逻辑器件开发技术——MAX+plus II 入门与提高[M].北京:人民邮电出版社,2002
[12] 赵曙光等.可编程逻辑器件原理、开发与应用(第2版)[M].西安:西安电子科技大学出版社,2006
[13] 杨刚,周群 电子系统设计与实践[M].北京:电子工业出版社,2008
[14] 王振红,张常年.综合电子设计与实践[M].北京:清华大学出版社,2008
[15] 付永庆.VHDL 语言及其应用[M].北京:高等教育出版社,2007
[16] 雷伏容.VHDL 电路设计[M].北京:清华大学出版社,2006
[17] 潘松,黄继业.EDA 技术实用教程[M].北京:科学出版社,2005
[18] 唐竞新.数字电子电路解题指南[M].北京:清华大学出版社,2006
[19] 龙忠琪,龙胜春.数字电路考研试题精选[M].北京:科学出版社,2003
[20] 邹逢兴.数字电子技术基础典型题解析与实战模拟[M].长沙:国防科技大学出版社,2003
[21] 赵惠玲.数字电子技术解题题典[M].西安:西北工业大学出版社,2003
[22] 王春霞.数字逻辑学习辅导[M].北京:清华大学出版社,2005